普通高等教育计算机类课改系列教材

软 件 工 程

张秋余　张聚礼　柯　铭

张　红　马　威　　　编著

西安电子科技大学出版社

内 容 简 介

本书结合软件产业现状，较为全面地介绍了软件工程的基本概念、原理和方法，以期培养学生在理论及应用上的系统整合能力以及从系统的角度看待整个软件项目的能力。

本书共 14 章。第 1～6 章主要介绍了软件工程学与传统软件工程方法的基本理论，主要包括软件工程的策划、分析、设计、实现、测试和维护等工作；第 7～13 章主要介绍了面向对象软件工程，结合软件统一过程模型，从面向对象范型出发对软件工程进行重新演绎，全面、系统、清晰地介绍了面向对象软件工程的基本概念、原理、方法和工具，并将考勤系统完整实例贯穿于面向对象软件开发的整个过程；第 14 章介绍了当今比较流行的现代软件工程软件开发方法。

本书可以作为计算机科学与技术、软件工程相关专业本科生或研究生的教材，也可以作为软件工程领域专业人士的参考书籍。

图书在版编目(CIP)数据

软件工程/张秋余等编著. —西安：西安电子科技大学出版社，2014.12(2024.7 重印)
ISBN 978–7–5606–3510–1

Ⅰ. ①软…　　Ⅱ. ①张…　　Ⅲ. ①软件工程—高等学校—教材　　Ⅳ. ①TP311.5

中国版本图书馆 CIP 数据核字(2014)第 217570 号

责任编辑　马武装　高　樱
出版发行　西安电子科技大学出版社（西安市太白南路 2 号）
电　　话　(029)88202421　88201467　　邮　　编　710071
网　　址　www.xduph.com　　　　电子邮箱　xdupfxb001@163.com
经　　销　新华书店
印刷单位　陕西天意印务有限责任公司
版　　次　2014 年 12 月第 1 版　　2024 年 7 月第 5 次印刷
开　　本　787 毫米×1092 毫米　1/16　印张　26.5
字　　数　628 千字
定　　价　69.00 元
ISBN 978 – 7 – 5606 – 3510 – 1
XDUP 3802001–5

＊＊＊ 如有印装问题可调换 ＊＊＊

前　言

在现代社会中，软件应用于多个方面。典型的软件有电子邮件、嵌入式系统、人机界面、办公套件、操作系统、编译器、数据库、游戏等。可以说各个行业几乎都有计算机软件的应用，如工业、农业、银行、航空、政府部门等。各种软件的应用促进了经济和社会的发展，提高了工作和生活效率。

软件工程是一门研究用工程化方法构建和维护有效、实用和高质量软件的学科，涉及程序设计语言、数据库、软件开发工具、系统平台、标准、设计模式等方面。通过软件工程课程的学习，可以使学生系统地掌握软件开发理论、技术和方法，使用正确的软件工程方法，开发出成本低、可靠性好并在机器上能高效运行的软件，同时可了解软件工程各领域的最新发展动向，为今后从事软件开发和维护打下坚实的基础——帮助读者从程序员上升为系统设计师，实现"员"到"师"的质的变化。

本书内容丰富，组织结构严谨，原理和方法相结合，丰富的图表与实例应用相结合，讲解由浅入深，既体现知识点的连贯性、完整性，又体现知识在实际中的应用，适合作为高校本科计算机科学与技术、软件工程等相关专业本科生与研究生的教材，也可作为软件开发人员、科研人员以及有关大专院校师生的参考书籍。

本书共 14 章。第 1～6 章介绍软件工程学与传统软件工程方法的基本理论，主要包括软件工程的策划、分析、设计、实现、测试和维护等工作；第 7～13 章介绍面向对象软件工程，结合软件统一过程模型，从面向对象范型出发对软件工程进行重新演绎，全面、系统、清晰地介绍了面向对象软件工程的基本概念、原理、方法和工具，并将考勤系统完整实例贯穿于面向对象软件开发的整个过程，进行案例分析和开发心得介绍；第 14 章介绍当今比较流行的现代软件工程软件开发方法，主要包含领域工程、敏捷软件开发、极限编程、测试驱动开发、模型驱动软件开发、面向方面、面向 Agent、净室软件工程等开发方法。附件给出了软件工程师职业素质及道德规范。

本书第 1、11、12 章由张红老师编写，第 2、3、4、6 章由柯铭老师编写，第 5 章由马威老师编写，第 7、8、9、10、13 章由张聚礼老师编写，第 14 章由张秋余老师编写。全书由张秋余老师统稿并审定。

在本书编写过程中，得到了兰州理工大学计算机与通信学院领导的支持与鼓励，也得到了谢鹏寿老师的校订和大力协助，西安电子科技大学出版社王飞老师为本书的策划和出版做了大量工作，在此对他们表示衷心的感谢！

由于作者水平有限，书中疏漏之处在所难免，恳请读者来邮件指正。作者电子邮箱：zhangqy@lut.cn。

编　者

2014 年 5 月于兰州

目 录

第1章 软件工程学概论 1
  1.1 软件的基本概念 1
    1.1.1 软件与软件特性 1
    1.1.2 软件的分类 2
  1.2 软件危机 4
  1.3 软件工程 5
    1.3.1 软件工程的基本原理 6
    1.3.2 软件工程学科包含的领域 ... 7
  1.4 软件工程的方法、工具与环境 8
    1.4.1 软件工程的方法、工具与环境 ... 8
    1.4.2 软件开发的基本策略 11
  1.5 软件过程与软件生命周期 12
    1.5.1 软件过程 12
    1.5.2 软件生命周期的各个阶段 ... 13
  1.6 常见的软件过程模型 16
    1.6.1 瀑布模型 16
    1.6.2 快速原型模型 17
    1.6.3 演化模型 18
    1.6.4 螺旋模型 19
    1.6.5 喷泉模型 20
  1.7 小结 21
  习题1 22

第2章 项目分析与软件需求分析 23
  2.1 软件项目的问题定义 23
  2.2 软件项目可行性分析 24
  2.3 软件系统的需求 27
    2.3.1 功能需求 27
    2.3.2 非功能需求 28
    2.3.3 软件需求分析的风险 30
  2.4 用户需求获取 31
  2.5 软件需求文档与规格说明 33

    2.5.1 自然语言描述 33
    2.5.2 结构化描述 34
    2.5.3 软件需求文档 35
  2.6 系统流程图 36
  2.7 数据流图 38
    2.7.1 数据流图的符号 38
    2.7.2 设计数据流图的步骤和示例 ... 39
    2.7.3 数据流图中命名的可理解性 ... 41
    2.7.4 数据流图的用途 42
    2.7.5 数据流图中的数据字典 43
  2.8 实体-联系图 46
  2.9 需求分析中使用的其他图形工具 ... 48
  2.10 面向数据流的建模 51
  2.11 需求有效性验证 53
  2.12 实例分析——教材征订业务分析 ... 54
  2.13 小结 58
  习题2 58

第3章 软件总体设计 61
  3.1 总体设计 61
  3.2 软件总体设计原理 65
    3.2.1 设计原理 65
    3.2.2 启发式规则 72
  3.3 描绘软件结构的图形工具 74
    3.3.1 层次图和HIPO图 74
    3.3.2 软件结构图 75
  3.4 映射数据流到软件结构 76
    3.4.1 变换流 76
    3.4.2 事务流 77
    3.4.3 变换映射(变换分析) 77
    3.4.4 事务映射(事务分析) 79
    3.4.5 设计优化——精化软件结构 ... 80

3.5 数据库结构设计过程 81
3.6 实例分析 82
3.7 小结 84
习题 3 85

第 4 章 软件详细设计 87
4.1 结构化程序设计 88
4.1.1 结构化的控制结构 88
4.1.2 结构化程序设计的实现方法 89
4.1.3 结构化程序设计的特点 90
4.2 用户界面设计 90
4.2.1 黄金规则 91
4.2.2 用户界面的分析与设计 92
4.2.3 界面分析 94
4.2.4 界面设计步骤 96
4.3 程序算法设计工具 98
4.3.1 图形化设计工具 99
4.3.2 表格式设计表示 103
4.3.3 程序设计语言 104
4.3.4 程序算法设计工具的比较 105
4.4 面向数据结构的设计方法 106
4.4.1 Jackson 数据结构图 106
4.4.2 改进的 Jackson 图 107
4.4.3 Jackson 方法的设计过程 107
4.5 程序复杂度的概念及度量方法 ...110
4.6 小结 113
习题 4 113

第 5 章 软件实现 115
5.1 软件编码 115
5.1.1 编码目的 115
5.1.2 程序设计语言的选择 116
5.1.3 良好的编程实践 117
5.1.4 程序员的基本素质 119
5.2 软件测试基础 120
5.3 测试设计和管理 122
5.3.1 错误曲线 122
5.3.2 软件测试配置 122
5.3.3 测试用例设计 124
5.4 软件测试过程 126
5.4.1 软件测试基本原则 127

5.4.2 软件测试的步骤、测试信息流 128
5.4.3 软件测试组织与人员 129
5.5 软件测试的基本方法 130
5.5.1 软件测试方法与技术 130
5.5.2 软件测试的误区 132
5.6 软件测试策略 134
5.6.1 测试策略 134
5.6.2 单元测试 135
5.6.3 集成测试(组装测试) 137
5.6.4 确认测试(有效性测试) 141
5.6.5 系统测试与验收测试 142
5.7 白盒测试 144
5.7.1 逻辑覆盖法 144
5.7.2 基本路径测试法 148
5.8 黑盒测试 151
5.8.1 等价类划分法 151
5.8.2 边界值分析法 152
5.8.3 错误推测法 153
5.8.4 状态测试法 153
5.9 回归测试 154
5.10 软件调试 155
5.10.1 软件调试的目的与原则 156
5.10.2 软件调试技术 156
5.10.3 调试技巧 158
5.11 小结 158
习题 5 158

第 6 章 软件维护 161
6.1 软件维护的基本概念 161
6.2 软件维护的任务和分类 162
6.3 软件维护过程 163
6.4 维护的管理 166
6.5 预防性维护 171
6.6 软件维护的副作用 172
6.7 软件文档与编写要求及方法 173
6.7.1 软件文档的重要性与分类 173
6.7.2 软件文档应该满足的要求 175
6.7.3 对软件文档编制的质量要求 ...176
6.7.4 软件文档的管理和维护 177
6.8 软件逆向工程和再工程 178

6.9　小结 180
习题 6 180

第 7 章　面向对象软件工程方法学 181

7.1　面向对象的概念 181
7.2　从认识论看面向对象方法的形成 183
 7.2.1　软件开发——对事物的
  认识和描述 183
 7.2.2　语言的鸿沟 183
 7.2.3　面向对象编程语言的发展使
  鸿沟变小 184
 7.2.4　软件工程学的作用 185
7.3　面向对象方法的基本概念 188
 7.3.1　面向对象的基本概念 188
 7.3.2　面向对象的主要特征 188
7.4　统一过程与统一建模语言 189
 7.4.1　统一过程概述 189
 7.4.2　统一过程生命周期 191
 7.4.3　统一建模语言 194
7.5　迭代和增量过程 196
 7.5.1　为什么采用迭代和增量的
  开发方法 196
 7.5.2　迭代方法是风险驱动的 200
 7.5.3　通用迭代过程 200
 7.5.4　一次迭代产生一个增量结果 202
 7.5.5　在整个生命周期上的迭代 202
 7.5.6　由迭代过程来演化模型 204
7.6　小结 204
习题 7 205

第 8 章　用例驱动 206

8.1　用例驱动开发概述 207
8.2　为什么使用用例 208
 8.2.1　根据需求的价值捕获用例 209
 8.2.2　用例驱动开发过程 209
8.3　确定客户需要什么 210
8.4　需求工作流 211
8.5　领域模型 213
8.6　业务模型 214
8.7　补充需求 218
8.8　初始需求 218

8.9　初始需求：考勤系统实例研究 220
 8.9.1　聆听 220
 8.9.2　确定参与者 221
 8.9.3　确定用例 222
 8.9.4　简要说明用例 224
 8.9.5　描述用例模型 225
8.10　继续需求流：考勤系统实例研究 226
 8.10.1　区分用例的优先级 226
 8.10.2　详细描述用例 227
 8.10.3　构造用户界面原型 232
8.11　修订需求：考勤系统实例研究 235
8.12　测试工作流：考勤系统实例研究 243
8.13　需求规格说明书 244
8.14　小结 245
习题 8 245

第 9 章　面向对象分析 247

9.1　分析工作流 247
9.2　分析模型 249
9.3　确定分析包 251
 9.3.1　处理分析包之间的共性 251
 9.3.2　确定服务包 252
 9.3.3　确定分析包间的依赖 253
9.4　提取实体类 254
 9.4.1　实体类的提取 254
 9.4.2　面向对象分析：电梯问题
  实例研究 254
 9.4.3　功能建模：电梯问题实例研究 255
 9.4.4　实体类建模：电梯问题实例研究 256
 9.4.5　动态建模：电梯问题实例研究 259
 9.4.6　测试工作流：电梯问题案例研究 260
9.5　提取边界类和控制类 263
9.6　初始功能模型：考勤系统实例研究 263
 9.6.1　划分用例等级 263
 9.6.2　寻找候选对象 267
9.7　分析类 271
 9.7.1　确定职责 271
 9.7.2　确定属性 272
 9.7.3　确定关联和聚合 272
 9.7.4　确定泛化 273

9.7.5　捕获特殊需求 273

9.8　初始类图：考勤系统实例研究 274

9.8.1　寻找 "Login" 中的关系 274

9.8.2　寻找 "RecordTime" 中的关系 275

9.8.3　寻找 "ExportTimeEntries" 中的
关系 275

9.9　描述分析对象间的交互 276

9.10　用例实现：考勤系统实例研究 277

9.10.1　为 "Login" 添加假设的行为 277

9.10.2　为 "Login" 构建顺序图 278

9.11　分析包 280

9.12　类图递增：考勤系统实例研究 281

9.13　测试流与分析工作流中的规格
说明文档 282

9.14　小结 283

习题 9 284

第 10 章　构架为中心 286

10.1　构架概述 287

10.2　为什么需要构架 288

10.3　用例和构架 289

10.4　建立构架的步骤 291

10.4.1　构架基线是一个 "小的、皮包骨的"
系统 291

10.4.2　使用构架模式 292

10.4.3　描述构架 293

10.4.4　构架设计师创建构架 295

10.4.5　构架师 295

10.4.6　建立构架的过程 296

10.5　构架描述 297

10.6　建立软件构架：考勤系统实例研究 300

10.6.1　确立目标 300

10.6.2　将类分组并评估每个类 301

10.6.3　展示技术 305

10.6.4　抽取子系统 306

10.6.5　应用原则和目标对构架进行评估 ... 307

10.7　小结 308

习题 10 308

第 11 章　设计和模式 310

11.1　设计在软件生命周期中的作用 310

11.2　设计工作流 312

11.3　设计模式 316

11.3.1　设计原则 316

11.3.2　模式简介 317

11.3.3　设计模式的优势与应用 321

11.4　规划设计工作 321

11.4.1　建立整个设计目标 322

11.4.2　建立设计准则 323

11.4.3　寻找独立的设计工作 323

11.5　设计包或子系统 324

11.6　设计工作流：考勤系统实例研究 324

11.7　HTMLProduction 框架 325

11.7.1　设计目标 325

11.7.2　按目标进行设计 328

11.7.3　填充细节 337

11.7.4　实现工作流 340

11.8　TimeCardUI 包 343

11.8.1　评审 343

11.8.2　针对目标进行设计 345

11.8.3　用例设计 346

11.8.4　实现工作流 349

11.9　设计度量与用于设计的 CASE 工具 349

11.10　小结 350

习题 11 351

第 12 章　面向对象实现 352

12.1　实现在软件生命周期中的作用 352

12.2　实现工作流 354

12.2.1　构架实现 354

12.2.2　系统集成 355

12.2.3　实现子系统 357

12.2.4　实现类 358

12.2.5　执行单元测试 359

12.3　集成 361

12.4　测试工作流 365

12.5　用于实现的 CASE 工具 369

12.6　小结 371

习题 12 371

第 13 章　软件复用和构件技术 373

13.1　复用的概念 373

13.2　复用的障碍与复用技巧 374
13.3　对象和复用 377
　　13.3.1　OO 方法对软件复用的支持 377
　　13.3.2　复用技术对 OO 方法的支持 378
13.4　构件及构件技术 379
　　13.4.1　构件 379
　　13.4.2　构件技术模型 380
　　13.4.3　当前主流构件模型 380
　　13.4.4　构件的开发与复用 382
13.5　设计和实现期间的复用 383
13.6　复用及互联网 386
13.7　小结 387
习题 13 387

第 14 章　现代软件工程 388
14.1　现代软件工程发展的主要技术特点 388
14.2　开源软件运动 390
　　14.2.1　开源软件的定义与由来 390
　　14.2.2　Oss 项目的优势与开发经验 392
　　14.2.3　如何看待开源软件 393

14.3　领域工程 394
　　14.3.1　基于领域工程的软件开发概述 394
　　14.3.2　基于构件的软件工程 395
　　14.3.3　领域工程建模过程 396
14.4　敏捷软件开发过程及实践 397
　　14.4.1　敏捷思想与实践原则 397
　　14.4.2　支持敏捷软件开发的技术和
　　　　　　管理手段 399
　　14.4.3　极限编程 401
　　14.4.4　其他敏捷软件开发方法 402
14.5　测试驱动开发 403
　　14.5.1　测试驱动开发思想 403
　　14.5.2　支持测试驱动开发的软件工具 405
　　14.5.3　测试驱动开发过程 406
14.6　现代软件工程其他新方法 406
习题 14 409
附录：软件工程师职业素质及道德规范 411
　　F1.　软件工程师职业素质 411
　　F2.　软件工程师道德规范 412

第 1 章 软件工程学概论

 知识点

软件，软件危机，软件工程，软件工程的方法、模型、工具，软件过程模型。

📢 难点

软件开发过程及过程模型。

✍ 基于工作过程的教学任务

● 通过本章的学习，了解和掌握软件工程的基本概念(如软件和软件工程的定义等)，软件危机的表现形式、产生的原因及消除的途径，软件工程的基本原理、方法学，软件的生存期，几种主要的软件开发模型等。

1.1 软件的基本概念

在 20 世纪中叶，软件伴随着第一台电子计算机的问世诞生了。以编写软件为职业的人也开始出现，他们多是经过训练的数学家和电子工程师。20 世纪 60 年代，美国大学里开始出现计算机专业，教学生如何编写软件。软件产业从零开始起步，在短短的五十多年时间里迅速发展成为推动人类社会发展的龙头产业，并造就了一批百万、亿万富翁。随着信息产业的发展，软件对人类社会越来越重要。

1.1.1 软件与软件特性

软件也称计算机软件。如果将计算机比喻成人体，软件就如同人体的骨架(体系结构)、外表(用户界面)、大脑(数据库)、器官(模块)、神经和肌肉(数据结构和算法)。

1. 什么是软件

软件是计算机系统中与硬件相互依存的重要组成部分。高质量、多功能的软件使得计算机的应用从单一的科学计算扩展到多个领域，比如数据处理、实时控制等。

软件是计算机系统运行的指令、数据和资料的集合，包括指令程序、数据、相关文档和完善的售后服务，即

$$软件 = 程序 + 数据 + 文档 + 服务$$

其中：程序是按事先设计的功能和性能要求执行的指令序列；数据是使程序能正常处理信息所需的数据结构及信息表示；文档是与程序开发、维护和使用有关的技术数据和图文资

料，如软件开发计划书、需求规格说明书、设计说明书、测试报告和用户手册等。

2．软件的特性

软件的特性主要分为有形特性和无形特性。其中，软件的有形特性是软件的各种具体表现形式，包括软件文档、程序代码、二进制代码、用户界面、输出报表等；而软件的无形特性是软件的内部逻辑，是软件本身所包含的思想。

软件的无形特性使得我们只能从软件之外去观察、认识软件，与硬件和传统的工业产品相比较，软件具有以下独特的特性：

(1) 软件是一种逻辑产品，与物质产品有很大的区别。软件产品是看不见摸不着的，因而具有无形性；软件是脑力劳动的结晶，是以程序和文档的形式出现的，通过计算机的执行才能体现其功能和作用。

(2) 软件产品生产的关键主要是研制，软件产品的成本主要体现在软件的开发和研制上。软件一旦研制开发成功后，通过复制就可以产生大量软件产品。

(3) 在软件的运行和使用期间，没有硬件那样的机械磨损老化问题。

(4) 软件的开发和运行常受到计算机系统的限制，对计算机系统有着不同程度的依赖性，这导致了软件移植的问题。

(5) 软件的开发主要是进行脑力劳动，至今尚未完全摆脱手工作坊式的开发方式，生产效率低，且大部分产品是定制的。

(6) 软件是复杂的，而且以后会更加复杂。软件是人类有史以来生产的复杂度最高的工业产品。软件涉及人类社会的各行各业、方方面面，软件开发常常涉及其他领域的专门知识，这对软件工程师提出了很高的要求。

(7) 软件的成本相当昂贵。软件开发需要投入大量、高强度的脑力劳动，成本非常高，风险也大。现在软件的成本开销已大大超过了硬件的成本开销。

(8) 脆弱性。随着 Internet 的普及，计算机之间经常相互通信和共享资源，这给用户带来方便和利益的同时，也给计算机系统的安全性带来了威胁。

(9) 软件工作牵涉很多社会因素。许多软件的开发和运行涉及机构、体制和管理方式等问题，还会涉及人们的观念和心理等因素。这些人的因素，常常成为软件开发的困难所在，直接影响到项目的成败。

1.1.2　软件的分类

计算机软件是一个涉及多个领域、应用广泛的概念，可以从各个不同的角度对计算机软件进行分类。目前一般的分类方法有以下几种。

1．基于软件功能的划分

基于软件功能，可将软件划分为系统软件、应用软件和支撑软件等。

系统软件是与计算机硬件紧密结合，以使计算机的各个部件与相关软件及数据协调、高效工作的软件。它有基础性和通用性两大特点。例如，操作系统、数据库管理系统、设备驱动程序等。这些软件一般由专业的软件公司有目的地开发并较好地维护。

应用软件是为特定领域应用、为特定目的服务而开发的一类软件。例如，商业处理软件、科学计算软件、计算机辅助设计软件、人工智能软件等。

支撑软件是协助用户开发软件的工具性软件，包括帮助程序人员开发软件产品的工具和帮助管理人员控制开发进程的工具。例如，需求分析工具、设计工具、编码工具、测试工具、维护和管理工具等。

2．基于软件规模的划分

软件规模是软件项目可量化的结果，通常采用代码行数量或耗用人工时的多少来衡量。

3．基于软件工作方式的划分

基于软件工作方式，可将软件划分为实时处理软件、分时软件、交互式软件和批处理软件。

实时处理软件，例如卫星实时监控软件、外汇实时行情软件等。实时软件既可以应用于信息处理，也可以应用于过程控制。

分时软件，允许多个联机用户同时使用计算机的软件。

交互式软件，能实现人机通信的软件，能接收用户给出的信息，但在时间上没有严格规定。

批处理软件，把一组输入作业或一批数据以成批处理的方式一次运行，顺序逐个处理的软件。

4．按软件服务对象的范围进行划分

按软件服务对象的范围，可将软件划分为项目软件和产品软件。

项目软件也称定制软件，是受某特定客户的委托，由软件开发机构在合同约束下开发的软件，例如气象预测分析软件、交通监控指挥系统、卫星控制系统等。

产品软件也称通用软件，指由软件开发机构开发并直接提供给市场，为众多用户服务的软件，例如文字处理软件、图片处理软件、财务处理软件、人事管理软件等。

5．按使用的频度进行划分

有些软件开发出来仅供一次使用(例如用于人口普查、工业普查的软件)，另外有些软件具有较高的使用频度(例如天气预报软件等)。

6．按软件失效的影响进行划分

有些软件在工作中出现故障而失效后，可能对整个软件系统的影响不大；而有些软件一旦失效，就可能带来灾难性后果(例如财务金融软件、交通通信软件、航空航天软件等)，这类软件称为关键软件。

7．其他几类软件

嵌入式软件。嵌入式计算机系统将计算机嵌入在某一系统中，使之成为该系统的重要组成部分，控制该系统的运行，进而实现一个特定的物理过程。用于嵌入式计算机系统的软件称为嵌入式软件。大型的嵌入式软件可用于航空航天系统。小型的嵌入式软件可用于工业的智能化产品中，如移动电话、电子词典、数码相机、机顶盒、MP4、洗衣机、空调机的自动控制等。

基于 Web 的软件。该类软件是基于 B/S(Browser/Server，即浏览器/服务器)结构的软件，如网络游戏软件、在线考试系统、网络银行等。

1.2　软件危机

现代计算机应用系统中，软件的地位日益重要和突出。如何满足日益增长的软件需求，如何维护应用中的大量已有软件，已经成为计算机应用系统进一步发展的瓶颈。20 世纪 60 年代末至 20 世纪 70 年代初，软件危机一词在计算机界广为流传。事实上，软件危机几乎从计算机诞生的那一天起就出现了，只不过到了 1968 年，NATO(北大西洋公约组织)的计算机科学家在原联邦德国召开的国际学术会议上才第一次提出了软件危机(Software Crisis)这个名词。

举例： 下面是一个比较典型的软件危机的例子。

IBM 公司在 1963 年—1966 年间开发了 IBM360 机的操作系统。这一项目花了 5000 人一年的工作量，最多时有 1000 人投入开发工作，写出了近 100 万行源程序，总投资 5 亿美元。据统计，这个操作系统每次发行的新版本都是从前一版本中找出 1000 个程序错误后修正的结果。

这个项目的负责人事后总结他在组织开发过程中的沉痛教训时说："正像一只逃亡的野兽落到泥潭中做垂死的挣扎，越是挣扎，陷得越深，最后无法逃脱灭顶的灾难。程序设计工作正像这样一个泥潭，一批批程序员被迫在泥潭中拼命挣扎。"

如今，虽然软件开发的技术和工具不断改进，但是软件危机依然没有彻底消除。那么，什么是软件危机呢？

简单地说，所谓软件危机，就是指在软件开发和软件维护过程中所存在的一系列严重问题。这类问题绝不仅仅是不能正常运行的软件才具有的，实际上几乎所有软件都不同程度地存在这类问题。软件危机包含两方面的问题：

(1) 如何开发软件，怎样满足对软件的日益增长、日趋复杂的需求；

(2) 如何维护数量不断膨胀的软件产品。

具体来说，软件危机的主要典型表现与产生的原因有以下几方面。

(1) 对软件开发成本和进度的估计常常很不准确。产生的原因主要是拖期、项目管理经验欠缺。

(2) 软件不能符合用户的要求，用户对已完成的软件系统不满意的现象经常发生。产生的原因主要是模糊的需求、闭门造车、忙于编程、仓促上阵。

(3) 软件产品的质量往往靠不住。产生的原因主要是可靠性和质量保证欠缺，缺少测试。

(4) 软件常常是不可维护的。产生的原因主要是设计死板，没有整体考虑。

(5) 软件通常没有适当的文档资料。产生的原因主要是缺少设计资料、难以维护，写文档嫌麻烦。

(6) 软件成本在计算机系统总成本中所占的比例逐年上升。产生的原因主要是软件过于庞大，成本过高。

(7) 软件开发生产率提高的速度，远远跟不上计算机应用迅速普及深入的速度。产生的原因主要是软件开发的方法跟不上计算机和软件技术的发展速度，技术落后。

(8) 开发者只专注于技术，风险意识薄弱。

消除软件危机的途径主要有以下几个:

(1) 理解软件的概念,软件是程序、数据及相关文档的完整集合。

(2) 应该推广使用在实践中总结出来的开发软件的成功技术和方法。

(3) 应该开发和使用更好的软件工具。

(4) 尽量减少软件维护的代价,提高软件的可维护性,这也是软件工程学的一个重要目标。

所以要解决软件危机中的问题,既要有技术措施(方法和工具),又要有必要的组织管理措施,必须用工程化的方法管理软件开发过程,用先进的软件开发技术进行软件开发,从管理和技术两方面保证软件开发的质量。

1.3　软　件　工　程

1968 年秋季,NATO 的科技委员会召集了近 50 名一流的编程人员、计算机科学家和工业界巨头,讨论和制定摆脱软件危机的对策,会议上第一次提出了软件工程(Software Engineering)这个概念。当时提出这个概念的 Fritz Bauer 的主要思路是想将系统工程的原理应用到软件的开发和维护中。

所谓软件工程,提倡的是一种软件开发中的系统思想的具体实现,是一门科学,也被称为是软件产业中指导计算机软件开发和维护的软科学,还可以定义为:软件工程是一类设计软件的工程。

《计算机科学技术百科全书》中对软件工程的定义是:应用计算机科学、数学及管理科学等原理,借鉴传统工程的原则、方法,创建软件以达到提高质量、降低成本的目的。其中:计算机科学、数学用于构建模型与算法;工程科学用于制定规范、设计规范、评估成本及确定权衡;管理科学用于计划、资源、质量、成本等管理。

软件工程一直以来都缺乏一个统一的定义,很多学者、组织机构都给出了自己的定义。归纳起来其定义可以总结为:

软件工程是开发、运行、维护和修复软件的系统方法,是一门工程学科,即采用工程的概念、原理、技术和方法来开发和维护软件;也即软件工程是把系统的、有序的、可量化的方法应用到软件的开发、运营和维护上的过程;也即软件工程 = 工程原理 + 技术方法 + 管理技术。

软件工程具有以下本质特性与重点:

(1) 软件工程关注于大型程序的构造——分析与设计;

(2) 软件工程的中心课题是控制系统的复杂性——分解;

(3) 软件经常变化——要有准确的需求;

(4) 开发软件的效率非常重要——经验技巧;

(5) 和谐地合作是开发软件的关键——团队精神;

(6) 软件必须有效地支持它的用户——构造正确的软件系统;

(7) 在软件工程领域中,一般由具有一种文化背景的人替具有另一种文化背景的人进行开发——须具有知识面非常广的领域业务背景。其中,缺乏应用领域的相关知识,是软件开发项目出现问题的常见原因。

1.3.1　软件工程的基本原理

自从在 1968 年召开的国际会议上正式提出并使用了软件工程这个术语以来,研究软件工程的专家学者们陆续提出了 100 多条关于软件工程的准则。美国著名的软件工程专家 B.W.Boehm 综合这些学者们的意见并总结了 TRW 公司多年开发软件的经验,于 1983 年在论文中提出了软件工程的七条基本原理。人们虽然不能用数学方法严格证明它们是一个完备的集合,但是可以证明在此之前已经提出的 100 多条软件工程准则都可以由这七条原理的任意组合蕴含或派生。

下面简要介绍软件工程的七条基本原理。

1．用分阶段的生命周期计划严格管理

统计表明,50%以上的失败项目是由于计划不周而造成的。Boehm 认为,在整个软件生命周期中应指定并严格执行六类计划:项目概要计划、里程碑计划、项目控制计划、产品控制计划、验证计划、运行维护计划。

2．坚持进行阶段评审

统计结果显示:大部分错误是在编码之前造成的(大约占 63%),错误发现得越晚,改正它要付出的代价就越大,有时要差 2 到 3 个数量级。因此,软件的质量保证工作不能等到编码结束之后再进行,应坚持进行严格的阶段评审,以便尽早发现错误。

3．实行严格的产品控制

开发人员最痛恨的事情之一就是改动需求。但是实践告诉我们,需求的改动往往是不可避免的。我们要采用科学的产品控制技术来顺应这种要求,也就是要采用变动控制,又叫基准配置管理。当需求变动时,其他各个阶段的文档或代码随之相应变动,以保证软件的一致性。

4．采纳现代程序设计技术

从 20 世纪 60、70 年代的结构化软件开发技术,到面向对象技术,从第一、第二代语言,到第四代语言,人们已经充分认识到:方法比气力更有效。采用先进的技术既可以提高软件开发和维护的效率,又可以减少软件维护的成本,进而提高软件产品的质量。

5．结果应能清楚地审查

软件是一种看不见、摸不着的逻辑产品。软件开发小组的工作进展情况可见性差,难于评价和管理。为更好地进行管理,应根据软件开发的总目标及完成期限,尽量明确地规定开发小组的责任和产品标准,从而使所得到的标准能清楚地审查。

6．开发小组的人员应该少而精

开发人员的素质和数量是影响软件质量和开发效率的重要因素,应该少而精。这基于两点原因:高素质开发人员的效率比低素质开发人员的效率要高几倍到几十倍,开发工作中犯的错误也要少的多;当开发小组为 N 人时,可能的沟通信道为 $N(N-1)/2$,可见随着人数 N 的增大,沟通开销将急剧增大。

7．承认不断改进软件工程实践的必要性

遵从上述六条基本原理，就能够较好地实现软件的工程化生产。但是，它们只是对现有经验的总结和归纳，并不能保证赶上技术不断前进发展的步伐。因此，Boehm 提出应把承认不断改进软件工程实践的必要性作为软件工程的第七条原理。根据这条原理，不仅要积极采纳新的软件开发技术，还要注意不断总结经验，收集进度和消耗等数据，进行出错类型和问题报告统计。这些数据既可以用来评估新的软件技术效果，也可以用来指明必须着重注意的问题和应该优先进行研究的工具和技术。

1.3.2　软件工程学科包含的领域

软件工程是一门交叉性的工程学科，它将计算机科学、数学、工程学和管理学等基本原理应用于软件开发的工程实践中，并借鉴传统工程的原则和方法，以系统、可控、有效的方式生产高质量的软件产品。即软件工程学结合了工程学和计算机科学的部分内容，主要包含了开发技术和工程管理两方面的内容，具体的组成形式如图 1-1 所示。

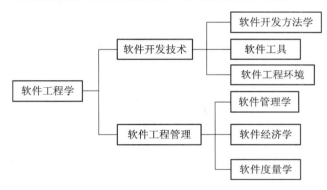

图 1-1　软件工程学领域

1．软件开发技术

软件开发技术又包括软件开发方法学、软件工具和软件工程环境。

1) 软件开发方法学

软件工程方法为软件开发提供了如何做的技术，是指导研制软件的某种标准规范。它包括多方面的任务，如项目计划与估算、软件系统需求分析、数据结构设计、系统总体结构设计、算法设计、编码、测试以及维护等。其中，包括面向对象需求分析、面向对象设计、面向对象编码在内的软件开发方法已成为现在许多软件工程师的首选方法。面向对象技术还促进了软件复用技术的发展，有组件、控件等软件构件方法。

2) 软件工具

软件工具为软件工程方法提供了自动的或半自动的软件支撑环境。目前，已经推出了许多软件工具，这些软件工具集成起来，建立起了称为计算机辅助软件工程(CASE)的软件开发支撑系统。CASE 将各种软件开发方法工具、开发机器和一个存放开发过程信息的工程数据库组合起来形成一个软件工程环境。

3) 软件工程环境

方法与工具的结合，加上配套的系统软、硬件支持就形成了软件开发的环境。在软件开发工作中,人们不懈地创造着良好的软件开发环境,各种 UNIX 版本操作系统、Microsoft Windows 系列操作系统以及近几年开源文化推动的 Linux 操作系统,还有形式繁多的网络计算环境等,将软件工程环境的研究推到了一个新的领域,如能够支持软件开发过程的辅助工具 CASE。

2．软件工程管理

由于软件本身的特性,软件工程管理既运用管理学的知识,又结合软件特性,形成了软件管理学、软件经济学和软件度量学三个分支。软件工程管理的目的就是为了按照进度和预算来完成软件开发计划,成功地生产软件产品,并实现预期的经济效益和社会效益。软件工程管理的任务是有效地组织人员,按照适当的技术、方法,利用好的工具来完成预定的软件项目。软件工程管理的内容包括软件费用管理、人员组织、工程计划管理、软件配置管理等。

1.4 软件工程的方法、工具与环境

软件工程方法学包含三个要素:方法、工具和过程。其中,方法是完成软件开发的各项任务的技术方法,回答怎样做的问题;工具是为运用方法而提供的自动的或半自动的软件工程支撑环境;过程是为了获得高质量的软件所需要完成的一系列任务框架,它规定了完成各项任务的工作步骤。

1.4.1 软件工程的方法、工具与环境

1．方法

20 世纪 60 年代中期爆发了众所周知的软件危机。为了克服这一危机,在 1968、1969 年连续召开的两次著名的 NATO 会议上提出了软件工程这一术语,并在之后不断发展、完善。与此同时,软件研究人员也在不断探索新的软件开发方法。至今已形成了七类软件开发方法。

1) 传统的结构化软件开发方法 —— SASD 方法

1978 年,E．Yourdon 等人提出了结构化方法(SASD 方法),也可称为面向功能的软件开发方法或面向数据流的软件开发方法。这是 20 世纪 60~70 年代使用最广泛的软件开发方法。

当使用结构化开发方法进行软件开发时,首先要用结构化分析(Structured Analysis,SA)方法对软件进行需求分析;然后用结构化设计(Structured Design,SD)方法进行软件系统的总体设计;最后用结构化程序设计(Structured Programming,SP)编程实现系统。结构化开发方法将软件系统分为两类典型的软件结构:变换型和事务型,使软件开发的成功率大大提高。

2) 面向数据结构的软件开发方法 —— 面向数据的方法

(1) Jackson 方法。

该方法是 1975 年由 M．A．Jackson 提出的一类至今仍广泛使用的软件开发方法。该

方法从目标系统的输入、输出数据结构入手，导出程序框架结构，再补充其他细节，就可得到完整的程序结构图。这一方法对输入、输出数据结构明确的中小型系统特别有效，如商业应用中的文件表格处理。该方法也可与其他方法结合，用于模块的详细设计。

Jackson 方法有时也称为面向数据结构的软件设计方法。

(2) Warnier 方法。

该方法是 1974 年由 J.D.Warnier 提出的软件开发方法，它与 Jackson 方法类似，差别有三点：一是它们使用的图形工具不同，分别使用 Warnier 图和 Jackson 图；二是使用的伪码不同；三是最主要的差别，即在构造程序框架时，Warnier 方法仅考虑输入数据结构，而 Jackson 方法不仅考虑输入数据结构，而且还考虑输出数据结构。

3) 面向问题的分析法 —— 问题分析法

面向问题的分析法(Problem Analysis Method，PAM)是 20 世纪 80 年代末由日立公司提出的一种软件开发方法。其基本思想是用输入、输出数据结构来指导系统的分解，并在系统分析指导下逐步综合。该方法的具体步骤是：从输入、输出数据结构导出基本处理框，分析这些处理框之间的先后关系，按先后关系逐步综合处理框，直到画出整个系统的 PAD 图。PAM 方法的另一个优点是使用 PAD 图。这是一种二维树形结构图，是到目前为止最好的详细设计表示方法之一。由于在输入、输出数据结构与整个系统之间同样存在着鸿沟，PAM 方法仍只适用于中小型系统的分析和设计。

4) 面向对象的软件开发方法

随着 OOP(面向对象编程)向 OOD(面向对象设计)和 OOA(面向对象分析)的发展，最终形成面向对象的软件开发方法 OMT(Object Modelling Technique)，其主要要点是：对象 + 类 + 继承 + 消息通信。这是一种自底向上和自顶向下相结合的方法，而且它以对象建模为基础，从而不仅考虑了输入、输出数据结构，实际上也包含了所有对象的数据结构。所以 OMT 彻底实现了 PAM 没有完全实现的目标。不仅如此，OO(面向对象)技术在需求分析、可维护性和可靠性这三个软件开发的关键环节和质量指标上有了实质性的突破，彻底地解决了在这些方面存在的严重问题，能够真正建立基于用户需求的软件系统，而且系统的可维护性大大改善，从而宣告了软件危机末日的来临。当前业界广泛使用的面向对象建模的标准建模语言是 UML(Unified Modeling Language)，使用 UML 建模语言可以建立面向对象分析和设计等模型。

5) 可视化开发方法

可视化开发是 20 世纪 90 年代软件界最大的两个热点之一。随着图形用户界面的兴起，用户界面在软件系统中所占的比例也越来越大，有的甚至高达 60%～70%。

可视化开发就是在可视开发工具提供的图形用户界面上，通过操作界面元素，诸如菜单、按钮、对话框、编辑框、单选框、复选框、列表框和滚动条等，由可视开发工具自动生成应用软件，这类应用软件的工作方式是事件驱动。

许多工程科学计算都与图形有关，因此都可以开发相应的可视化计算的应用软件。可视化开发是软件开发方式上的一场革命，它使得软件专业开发人员从繁重的软件开发过程中解放出来，对缓解 20 世纪 80 年代中后期爆发的应用软件危机有重大作用。

6) ICASE 方法

随着软件开发工具的积累和自动化工具的增多，软件开发环境进入了第三代

ICASE(Integrated Computer-Aided Software Engineering)。ICASE 的最终目标是实现应用软件的全自动开发,即开发人员只要写好软件的需求规格说明书,软件开发环境就自动完成从需求分析开始的所有软件开发工作,自动生成供用户直接使用的软件及有关文档。

7) 基于构件的软件开发方法 —— 软件重用和组件连接

软件重用(Reuse)又称软件复用或软件再用。软件重用是利用已有的软件成分来构造新的软件。它可以大大减少软件开发所需的费用和时间,且有利于提高软件的可维护性和可靠性。目前软件重用沿着下面三个方向发展:

(1) 基于软件复用库的软件重用;

(2) 与面向对象技术结合;

(3) 组件连接。

其中,组件连接方向是目前发展最快的软件重用方式。最早的对象连接技术 OLE(Object Linking and Embedding)1.0 是 Microsoft 公司于 1990 年 11 月在 COMDEX 展览会上推出的。OLE 给出了软件组件(Component Object)的接口标准,这样任何人都可以按此标准独立地开发组件和增值组件(组件上添加一些功能构成新的组件),或由若干组件集成软件。在这种软件开发方法中,应用系统的开发人员可以把主要精力放在应用系统本身的研究上,因为他们可在组件市场上购买所需的大部分组件。

综上所述,今后的软件开发将是以 OO 技术为基础(指用它开发系统软件和软件开发环境),可视化开发、ICASE 和软件组件连接三种方式并驾齐驱,四者将一起形成软件界新一轮的热点技术。

2. 工具

软件工具(Software Tools)是指为支持软件的开发、维护、管理而专门研发的计算机程序系统。其目的是提高软件开发的质量和效率,降低软件开发、维护和管理的成本,支持特定的软件工程方法,减少手工方式管理的负担。

软件工具种类繁多、涉及面广,可组成工具箱或集成工具,如编辑、编译、正文格式处理、静态分析、动态跟踪、需求分析、设计分析、测试、模拟和图形交互等。软件工具按照应用阶段分为:计划工具、分析工具、设计工具、测试工具等;按照功能分为:分析设计、Web 开发、界面开发、项目管理、软件配置、质量保证、软件维护等。

1) 软件工具的作用与功能

支持软件工程的软件工具,一般应该具备认识与描述客观系统、存储与管理开发过程的信息、代码的编写与生成、文档的编辑或生成、软件项目的管理等功能。

2) 软件工具的分类

软件工具种类繁多且涉及软件工程的各个开发阶段以及支持不同的软件工程方法,从不同的角度对软件工具进行分类,对帮助开发人员评价、选择和使用软件工具具有较现实的指导意义,可以按如下分类依据对软件工具进行分类。

(1) 按照用途划分。按照用途可以把软件工具分为三类,即支持项目管理的工具:提供给项目管理人员使用,用于项目进度控制、成本管理、资源分配、质量控制等功能;支持软件分析与设计的工具:支持需求分析、设计、编码、测试、维护等软件生命周期各个阶段的开发工具和管理工具;支持程序设计的工具:操作系统、编译程序、解释程序和汇编程序等。

(2) 按照界面划分。按照界面可以把软件工具划分为支持字符界面的工具和支持图形用户界面(Graphics User Interface，GUI)的工具。

(3) 按照软件生存周期的阶段划分。按照软件生存周期的阶段可以把软件工具划分为以下几类。

系统计划工具，如版本管理软件、项目进度管理软件等。

需求分析工具，如数据字典管理系统、绘制数据流程图的专用工具、绘制系统结构图或 E-R 图的工具等。

系统设计工具，如用于描述的工具有流程图、判定表，程序描述语言(PDL)等。

支持编码的工具，如编辑系统、汇编程序、解释和编译系统等。

测试和调试工具，如测试用例生成器、测试系统、调试诊断程序、跟踪程序等。

运行和维护工具，包括系统运行配置工具以及支持系统维护的工具等。

文档管理工具，生成和管理系统文档的工具。

3．软件开发环境

软件开发环境(Software Development Environment)是相关的一组软件工具集合，它支持一定的软件开发方法或按照一定的软件开发模型组织而成，也称为软件工程环境(Software Engineering Environment)，是包括方法、工具和管理等多种技术的综合系统。其设计目标是简化软件开发过程，提高软件开发质量和效率。

软件开发环境应具备以下特点。

(1) 适应性。适应用户要求，环境中的工具可修改、增加、减少和更新。

(2) 坚定性。环境可自我保护，不受用户和系统影响，可进行非预见性的环境恢复。

(3) 紧密性。各种软件工具可以密切配合工作，提高效率。

(4) 可移植性。软件工具可以根据需要进行移植。

常用的软件工程环境具有以下三级结构：

(1) 核心级：主要包括核心工具组、数据库、通讯工具、运行支持、功能和与硬件无关的移植接口等。

(2) 基本级：包括环境的用户工具、编译、编辑程序和作业控制语言的解释程序等。

(3) 应用级：通常指应用软件的开发工具。

1.4.2 软件开发的基本策略

1．软件复用

把复用的思想用于软件开发，称为软件复用。软件复用就是通过对已有软件的各种知识来更新或建立新的软件，可以表述为：构造新的软件系统可以不必每次从零做起，直接使用已有的软件构件，即可组装(或加以合理修改)成新的系统。软件复用可以发生在一个系统内，也可以发生在相似的系统间，或者发生在完全不同的系统间。复用方法合理化并简化了软件开发过程，减少了总的开发工作量与维护代价，既降低了软件的成本又提高了生产率。

大多数情况下所讨论的软件可复用性指软件本身的可重用性，即软件代码实现的可重用性。而实际上，软件复用远不止这些，软件开发的全生命周期都有可重用的价值，包括项目的组织、软件需求、设计、文档、实现、测试方法和测试用例都是可以被重复利用或借鉴的有效资源。

2．分而治之

分而治之是指把一个复杂的问题分解成若干个简单的问题，然后逐个解决，是软件设计中的一种基本技术。如软件的体系结构设计、模块化设计都是分而治之的具体表现。在划分一个系统时，系统中的元素应按高内聚、低耦合的原则来分组，且其分组结果应该最小化。

3．软件优化与折中

优化是指为了提高软件质量，程序员不断改进软件中的算法、数据结构和程序组织。优化工作是十分复杂的，有时很难实现所有目标的优化，这时就需要折中策略。软件的折中策略是指通过协调各个质量因素，实现整体质量的最优。软件折中的重要原则是不能使某一方损失关键的职能，更不可以像舍鱼而取熊掌那样抛弃一方。例如，对软件进行时间优化的实践经验为：

(1) 在先不考虑时间复杂度的情况下设计并精化软件结构；

(2) 借用 CASE 工具模拟分析运行时的性能，定位出低效的部分；

(3) 详细设计时对最耗时的模块仔细推敲，以便提高开发效率；

(4) 使用高级程序设计语言编写程序；

(5) 对大量占用处理器资源的模块必要时用低级语言重新编写代码，以便提高效率。

1.5　软件过程与软件生命周期

1.5.1　软件过程

软件过程是人们用以开发和维护软件及其相关的软件工作产品(如项目计划、设计文档、编程、测试、用户手册等)的一系列活动，包括软件工程活动和软件管理活动，其中必然会涉及有关的方法和技术等。它是为了获得高质量软件所需要完成的一系列任务的框架，规定了完成各项任务的工作步骤。

软件过程通常包括四类基本过程：

(1) 软件规格说明：规定软件的功能、性能、可靠性及其运行环境等；

(2) 软件开发：研发满足规格说明的具体软件；

(3) 软件确认：确认软件能够完成客户提出的需求；

(4) 软件演进：为满足用户的变更要求，软件必须在使用过程中引进新技术、新方法，并根据新业务及时升级更新。

软件过程具有可理解性、可见性(过程的进展和结果可见)、可靠性、可支持性(易使用 CASE 工具支持)、可维护性、可接受性(为软件工程师接受)、开发效率和健壮性(抵御外部意外错误的能力)等特性。

　　软件工程最注重软件过程中的开发过程，该过程主要包括项目启动、需求调研、设计(概要设计及详细设计)、编码(实现)、测试、程序部署、验收评审和项目结束等过程。如图 1-2 所示为软件开发过程。

　　在工程实践中，一般用软件过程成熟度(Software Process Maturity)来衡量软件开发过程的有效性。

　　软件过程成熟度指软件过程行为可被定义、预测和控制并被持续性提高的程度，主要用来表明不同项目所遵循的软件过程的一致性。成熟度代表了软件过程能力改善的潜力，成熟度级别用来描述某一成熟度等级上的组织特征，每一等级都为下一等级奠定基础，过程的潜力只有在一定的基础之上才能够被充分发挥。成熟级别的改善需要强有力的管理支持，改善包括管理者和软件从业者基本工作方式的改变，组织成员依据建立的软件过程标准执行并监控软件过程，一旦来自组织和管理上的障碍被清除后，有关技术和过程的改善进程就能迅速推进。

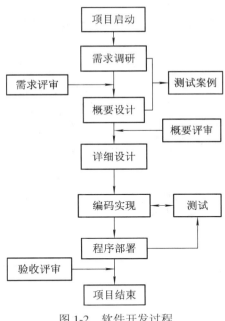

图 1-2　软件开发过程

1.5.2　软件生命周期的各个阶段

　　软件生命周期又称作软件生存周期、系统开发生命周期，是指从提出开发软件产品开始，直到软件报废为止的全过程。软件生命周期具体包括软件定义、开发和运行三个阶段，每个阶段又可进一步划分成若干个子阶段，如图 1-3 所示。

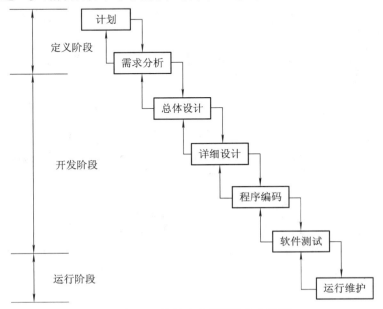

图 1-3　软件生命周期的各个阶段

软件生命周期采取工程设计的思想将软件项目的开发过程划分为若干阶段，并规定各阶段的主要任务和执行顺序，使软件开发可以按阶段逐步推进。各阶段描述如下。

1. 定义阶段

软件定义阶段的任务是确定软件开发工程必须完成的总目标，确定工程的可行性，导出实现工程目标应该采用的策略及系统必须完成的功能，估计完成该项工程需要的资源和成本，并且制定工程进度表，如图1-4所示。这个时期的工作通常又称为系统分析，由系统分析员负责完成。软件定义阶段通常进一步划分成两个阶段，即软件开发计划(包括问题定义、可行性研究)和需求分析。

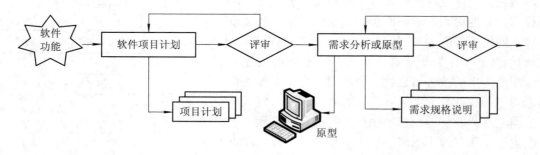

图 1-4　定义阶段

定义阶段是对软件进行一个初步的分析，确定软件要完成的总目标，确切回答系统要解决的问题是什么这一问题。可行性研究是从技术、经济角度确定软件系统的开发目标是否可以实现，即回答软件系统是否有行得通的解决办法，上一个阶段所确定的问题是否可行这一问题。需求分析阶段必须和用户密切配合，充分交流信息，以得出经过用户确认的系统需求。这个阶段的另一项重要任务是用正式文档准确地记录对目标系统的需求，这份文档称为软件规格说明书(Specification)，它是软件定义阶段的最终输出结果。

2. 开发阶段

开发阶段具体设计和实现在前一个时期定义的软件，它通常由四个阶段组成：概要设计、详细设计、编码和测试。其中前两个阶段又称为系统设计，后两个阶段又称为系统实现，如图1-5所示。

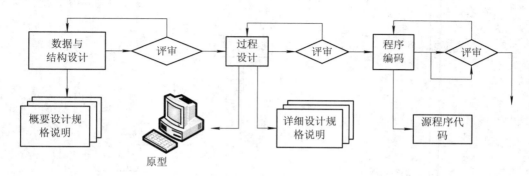

图 1-5　开发阶段

概要设计又称为初步设计、逻辑设计、高层设计或总体设计。在这一阶段中，首先，应该设计出实现目标系统的几种可能的方案；其次，在软件需求规格说明书的基础上，对软件的总体结构进行规划，主要完成软件架构设计、模块分解、模块功能定义和模块接口描述等工作。详细设计阶段的任务就是在概要设计的基础上，对模块进行具体、详细的过程性描述，用各种工具表示模块的结构、过程、功能和对外接口，即把解法具体化，也就是回答应该怎样具体地实现这个系统的关键问题。编码是对软件设计方案的具体实现，即为每一个模块编写正确的、易理解、易维护的程序代码。编码实际上是一个翻译过程，用程序设计语言对详细设计进行描述，编码任务的成果是程序源代码。测试阶段的关键任务是通过各种类型的测试及相应的调试，使软件达到预定的要求。测试的目的是在软件交付使用之前，尽可能多地发现软件中的错误。

3．运行阶段——检验、交付与维护阶段

检验、交付与维护阶段的主要任务是使软件持久地满足用户的需要，如图 1-6 所示。

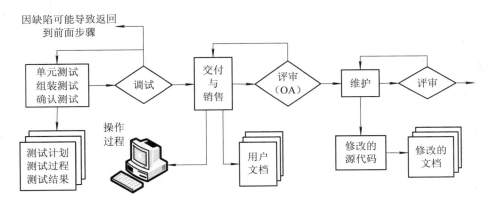

图 1-6　检验、交付与维护阶段

具体地说，当软件在使用过程中发现错误时应该加以改正；当环境改变时应该修改软件以适应新的环境；当用户有新要求时应该及时改进软件以满足用户的新需要。通常对维护时期不再进一步划分阶段，但是每一次维护活动本质上都是一次压缩和简化了的定义和开发过程。

与软件开发阶段的其他各项活动相比，这一阶段是软件生命周期的最后一个阶段，也是软件生命周期中占用时间和精力最多的一个阶段。在软件开发完成并投入使用后，软件中隐藏的错误逐渐显现出来，或者用户又提出了对软件进行修改和扩充的要求，这都需要对软件进行修改。大量的软件开发实践说明，如果在软件定义、开发阶段不注重质量问题，维护问题往往会大于开发问题。为了减少软件维护阶段的工作量，应该在开发周期的各个阶段都重视软件的质量，采取相应的质量保证措施。

通常，一个阶段的工作要在前一个阶段工作完成并审查通过之后，才能够开始进行。而这一阶段的工作也恰恰是为了能够延续并具体实现前一个阶段所提出的方案。例如，在软件开发过程中，需求分析完成并通过审核之后，才能开始概要设计。软件设计把需求分析阶段得到的软件需求转化为现实软件产品的体系结构。所以，整个软件生命周期是按照活动—成果—审查—再活动—再成果的规律循环往复，直至获得最终的软件产品。

1.6　常见的软件过程模型

如前所述，软件过程是指软件工程人员为了获得高质量软件产品而实施的一系列活动。这些活动可以是顺序的、迭代的、并行的、嵌套的，或者是依据条件而发生的。软件工程过程中每一个基本活动都是由过程模型来实现的。其定义可以描述为：项目管理 + 软件开发方法 = 软件过程。

软件过程(Process)是一个将用户需求转换为软件系统所需的活动的集合，通常用软件过程模型来描述。

软件过程模型是软件开发的全部过程、活动和任务的结构框架。

软件过程模型能清晰、直观地表达软件开发全过程，明确规定了要完成的主要活动和任务，用来作为软件项目开发的基础。

常见的软件工程模型有瀑布模型、快速原型模型、演化模型、螺旋模型、喷泉模型等，下面详细介绍这几种模型。

1.6.1　瀑布模型

瀑布模型又称软件生命周期模型，是最早被提出并使用的软件开发模型。这个模型描述了软件生命周期中的一些基本过程活动。这些活动从一个阶段到另一个阶段逐次下降，其工作流程形式上很像瀑布，因此人们把它称为瀑布模型。该模型如图 1-3 所示。

瀑布模型的优点之一是文档驱动，即在各阶段都必须完成规定的文档，并在每个阶段结束前都要对所完成的文档进行评审。这种工作方式有利于软件错误的尽早发现和解决，并且对软件系统的后续维护带来很大的便利。

该模型的另一个优点是：它所提供的顺序工作流程为软件项目按规程管理提供了便利，如按阶段制订项目计划、分阶段进行成本核算、进行阶段性评审等，对提高软件产品质量提供了有效保证。

瀑布模型是一种线性模型，要求项目严格按规程推进，必须等到所有开发工作全部完成以后才能获得可以交付的软件产品，这一过程可能延迟的很长。因此，通过瀑布模型并不能对软件系统进行快速创建，对于一些急于交付的软件系统的开发，瀑布模型并不合适。

瀑布模型主要适合于需求明确且无大的需求变更的软件开发。例如系统软件、实时控制软件。瀑布模型与其他系统工程项目中应用的模型是一致的，当软件项目仅是大型系统工程项目的一部分时，采用瀑布模型是非常合适的。

实践证明，瀑布模型有许多的缺陷，可能对软件项目产生负面影响。而这种模型又不能完全抛弃。在某些领域中，它是最合理的方法，比如嵌入式软件和实时控制系统。但是，对更多的其他应用领域，特别是对商业数据处理，瀑布模型并不适用。瀑布模型的缺点主要有以下几点。

(1) 不能处理含糊不清和不完整的用户需求；

(2) 由于开销的逐步升级问题，它不希望存在早期阶段的反馈；

(3) 在一个系统完成以前,无法预测一个新系统引入一个机构的影响;

(4) 不能恰当地研究和解决使用系统时的人为因素。

综上所述,这种模型的特点是阶段间具有顺序性和依赖性,按步骤进行程序的物理实现,便于分工合作,文档便于修改,有复审质量保证,但产品与用户见面晚,纠错慢,工期延期的可能性大,需求变化后引起的代价将很高。故该模型适合在软件需求比较明确、开发技术比较成熟、工程管理比较严格的场合下使用。

1.6.2　快速原型模型

原型法是为了克服瀑布模型的缺点而提出来的一种改进方法。其基本思想是从用户需求出发,快速构建起一个可以在计算机上运行的原型系统,用户可通过这个原型初步表达出自己的要求,并通过反复修改、完善,逐步靠近用户的全部需求,最终形成一个完全满足用户要求的新系统。

原型法中,原型即指模拟某种产品的原始模型。一般又把原型分为三种。第一种:抛弃式,目的达到即被抛弃,原型不作为最终产品;第二种:演化式,系统的形成和发展是逐步完成的,是高度动态迭代和高度动态的,每次迭代都要对系统重新进行规格说明、重新设计、重新实现和重新评价,是处理变化最为有效的方法,也是与瀑布模型的主要不同点;第三种:增量式,系统是一次一段地增量构造,与演化式原型的最大区别在于增量式原型是在软件总体设计基础上进行的。很显然,其处理变化比演化式差。

1．快速原型模型的开发步骤

快速原型模型的开发步骤如图 1-7 所示。

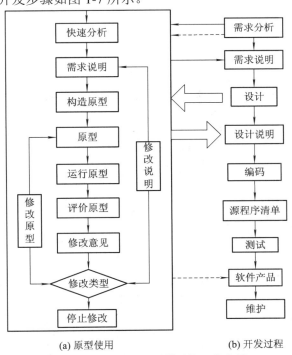

(a) 原型使用　　　　　　　　　(b) 开发过程

图 1-7　快速原型模型的开发步骤

2．快速原型方法具有的特点

快速原型方法的特点主要有以下几点：

(1) 快速原型是用来获取用户需求，或是用来试探设计是否有效的。一旦需求或设计确定下来，原型就将被抛弃。因此，快速原型要求快速构建、容易修改，以节约原型创建成本、加快开发速度。快速原型往往采用一些快速生成工具创建，例如 4GL 语言。另外，为了尽快向用户提供原型，开发原型系统时应尽量使用能缩短开发周期的语言和工具。

(2) 原型系统仅包括未来系统的主要功能以及系统的重要接口。

(3) 快速原型是暂时使用的，因此并不要求完整。它往往针对某个局部问题建立专门原型，如界面原型、工作流原型、查询原型等。

(4) 快速原型不能贯穿软件的整个生命周期，它需要和其他的过程模型相结合才能产生作用。例如，在瀑布模型中应用快速原型，可以解决瀑布模型在需求分析时期存在的不足。

对于小型和中型软件项目最多达 500 000 行代码，采用快速原型模型应该是最好的开发方法。对于大型的、复杂的系统，由于需要不同的开发团队来开发系统的不同部分，而采用快速原型模型要建立一个稳定成熟的系统体系结构是很困难的，很难实现开发团队间的协调工作和系统集成。

对于大型系统软件的开发，可采用瀑布模型和快速原型模型的混合开发方法，将上述两种模型的优点结合起来。如用快速原型模型方法快速开发出一个软件原型供用户和开发人员评价，以此来解决软件定义的不确定性问题；对于软件需求明确的系统部分，用瀑布模型来开发；其他部分，如用户界面的设计，事先定义好是有困难的，这时可用快速原型模型进行开发。

1.6.3　演化模型

演化模型(Evolutionary Model)是一种全局的软件或产品生存周期模型，属于迭代开发方法。该模型可以表示为：第一次迭代(需求→设计→实现→测试→集成)→反馈→第二次迭代(需求→设计→实现→测试→集成)→反馈→……，其模型如图 1-8 所示。

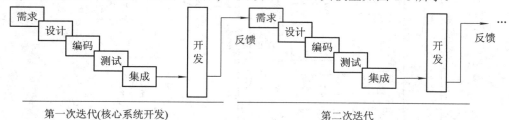

图 1-8　演化模型

演化模型主要针对事先不能完整定义需求的软件开发。用户可以给出待开发系统的核心需求，并且当看到核心需求实现后，能够有效地提出反馈，以支持系统的最终设计和实现。软件开发人员根据用户的需求，首先开发核心系统。当该核心系统投入运行后，用户试用，并提出精化系统、增强系统能力的需求。软件开发人员根据用户的反馈，实施开发的迭代过程。每一迭代过程均由需求、设计、编码、测试、集成等阶段组成，并可为整个系统增加一个可定义的、可管理的子集。

　　演化模型在开发模式上采取分批循环开发的办法，每循环开发一部分的功能，就让这部分功能成为这个产品的原型的新增功能。于是，设计就不断地演化出新的系统。实际上，这个模型可看作是重复执行的多个瀑布模型。

　　演化模型要求开发人员有能力把项目的产品需求分解为不同组，以便分批循环开发。这种分组并不是绝对随意性的，而是要根据功能的重要性及对总体设计的基础结构的影响而作出判断。有经验指出，每个开发循环以六周到八周为适当的时间长度。

　　演化模型的特点是通过逐步迭代弄清软件需求，再建立软件系统，这在一定程度上减少了软件开发活动的盲目性。其适合场合为没有需求或者难以完整定义需求的软件。注意该模型与快速原型模型之间的区别。

1.6.4　螺旋模型

　　螺旋模型是将瀑布模型与快速原型模型结合起来，并且加入风险分析，构成的具有特色的模型，这种模型弥补了前两种模型的不足，是演化模型的一种具体形式。螺旋模型将工程划分为四个主要活动：目标、选择和限制，风险评估，开发和测试，计划。四个活动螺旋式的重复执行，直到最终得到用户认可的产品，如图 1-9 所示。

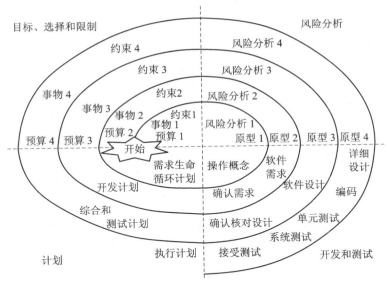

图 1-9　螺旋模型

　　螺旋模型的基本方法是，在各个阶段创建原型进行项目试验，以降低各个阶段可能遇到的项目风险。例如，为了降低用户对软件界面不满意的风险，可以在需求分析阶段建立界面原型；为了降低软件不能按设计要求实现的风险，可以在设计阶段针对所采用的技术建立仿真试探原型。

　　在螺旋模型中，软件开发过程是一系列的增量发布，即沿螺线自内向外每旋转一圈便开发出更为完善的一个新的软件版本。在每一个迭代中，逐步产生系统更加完善的版本。螺旋模型被划分为若干框架活动，也称为任务区域或环路。在螺旋模型中，每一个环路都包括如下四个部分。

1．目标、选择和限制

确定项目的目标，制定软件定义和详细的项目管理计划，确定项目的风险。

2．风险评估

对确定的风险进行详细的分析评估，并采取适当的风险规避措施。例如，如果风险是软件需求的不确定性，就可以利用快速原型模型开发一个原型系统，通过对原型的评估来明确软件的需求。

3．开发和测试

根据风险评估的结论，确定合适的开发模型。例如，当系统的安全性是主要风险时，就采用瀑布模型开发，以保证系统的安全性。

4．计划

在螺旋模型的一个环路结束时，要对项目的计划进行回顾总结，以决定是否进入到下一个环路的开发中。如果继续开发，就要制定项目下一个阶段的工作计划。

螺旋模型是一种引入了风险分析和规避机制的开发模型。螺旋模型在每个阶段都创建一个原型进行项目试验，以降低各个阶段可能遇到的风险。但对项目的风险进行评估分析也是需要费用的，因为只有较大型的项目才有较高的风险。因此，螺旋模型主要用于大型软件的开发。

1.6.5　喷泉模型

喷泉模型(Fountain Model)是一种以用户需求为动力，以对象为驱动的迭代模型，主要用于描述面向对象的软件开发过程，其模型如图 1-10 所示。喷泉一词用于形象地表达面向对象软件开发过程中的迭代和无缝过渡。

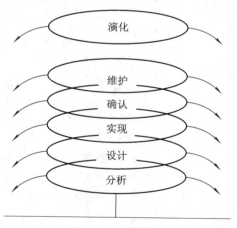

图 1-10　喷泉模型

喷泉模型体现了面向对象软件开发过程的各阶段自下而上相互迭代和无间隙的特性。软件的某个部分常常被重复工作多次，相关对象在每次迭代中随之加入渐进的软件成分，同时开发的各项活动之间无明显边界，如分析和设计活动之间没有明显的界限。因对象概念的引入，表达分析、设计、实现等活动只用对象类和关系，从而可以较为容易地实现活动的迭代和无间隙，使其开发自然地包括复用。

在面向对象方法中，对象既是对现实问题中实体的抽象，也是构造软件系统的基本元素。因此，在面向对象方法中建立的对象模型，既可以用于分析，也可以用于设计，而且分析阶段所获得的对象框架模型可以无缝过渡到设计阶段，以作为软件实现的依据。

喷泉模型不像瀑布模型那样，需要分析活动结束后才开始设计活动，设计活动结束后才开始编码活动。该模型的各个阶段没有明显的界限，开发人员可以同步进行开发。其优点是可以提高软件项目开发效率，节省开发时间，适用于面向对象的软件开发过程。

喷泉模型在各个开发阶段是重叠的，因此在开发过程中需要大量的开发人员，不利于项目的管理。此外这种模型要求严格管理文档，使得审核的难度加大，尤其是面对可能随时加入各种信息、需求与资料的情况时。

迭代模型(如喷泉模型)利用灵活的、模块化的对象开发技术提供了一种生命周期模型，它不但满足了人们工作的要求，同时考虑了充分的管理控制，它支持一些可预见的开发过程。下面介绍迭代模型的各个阶段。

(1) 初始阶段。该阶段的主要工作是确定系统的业务用例(Use Case)和定义项目的范围。为了达到这个目的，需要标识出系统要交互的外部实体，定义高层次的交互规律，定义所有的业务用例，并对个别重要的业务用例进行描述和实现。

(2) 精化阶段。该阶段的主要工作是分析问题域，细化产品定义，定义系统的构架并建立基线，为构建阶段的设计和实施工作提供一个稳定的基础。为验证构架，可能要实现系统的原型，执行重要的业务用例。

(3) 构建阶段。该阶段的主要工作是反复开发，以完善产品，达到用户的要求。这包括业务用例的描述、完成设计、完成实现和对软件进行测试等工作。

(4) 移交阶段。该阶段的主要工作是将产品交付给用户，包括安装、培训、交付、维护等工作。

各目标与各活动的完成没有一一对应关系，只要开发活动足够好，就能达成必要的理解和一致，使开发活动继续下去。生命周期的四个阶段实际对应问题解决的四个阶段，因此它们反映了各团队间如何协作解决问题。由于允许各活动从一个阶段延续到另一个阶段，并且在这期间允许设计和需求分析的改变，因此促进了沟通。使用这种模型，将使一个产品团队的组织工作变得容易。

随着计算机网络技术和软件技术的发展，软件体系结构和模式也在不断地发生变化，软件的规模越来越大，软件系统越来越复杂，因此整个软件系统的开发方法及开发模式的选择显得越来越重要。

1.7 小 结

深入理解软件的概念：程序 + 数据 + 文档 + 服务。

软件工程是指导计算机软件开发和维护的一门学科，它应用计算机科学、数学和管理科学等原理，借鉴传统工程的原则和方法，来创建软件，从而达到提高质量、降低成本的目的，解决出现的软件危机。

软件工程的主要研究内容：① 软件开发技术，包括软件开发方法学、软件开发过程、软件工具和软件工程环境；② 软件工程管理，包括软件管理学、软件经济学、软件心理学。

软件工程方法学包含三个要素：方法、工具和过程。其中，方法是完成软件开发的各项任务的技术方法，回答怎样做的问题；工具是为运用方法而提供的自动的或半自动的软件工程支撑环境(如计算机辅助软件工程 CASE、UML 建模工具)；过程是为了获得高质量的软件所需要完成的一系列任务的框架，它规定了完成各项任务的工作步骤。

软件产品从提出、实现、使用维护到停止使用的过程称为软件生命周期。软件生命周期可以划分为定义、开发和运行维护三个时期，每个时期又进一步划分成若干个阶段。在实践中，软件开发并不总是按照计划、分析、设计、实现、测试、集成、交付、维护等顺序来执行的，即各个阶段是可以重叠交叉的。

软件开发的基本策略主要采用软件复用、分而治之、软件优化，在软件的开发过程中尽量使用这些策略可以提高软件的质量。

软件过程是为了获得高质量的软件产品所需要完成的一系列任务的框架，它规定了完成各项任务的工作步骤。

本章最后给出了若干不同的软件开发方法与软件工程过程模型，每一个模型都有优点和弱点，但它们均具有一系列共同的一般阶段，使得我们能够实现在本书的其余部分将要一一探讨的过程的原则、概念和方法。

习 题 1

1. 理解软件的概念，对于软件≠程序，请解释为什么是正确的。
2. 软件为什么具有无形特性？
3. 软件开发技术的发展经历了哪些阶段，各有何特征？
4. 什么是软件危机？它有哪些典型表现？如何消除软件危机？
5. 什么是软件工程？什么是软件工程环境？
6. 简述软件开发的基本策略。为什么要进行软件优化？
7. 什么是软件生命周期？软件生命周期主要包括哪些阶段？怎样划分阶段？
8. 软件的生命周期对软件的开发有哪些指导作用？
9. 软件开发为何采用工程化方法？
10. 开发软件时，通常用什么模型来描述软件开发过程？
11. 常用的软件开发模型有几个？都有什么特点？说明每种模型的适用范围。
12. 为什么说喷泉模型较好地体现了面向对象软件开发过程无缝和迭代的特性？

第 2 章　项目分析与软件需求分析

知识点

软件项目问题定义，可行性分析，系统流程图，需求分析过程，数据流图，数据字典，实体-联系图，需求分析其他图形工具，面向数据流建模，需求验证。

难点

领域知识，获取需求与分析建模，需求规格说明，数据流图，实体-联系图(E-R 图)，面向数据流建模，常用图形工具的使用方法。

基于工作过程的教学任务

通过本章的学习，深刻理解可行性分析的必要性，掌握可行性分析的任务、过程以及可行性分析的主要内容；掌握需求分析的任务，需求获取的方法，分析建模与需求规格说明；掌握系统流程图使用的基本符号，理解分层绘制系统流程图的画法及思想；着重掌握针对某一领域知识利用数据流图、数据字典、实体-联系图、数据规范化等手段进行数据建模，理解分层绘制数据流图的画法及思想；掌握状态转换图、层次方框图、Warnier 图、IPO(HIPO)图及其绘制；掌握验证软件需求的必要性、方法。

2.1　软件项目的问题定义

软件项目的问题定义是软件开发过程的第一个阶段。系统分析人员需要弄清楚用户"使用计算机解决什么问题"，以报告的形式描述项目的名称、性质、目标、意义、规模等，以获得对着手开发软件项目的高层描述。尽管对软件项目定义问题十分必要，但是在实践中它却是最容易被忽视的一个步骤。

1. 问题定义的内容

软件项目的问题定义包括以下内容：

(1) 问题的背景、开发系统的现状。弄清楚准备开发的软件的使用背景，开发系统现处于什么状态，为什么要开发它。

(2) 开发的理由和条件、开发系统的问题要求。

(3) 总体要求、问题的性质、类型范围。

(4) 要实现的目标、功能规模、实现目标的方案。

(5) 开发的条件、环境要求等。

以上内容都写到问题定义报告(或称系统定义报告)中，以供可行性分析阶段使用。

2．问题定义的步骤

在问题定义阶段，需要系统分析员对用户的想法进行详细地研究，明确软件系统的规模和基本要求，还需要用户负责人密切配合系统分析员工作，以便圆满完成问题定义阶段报告。问题定义的步骤如下：

首先，明确系统目标规模和基本要求。系统分析员针对用户的要求做出详细的调查研究，认真听取用户对问题的介绍，阅读与问题相关的资料，深入现场，调查开发系统的背景，了解用户对开发的要求。

其次，分析现有系统，设计可能方案。

最后，与用户反复讨论，写出双方认可的问题定义报告。系统分析员要与用户负责人反复讨论，以澄清模糊的地方、改正不正确的地方。最终写出双方都满意的问题定义报告，并确定双方是否有继续合作的意向。

2.2　软件项目可行性分析

可行性分析是软件开发过程的第二个阶段。系统分析员要对用户进行详细的调查研究，对开发系统的目标和规模进行判断，对新系统是否能够带来经济效益进行判断。分析软件的可行性就是用最小的代价在尽可能短的时间里确定待开发的软件系统是否可行。

1．软件可行性分析的目的和任务

软件可行性分析的目的不是解决软件问题，而是确定软件问题是否能解，研究当前条件下，新系统是否具备可开发的资源和条件。也就是说，软件可行性分析的目的是用最小的代价在尽可能短的时间内确定问题是否值得去解决，以及问题是否能够被解决。在澄清了问题定义之后，分析员首先应该导出系统的逻辑模型，然后从系统逻辑模型出发，探索出若干种可供选择的主要解法。最后仔细分析每种解法的可行性。

经过可行性分析以后，如果认为问题值得去解，则制订项目开发计划，进入实际开发过程；否则直接终止项目。

2．软件可行性分析的内容

软件可行性分析包括技术可行性、经济可行性和社会可行性三个方面的内容。

1) 技术可行性

技术可行性分析是指针对待需要解决的问题，分析目前已有的技术能否实现，能否解决系统中的技术难题，所开发的系统能否达到所要求的功能和性能，系统对技术人员的要求，现有的技术人员能否胜任，开发所需要的软件与硬件能否如期得到等。总的来说，技术可行性分析主要考虑以下 3 个方面：

(1) 在给定的时间内能否实现系统定义中的功能。

(2) 软件的质量如何。用户如果对软件的实时性要求很高，而开发的新系统运行却很缓慢，即使功能完备也毫无价值。用户如果对软件的正确性和精确度要求很高，新体系一旦出现差错，用户利益将损失严重。

(3) 软件的生产率如何。软件生产率如果低下，会减少利润，甚至会逐渐丧失竞争力。软件如果质量不好，则会导致软件的后期维护成本大大提高。

2) 经济可行性

所谓经济可行性分析，就是分析开发该项目能否取得合理的经济效益，主要是分析成本与收益这两个方面，要做出投资的估算和系统投入运行后可能获得的经济效益或可节约的费用估算。

(1) 成本分析。经济可行性的一个重要任务就是要估算软件开发的成本，也就是项目的预算。如果在软件开发的初期阶段没有合理地估算成本，常常会导致实际的软件成本远远超过最初的估算，甚至会导致项目最终开发失败。一般估算考虑以下几个方面因素：办公成本、人员成本、资料成本以及其他成本。

在软件开发成本中，最主要的成本是人力消耗。目前已经有一些常用的估算方法，如代码行方法、任务分解方法、自动估计成本方法等。

① 代码行方法。代码行方法是比较简单的定量估算方法，它把开发的每个软件功能成本和实现功能需要用的源代码行数联系起来。代码行数是指所有可执行的源代码行数，包括命令语句、数据定义、数据类型声明、等价声明、输入/输出格式声明等。每行代码的平均成本主要取决于软件的复杂程度和人员工资水平，一般可用历史的经验数据作参考。根据每个人月编写的代码行数与该项目估算的总代码行数比较，估算出开发需要的总工作量，再参考开发人员的平均月工资水平，即可算出整个项目的人工费。

② 任务分解方法。任务分解方法与代码行方法不同，它是把软件开发工程分解为若干个相对独立的任务，再估计出每个独立开发的任务成本，最后累加得到软件开发工程的总成本。在估算每个任务的成本时，通常先估计完成该任务需要的人力，再乘以每人每月的平均工资，得出每个任务的成本。

③ 自动估计成本方法。采用自动估计成本的软件工具可减轻人的劳动，得出的估计结果更加客观。但采用这种方法必须有长期搜集的大量历史数据为基础，并且需要有良好的数据库系统支持。

(2) 收益分析。在估算投入成本后，要对收益进行估算，以确定经济的可行性。收益是指新系统将增加的收入或可节约的成本(运行费用)。需要注意的是，成本是现在进行的，效益是将来获得的，不能简单地比较成本和效益，应该考虑货币的时间价值。

通常用利率的形式表示货币的时间价值。假设年利率为 i，现有货币 P 元，则 n 年后的价值 F 可按如下公式计算：

$$F = P(1+i)^n$$

反之，若 n 年后的效益为 F 元，那么现在的价值 P 如下：

$$P = \frac{F}{(1+i)^n}$$

例如，某系统投入 5 万元，每年可节省的成本为 2.5 万元，若软件的生命周期为 5 年，则总节省 12.5 万元。但是在进行效益分析时，不能简单地把 5 万元与 12.5 万元相比较，因为前者是现在投资的钱，后者是若干年以后节省的钱。假设年利率为 10%，则每年的效益折算应如表 2-1 所示。总的效益约为 9.48 万元。

表 2-1　效益折算计算表

年份	将来值/元	$(1+i)^n$	现在值/元	累加现在值/元
第 1 年	25,000	1.1	22,727.27	22,727.27
第 2 年	25,000	1.21	20,661.16	43,388.43
第 3 年	25,000	1.331	18,782.87	62,171.30
第 4 年	25,000	1.464,1	17,075.34	79,246.64
第 5 年	25,000	1.610,51	15,523.03	94,769.67

衡量价值的另一项经济指标是纯收入，就是在整个软件生命周期内系统累计经济效益(折合成现在值)与投资之差。上述系统的纯收入预计为

$$94,769.67 - 50,000 = 44,769.67(元)$$

从经济可行性角度分析，如果纯收入等于零或小于零，那么这个项目是不值得投资的。只有纯收入大于零，才能考虑投资。

3) 社会可行性

社会可行性主要是指软件生产需要考虑的社会因素，具体来说是指市场、政策与法律方面的考虑。

(1) 在市场方面，考虑软件产品所面对的市场性质是成熟的、未成熟的或即将消亡的。

(2) 在政策方面，考虑的是国家宏观的经济政策对软件开发及销售的影响。

(3) 在法律方面，应该考虑软件的开发是否会侵犯他人、集体或国家的利益，是否会违反国家的法律并可能由此承担相应的法律责任等。例如，某用户希望开发一款能攻击其竞争对手的数据库软件，这显然侵犯了他人的利益，因此属于不可行的开发项目。

3. 软件可行性分析步骤

可行性分析的一般步骤是：建立系统模型，进行项目可行性评估，撰写可行性分析报告。可行性分析所针对的是一个尚未创建的新系统，为了使可行性分析具有研究对象，在进行可行性评估之前有必要先建立起该系统的工作模型。软件项目的可行性分析过程及步骤如图 2-1 所示。

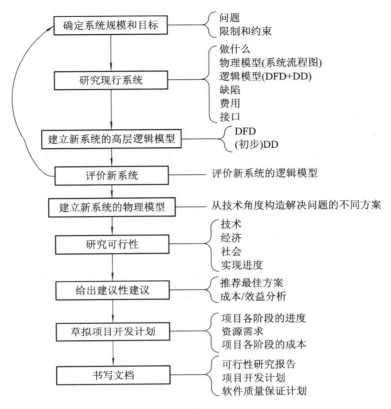

图 2-1　软件可行性分析步骤

2.3　软件系统的需求

　　软件系统的需求分为用户需求和系统需求两类。软件需求阶段的任务就是要将客户等提出的用户需求转换为系统需求。

　　用户需求是用自然语言加图的形式给出的，是关于系统需要提供哪些服务以及系统操作受到哪些约束的声明。用户需求术语用来表达高层的概要需求，通常只描述系统的外部行为，而不涉及系统内部的特性。

　　系统需求详细地给出系统将要提供的服务以及系统所受到的约束，对系统的需求文档的描述应该是精确的。它可能成为系统买方和软件开发者之间合同的重要内容。系统需求常常分为功能需求和非功能需求。

2.3.1　功能需求

　　功能需求包括对系统应该提供的服务，如何对特殊输入做出反应，以及系统在特定条件下的行为的描述。有时还需要明确声明系统不应该做什么。

　　功能需求描述了系统所提供的功能和服务。它取决于开发的软件类型、软件潜在的用户，以及机构在写需求时所采用的一般方法。

如果是用户需求，就要用被系统用户理解的一种抽象方法来描述功能需求。功能需求有时还需要详细描述系统的功能、输入/输出、异常等。

例如，一个高校的图书管理系统，除了提供一般的图书管理功能外，还能够为学生和教工从其他图书馆借阅图书和文献资料提供服务。

- 基本数据维护功能。提供使用者录用、修改并维护基本数据的途径。基本数据包括读者的信息及图书资料的相关信息，可以对这些信息进行修改、更新；

- 基本业务功能。提供读者借、还书籍的登记管理功能，随时根据读者借、还书籍的情况更新数据库系统，如果书籍已经借出，可以进行预留操作，以及书籍的编目、入库、更新等操作；

- 数据库管理功能。对所有图书信息及读者信息进行统一管理维护，对书籍的借、还进行详细的登记，以便协调整个图书馆的运作；

- 信息查询功能。提供对各类信息的查询功能，如对本图书馆的用户借书信息、还书信息、书籍源信息、预留信息等进行查询，对其他图书馆的书籍、资料源信息的查询功能。

理论上，系统的功能需求描述应该是既完备又一致的。完备意味着用户所需的所有服务都应该给出描述，一致意味着需求描述不能前后矛盾。

在实际中，对大型而又复杂的系统而言，要做到需求描述既完备又一致几乎是不可能的。一方面因为在为复杂系统写需求描述时很容易出现错误和遗漏；另一方面因为在一个大型系统中有很多信息持有者，一个信息持有者是在一定程度上被系统影响的一个人或一个角色。这些信息持有者经常有着不同和不一致的需求。在最初的描述需求的时候，这些矛盾可能不明显，需求的不一致性潜伏在描述中，当深入地分析之后或当系统交付客户使用之后问题就会暴露出来。

2.3.2　非功能需求

非功能需求是对系统提供的服务或功能给出的约束，是指那些不直接关系到系统向用户提供的具体服务的一类需求。它们与系统的总体特性相关，如可靠性、响应时间、存储空间占用等。换言之，非功能需求是对系统的实现定义了质量目标属性要求和约束性要求。

非功能性系统需求，例如性能、安全性、可用性，通常会从总体上规范或约束系统的特性。如果一个非功能系统需求没有满足则可能使整个系统无法使用。例如，一个飞机系统不符合可靠性需求，它将不会被批准飞行；一个实时控制系统无法满足其性能需求，控制功能可能根本无法使用。

非功能需求源于用户的需要。例如，预算约束、机构政策、以及与其他软硬件系统的互操作等因素。图 2-2 描述了非功能需求的分类，从图中可以看出非功能需求或是来源于所要求的软件产品需求，或是来源于开发软件的机构需求，或是来源于外部需求。

- 机构需求是由用户或开发者所在的机构对软件开发过程提出的一些规范，例如交付、实现、标准等方面的需求；

- 产品需求主要反映了对系统性能的需求，包括可用性、可靠性、可移植性、效率和存储等的需求，直接影响到软件系统的质量；安全性需求则将关系到系统是否可用的问题；

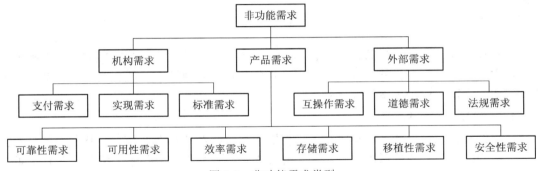

图 2-2　非功能需求类型

● 外部需求范围较广，包括所有系统的外部因素及开发、运行过程。互操作需求是指该软件系统如何与其他系统实现互操作；法规需求和道德需求确保系统在法律允许的范围内工作和保证系统能够被用户和社会公众所接受。

还要注意，一般对非功能需求进行量化是比较困难的，没有什么典型的方法。因此，对非功能需求的描述往往是模糊的，对其进行验证也是比较困难的。

非功能需求通常并不改变产品的功能。一般来说，不管增加多少的质量属性，功能性需求都会保持不变。也有更复杂的情况存在，有时候非功能需求的实现会为产品增加功能(举例：功能的存在是为了让产品具有期望的特征)。功能性需求是让产品工作的需求，非功能需求是为工作赋予特征的需求。所以说，功能性需求和非功能性需求是相辅相成密不可分的。

由于非功能需求和功能需求之间存在着相互作用的关系，在进行需求描述时，有时很难将它们区分开，这将影响到对功能和非功能指标的分析。在具体进行软件需求分析时，要根据所开发的软件系统的类型和具体情况确定。

例如，对"大学图书管理系统"可以提出以下非功能需求：

● 系统安全性需求：为保证系统安全性，对本图书馆的各项功能进行分级、分权限操作，对各类用户进行确认。对其他图书馆借阅图书和文献资料服务控制范围，如限 IP、限用户等；

● 对系统可用性的需求：为了方便使用者，要求对所有交互操作提供在线帮助功能；

● 对系统查询速度的需求：要求系统在 20 秒内响应查询服务请求；

● 对系统可靠性的需要：要求系统失败发生率小于 1%。

用户总是强调确定他们的功能、行为或需求——软件让他们做的事情。除此之外，用户对产品如何良好地运转抱有许多期望。这些特性包括：产品的易用程度如何，执行速度如何，可靠性如何，当发生异常情况时系统如何处理。这些被称为软件质量属性(或质量因素)的特性是系统非功能(也叫非行为)部分的需求。

虽然，在需求获取阶段客户所提出的信息中包含提供了一些关于重要质量特性的线索，但客户通常不能主动提出他们的非功能期望。用户说软件必须"健壮"、"可靠"或"高效"时，这是很技巧地指出他们所想要的东西。从多方面考虑，质量必须由客户和那些构造测试和维护软件的人员来定义。探索用户隐含期望的问题可以导致对质量目标的描述，并且制定可以帮助开发者创建完美产品的标准。

2.3.3　软件需求分析的风险

不重视需求过程的项目队伍将自食其果。需求工程中的缺陷将给项目成功带来极大风险，这里的"成功"是指推出的产品能以合理的价格、及时地在功能、质量上完全满足用户的期望。下面将讨论一些需求风险。

1．无足够用户参与

客户经常不明白为什么收集需求和确保需求质量需花费那么多功夫，开发人员可能也不重视用户的参与。究其原因：一是因为开发人员感觉与用户合作不如编写代码有意思；二是因为开发人员觉得已经明白用户的需求了。在某些情况下，与实际使用产品的用户直接接触很困难，而客户也不太明白自己的真正需求。但还是应让具有代表性的用户在项目早期直接参与到开发队伍中，并一同经历整个开发过程。

系统人员在实践过程中，也有些感觉，在实施一家公司的项目时，若无足够的用户参与，系统人员获得的需求是片面的、不完整的，这样系统在需求之初就埋下风险。

2．用户需求的不断增加

在开发中若不断地补充需求，项目就越变越庞大以致超过其计划及预算范围。计划并不总是与项目需求规模与复杂性、风险、开发生产率及需求变更实际情况相一致，这使得问题更难解决。实际上，问题根源在于用户需求的改变和开发者对新需求所做的修改。

3．模棱两可的需求

模棱两可是需求规格说明中最为可怕的问题。它的一层含义是指诸多读者对需求说明产生了不同的理解；另一层含义是指单个读者能用不止一个方式来解释某个需求说明。

处理模棱两可需求的一种方法是组织好负责从不同角度审查需求的队伍。仅仅简单浏览一下需求文档是不能解决模棱两可问题的。如果不同的评审者从不同的角度对需求说明给予解释，且每个评审人员都真正了解需求文档，这样二义性就不会直到项目后期才被发现，那时再发现的话会使得更正代价很大。

4．不必要的特性

"画蛇添足"是指开发人员力图增加一些"用户欣赏"但需求规格说明中并未涉及的新功能。经常发生的情况是用户并不认为这些功能很有用，以致在其上耗费的努力白搭了。开发人员应当为客户构思方案并为他们提供一些具有创新意识的思路，具体提供哪些功能要在客户所需与开发人员在允许时限内的技术可行性之间求得平衡，开发人员应努力使功能简单易用，而不要未经客户同意，擅自脱离客户要求，自作主张。

5．过于精简的规格说明

有时，客户并不明白需求分析如此重要，于是只作一份简略的规格说明，仅涉及产品概念上的内容，然后让开发人员在项目进展中去完善，结果很可能出现的是开发人员先建立产品的结构之后再完成需求说明。这种方法可能适合于尖端研究性的产品或需求本身就十分灵活的情况。但在大多数情况下，这会给开发人员带来挫折，也会给客户带来烦恼。

6．忽略了用户分类

大多数产品是由不同的人使用其不同的特性，使用频繁程度也有所差异，使用者受教育程度和经验水平也不尽相同。如果你不能在项目早期就针对所有这些主要用户进行分类的话，必然导致有的用户对产品感到失望。例如，菜单驱动操作对高级用户太低效了，但含义不清的命令和快捷键又会使不熟练的用户感到困难。

7．不准确的计划

据统计，导致需求过程中软件成本估计不准确的原因主要有以下五点：频繁的需求变更、遗漏的需求、与用户交流不够、质量低下的需求规格说明和不完善的需求分析。

对不准确的要求所提问题的正确响应是等我真正明白你的需求时，我就会来告诉你。基于不充分信息和未经深思的对需求不成熟的估计很容易被一些因素左右。要做出估计时，最好还是给出一个范围。未经准备的估计通常是作为一种猜测给出的，听者却认为是一种承诺。因此，我们要尽量给出可达到的目标并坚持完成它。

2.4　用户需求获取

优秀软件总是能够最大限度地满足用户需求。因此，有效获取用户需求，是实施软件开发时需要完成的第一项工作。

1．软件需求工程过程

需求工程的目标是创建和维护系统需求文档。总的过程包括四个高层需求工程子过程。它们是评估系统是否对业务有用(系统可行性研究)、需求发现(需求导出和分析)、将需求转变为某种标准格式描述(需求描述)以及检验需求是否正确地定义了客户所希望的系统(需求有效性验证)。

在实际中需求工程是一个活动相互交错的迭代过程。图 2-3 说明需求工程过程的交错性。该图将需求工程过程分解为三个活动，这些活动是组织在一个螺旋结构中的迭代过程。

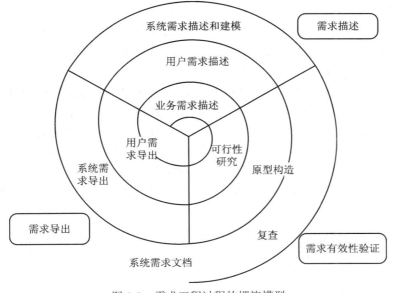

图 2-3　需求工程过程的螺旋模型

螺旋模型提供了一种开发方法，准许我们将需求处理到不同的详细程度。迭代的次数是可以变化的，这样螺旋就可以在经过若干或所有的用户需求导出后退出。如果图中需求验证部分的原型活动扩展为包括了迭代式开发，则这个模型允许需求和系统实现一同进行。

有些人认为需求工程任务是要提出一个结构化方法，这包括分析系统和开发一组基于图形的系统模型，如用例模型，作为系统的描述。这组模型描述了系统的行为和附加的信息，如对它的性能或可靠性的要求。

尽管结构化方法在需求工程过程中起到重要的作用，但需求工程远不止于此。尤其是需求导出，它是一个以人为中心的活动，而人是不情愿受到严格系统模型束缚的。

事实上，所有的系统和需求都是在不断变化的。开发人员都在寻求能够更好理解软件需求的方法；客户的机构也在变化；系统的硬件、软件和机构环境也在不断改变。管理这些不断变更的需求的过程称为需求管理。

2．如何获取需求

在 2.3 节中讨论了需求的三个层次：业务需求，用户需求和系统需求。在项目中它们在不同的时间来自不同的来源，也有着不同的目标和对象，并需以不同的方式编写成文档。业务需求(或产品视图和范围)不应包括用户需求(或使用实例)，而所有的功能需求都应该源于用户需求。同时也需要获取非功能需求，如质量属性。

获取需求的步骤如下：

(1) 确定需求开发过程。确定如何组织需求的收集、分析、细化并核实的步骤，并将它编写成文档。对重要的步骤要给予一定指导，这将有助于分析人员的工作，而且也使收集需求活动的安排和进度计划更容易进行。

(2) 编写项目视图和范围文档。项目视图和范围文档应该包括高层的产品业务目标，所有的使用实例和功能需求都必须遵从能达到的业务需求。项目视图说明使所有项目参与者对项目的目标能达成共识。而范围则是作为评估需求或潜在特性的参考。

(3) 将用户群分类并归纳各自特点。为避免出现疏忽某一用户群需求的情况，要将可能使用产品的客户分成不同组别。他们可能在使用频率、使用特性、优先等级或熟练程度等方面都有所差异。详细描述出他们的个性特点及任务状况，将有助于产品设计。

(4) 选择每类用户的产品代表。为每类用户至少选择一位能真正代表他们需求的人作为那一类用户的代表并能做出决策。这对于内部信息系统的开发是最易实现的，因为此时，用户就是身边的职员。而对于商业开发，就要在主要的客户或测试者中建立起良好的合作关系，并确定合适的产品代表。他们必须一直参与项目的开发而且有权做出决策。

(5) 建立起典型用户的核心队伍。把同类产品或你的产品的先前版本用户代表召集起来，从他们那里收集目前产品的功能需求和非功能需求。这样的核心队伍对于商业开发尤为有用，因为你拥有一个庞大且多样的客户基础。与产品代表的区别在于，核心队伍成员通常没有决定权。

(6) 让用户代表确定使用实例。从用户代表处收集他们使用软件完成所需任务的描述，讨论用户与系统间的交互方式和对话要求。在编写使用实例的文档时可采用标准模版，在使用实例基础上可得到功能需求。

(7) 召开应用程序开发联系会议。应用程序开发联系(JAD)会议是范围广的、简便的专题讨论会(Workshop)，也是分析人员与客户代表之间一种很好的合作办法，并能由此拟出需求文档的底稿。该会议通过紧密而集中的讨论得以将客户与开发人员之间的合作伙伴关系付诸于实践。

(8) 分析用户工作流程。画一张简单的示意图(最好用数据流图)来描绘出用户什么时候获得什么数据，并怎样使用这些数据。编制业务过程流程的文档将有助于明确产品的使用实例和功能需求。你甚至可能发现客户并不真的需要一个全新的软件系统就能达到他们的业务目标。

(9) 确定质量属性和其他非功能需求。在功能需求之外再考虑一下非功能的质量特点，这会使你的产品达到并超过客户的期望。这些特点包括性能、有效性、可靠性、可用性等，而在这些质量属性上客户提供的信息相对来说就非常重要了。

(10) 通过检查当前系统的问题报告来进一步完善需求。客户的问题报告及补充需求为新产品或新版本提供了大量丰富的改进及增加特性的想法，负责提供用户支持及帮助的人能为收集需求过程提供极有价值的信息。

(11) 跨项目重用。如果客户要求的功能与已有的产品很相似，则可查看需求是否有足够的灵活性以允许重用一些已有的软件组件。

2.5　软件需求文档与规格说明

软件需求文档(Software Requirement Specification，SRS)，又称软件规格说明书，是系统分析人员在需求分析阶段必须要完成的文档，是软件需求分析的最终结果。它的主要作用是：作为软件人员与用户之间事实上的技术合同说明；作为软件人员下一步进行设计和编码的基础；作为测试和验收的依据。

2.5.1　自然语言描述

自然语言时常用来书写系统需求描述，如用户需求那样。然而，因为系统需求比用户需求要求有更多的细节内容，所以用自然语言描述容易造成混乱，难以理解，主要表现为以下几点：

(1) 自然语言存在二义性，会造成语义理解的偏差；

(2) 一个自然语言书写的需求描述随意性太大；

(3) 不存在一个简单的方法，使自然语言书写的需求模块化。

因为这些问题，用自然语言书写的需求描述容易引起误会。在使用自然语言书写需求时，为了尽量减少误解，推荐下面一些简单的指导原则。

(1) 设计一个标准格式，并保证所用的需求定义都遵循此格式书写。

(2) 使用一致性的语言来区分强制性需求和可选性需求。强制性需求是系统必须支持的。定义时要使用"必须"，可选性需求不是必要的，定义时要使用"应该"。

(3) 对文本加亮(粗体、斜体、颜色)来突出显示关键性需求。

(4) 不要认为读者会理解技术性软件语言。像体系结构、模块之类的语言很容易被误解。因此，要避免使用专业术语和缩写词。

(5) 在任何可能的情况下，都应该尝试把需求原理和每一个用户需求联系起来。

2.5.2 结构化描述

结构化语言是书写系统需求时对自然语言所做的严格的格式。该方法的好处是它保持了自然语言中的绝大部分好的性质，包括表现能力和易懂性，同时又在不同程度上对描述做了一致性的约束。

为了用基于格式的方法来描述系统需求，必须定义标准格式或模板来表达需求。需求描述的结构化是围绕三个主要内容进行的，一是系统操纵的对象，二是系统运行的功能，三是系统处理的事件。这样一个以格式为基础的描述胰岛素泵的例子见表 2-2。

胰岛素泵是根据用户的胰岛素需求进行计算的，而用户的胰岛素需求是根据自身血糖水平的变化速率得到的，这些变化速率是通过当前和先前一次的读数计算的。

表 2-2　胰岛素泵需求的结构化描述

胰岛素泵/控制软件	
功能	计算胰岛素剂量，安全的胰岛素水平
描述	计算所要传输的胰岛素剂量，这是在当前度量的血糖水平处于 3～7 个单位之间这样正常范围之内时的胰岛素计算
输入	当前血糖读数(r2)，先前的两个读数(r0，r1)
来源	来自传感器的当前血糖读数。其他读数来自内存
输出	CompDose-所要传输的胰岛素剂量
目的地	主控制循环
行动	如果血糖水平稳定或下降，或者尽管血糖水平上升但升速在降低，那么 CompDose 为零。如果血糖水平上升且升速也增加，那么 CompDose 通过将血糖当前值与先前值之差除以 4，再四舍五入来计算。如果四舍五入所得值为零。那么 CompDose 设定为可以传输的最小剂量
需求	两个先前的血糖水平读数，以便能计算出血糖水平的改变速率
前置条件	胰岛素库保存至少是单个胰岛素剂量所允许的最大值
后置条件	用 r1 替代 r0，然后用 r2 替代 r1
副作用	无

当用一个标准格式描述功能需求时，下列各项信息应该被包括在内。

(1) 关于所定义的实体或功能的描述；

(2) 关于输入及输入来源的描述；

(3) 关于输出及输出去向的描述；

(4) 其他被引用的实体的索引；

(5) 关于所采取的行动的描述；

(6) 如果一个功能性方法被用到，前置条件设定在什么逻辑子句为真时执行该功能；后置条件设定该功能执行之后什么逻辑子句应该为真；

(7) 关于操作的副作用(如果有的话)的描述。

　　使用结构化描述消除了自然语言描述中的一些问题,这是在描述中减少了可变性和需求被有效组织的结果。然而,用一种无二义性的描述方法来书写需求是很困难的,尤其是需要复杂计算的时候。

2.5.3　软件需求文档

　　软件需求文档(SRS)是对系统开发者应当实现的内容的正式陈述。它应该包括系统的用户需求和一个详细的系统需求描述。在某些情况下,用户需求和系统需求被集中在一起描述。在其他情况下,用户需求在系统需求的引言部分给出。如果有很多的需求,详细的系统需求可能被分开到不同文档中单独描述。

　　表 2-3 是一个基于 IEEE 标准的需求文档的结构。该内容将有助于系统的维护人员,允许系统设计人员加入对未来系统特点的支持。

表 2-3　需求文档的结构

章　节	描　述
绪言	定义文档的读者对象,说明版本的修正历史,包括对新版本为什么要创建以及每个版本间的变更内容的概要
引言	应该描述为什么需要该系统,应该简要描述系统的功能,解释系统是如何与其他系统间协同工作的。要描述该系统在机构总体业务目标和战略目标中的位置和作用
术语	定义文档中的技术术语。假设文档读者是不具有专业知识和经验的人
用户需求定义	这一部分要描述系统应该提供的服务以及非功能系统需求,该描述可以使用自然语言、图表或者其他各种客户能理解的符号。产品和过程必须遵循的标准也要在此定义
系统体系结构	这一部分要对待建系统给出体系结构框架,该体系结构要给出功能在各个模块中的分布。在能被复用的结构中,组件要以醒目的方式示意出来
系统需求描述	这一部分要对功能和非功能需求进行详细描述。如有必要,对非功能需求要再进一步描述,例如,定义与其他系统间的接口
系统模型	这一部分要提出一个或多个系统模型,以表达系统组件、系统以及系统环境之间的关系。这些模型可以是对象模型、数据流模型和语义数据模型
系统进化	这一部分要描述系统基于的基本设想以及预计硬件进化和用户需求改变时所要做的改变
附录	这一部分要提供与开发的应用有关的详细、专门的信息。该附录的例子是硬件和数据库的描述,硬件需求定义了系统最小和最优配置,数据库需求定义了系统所用的数据的逻辑结构和数据之间的关系
索引	可以包括文档的几个索引。除了标准的字母顺序索引外,还可以有图表索引、功能索引等

　　需求文档中内容的详细程度,取决于所要开发的系统的类型,以及所使用的开发过程。当一个系统是由某个外部机构承担开发的时候,要求极高的一类系统描述就需要非常精确和详细。如果需求中有较大的弹性,且系统是由本机构内部开发的话,文档就不必写得太详细,一些二义性问题可以在开发阶段得以解决。

当软件系统是大型系统工程项目的一部分时，大系统本身包含交互式硬件和软件系统，一般就必须在细节层次上定义需求。这意味着需求文档会非常长，而且可能包含表 2-3 中的大部分章节。对于长文档，尤其需要一个详细的目录和文档索引，以便读者能快速找到所需的信息。

当采取外包方式进行系统开发时，需求文档是至关重要的。然而，敏捷开发方法认为，需求变更是如此频繁以至于需求文档在刚写完就可能已经过时了，所以大量的人力都浪费了。代替形式化文档的是采用如极限编程这样的方法。这种方法的主要特点是，用户需求应该是一点一点地收集起来的，而且应该书写在卡片上。这样，用户就能够在下一个系统增量实现时，优先介绍比较紧迫的需求。

2.6　系统流程图

系统流程图是概括地描绘物理系统的工具。所谓物理系统，是指一个具体实现的系统，也是描述一个组织的信息处理具体实现的系统。它不仅能用于需求分析阶段，还能用于可行性研究阶段。在可行性分析过程中，可以用系统流程图来描述所建议系统的物理模型。

系统流程图的基本思想是用图形符号以黑盒子形式描绘组成系统的每个部件(程序、文档、数据库、人工过程等)。它表达了数据在系统各部件之间流动的情况，不是对数据进行加工处理的控制过程，因此尽管系统流程图的某些符号和程序流程图的符号形式相同，但是它却是物理数据流图而不是程序流程图。

1. 系统流程图符号

当以概括的方式抽象地描绘一个实际系统时，只需要使用表 2-4 中列出的基本符号就可以了。

当需要更具体地描绘一个物理系统时还需要使用表 2-5 中的系统符号，利用这些符号可以把一个广义的输入/输出操作具体化为读/写存储在特殊设备上的文件(或数据库)，把抽象处理具体化为特定的程序或手工操作等。

表 2-4　基本符号

符　号	名　称	说　明
▭	处理	能改变数据值或数据位置的加工或部件，例如，程序模块、处理机等
▱	输入/输出	表示输入或输出，是一个广义的不指明具体设备的符号
◯	连接	指出转到图的另一部分或从图的另一部分转来，通常在一页上
▽	换页连接	指出转到另一页图上或由另一页图转来
←	数据流	用来连接其他符号，指明数据流动方向

画系统流程图时，首先要搞清楚业务处理过程以及处理中的各个元素，同时要理解系统流程图中各个符号的含义，选择相应的符号来代表系统中的各个元素。所画的系统流程图要反映出系统的处理流程。

表 2-5   系 统 符 号

符 号	名 称	说 明
	穿孔卡片	表示用穿孔卡片输入或输出，也可表示一个穿孔卡片文件
	文档	通常表示打印输出，也可表示用打印终端输入数据
	磁带	磁带输入输出，或表示一个磁带文件
	联机存储	表示任何种类的联机存储，包括磁盘、磁鼓、软盘和海量存储器件等
	磁盘	磁盘输入输出，也可表示存储在磁盘上的文件或数据库
	磁鼓	磁鼓输入输出，也可表示存储在磁鼓上的文件或数据库
	显示	CRT 终端或类似显示部件，可用于输入或输出
	人工输入	人工输入数据的脱机处理，例如，填写表格
	人工操作	人工完成的处理，例如，会计在工资支票上签名
	辅助操作	使用设备进行的脱机处理
	通信链路	通过远程通信线路或链路传送数据

2．系统流程图示例

下面我们通过一个简单的例子来介绍系统流程图的用法。

举例： 某装配厂有一座存放零件的仓库，仓库中现有的各种零件的数量以及每种零件的库存量临界值等数据记录在库存清单主文件中。当仓库中零件数量有变化时，应该及时修改库存清单主文件，如果哪种零件的库存量少于它的库存量临界值，则应该报告给采购部门以便定货，规定每天向采购部门送一次定货报告。该装配厂使用一台小型计算机处理更新库存清单主文件和产生定货报告的任务。零件库存量的每一次变化称为一个事务，由放在仓库中的 CRT 终端输入到计算机中；系统中的库存清单程序对事务进行处理，更新存储在磁盘上的库存清单主文件，并且把必要的定货信息写在磁带上。最后，每天由报告生成程序读一次磁带，并且打印出定货报告。

图 2-4 的系统流程图描绘了上述系统的概貌。

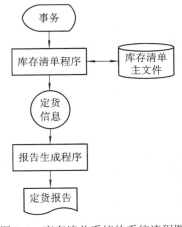

图 2-4   库存清单系统的系统流程图

需要说明的是，图中每个符号用黑盒子形式定义了组成系统的一个部件，然而并没有指明每个部件的具体工作过程；图中的箭头确定了信息通过系统的逻辑路径。系统流程图的习惯画法是使信息在图中从顶向下或从左向右流动。

我们再看一个管理图书馆的例子。图 2-5 描述了图书馆借书系统流程图。

举例：学校图书馆借书流程是：读者先被验明证件后进入图书查询室，在查询室通过检书卡或者利用 CRT 终端检索图书数据库来查询自己需要的图书。读者在找到图书后填写索书单，交到服务台借书。如果所借图书有剩余，管理员将填好借书单，从库房取出图书交予读者。

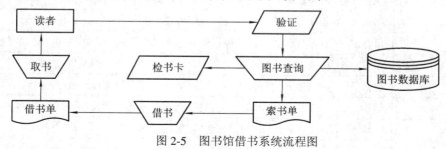

图 2-5 图书馆借书系统流程图

2.7 数据流图

数据流图(Data Flow Diagram，DFD)是描述数据处理过程的工具。它从信息传递和加工的角度，以图形化方式描绘信息流和数据从输入移动到输出的过程中所经过的变换，只是描绘数据在软件中流动和被处理的逻辑过程。它只反映系统必须完成的逻辑功能，所以是一种功能模型。数据流图是系统逻辑功能的图形表示，即使不是专业的计算机技术人员也容易理解它，因此是系统分析员与用户之间极好的通信工具。此外，设计数据流图时只需考虑系统必须完成的基本逻辑功能，完全不需要考虑怎样具体地实现这些功能，也就是说，数据流图基本要点是描绘系统"做什么"，而不考虑系统"怎么做"，所以它也是后面进行软件设计的很好出发点，如图 2-6 所示。

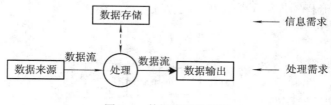

图 2-6 数据流图的框图

2.7.1 数据流图的符号

基于计算机的信息处理系统有数据流和一系列加工构成，这些加工将输入数据流加工为输出数据流。数据流图用图形符号表示数据流、加工、数据源及外部实体。它具有层次结构，支持问题分解、逐步求精的分析方法，是数据驱动的。

数据流图有四种基本符号：正方形(或立方体)表示数据的源点或终点；圆角矩形(或圆形)代表变换数据的处理；开口矩形(或两条平行横线)代表数据存储；箭头表示数据流，即特定数据的流动方向，见表 2-6。

注意，在数据流图中应该描绘所有可能的数据流向，而不应该描绘出现某个数据流的条件。

表 2-6　数据流图的基本符号

符　号	说　明
□　⬛	数据接口，系统的外部源头或终点，用来表示系统与外部环境的关系，可以将接口理解为系统的服务对象，例如：系统的操作人员，使用系统的机构或部门，系统之外的其他系统或设备等
▭　○	数据处理，表示将数据由一种形式转换成了另一种形式的某种活动。数据处理框上必须有数据的流入与流出，用以描述流入处理框的数据经过处理变换成了流出的数据。对数据的处理可以是程序处理、人工处理、设备处理等
▭	数据存储，数据的静态形式，用来表示任何对数据的存储。例如，用于临时存储的内存变量，存储在磁盘或磁带上的数据文件、数据表、记录集，存储在纸质上的数据备份等。它可以是介质上某个存储单元的全部数据内容，也可以是介质上某个存储单元的存储片段
⟶	数据流，图中数据的动态形式，表示数据的流向。数据流必须与一个数据处理相连接，以表示数据处理在接收或发送数据的过程中给数据带来的变换。可以通过数据流将某个数据处理连接到其他的数据处理，或连接到数据存储、数据接口

数据存储和数据流都是数据，仅仅在于所处的状态不同。数据存储是处于静止状态的数据，数据流是处于运动中的数据。

2.7.2　设计数据流图的步骤和示例

数据流图目的是让用户明确系统中数据流动和处理的情况。对于一个系统来说，表示数据流图的较好方法是分层次描述系统。顶层数据流图描述系统的总体概貌，然后把每个关键功能适当地进行详细描述。这样分层次描述，便于用户逐步深入地了解一个复杂系统。数据流图可以按自顶向下、逐步分解的方法表示内容不断增加的数据流和功能细节。数据流图的设计步骤如下：

(1) 从问题描述中分析出外部实体、加工、数据存储、数据流模型；

(2) 根据第一步结果画出基本系统数据流图，即顶层图；

(3) 把顶层数据流图细化为功能级数据流图；

(4) 将功能级数据流图中的主要功能进一步细化，直至满意为止。

各种软件系统，无论其数据流图如何复杂和庞大，根据数据处理对象和处理方式不同，通常又将数据流图划分为变换型数据流图和事务型数据流图。变换型数据流图具有较明显的输入、主加工和输出，其中主加工是系统的中心。事务型数据流图的特征是，某个加工将它的输入分离成一串发散的数据流，形成许多活动路径，并根据输入的值选择其中一条路径。这两类结构往往同时存在于一个系统的数据流图中。某些系统的整体结构是事务型，而在它的某些动作路径中出现变换型结构。还有些情况正好相反，系统整体是变换型，某些部分又可能具有事务型结构特征。

下面我们以某个工厂的定货系统为例，来说明数据流图的画法。

举例： 假设一家工厂的采购部每天需要一张定货报表，报表按零件编号排序，表中列出所有需要再次定货的零件。对于每个需要再次定货的零件应该列出下述数据：零件编号，零件名称，定货数量，目前价格，主要供应者，次要供应者等。零件入库或出库称为事务，通过放在仓库中的 CRT 终端把事务报告给定货系统。当某种零件的库存数量少于库存量临界值时就应该再次定货。

1. 确定系统数据流图的 4 个部分并画出顶层图

数据流图有 4 种成分：源点或终点，加工，数据存储和数据流。因此，第一步可以从问题描述中提取数据流图的 4 种成分：首先考虑数据的源点和终点，从上面对系统的描述可以知道"采购部每天需要一张定货报表"，"通过放在仓库中的 CRT 终端把事务报告给定货系统"，所以采购员是数据终点，而仓库管理员是数据源点。接下来考虑加工，再一次阅读问题描述，"采购部需要报表"，显然他们还没有这种报表，因此必须有一个用于产生报表的加工。事务的后果是改变零件库存量，然而任何改变数据的操作都是加工，因此对事务进行的加工是另一个加工。

注意，在问题描述中并没有明显地提到需要对事务进行处理，但是通过分析可以看出这种需要。最后，考虑数据流和数据存储：系统把定货报表送给采购部，因此定货报表是一个数据流；事务需要从仓库送到系统中，显然事务是另一个数据流。产生报表和处理事务这两个加工在时间上明显不匹配——每当有一个事务发生时立即处理它，然而每天只产生一次定货报表。因此，用来产生定货报表的数据必须存放一段时间，也就是应该有一个数据存储。注意，并不是所有数据存储和数据流都能直接从问题描述中提取出来。图 2-7 展示了定货系统的基本系统模型。

图 2-7　定货系统的基本系统模型

2. 进一步细化功能级数据流图

下一步把基本系统模型细化，描绘系统的主要功能。"处理事务"和"产生报表"是系统必须完成的两个主要功能，代替图 2-7 中的"定货系统"。此外，细化后的数据流图中还需增加两个数据存储：处理事务需要"库存清单"数据；产生报表和处理事务在不同时间，因此需要存储"定货信息"。相应增加另外两个数据流，它们与数据存储相同。因为从一个数据存储中取出来的或放进去的数据通常和原来存储的数据相同，也就是说，数据存储和数据流只不过是同样数据的两种不同形式。图 2-8 中给加工和数据存储都加上了编号，目的是便于引用和追踪。

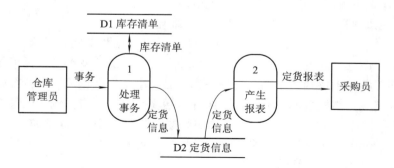

图 2-8　定货系统的功能级数据流图

接下来应该对功能级数据流图中的系统主要功能进一步细化。考虑通过系统的逻辑数据流：当发生一个事务时必须首先接收它；随后按照事务的内容修改库存清单；最后如果更新后的库存量少于库存量临界值时，则应该再次定货，也就是需要处理定货信息。因此，把"处理事务"这个功能分解为以下 3 个步骤："接收事务"、"更新库存清单"和"处理定货"，如图 2-9 所示。

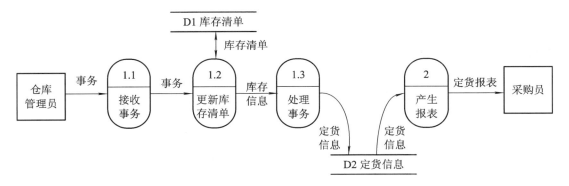

图 2-9　把处理事务的功能进一步分解后的数据流图

在一个实际的系统中，可能需要画多张数据流图。为了反映系统的概貌，需要画出高层数据流图；为了反映局部细节，需要在较低层次，画出详细的数据流图。因而，数据流图是自上而下逐步细化的，如图 2-10 所示。

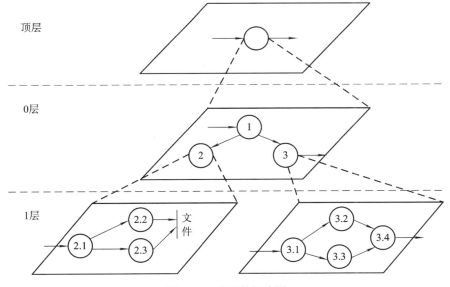

图 2-10　分层数据流图

2.7.3　数据流图中命名的可理解性

数据流图中每个成分的命名是否恰当，直接影响数据流图的可理解性。因此，给这些成分命名时应该仔细推敲。下面讲述对数据流图中数据存储、数据流、加工以及外部实体的命名应注意的问题。

1. 为数据流(或数据存储)命名

为数据流(或数据存储)命名需注意以下问题：

(1) 命名应与实际的业务相结合。

(2) 名字应代表整个数据流(或数据存储)的内容，而不是仅仅反映它的某些成分。

(3) 不要使用空洞的、缺乏具体含义的名字，例如"数据"、"信息"、"输入"等。

(4) 如果在为某个数据流(或数据存储)起名字时遇到了困难，则很可能是因为对数据流图分解不恰当造成的，应该试试重新分解，看是否能克服这个困难。

2. 为加工命名

为加工命名需注意以下问题：

(1) 通常先为数据流命名，然后再为与之相关联的加工处理命名。这样命名比较容易，而且体现了人们习惯的"由表及里"的思考过程。

(2) 名字应该反映整个处理的功能，而不是它的一部分功能。

(3) 名字最好由一个具体的及物动词加上一个具体的宾语组成。应该尽量避免使用"加工"、"处理"等空洞笼统的动词作名字。

(4) 通常名字中仅包括一个动词，如果必须用两个动词才能描述整个加工处理的功能，则把这个处理再分解成两个加工处理可能更恰当些。

(5) 如果在为某个加工处理命名时遇到困难，则很可能是分解不当造成的，应考虑重新分解。

3. 为外部实体命名

数据源点/终点并不需要在开发目标系统的过程中设计和实现，它并不属于数据流图的核心内容，只不过是目标系统的外围环境部分(可能是人员、计算机外部设备或传感器装置)。通常，为数据源点/终点命名时采用它们在问题域中习惯使用的术语(如"采购员"、"仓库管理员"等)。

2.7.4 数据流图的用途

可以依靠数据流图来实现从用户需求到系统需求的过渡。例如，可以将用户需求陈述中的关键名词、动词提取出来，其中的名词可以作为数据流图中的数据源、数据存储，而动词则可以作为数据流图中的数据加工进程。

数据流图也能够方便系统物理模型与逻辑模型之间的转换，可以将图 2-4 中系统流程图经过符号转换而获得系统的数据流图。

研究表明，一张数据流图包含的加工处理多于 9 个时，用户将难于领会它的含义。因此数据流图必须分层细化，并且在把功能级数据流图细化后得到的处理超过 9 个加工，也就是把每个主要功能都细化为一张数据流分图，而原有的功能级数据流图用来描绘系统的整体逻辑概貌。

当用数据流图辅助物理系统的设计时，以图中不同处理的定时要求为指南，能够在数据流图上画出许多组自动化边界，每组自动化边界可能意味着一个不同的物理系统，因此可以根据系统的逻辑模型考虑系统的物理实现。例如，考虑图 2-9，事务随时可能发生，因此处理 1.1("接收事务")必须是联机的；采购员每天需要一次定货报表，因此处理 2("产生报表")应该以批量方式进行。问题描述并没有对其他处理施加限制,例如,可以联机地接收事务并放入队列中,然而更新库存清单、处理定货和产生报表以批量方式进行,如图 2-11 所示。当然,这种方案需要增加一个数据存储以存放事务数据。

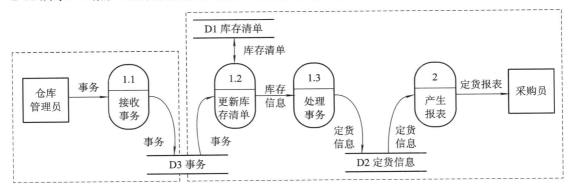

图 2-11 此种划分自动化边界的方法暗示以批量方式更新库存清单、一次定货

改变自动化边界,把处理 1.1、1.2 和 1.3 放在同一个边界内,如图 2-12 所示,这个系统将联机地接收事务、更新库存清单和处理定货及输出定货信息;然而处理 2 将以批量方式产生定货报表。

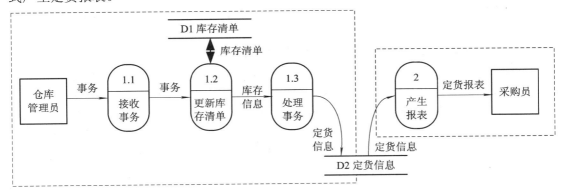

图 2-12 此种划分自动化边界的方法建议以联机方式更新库存清单、批量定货

2.7.5 数据流图中的数据字典

在需求分析中,数据字典是各类数据描述的集合,能够提供对数据的详细规格定义,并可用于验证数据,以发现系统在数据需求描述中是否出现遗漏。

数据流图中的数据字典能够提供对图中的诸多数据元素的更加详细的说明。其一般要求是:(1) 对数据的定义应该是严密、精确、一致的,不能有二义性;(2) 需要对数据流图中的每一个被命名的数据元素进行定义;(3) 需要分类定义各种不同种类的数据元素,或采用类别代号加以区别。

数据流图中的数据字典通常包括数据项、数据结构、数据流、数据存储、数据接口和数据处理过程这几个部分的数据内容。其中,数据项是数据的最小组成单位,若干个数据项可以组成一个数据结构。数据字典就是通过对数据项和数据结构的定义来描述数据流、数据存储的逻辑内容的。

1. 数据项

数据项是不可再分的数据单位。对数据项的描述通常包括以下内容：

{数据项名，数据项含义说明，别名，数据类型，长度，取值范围，取值含义，与其他数据项的逻辑关系}

以学生学籍管理子系统为例，该子系统涉及多个数据项，其中"学号"数据项可以如下描述。

数据项名：　　学号

含义说明：唯一标识每个学生

别名：　　学生编号

数据类型：　　字符型

长度：　　8

取值范围：00000000 至 99999999

取值含义：前两位标别该学生所在年级，后六位按顺序编号

与其他数据项的逻辑关系(略)

2. 数据结构

数据结构反映了数据之间的组合关系。一个数据结构可以由若干个数据项组成，也可以由若干个数据结构组成，或由若干个数据项和数据结构混合组成。对数据结构的描述通常包括以下内容：

{数据结构名，含义说明，组成：{数据项或数据结构}}

在定义数据结构时，可以采用以下符号说明数据的组成：

= 　　　　被定义为，表示数据组成。

+ 　　　　与，用于连接两个数据分量。

[…|…] 　或，从若干数据分量中选择一个，方括号中的数据分量用"|"号隔开。

$m\{\cdots\}n$ 　重复，重复大括号内的数据，最少重复 m 次，最多重复 n 次。

(…) 　　　可选，圆括号内数据可有可无。

我们再来看一个用数据字典定义电话号码的例子。

举例： 某高校内部用的电话号码有以下几类：校内电话号码由 4 位数字组成，第 1 位数字不是 0；校外电话又分为市内电话和长途电话，拨校外电话需先拨 0，如果是市内电话再接着拨 8 位电话号码(第 1 位不是 0)，如果是长途电话则先拨 3 位区码，再拨 8 位电话号码(第 1 位不是 0)。上述电话号码的定义如下：

电话号码=[校内电话号码|校外电话号码]

校内电话号码=非零数字+3 位数字

校外电话号码=[市内号码|长途号码]

市内号码=数字零+8 位数字

长途号码=数字零+3 位数字+8 位数字

数字零=0

非零数字=[1|2|3|4|5|6|7|8|9]

3 位数字=3{数字}3

8 位数字=非零数字+7 位数字

7 位数字=7{数字}7

数字=[0|1|2|3|4|5|6|7|8|9]

以"学生"为例,"学生"是该系统中的一个核心数据结构,它可以描述如下:

数据结构:　　学生

含义说明:　　是学籍管理子系统的主体数据结构,定义了一个学生的有关信息

组成:　　　　学号+姓名+性别+年龄+所在系+年级

3.　数据流

数据流是数据结构在软件系统内传输的路径。对数据流的描述通常包括以下内容:

{数据流名,说明,数据流来源,数据流去向,组成{数据结构},平均流量,高峰期流量}

其中,数据流来源是说明该数据流来自哪个过程。数据流去向是说明该数据流将到哪个过程去。平均流量则是指在单位时间(每天、每周、每月等)里的传输次数。高峰期流量则是指在高峰时期的数据流量。

以"入库单"为例,描述如下:

数据流:　　　入库单

编号:　　　　x-xx

简述:　　　　仓库验收物料后输入入库单

来源:　　　　验收入库加工处理

流向:　　　　物料库存文件,结算加工处理

流通量:　　　平均 10 份/天

包含的数据结构:物料编号、物料名称、入库数量、入库日期。

4.　数据存储

数据存储是数据结构停留或保存的地方,也是数据流的来源和去向之一。对数据存储的描述通常包括以下内容。

{数据存储名,说明,编号,流入的数据流,流出的数据流,组成{数据结构},数据量,存取方式}

其中,数据量是指每次存取多少数据,每天(或每小时、每周等)存取几次等信息。存取方式则包括:是批处理还是联机处理,是检索还是更新,是顺序检索还是随机检索等。另外,流入的数据流要指出其来源,流出的数据流要指出其去向。

以数据存储"学生登记表"为例,描述如下:

数据存储:　　学生登记表

说明:　　　　记录学生的基本情况

流入数据流:　…

流出数据流:　…

组成:　　　　…

数据量:　　　每年 3000 张

存取方式:　　随机存取

2.8　实体-联系图

需求分析的一项重要任务就是弄清楚系统要处理的数据和数据之间的关系。为了把用户的数据要求清楚、准确地描述出来，系统分析员通常建立一个概念性的数据模型，即实体-联系图。概念性数据模型是一种面向问题的数据模型，是按照用户的观点对数据建立的模型。它描述了从用户角度看到的数据，反映了用户的现实环境，而且与在软件系统中的实现方法无关。数据模型中包含 3 种相互关联的信息：数据对象(实体)、数据对象的属性、数据对象彼此间相互连接的联系(关系)。

1．数据对象(实体)

数据对象是对软件必须理解的复合信息的抽象。所谓复合信息，是指具有一系列不同性质或属性的事物，仅有单一属性的事物不是数据对象。

数据对象可以是：

- 外部实体，例如，产生或使用信息的任何事物；
- 事物，例如，报表；
- 行为，例如，打电话；
- 事件，例如，响警报；
- 角色，例如，教师、学生；
- 单位，例如，会计科；
- 地点，例如，仓库；
- 结构，例如，文件、目录。

总之，可以由一组属性来定义的实体都可以被认为是数据对象，如图 2-13 所示。

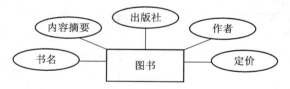

图 2-13　图书数据对象描述

数据对象彼此间是有关联的，例如，教师"教"课程，学生"学"课程，教或学的关系表示教师和课程或学生和课程之间的一种特定的连接。需要注意的是，数据对象只封装了数据而没有对施加于数据上的操作进行描述，这是数据对象与面向对象范型中的"类"或"对象"的显著区别。

2．属性

属性定义了数据对象的性质。一个数据对象有若干属性，必须把一个或多个属性定义为"标识符"，也就是说，当我们希望找到数据对象的一个实例时，用标识符属性作为"关键字"(通常简称为"键")。应该根据对所要解决的问题的理解，来确定特定数据对象的一组合适的属性。例如，在教学管理系统中，学生具有学号、姓名、性别、年龄、专业等属性，课程具有课程号、课程名、学分、学时数等属性，教师具有职工号、姓名、年龄、职称等属性。属性定义了数据对象、联系的性质，在设计属性时，应该根据对要解决的问题的理解，来确定数据对象、联系的一组适当的属性。

对数据字典中的 4 类元素进行分类、组织。数据项是基本数据单位，一般可作为数据对象的属性。数据结构、数据存储、数据流都可以作为数据对象，这三类元素总是包含了若干的数据项。

3．联系

数据对象彼此之间相互连接的方式称为联系，也称为关系。例如，学生可以通过学号、分数与课程和教师发生联系，如此可得教学实体关系图，如图 2-14 所示。

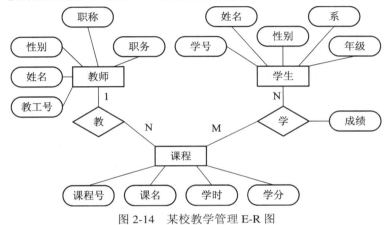

图 2-14　某校教学管理 E-R 图

假如 X 和 Y 都是数据对象，则其联系可分为以下 3 种类型：

(1) 一对一联系(1∶1)。X 的一次出现只能联系到 Y 的一次出现，Y 的一次出现只能联系到 X 的一次出现。例如，一个部门有一个经理，而每个经理只在一个部门任职，则部门与经理的联系是一对一的。

(2) 一对多联系(1∶N)。X 的一次出现可以联系到 Y 的一次或多次出现，但 Y 的一次出现只能联系到 X 的一次出现。例如，某校教师与课程之间存在一对多的联系"教"，即每位教师可以教多门课程，但是每门课程只能由一位教师来教，如图 2-14 所示。

(3) 多对多联系(M∶N)。X 的一次出现可以联系到 Y 的一次或多次出现，同时 Y 的一次出现也可以联系到 X 的一次或多次出现。例如，教务系统中，学生与课程之间的联系是多对多的关系，即一个学生可以学多门课程，而每门课程可以有多个学生来学。

联系也可能有属性。例如，学生"学"某门课程所取得的成绩，既不是学生的属性也不是课程的属性。由于"成绩"既依赖于某个特定的学生又依赖于某门特定的课程，所以它是学生与课程之间的联系"学"的属性，如见图 2-14 所示。

4．实体-联系图的符号

通常，使用实体-联系图(Entity-relationship Diagram)来建立数据模型。可以把实体-联系图简称为 E-R 图，相应地可把用 E-R 图描绘的数据模型称为 E-R 模型。E-R 图中包含了实体(即数据对象)、联系、属性等 3 种基本成分，通常用矩形框代表实体，用连接相关实体的菱形框表示关系，用椭圆形或圆角矩形表示实体(或关系)的属性，并用直线把实体(或关系)与其属性连接起来，如图 2-15 所示。

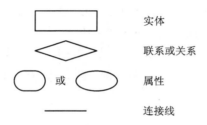

图 2-15　实体-联系图符号

人们通常用实体、联系和属性这 3 个概念来理解现实问题的，因此，E-R 模型比较接近人的习惯思维方式。此外，E-R 模型使用简单的图形符号表达系统分析员对问题域的理解，不熟悉计算机技术的用户也能理解它，因此，E-R 模型可以作为用户与分析员之间有效的交流工具。例如，图 2-14 是教学、学生和课程的 E-R 图。

注意，关联基数经常用符号"*"表示，它表示 0···N。例如，一个家庭可以有 0 个或多个子女，这时就应该用 0···*表示。

2.9　需求分析中使用的其他图形工具

描述任何复杂事物，采用图形方法要优于文字的描述，它更直观形象且更容易理解。前面介绍了建立功能模型的数据流图，建立数据模型的实体-联系图。本节将简要介绍几种在需求阶段可能用到的图形工具。

1. 层次方框图

层次方框图用树形结构的一系列多层次的矩形框描绘数据的层次结构。树形结构的顶层是一个单独的矩形框，它代表完整的数据结构，下面的各层矩形框代表这个数据的子集，最底层的各个框代表组成这个数据的实际数据元素(不能再分割的元素)。例如，描绘一家计算机公司全部产品的数据结构可以用图 2-16 中的层次方框图表示。

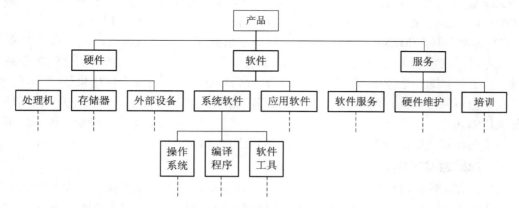

图 2-16　计算机公司产品结构的层次方框图

随着结构的精细化，层次方框图对数据结构也描绘得越来越详细，这种模式非常适合于需求分析阶段的需要。系统分析员从对顶层信息的分类开始，沿图中每条路径反复细化，直到确定了数据结构的全部细节时为止。

2. Warnier 图

Warnier 图是由法国计算机科学家 Warnier 提出的表示信息层次结构的另外一种图形工具。Warnier 图和层次方框图很类似，用树形结构描绘信息，但是这种图形工具比层次方框图提供了更丰富的描绘手段。用 Warnier 图可以表明信息的逻辑组织，也就是说，它可以指出一类信息或一个信息元素是重复出现的，也可以表示特定信息在某一类信息中是有条件地出现的。因为重复和条件约束是说明软件处理过程的基础，所以很容易把 Warnier 图转变成软件设计的工具。

图 2-17 是用 Warnier 图描绘一类软件产品的例子，它说明了这种图形工具的用法。在图 2-17 中，用大括号"{"表示层次关系，在同一个大括号下，自上向下是顺序排列的信息项；"⊕"是异或符号，表示对位于其上下两边的信息项可以条件选择，二者择一；信息项后面附加了圆括号，给出该信息项重复的次数或种类个数。

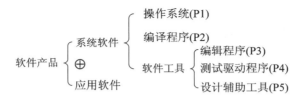

图 2-17　软件概念的 Warnier 图

例如，该 Warnier 图表示一种软件产品要么是系统软件要么是应用软件。系统软件中有 P1 种操作系统，P2 种编译程序，此外还有软件工具。软件工具是系统软件的一种，它又可以进一步细分为编辑程序、测试驱动程序和设计辅助工具。

3. IPO 图

IPO(Input Process Output)图是输入—处理—输出图的简称，是由美国 IBM 公司发展完善起来的一种图形工具，能够方便地描绘输入数据、处理数据和输出数据之间的关系。

IPO 图使用的基本符号既少又简单，因此很容易学会使用这种图形工具。IPO 图包括三个矩形框，在左边的框中列出有关的输入数据，在中间的框内列出主要的处理，在右边的框内列出产生的输出数据。处理框中列出处理的次序暗示了执行的顺序。在 IPO 图中还用类似向量符号的粗大箭头指出数据通信的情况。图 2-18 是一个主文件更新的例子，通过这个例子不难了解 IPO 图的用法。

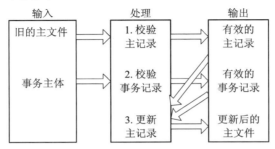

图 2-18　数据库更新记录的 IPO 图

建议使用一种改进的 IPO 图(也称为 IPO 表)，这种图中包含某些附加的信息，在软件设计过程中将比原始的 IPO 图更有用，如图 2-19 所示。

IPO 表		
系统：_____ 作者：_____		
模块：_____ 日期：_____		
编号：_____		

被调用：　　　调用：

输入：　　　　输出：

处理：

局部数据元素：　　注释：

系统名称：自动阅卷系统	模块名称：阅卷处理	模块编号：2
输入数据：有效的考卷数据		
输出数据：考卷成绩		

处理步骤：
1. 循环累计 A 类题得分点
2. 累计 A 类题得分数
3. 循环累计 B 类题得分点
4. 累计 B 类题得分数
5. 考试成绩=A 类题得分数+B 类题得分数

图 2-19　改进的 IPO 图的形式及样例

在需求分析阶段可以使用 IPO 图简略地描述系统的主要算法(即数据流图中各个处理的基本算法)。尽管在需求分析阶段，IPO 图的许多附加信息暂时还不具备，在软件设计阶段可以进一步补充修正这些图，作为设计阶段的文档。这正是在需求分析阶段用 IPO 图作为描述算法工具的重要优点。

4．状态转换图

在现实世界中，大部分事物是动态变化的，为了反映事物的变化规律，在需求分析过程中应该建立起软件系统的动态模型(即行为模型)。状态转换图(简称为状态图)通过描绘系统的状态及引起系统状态转换的事件来表示系统的行为。它反映了系统因为外部的输入而由一个状态转换到另一个状态。状态图提供了行为建模机制。

状态图既可以表示系统循环运行过程，也可以表示系统单程生命期。当描绘循环运行过程时，通常并不关心循环是怎样启动的。当描绘单程生命期时，需要标明初始状态和最终状态。

1) 状态

状态是任何可以被观察到的系统行为模式，一个状态代表系统的一种行为模式。状态规定了系统对事件的响应方式。当事件发生时，系统既可以做一个或多个动作，也可以是仅仅改变系统本身的状态，还可以既改变状态又做动作。在状态图中定义的状态主要有：初态(即系统启动时进入初始状态)、终态(即系统运行结束时到达最终状态)和中间状态。在一张状态图中只能有一个初态，但可以有零到多个终态。

2) 事件

事件是在某个特定时刻发生的事情，它是对引起系统从一个状态转换到另一个状态的外界事件的抽象。例如，内部时钟表明某个规定的时间段已经过去，用户移动或点击鼠标等都是事件。简而言之，事件就是引起系统做动作或转换状态的控制信息。

3) 符号

在状态图中，初态用实心圆表示，终态用一对同心圆(内圆为实心圆)表示。中间状态用椭圆或圆角矩形表示，通常可在里面标上状态名称和该状态下要执行的动作。状态图中两个状态之间带箭头的连线称为状态转换，箭头指明了转换方向。状态变迁通常是由事件触发的，应在表示状态转换的箭头线上标出触发转换的事件表达式(即事件[条件])；如果在箭头线上未标明事件，则表示在源状态的内部活动执行完之后自动触发转换。

每个活动可用活动表来表示，活动表的语法格式：事件名(参数表)/动作表达式。

活动表中经常用下述 3 种标准事件：

- entry 事件指定进入该状态的动作；
- exit 事件指定退出该状态的动作；
- do 事件则指定在该状态下的动作。

需要时可以为事件指定参数表。活动表中的动作表达式描述应做的具体动作。

状态变迁通常是由事件触发的，在这种情况下应在表示状态转换的箭头线上标出触发转换的事件表达式；如果在箭头线上未标明事件，则表示在源状态的内部活动执行完之后自动触发转换。状态图使用的主要符号如图 2-20 所示。

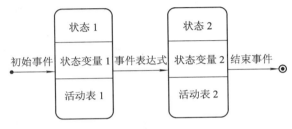

图 2-20　状态图使用的主要符号

4) 举例

为了具体说明怎样用状态图建立系统的行为模型，下面通过一个数据结构"栈"对象的状态图来进行说明，如图 2-21 所示。

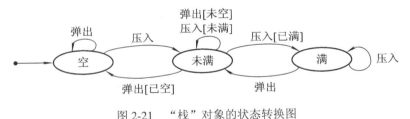

图 2-21　"栈"对象的状态转换图

2.10　面向数据流的建模

数据流图(DFD)采取了系统的输入—处理—输出的观点，也就是说，流入软件的数据对象经过处理变换，最后以结果数据对象的形式流出软件。数据流图使用分层的方式表示整个系统。

由 2.7 节可知，数据流图(DFD)使得软件工程师可以同时开发信息域和功能域的模型。当 DFD 被精化到较细的级别时，分析员对系统进行了隐式的功能分解，这样完成了第四条操作性分析原则。同时，当数据流过体现应用的加工时，DFD 的精化导致了数据的相应精化。

一些简单的指南在导出数据流图时会有所帮助：(1) 第 0 层的数据流图应将软件/系统

描述为一个泡泡;(2) 应仔细地标记主要的输入和输出;(3) 通过隔离要表示在下一层中的候选加工、数据对象和存储而开始精化过程;(4) 所有的箭头和泡泡应使用有意义的名称标记;(5) 当从一个级别到另一个级别时要维护"信息流连续性";(6) 一次精化一个加工。经常存在一种使数据流图过分复杂的自然趋势,当分析员试图过早地显示过多的细节或在信息流中表示软件的过程时,会发生这种情况。

下面我们以 SafeHome 安全功能为例来说明。

SafeHome 软件使得房主能够在安装时配置安全系统,监测所有和安全系统连接的传感器,通过互联网、个人计算机或控制面板和房主进行交互活动。

在安装过程中,SafeHome 使用个人计算机设计和配置系统,每个传感器被分配一个编号和类型,用主密码控制启动和关闭系统,当传感器事件发生时将输入电话号码并拨号。

当某传感器事件被识别出时,软件激活一个附于系统上的可发声的警报,在一定的延迟时间后(由房主在系统配置活动中指定),软件拨出监控服务的电话号码,并报告关于位置和被检测到的事件的性质等信息,电话号码将每 20 秒重拨一次,直至电话接通。

和 SafeHome 的所有交互由用户交互子系统管理,该子系统读入通过键盘和功能键提供的输入,接口在控制面板、个人计算机或浏览器窗口显示提示信息和系统状况。

图 2-22 显示了系统第 0 层的 DFD。主要的外部实体产生了系统所使用的信息及系统产生的消费信息,带标记的箭头代表数据对象或数据对象类型层次。例如,用户指令和数据包括了所有的配置命令、所有的激活/撤销命令、所有各式各样的交互以及所有限定或扩展某命令的输入数据。

图 2-22　SafeHome 安全功能的第 0 层 DFD

第 0 层的 DFD 现在要扩展到第 1 层,我们应怎样进行呢?一个简单而有效的方法是对顶层(第 0 层)的加工处理进行"语法扫描"描述,即将叙述中的所有名词(和名词短语)和动词(和动词短语)分离出来。

当考察这种语法扫描时,我们看到出现了一种模式,所有的动词都是 SafeHome 的加工,即它们最终将被表示为后来的 DFD 中的加工,所有的名词是外部实体或数据或控制对象(箭头)或数据存储(双线),进一步注意到名词和动词可以互相连起来(例如,传感器被赋予一个编号和类型)。因此,通过对任何 DFD 层次中某加工的处理的描述可进行语法扫描,我们可以产生许多关于如何精化到下一个层次的有用的信息。使用这些信息,第 1 层的 DFD 如图 2-23 所示,图 2-22 所示的语境层次的加工通过对语法扫描的考察被扩展为 6 个加工。类似地,第 1 层加工间的信息流也通过扫描而导出。应该注意,在第 0 层和第 1 层之间保持了信息流连续性。

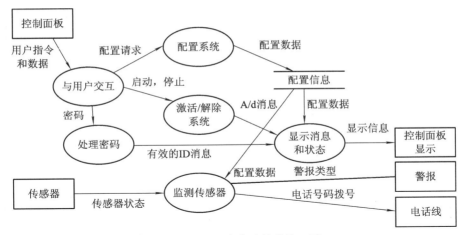

图 2-23　SafeHome 安全功能的第 1 层 DFD

第 1 层 DFD 中的加工可以被进一步精化到更低的层次，例如，加工"监控传感器"可以被精化为如图 2-24 所示的第 2 层 DFD，再次注意层次之间保持了信息流连续性。

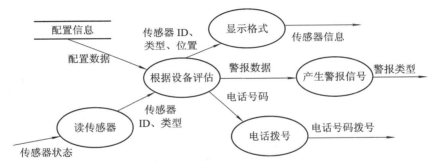

图 2-24　精化监测传感器处理的第 2 层 DFD

DFD 的精化可以连续进行，直至每个加工只执行一个简单的操作，即直至每个加工所代表的处理都执行一个功能，并且该功能可以很容易地实现为一个程序构件。

2.11　需求有效性验证

需求有效性验证就是检验需求是否真正按客户的意愿定义系统过程。需求分析阶段的工作结果是开发软件系统的重要基础，大量统计数据表明，软件系统中 15% 的错误起源于错误的需求。为了提高软件质量，确保软件开发成功，降低软件开发成本，一旦对目标系统提出一组要求之后，必须严格验证这些需求的有效性。

软件需求有效性验证工作必须从有效性、一致性、完整性、现实性、扩充性这 5 个方面进行验证。

- 一致性：所有需求必须是一致的，任何一条需求不能和其他需求互相矛盾；
- 完整性：需求必须是完整的，规格说明书应该包括用户需要的每一个功能或性能；
- 现实性：用户需求应该是在现有的硬件技术和软件技术基本上可以实现的；

- 有效性：必须证明需求是正确有效的，确实能解决用户面对的问题；
- 扩充性：根据现有业务想象将来发生的变化和将来软件寿命密切相关。

验证软件需求的方法主要有以下三种。

1．验证需求的一致性

当需求分析的结果是用自然语言书写的时候，除了靠人工技术审查验证软件系统规格说明书的正确性之外，目前还没有其他更好的"测试"方法，只有靠分析员的经验。但是，这种非形式化的规格说明书是难于验证的，特别在目标系统规模庞大、规格说明书篇幅很长的时候，人工审查的效果是没有保证的，冗余、遗漏和不一致等问题可能没被发现而继续保留下来，以致软件开发工作不能在正确的基础上顺利进行。

为了克服上述困难，人们提出了形式化的描述软件需求的方法。当软件需求规格说明书是用形式化的需求陈述语言书写的时候，可以用软件工具验证需求的一致性，从而能有效地保证软件需求的一致性。

2．验证需求的现实性

为了验证需求的现实性，分析员应该参照以往开发类似系统的经验，分析用现有的软、硬件技术实现目标系统的可能性。必要的时候应该采用仿真或性能模拟技术，辅助分析软件需求规格说明书的现实性。

3．验证需求的完整性和有效性

只有目标系统的用户才真正知道软件需求规格说明书是否完整、准确地描述了他们的需求。因此，检验需求的完整性，特别是证明系统确实满足用户的实际需要(即需求的有效性)，只有在用户的密切合作下才能完成。然而许多用户并不能清楚地认识到他们的需要(特别在要开发的系统是全新的，以前没有使用类似系统的经验时，情况更是如此)，不能有效地比较陈述需求的语句和实际需要的功能。只有当他们有某种工作着的软件系统可以实际使用和评价时，才能完整确切地提出他们的需要。

为了快速建立原型系统，可以选择一个用户最迫切要使用的业务作为原型，先分析先开发，适当降低对接口、可靠性和程序质量的要求，省掉许多文档资料方面的工作，可大大降低原型系统的开发成本。这样做的目的是让用户熟悉了解目标系统的主要功能而不是性能。

2.12　实例分析——教材征订业务分析

实例：某高校学生在每学年开始时都要采购教材，一般由学校教材科供应。设某高校教材科的购销书系统具有以下功能：

(1) 根据学校的教学计划，向选课的学生及时供应教材；

(2) 审查学生购书单的有效性，对有效书单发售所需的教材；

(3) 对属于计划供应但暂时缺货的教材进行缺书登记；

(4) 根据缺书登记补充采购所缺的教材，通知学生补购；

(5) 将缺书登记表汇总为待购计划；

(6) 待购教材到货后，及时通知学生补购。

1. 画出分层数据流图

第一步，首先确定系统的数据源点和数据终点，它们是外部实体，由它们来确定系统与外界的接口，即先画出系统的顶层图。由问题描述可以看出，"学生"和"书库保管员"既是本系统的数据源点也是数据终点。通常把整个"教材购销系统"当作一个大的事务加工处理，并标明系统的输入与输出，以及数据的源点与终点。系统从学生接受"购书单"，经处理后把"领书单"返回给学生，使学生可凭领书单到书库领书。对脱销的教材，系统则用"缺书单"的形式通知给书库保管员；新书进库后也由书库保管员将"进书通知"返回给系统。图 2-26 为本系统的顶层数据流图。

第二步，画分层数据流图。根据对问题的分析，可把系统分解为销售和采购两大加工。如图 2-27 所示，显然，外部实体学生应与销售子系统联系，保管员应与采购子系统联系。

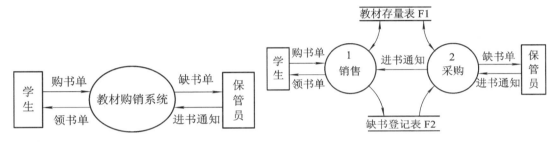

图 2-26　教材购销系统的顶层数据流图　　　　　图 2-27　教材购销系统第 0 层图

两个子系统之间也存在两项数据联系：其一是缺书登记表，由销售子系统把脱销的教材传给采购子系统；其二是进书通知，直接由采购子系统将教材入库信息通知销售子系统。

同时，对于销售子系统来说，它还需要对教材存量表进行操作，即对售出的教材要在原存量中减去售出的数量，而对于新购的教材还要写到教材存量表中，所以该文件执行的读写操作，应用双箭头表示。

继续分解，就可以获得第 1 层的数据流图。其中，图 2-28 为扩展的销售子系统，图 2-29 为扩展的采购子系统。我们可以从第 1 层的销售子系统扩展而成。

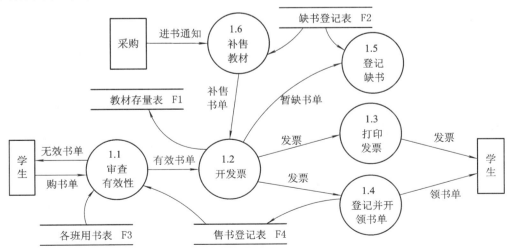

图 2-28　教材购销系统的销售子系统

在图 2-28 中，销售子系统被分解成 6 个加工，编号为 1.1～1.6。审查有效性时，首先要核对购书单上的内容是否与学生用书表(F3)相符，还要通过售书登记表(F4)检查学生是否已经购买过这些教材。若发现购书单中有学生不用或买重了的教材，便发出无效书单。只有将通过了审查的教材保留在有效构书单中。"开发票"加工，按购书单的内容查对教材存量表(F1)，把可供应的教材写入发票，数量不足或全缺的教材写入暂缺书单。前者在 F4 中登记后开领书单并发给学生。后者则登记到缺书登记表(F2)中，等待接到进书通知后再补售给学生。补售的手续及数据流图和第一次购书相同。

需要注意的是，在图 2-27 中，采购是系统内部的一个加工符号，但在图 2-28 中，采购却是处于销售子系统之外的一个外部实体。

采购子系统在图 2-29 中被分解为 3 个子加工，编号从 2.1～2.3。

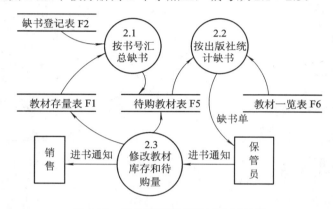

图 2-29　教材购销系统的采购子系统

由销售子系统建立起来的缺书登记表(F2)，首先按书号汇总后登入待购教材表(F5)中，然后再按出版社分别统计制成缺书单并送给书库保管员作为采购教材的依据。另外，在汇总缺书时要再次核查教材存量表(F1)，而且，按出版社统计时还要参阅教材一览表(F6)，从该文件中可以知道这些缺书是何处出版的。新书入库后，要及时修改教材存量表和待购教材表中的有关教材数量，同时把进书信息通知销售子系统，使销售人员能通知缺书的学生补售教材。

以上三层、4 张的 DFD 图(图 2-26～图 2-29)，一起组成了教材购销系统的分层 DFD 图。从分析中大家可以得知，越到下层，加工越细。第 1 层就有 9 个加工，大都是由足够简单的基本加工组成，可以不用再进行分解了。

从分析上面的过程可以看出，分层数据流图采用逐步细化的扩展方法，避免一次出现过多细节，有利于控制问题的复杂程度，便于实现；用一组图代替一张总图，用户中的不同业务人员可以选择与自身有关的图形，不必阅读全图，例如销售人员只需阅读图 2-28，书库保管员只需阅读图 2-29，这样就方便了用户。

2. 确定数据定义与加工策略

分层数据流图为整个系统描述了一个概要，下一步考虑系统的细节，如定义数据、确定加工等。

最低层数据流图包含了系统的全部数据和加工。从数据流图终点开始分析数据定义与加工策略。因为终点的数据代表系统的输出，要求明确。由这里开始，沿着数据流图逐步向数据源点回溯，能够看清楚每一个数据项的来源去向，有利于减少错误与遗漏。

在图 2-28 中，"领书单"是系统的主要输出数据流。从用户的调查可得知，数据流领书单的组成包含 4 个数据项：

领书单＝学号＋姓名＋书号＋数量

加工 1.4"登记并开领书单"的输入数据流"发票"的组成是：

发票＝学号＋姓名＋{书号＋单价＋数量＋总价}＋书费合计

领书单的全部内容都能在发票中找到。加工 1.4 要登记售书，防止学生重复购买，所以"售书登记表 F4"的组成和领书单组成相同。再往前回溯到加工 1.2"开发票"，输入该加工的数据流"有效书单"的组成是：

有效书单＝学号＋姓名＋{书号＋数量}

与发票相比较，它缺少了单价、总价和书费合计 3 个数据项。显然，加工 1.2 在开发票之前，必须计算每种书的总价和所有售书的合计书费。但"单价"从哪里来呢？在图 2-28 中，加工 1.2 可访问的文件只有一个，即教材存量表 F1。该文件不仅要存储各种现有的数据，还要包括它们的单价，即：

教材库存量＝{书号＋单价＋数量}

再返回到加工 1.2，在收到有效书单后，首先访问教材库存量表 F1，查清有哪些书数量不能满足购书单要求，将暂存书单送到加工 1.5"登记缺书"，并由加工 1.5 把信息存入缺书登记表 F2。为方便以后补售，暂缺书单、补售书单和缺书登记表组成可以和有效书单相同，即：

暂缺书单＝学号＋姓名＋{书号＋数量}

补售书单＝学号＋姓名＋{书号＋数量}

缺书登记表＝{学号＋姓名＋{书号＋数量}}

对当前可供应的教材，一方面要计算每种书的单价和书费累计，另一方面要更改存书表，把剩余的写回到教材库存量表中。有效书单的上述数据流程及处理流程也适应于补售书单，不再重复。

继续回溯，可找到加工 1.1"审查有效性"，其输入数据流是"购书单"，应和数据流"有效书单"相同：

购书单＝学号＋姓名＋{书号＋数量}

由补售书单找到加工 1.6"补售教材"，其输入数据流"进书通知"的组成应和"教材库存量表"组成相同：

进书通知＝{书号＋单价＋数量}

同样"售书登记表"和领书单组成相同：

售书登记表＝{学号＋姓名＋{书号＋数量}}

在图 2-29 中，"缺书单"是系统的输出数据流。数据流"缺书单"的组成包含 4 个数据项：

缺书单＝书号＋单价＋数量＋出版商

数据流"缺书单"来自于加工 2.2"按出版社统计缺书"，该加工要读取"教材一览表 F6"和"待购教材表 F5"才能发出缺书单，则"教材一览表 F6"和"待购教材表 F5"的组成如下：

教材一览表={书号+单价+出版商}

待购教材表={书号+单价+数量}

综上所述，分层数据流图产生了系统的全部数据和加工，最后生成软件需求规格说明书。需求分析文档完成后，应由用户和系统分析员共同进行复审。复审结束后，用户和开发人员均应在需求说明书上签字，作为软件开发合同的组成内容。

2.13　小　结

软件的问题定义和可行性研究是软件生命周期的第一个阶段。可行性研究主要完成所开发项目的可行性分析和论证，并导出系统的逻辑模型(业务分析)；根据该逻辑模型设想各种可能的物理系统，并从技术、操作、经济、社会等各个方面分析解法的可行性。最终推荐一个行动方案，提交用户或组织负责人审查批准。

需求分析是发现、求精、建模、规格说明和复审的过程。

项目业务流程主要用系统流程图来描述，主要表示的是业务流，它描绘组成系统的主要物理元素以及信息在这些元素间流动和处理的情况。

数据流图的基本符号只有 4 种，它是描绘系统逻辑模型的极好工具。数据流图(DFD)主要描述业务流中的数据流；通常数据字典和数据流图共同构成系统的逻辑模型。没有数据字典精确定义数据流图中的每个元素，数据流图就不够严密；然而没有数据流图，数据字典也很难发挥作用。

数据字典主要用来描述数据流中的数据实体以及数据元素；数据流图与数据字典共同构成系统的逻辑模型。

为了更好地理解问题，人们常常采用建立模型的方法，在需求分析阶段通常建立数据模型、功能模型和行为模型。通常使用实体-联系图建立数据模型，使用数据流图建立功能模型，使用状态图建立行为模型。

除了创建分析模型之外，在需求分析阶段还应该写出软件需求规格说明书，经过严格评审并得到用户确认之后，作为这个阶段的最终成果。通常主要从一致性、完整性、现实性、有效性和扩充性等5个方面来验证软件需求的有效性。

习　题　2

1. 问题定义的任务和主要工作是什么？

2. 可行性研究的目的与任务是什么？

3. 某航空公司拟开发一个机票预订系统。将旅客的信息(姓名、性别、工作单位、身份证号码、旅行时间、旅行目的地等)输入到系统中，系统为旅客安排航班，打印取票通知和票务账单，旅客可在航线的前一天凭取票通知和票务账单交款取票。系统校对无误后打印出机票给旅客。请写出问题定义，分析该系统的可行性。

4. 软件开发时首先要进行问题定义和可行性分析，请问其目的是什么？

5. 如何获取用户的需求？

6. 需求分析的基本任务是什么？简述软件系统需求的内涵。

7. 系统流程图与数据流程图有什么区别？

8. 利用系统流程图如何描述物理业务过程，即它的基本思想是什么？

9. 数据流图的作用是什么？其中的符号表示什么含义？数据字典有何用途？

10. 通常，数据流图和数据字典共同用来构成系统的逻辑模型，请解释为什么要共同构成？

11. 为什么数据流图要分层？画分层的 DFD 要遵循哪些原则？

12. 拟设计一个高校学生成绩管理系统。学生每学期学习若干门课程，每门课程有课程号、课程名、学时、学分、考试或考察；每位教师担任若干门课程的教学任务。学生考试后，由任课教师分别填写其担任课程的单科成绩单。由计算机汇总学生的各科成绩，不及格者要补考，3 门以上课程成绩不合格者要留级。请画出教师与学生的实体-联系图。

13. 学校图书馆借阅系统有以下功能：

(1) 借书：根据读者的借书证查阅读书档案，若借书数目没有超过规定数目，可办理借阅手续(修改库存记录及读者档案)，超过规定数目者不予借阅。对于第一次借阅者则直接办理借阅手续。

(2) 还书：根据读者书中的条形码，修改库存记录及读者档案，若借阅时间超过规定期限就要罚款。

请对以上问题画出分层数据流图。

14. 某旅馆的电话服务如下：

可以拨分机号和外线号码。分机号是从 7201 至 7299。外线号码先拨 9，然后是市话号码或长话号码。长话号码是由区号和市话号码组成的。区号是从 100 到 300 中任意的数字串。市话号码是由局号和分局号组成的。局号可以是 455、466、888、552 中任意一个号码。分局号是任意长度为 4 的数字串。

要求：写出在数据字典中，电话号码的数据条目的定义及组成。

15. 某单位拟开发一个计算机房产管理系统，要求系统具有分房、调房、退房和查询统计等功能。房产科将用户申请表输入系统后，系统首先检查申请表的合法性，对于不合法的申请表，系统拒绝接收；对于合法的申请表，系统根据类型分别进行处理。

(1) 如果是分房申请，则根据申请者的情况(年龄、工龄、职称、职务、家庭人口等)计算其分数，当分数高于阈值分数时，按分数高低将申请单插到分房队列的适当位置。在进行分房时，从空房文件中读出空房信息，如房号、面积、等级、单位面积房租等，把好房优先分给排在分房队列前面的符合该等级房条件的申请者；从空房文件中删掉这个房号的信息，并从分房队列中删掉该申请单，再把此房号的信息和住户信息一起写到住房文件中，输出住房分配单给住户，同时计算房租，并将算出的房租写到房租文件中。

(2) 如果是退房申请，则从住房文件和房租文件中删除有关信息，再把此房号的信息写到空房文件中。

(3) 如果是调房申请，则根据申请者的情况确定其住房等级，然后在空房文件中查找属于该等级的空房，退掉原住房，再进行与分房类似的处理。

(4) 住户可以向系统查询目前分房的阈值分数，居住某类房屋的条件，某房号的单位面积及房租等信息。房产科可以要求系统打印住房情况的统计表,或更改某类房屋的居住条件、单位面积和房租等。

要求:用数据流图描绘该系统的功能需求;在数据字典中给出主要的数据流、文件和加工说明。

16. 某医院由 1 到多个科室组成,每个科室包含 1 到多名医生,每名医生可以救治 0 到多个患者。请画出该业务的 ER 图(属性先不考虑)。

第3章　软件总体设计

 知识点

总体设计的基本概念、设计过程、设计原理、启发式规则，面向数据流的设计方法，描绘软件结构的图形工具。

难点

总体设计过程、设计原理，面向数据流的设计方法(变换分析与事务分析)。

基于工作过程的教学任务

通过本章的学习，了解软件总体设计的目的、任务；掌握软件总体设计的过程、设计原理和启发规则；理解面向数据的设计方法，能够将具体的数据流图转换为软件的结构图，即变换分析技术和事务分析技术；熟练使用概要设计阶段常用的几种图形工具。

在完成对软件系统的需求分析之后，接下来需要进行的是软件系统的总体设计。一般来说，对于较大规模的软件项目，软件设计往往被分成两个阶段进行。首先是前期总体设计，用于确定软件系统的基本框架；然后是在概要设计基础上的后期详细设计，用于确定软件系统的内部实现细节。

应该说，软件概要设计是软件开发过程中一个非常重要的阶段。可以肯定，如果软件系统没有经过认真细致的概要设计，就直接考虑它的算法或直接编写源程序，这个系统的质量就很难保证。许多软件就是因为结构上的问题，使得它经常发生故障，而且很难维护。

3.1　总　体　设　计

在需求分析阶段，已经明确了系统必须"做什么"，下一步就是如何实现系统的需求，进入软件总体设计阶段。即回答"系统应该如何实现？"，也即能够针对软件需求分析中提出的一系列软件问题，概要地回答问题如何解决。例如，需回答：软件系统将采用什么样的体系构架？需要创建哪些功能模块？模块之间的关系如何？数据结构如何？软件系统需要什么样的网络环境提供支持？需要采用什么类型的后台数据库？等等。

1．总体设计的定义

总体设计又称为概要设计或初步设计。总体设计阶段要描述软件的体系结构和子系统，确定软件的模块结构，进行数据结构设计、数据库设计等。总体设计之后再对软件进行详细设计，通过对软件设计的不断细化，形成可实施的设计方案。

总体设计是一个将软件需求变换成软件表示的过程。总体设计的工作是划分出组成目标系统的物理元素——程序、文件、数据库、人工过程和文档等，但是每个物理元素仍然处于黑盒子级，这些黑盒子里的具体内容将在以后仔细设计。

软件总体设计的重要任务是设计软件的结构，也就是要确定系统中每个程序是由哪些模块组成的，以及这些模块相互间的关系。

总体设计的好坏在根本上决定了软件系统的优劣。无论哪个环节出了差错，都会把好事搞砸了。

总之，总体设计之源是软件需求。总体设计过程通常由以下两个主要阶段组成：

- 系统设计阶段，确定系统的具体实现方案；
- 结构设计阶段，确定软件结构。

比较全面的总体设计过程包括下述 12 个步骤。

1) 设想供选择的方案

在总体设计阶段开始时只有系统的逻辑模型，分析员有充分的自由分析比较不同的物理实现方案，一旦选出了最佳的方案，将能大大提高系统的性能/价格比。另外，需求分析阶段得出的数据流图是总体设计的极好的出发点。

2) 系统构架设计

系统构架设计就是根据系统的需求框架，确定系统的基本结构，以获得有关系统创建的总体方案。其主要设计内容包括：

- 根据系统业务需求，将系统分解成诸多具有独立任务的子系统；
- 分析子系统之间的通信，确定子系统的外部接口；
- 分析系统的应用特点、技术特点以及项目资金情况，确定系统的硬件环境、软件环境、网络环境和数据环境等；
- 根据系统整体逻辑构造与应用需要，对系统进行整体物理部署与优化。

很显然，当系统构架被设计完成之后，软件项目就可以每个具有独立工作特征的子系统为单位进行任务分解了，由此可以将一个大的软件项目分解成许多小的软件子项目。

3) 选取合理的方案

从一系列供选择的方案中选取若干个合理的方案。至少选取低、中和高成本的三种方案。在判断哪些方案合理时，应该考虑在问题定义和可行性研究阶段确定的工程规模和目标，有时可能还需要进一步征求用户的意见。对每个合理的方案，分析员都应该准备下列4 份资料：

- 系统流程图；
- 组成系统的物理元素清单；
- 成本/效益分析；
- 实现这个系统的进度计划。

4) 推荐最佳方案

分析员应该综合分析对比各种合理方案的利弊，推荐一个最佳的方案，并为方案制定详细的实现计划和规范。方案通过审批后才能进入总体设计过程的下一个重要阶段——结构设计。

5) 制定规范

在进入软件开发阶段之初，首先应为软件开发组制定在设计时应该共同遵守的标准，以便协调组内各成员的工作。包括：

- 阅读和理解软件需求说明书，确认用户要求能否实现，明确实现的条件，从而确定设计的目标，以及它们的优先顺序；
- 根据目标确定最合适的设计方法；
- 规定设计文档的编制标准；
- 规定编码的信息形式，与硬件、操作系统的接口规约，命名规则。

6) 功能分解

为了最终实现目标系统，必须设计出组成这个系统的所有程序和文件(或数据库)。对程序(特别是复杂的大型程序)的设计，通常分为以下两个阶段完成：

- 结构设计：确定程序由哪些模块组成，以及这些模块之间的关系；
- 过程设计：确定每个模块的处理过程。

其中，结构设计是总体设计阶段的任务，过程设计是详细设计阶段(通过对结构设计内容进行细化，得到软件的详细的数据结构和算法)的任务。

为确定软件结构，首先需要从实现角度把复杂的功能进一步分解。一般来说，经过分解之后应该使每个功能对大多数程序员而言都是明显易懂的。

功能分解导致数据流图的进一步细化，同时还应该用 IPO 图或其他适当的工具简要描述细化后每个处理的算法。

7) 设计软件结构

基于功能层次结构建立软件结构。其步骤主要有：

- 采用层次图或结构图设计方法，将系统按功能划分成模块的层次结构；
- 确定每个模块的功能；
- 建立与已确定的软件需求的对应关系；
- 确定模块间的调用关系、接口。

如果数据流图已经细化到适当的层次，则可以直接从数据流图映射出软件结构。

8) 可靠性设计

可靠性设计也叫做质量设计，用于确保整个系统易于修改和易于维护。

9) 设计数据库

对用到数据库的应用软件系统，软件工程师应在需求分析阶段所确定的系统数据需求的基础上，进一步设计数据库(参考数据库课程)。

10) 制定测试计划

在软件开发的早期阶段考虑测试问题，能促使软件设计人员在设计时注意提高软件的可测试性。

11) 书写文档

应该用正式的文档记录总体设计的结果，在这个阶段应该完成的文档通常有下述几种：系统说明书、用户手册、测试计划、详细的实现计划、数据库设计结果等。

12) 审查和复审

最后应该对总体设计的结果进行严格的技术审查，在技术审查通过之后再由使用部门的负责人从管理角度进行复审。审查和复审的内容主要包括：

- 需求确认：确认所设计的软件是否已覆盖了所有已确定的软件需求；
- 接口确认：确认该软件的内部接口与外部接口是否已经明确定义；
- 模块确认：确认所设计的模块是否满足高内聚低耦合的要求，模块的作用范围是否在其控制范围之内；
- 风险性：该设计在现有技术条件下和预算范围内是否能按时实现；
- 实用性：该设计对于需求的解决是否实用；
- 可维护性：该设计是否考虑了今后的维护；
- 质量：该设计是否表现出了良好的质量特征。

2．总体设计的重要性

总体设计阶段的一项重要任务是设计软件的结构，也就是要确定系统中每个程序是由哪些模块组成的，以及这些模块相互间的关系，如图 3-1 所示。

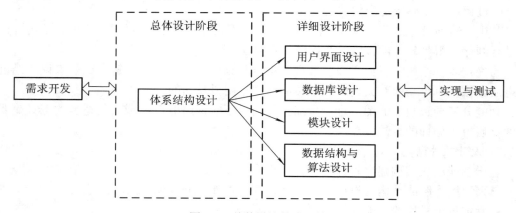

图 3-1　总体设计的重要性

软件设计是软件开发阶段的关键步骤，是将需求转化为软件产品的唯一途径，由于软件开发阶段占软件项目开发总成本的绝大部分，因此总体设计所做的决策，将直接影响软件实现的成败。软件设计是后续开发步骤及软件维护工作的基础。如果没有设计，只能建立一个不稳定的软件体系结构，如图 3-2 所示。

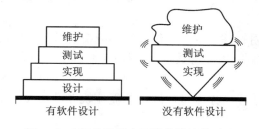

图 3-2　有软件设计和无软件设计的对比

在总体设计阶段，应从系统开发的角度出发，将系统逐步分割成层次结构，系统被表达为一个结构清晰、层次分明的模块组合，每个模块完成各自相对简单的功能，并且它们之间都保持一定的联系。图 3-3 描述了从需求分析到总体设计过程中的元素对应关系。

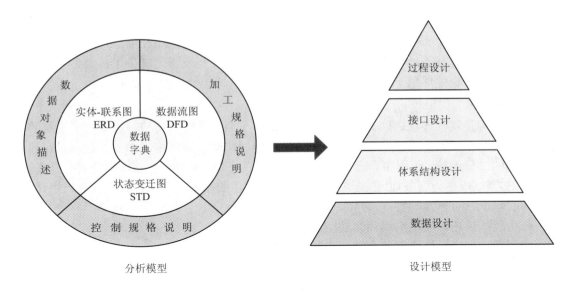

图 3-3　分析模型元素和设计模型内容示意

　　数据字典、实体-联系图、数据对象描述转变成设计阶段的数据结构，就是在进行数据设计；从数据流图分析归纳总结出系统的体系结构，体系结构设计确定了系统模块之间的关系和接口，描述了系统内部各组成元素之间、软件与外部系统之间以及软件与使用者之间的通信方式；数据流图提供了接口设计所需要的信息；过程设计是对软件构件的过程性说明，可以从状态变迁图、控制规格说明、加工规格说明获得过程设计所需要的信息。根据以上思路，可以把需求阶段的数据模型、功能模型、行为模型传递给系统设计人员，他们就可以根据各个模型所表达出来的信息，使用合适的方法，完成数据设计、体系结构设计、接口设计、过程设计。

3.2　软件总体设计原理

3.2.1　设计原理

1. 抽象

　　抽象是人类在认识复杂现象的过程中使用的最强有力的思维工具。人们在实践中认识到，在现实世界中一定事物、状态或过程之间总存在着某些相似的方面(共性)。把这些相似的方面集中和概括起来，暂时忽略它们之间的差异，这就是抽象。或者说抽象就是抽出事物的本质特性而暂时不考虑它们的细节。在软件设计中，抽象与逐步求精和模块化是紧密关联的。

　　用模块化设计的思想来解决问题时，可以提出许多抽象的层次。在抽象的最高层次使用问题环境的语言，以概括的方式叙述问题的解法；在较低抽象层次采用更过程化的方法，把面向问题的术语和面向实现的术语结合起来叙述问题的解法；最后在最低的抽象层次用可直接实现的方式叙述问题的解法。

　　软件工程过程的每一步都是对软件解法的抽象层次的一次精化。在可行性研究阶段，软件作为系统的一个完整部件；在需求分析期间，软件解法是使用在问题环境内熟悉的方式描述的；当由总体设计向详细设计过渡时，抽象的程度也就随之减少了；最后，当源程序写出来以后，也就达到了抽象的最低层。

2．模块化

　　软件结构是软件模块之间关系的表示，它决定了整个系统的结构，也确定了系统的质量。模块是一个明确定义了输入、输出和特性的程序实体，通常程序中独立命名且可通过名称访问的过程函数、子程序和宏调用都可以看作模块。面向对象方法学中的对象是模块，对象内的方法(或称为服务)也是模块。模块是构成程序的基本构件。模块又称为"组件"，一般具有以下三个基本属性：

- 功能：描述该模块实现什么功能，有什么作用；
- 逻辑：描述模块内部怎么做，即如何实现需求及所需的数据；
- 状态：该模块使用时的环境和条件，即模块间的调用与被调用关系。

　　在描述一个模块时，还必须按模块的外部特性与内部特性分别描述。模块的外部特性，指模块的模块名、参数表、其中的输入参数和输出参数以及给程序至整个系统造成的影响；模块的内部特性，指完成其功能的程序代码和仅供该模块内部使用的数据。

　　模块化是解决软件复杂问题的一种手段。对于一个复杂的大型软件系统，应该将它适当分解，即把复杂的问题分解成许多容易解决的小问题，原来的问题也就容易解决了。这就是模块化的根据。

　　根据实际经验：模块不能无休止地细化，只要细化到能满足所有需求的业务需要时，就停止。根据图 3-4 所示：当模块数目增加时每个模块的规模将减小，开发单个模块需要的成本(工作量)确实减少了；但是，随着模块数目增加，设计模块间接口所需要的工作量也将增加。根据这两个因素，得出了图中的总成本曲线。每个程序都相应地有一个最适当的模块数目 M，使得系统的开发成本最小。虽然目前还不能精确地决定 M 的数值，但是在考虑模块化的时候总成本曲线确实是有用的指南。

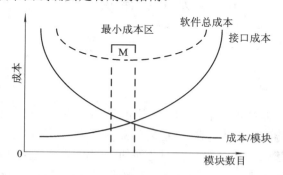

图 3-4　模块化和软件成本

　　采用模块化原理可以使软件结构清晰，不仅容易设计也容易阅读和理解。因为程序错误通常局限在有关的模块及它们之间的接口中，所以模块化使软件容易测试和调试，因而有助于提高软件的可靠性。因变动往往只涉及少数几个模块，所以模块化能够提高软件的可修改性。另外，模块化也有助于软件开发的组织管理，一个复杂的大型程序可以由许多程序员分工编写不同的模块，并且可以进一步分配技术熟练的程序员编写困难的模块。

3．局部化与信息隐藏

模块化概念让我们面对一个基本问题："为了得到最好的一组模块，应该怎样分解软件呢？"信息隐藏原则建议：在设计和确定模块时，应使一个模块内包含的信息(过程和数据)对于不需要这些信息的模块来说，是不能访问的。

局部化的概念和信息隐藏概念是密切相关的。所谓局部化，是指把一些关系密切的软件元素物理地放得彼此靠近。在模块中使用局部数据元素是局部化的一个例子。显然，局部化有助于实现信息隐藏。

"隐藏"意味着可以通过定义一组独立的模块来实现有效的模块化，这些独立的模块彼此间仅仅交换那些为了完成系统功能而必须交换的信息。信息隐藏定义并加强了对模块内部细节的访问约束和对模块所使用的任何局部数据结构的访问约束。

如果在测试期间和以后的软件维护期间需要修改软件，那么使用信息隐藏原理作为模块化系统设计的标准就会带来极大好处。因为绝大多数数据和过程对于软件的其他部分而言是隐藏的，在修改期间由于疏忽而引入的错误就很少可能传播到软件的其他部分。

4．模块独立性(功能独立)

模块独立性的概念是模块化、抽象、信息隐藏和局部化概念的直接结果。模块独立性是指软件系统中每个模块只涉及软件要求的具体的子功能，而和软件系统中其他模块的接口是简单的。

为什么模块的独立性很重要？主要有两条理由：第一，有效的模块化(即具有独立的模块)软件比较容易开发出来。这是由于能够分割功能而且接口可以简化，当许多人分工合作开发同一个软件时，这个优点尤其重要。第二，独立的模块比较容易测试和维护。这是因为相对来说，修改设计和程序需要的工作量比较小，错误传播范围小，需要扩充功能时能够"插入"模块。总之，模块独立性是好设计的关键，而设计又是决定软件质量的关键环节。

模块的独立性一般采用耦合和内聚这两个定性的技术指标进行度量。其中，耦合用来反映模块之间互相连接的紧密程度，模块之间的连接越紧密，联系越多，耦合性就越高。内聚用来反映模块内部各个元素彼此结合的紧密程度，一个模块内部各个元素之间结合得越紧密，则它的内聚性就越高。显然，为了使模块具有较强的独立性，要求模块是高内聚、低耦合。

1）耦合

耦合又称块间联系，是对一个软件结构内不同模块之间互连程度的度量。耦合强弱取决于模块间接口的复杂程度，进入或访问一个模块的点，以及通过接口的数据。

在软件设计中应该追求尽可能松散耦合的系统。在这样的系统中可以研究、测试或维护任何一个模块，而不需要对系统的其他模块有很多了解。此外，由于模块间的联系简单，发生在一处的错误传播到整个系统的可能性就很小。因此，模块间的耦合程度严重影响系统的可理解性、可测试性、可靠性和可维护性。

如果两个模块之间联系越紧密，那么它们的耦合程度越高。模块间耦合高低取决于接口的复杂性、调用方式及传递的信息。模块的耦合有以下几种类型，如图 3-5 所示。

图 3-5　模块耦合类型比较

① 非直接耦合。如果两个模块中的每一个都能独立地工作而不需要另一个模块的存在，且它们之间不传递任何信息，那么它们彼此完全独立，耦合程度最低，独立性最强。但是，在一个软件系统中不可能所有模块之间都没有任何连接。

② 数据耦合。如果两个模块彼此间通过参数交换信息，而且交换的信息仅仅是数据，那么这种耦合称为数据耦合。数据耦合是低耦合。系统中至少必须存在这种耦合，因为只有当某些模块的输出数据作为另一些模块的输入数据时，系统才能完成有价值的功能。一般来说，一个系统内可以只包含数据耦合。

③ 特征耦合。如果被调用的模块需要使用作为参数传递进来的数据结构中的所有元素，那么，把整个数据结构作为参数传递就是完全正确的。但是，当把整个数据结构作为参数传递而被调用的模块只需要使用其中一部分数据元素时，就出现了特征耦合。在这种情况下，被调用的模块可以使用的数据多于它确实需要的数据，这将导致对数据的访问失去控制，从而给计算机犯罪提供了机会。

④ 控制耦合。如果传递的信息中有控制信息(尽管有时这种控制信息以数据的形式出现)，则这种耦合称为控制耦合。控制耦合是中等程度的耦合，它增加了系统的复杂程度。控制耦合往往是多余的，在把模块适当分解之后通常可以用数据耦合代替它。

⑤ 外部耦合。如果一组模块都访问同一全局简单变量而不是同一全局数据结构，而且不是通过参数表传递该全局变量的信息，称这种耦合方式为外部耦合。

⑥ 公共环境耦合。当两个或多个模块通过一个公共数据环境相互作用时，它们之间的耦合称为公共环境耦合。公共环境可以是全程变量、共享的通信区、内存的公共覆盖区、任何存储介质上的文件、物理设备等。

需要注意的是，模块之间公共环境耦合的复杂程度，将会随着耦合模块个数的增加而显著增加。为了降低公共环境耦合带来的复杂性和提高模块的独立性，实际应用中还会针对公共环境耦合专门设置一些限制，例如不使用公共环境耦合数据传递控制信息。

如果只有两个模块有公共环境，那么这种耦合有下面两种可能：

● 一个模块往公共环境送数据，另一个模块从公共环境取数据。这是数据耦合的一种形式，是比较松散的耦合；

● 两个模块都既往公共环境送数据又从里面取数据，这种耦合比较紧密，介于数据耦合和控制耦合之间。

如果两个模块共享的数据很多，都通过参数传递可能很不方便，这时可以利用公共环境耦合。

⑦ 内容耦合。最高程度的耦合是内容耦合。如果出现下列情况之一，两个模块间就发生了内容耦合。

● 一个模块访问另一个模块的内部数据；

- 一个模块不通过正常入口而转到另一个模块的内部；
- 两个模块有一部分程序代码重叠(只可能出现在汇编程序中)；
- 一个模块有多个入口(这意味着一个模块有几种功能)。

内容耦合是一种非常强的耦合形式，严重影响了模块独立性。当模块之间存在内容耦合时，模块的任何改动都将变得非常困难，一旦程序有错则很难修正。因此，设计软件结构时，也就要求绝对不要出现内容耦合。所幸的是，大多数高级程序设计语言已经设计成不允许出现内容耦合，它一般只会出现在汇编语言程序中。

耦合是影响软件复杂程度的一个重要因素。在设计软件时应该采取下述设计原则：尽量使用数据耦合，少用控制耦合和特征耦合，限制公共环境耦合的范围，坚决避免使用内容耦合。在耦合方式上降低模块之间接口的复杂性。

2) 内聚性

内聚又称块内联系，是对模块功能强度的度量，即一个模块内各个元素彼此结合的紧密程度，它是信息隐藏和局部化概念的自然扩展。简单地说，理想内聚的模块只做一件事情。

设计时应该力求做到高内聚，通常中等程度的内聚也是可以采用的，而且效果和高内聚相差不多，避免使用低内聚。

内聚和耦合是密切相关的，模块内的高内聚往往意味着模块间的松耦合。内聚和耦合都是进行模块化设计的有力工具，但是实践表明内聚更重要，应该把更多注意力集中到提高模块的内聚程度上。

模块内聚的主要类型有：功能内聚、顺序内聚、通信内聚、过程内聚、时间内聚、逻辑内聚和偶然内聚，如图 3-6 所示。其中，功能内聚和顺序内聚属于高内聚，通信内聚和过程内聚属于中等程度的内聚，时间内聚、逻辑内聚和偶然内聚则属于低内聚；而且，模块内聚程度越高，其功能越集中、独立性越强。

图 3-6　模块内聚类型比较

① 偶然内聚。当模块内各部分之间没有联系，或即使有联系，这种联系也很松散时，将会出现偶然内聚。偶然内聚往往产生于对程序的错误认识或没有进行软件结构设计就直接编程。例如，一些编程人员可能会将一些没有实质联系，但在程序中重复多次出现的语句抽出来，组成一个新的模块，这样的模块就是偶然内聚模块。

偶然内聚模块由于是随意拼凑而成的，模块内聚程度最低，功能模糊，很难进行维护。

② 逻辑内聚。逻辑内聚是把几种相关的功能组合在一起形成为一个模块。在调用逻辑内聚模块时，可以由传送给模块的判定参数来确定该模块应执行哪一种功能。

逻辑内聚模块比偶然内聚模块的内聚程度要高，因为它表明了各部分之间在功能上的相关关系。但是它每次执行的不是一种功能，而是若干功能中的一种，因此它不易修改。另外，在调用逻辑内聚模块时，需要进行控制参数的传递，由此增加了模块间的耦合。

③ 时间内聚。如果一个模块包含的任务必须在同一段时间内执行，就叫时间内聚。时间内聚模块一般是多功能模块，其特点是模块中的各项功能的执行与时间有关，通常要求所有功能必须在同一时间段内执行。例如初始化模块，其功能可能包括给变量赋初值、连接数据源、打开数据表、打开文件等，这些操作要求在程序开始执行的最初一段时间内全部完成。

时间内聚模块比逻辑内聚模块的内聚程度又稍高一些，其内部逻辑比较简单，一般不需要进行判定转移。

④ 过程内聚。如果一个模块内的处理是相关的，而且必须以特定次序执行，则称之为过程内聚模块。在使用流程图设计程序的时候，常常通过流程图来确定模块划分，由此得到的就往往是过程内聚模块。例如，可以根据流程图中的循环部分、判定部分和计算部分将程序分成三个模块，这三个模块就是过程内聚模块。

过程内聚模块的内聚程度比时间内聚模块的内聚程度更强一些，但过程内聚模块仅包括完整功能的一部分，因此模块之间的耦合程度比较高。

⑤ 通信内聚。如果模块中所有元素都使用同一个输入数据和(或)产生同一个输出数据，则称为通信内聚。

⑥ 顺序内聚。如果一个模块内的处理元素和同一个功能密切相关，而且这些处理必须顺序执行(通常一个处理元素的输出数据作为下一个处理元素的输入数据)，则称为顺序内聚。根据数据流图划分模块时，通常得到顺序内聚的模块，这种模块彼此间的连接往往比较简单。

⑦ 功能内聚。如果模块内所有处理元素属于一个整体，完成一个单一的功能，则称为功能内聚。功能内聚是最高程度的内聚。

功能内聚模块的特征是功能单一、接口简单，因此其容易实现、便于维护。与其他内聚类型相比，功能内聚具有最高的内聚程度，软件结构设计时应以其作为追求目标。

总之，耦合和内聚是密切相关的，同其他模块强耦合的模块意味者弱内聚，强内聚模块意味着与其他模块间松散耦合。模块独立性设计目标是：设计时力争做到高内聚，并且能够辨认出低内聚的模块，有能力通过修改设计提高模块的内聚程度，降低模块间的耦合程度，从而获得较高的模块独立性。

5. 逐步求精

逐步求精是人类解决复杂问题时采用的基本方法，也是许多软件工程技术（例如规格说明技术、设计和实现技术)的基础。可以把逐步求精定义为：为了能集中精力解决主要问题而尽量推迟对问题细节的考虑。

逐步求精之所以如此重要，是因为人类的认知过程遵守 Miller 法则(米勒法则)：一个人在任何时候都只能把注意力集中在(7 ± 2)个知识块上。

但是，在开发软件的过程中，软件工程师在一段时间内需要考虑的知识块数远远多于7。例如，一个程序通常不止使用 7 个数据，一个用户也往往有不止 7 个方面的需求。逐步求精方法的强大作用就在于，它能帮助软件工程师把精力集中在与当前开发阶段最相关的那些方面上，而忽略那些对整体解决方案来说虽然是必要的，然而目前还不需要考虑的细节，这些细节将留到以后再考虑。Miller 法则是人类智力的基本局限，我们不可能战胜自己的自然本性，只能接受这个事实，承认自身的局限性，并在这个前提下尽我们的最大努力工作。

　　事实上，可以把逐步求精看作是一项把一个时期内必须解决的种种问题按优先级排序的技术。逐步求精方法确保每个问题都将被解决，而且每个问题都将在适当的时候被解决，但是，在任何时候一个人都不需要同时处理 7 个以上知识块。

　　抽象与逐步求精是一对互补的概念。抽象能够明确说明内部过程和数据，但对"外部使用者"隐藏了低层细节。事实上，可以把抽象看作是一种通过忽略多余的细节同时强调有关的细节，而实现逐步求精的方法。逐步求精则帮助设计者在设计过程中逐步揭示低层细节。这两个概念都有助于设计者在设计演化过程中创造出完整的设计模型。

　　例如要开发一个 CAD 软件。下面在不同的抽象层次上，应用不同的描述方法对该问题进行抽象和细化。

抽象层次 1：用问题所处环境的术语描述这个软件。

该软件系统具有一个可视化绘图界面以及一个数字化仪界面，能用鼠标代替绘图工具画出各种曲线和直线，能完成几何计算和截面视图及辅助视图的设计，能将图形设计结果存于图形文件中。

抽象层次 2：任务需求描述。

CAD 软件任务

　　　　用户界面任务；

　　　　创建二维图形任务；

　　　　显示图形任务；

　　　　管理图形任务

END CAD

在此抽象层次上，所用术语不再是问题所处环境的语言，但并没给出如何做的信息，不能直接实现。

抽象层次 3：程序过程表示。下面以二维图形任务为例进行说明。

PROCEDURE　创建二维图形

　REPEAT

　　WHILE　出现与数字仪的交互时

　　　数字仪接口任务；

　　　判断作图请求；

　　　线：画线任务；

　　　圆：画圆任务；

　　　…

　　END WHILE；

　WHILE　出现与键盘的交互时

　　　键盘接口任务；

　　　选择分析或计算；

　　　辅助视图：辅助视图任务；

　　　截面视图：截面视图任务；

　　　…

　　END WHILE；

　　…

　UNTIL　创建图形任务终止

END PROCEDURE

在这一抽象层次上，给出了初步过程表示，所有的术语都是面向软件的，并且模块结构也开始明朗。细化过程可进行下去，直到获得源代码。

6. 重构

重构是一种重新组织的技术，可以简化构件的设计(或代码)而无需改变其功能或行为。Fowler 这样定义重构："重构是使用这样一种方式改变软件系统的过程：不改变代码(设计)的外部行为而是改进其内部结构。"

当重构软件时，检查现有设计的冗余性、没有使用的设计元素、低效的或不必要的算法、拙劣的或不恰当的数据结构以及其他设计不足，修改这些不足以获得更好的设计。例如，第一次设计迭代可能得到一个构件，表现出很低的内聚性(即执行三个功能但是相互之间仅有有限的联系)。设计人员可以决定将构件重构为三个独立的构件，每个都表现出较高的内聚性。这样的处理结果将实现一个易集成、易测试和易维护的软件。

3.2.2 启发式规则

软件设计人员应注意积累、吸取教训、总结经验技巧，为下一个项目的实施做好开端。这些经验能给软件工程师以有益的启示，往往能帮助他们找到改进软件设计、提高软件质量的途径。下面介绍几条启发式规则。

1. 改进软件结构，提高模块独立性

设计出软件的初步结构以后，应该审查分析这个结构，通过模块分解或合并，力求降低耦合提高内聚。例如，多个模块共有的某个子功能可以独立成一个模块，由这些模块调用；有时可以通过分解或合并模块以减少控制信息的传递及对全程数据的引用，并且降低接口的复杂程度。

2. 模块规模应该适中

模块的大小，可以用模块中所包含语句的数量多少来衡量。经验表明，一个模块的规模不应过大，最好能写在一页纸内(通常不超过 60 行语句)。有人从心理学角度研究得知，当一个模块包含的语句数超过 30 行以后，模块的可理解程度迅速下降。

过大的模块往往是由于分解不充分造成的，在进一步分解时必须符合问题结构，不应该降低模块独立性。过小的模块开销大于有效操作，而且模块数目过多将使系统接口复杂。因此过小的模块有时不值得单独存在，特别是只有一个模块调用它时，通常可以把它合并到上级模块中去而不必单独存在。

需要注意的是，初学编程时不能够为了实现功能而盲目编程，要注意程序语句的优化。

3. 深度、宽度、扇出和扇入都应适当

深度表示软件结构中从顶层模块到最低层模块的层数，它往往能粗略地标志一个系统的大小和复杂程度。深度和程序长度之间应该有粗略的对应关系，当然这个对应关系是在一定范围内变化的。如果层数过多则应该考虑是否有许多管理模块过分简单了，能否适当合并。

宽度是软件结构内同一个层次上的模块总数的最大值。一般来说，宽度越大系统越复杂。对宽度影响最大的因素是模块的扇出。

扇出是一个模块直接控制(调用)下属的模块数目，扇出过大意味着模块过分复杂，需要控制和协调过多的下级模块；扇出过小(例如总是 1)也不好。经验表明，一个设计得好的典型系统的平均扇出通常是 3 或 4(扇出的上限通常是 5～9)。

扇出太大一般是因为缺乏中间层次，应该适当增加中间层次的控制模块。扇出太小时可以把下级模块进一步分解成若干个子功能模块，或者合并到它的上级模块中去。当然分解模块或合并模块必须符合问题结构，不能违背模块独立性原理。

扇入指一个模块的直接上属模块个数。一个模块的扇入表明有多少个上级模块直接调用它，扇入越大则共享该模块的上级模块数目越多，这是有好处的，但是不能违背模块独立原理单纯追求高扇入。

图 3-7 展示了一个软件结构的深度、宽度、扇入、扇出情况。观察大量软件系统后发现，设计得很好的软件结构通常顶层扇出比较高，中层扇出较少，底层扇入到公共的实用模块中去(底层模块有高扇入)。

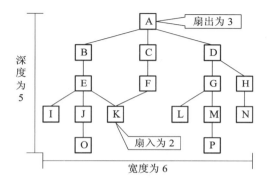

图 3-7　软件结构示意图

4. 模块的作用域应该在控制域之内

模块的作用域定义为受该模块内一个判定影响的所有模块的集合。模块的控制域是这个模块本身以及所有直接或间接从属于它的模块的集合。例如，在图 3-8 中模块 A 的控制域是 A、B、C、D、E、F 等模块的集合。

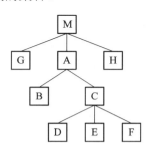

图 3-8　模块的作用域和控制域

在一个设计得很好的系统中，所有受判定影响的模块应该都从属于做出判定的那个模块，最好局限于做出判定的那个模块本身及它的直属下级模块。

5. 力争降低模块接口的复杂程度

模块接口的设计非常重要，往往影响模块的可读性。模块接口复杂是软件发生错误的一个主要原因。应该仔细设计模块接口，使得信息传递简单并且和模块的功能一致。接口复杂或不一致(即看起来传递的数据之间没有联系)，是紧耦合或低内聚的征兆，应该重新分析这个模块的独立性。

6. 设计单入口、单出口的模块

单入口、单出口模块不会使模块间出现内容耦合。当从顶部进入模块并且从底部退出时，软件是比较容易理解的，因此也是比较容易维护的。

7. 模块功能应该可以预测

模块的功能应该能够预测，但也要防止模块功能过分局限。如果一个模块可以当作一个黑盒子，也就是说，只要输入的数据相同就产生同样的输出，这个模块的功能就是可以预测的。

如果一个模块只完成一个单独的子功能，则呈现高内聚；但是，如果一个模块任意限制局部数据结构的大小，过分限制在控制流中可以做出的选择或者外部接口的模式，那么这种模块的功能就过分局限，使用范围也就过分狭窄了。

8. 软件包应满足设计约束和可移植性

为了使得软件包可以在某些特定的环境下能够安装和运行，对软件包提出了一些设计约束和可移植的要求。

以上列出的启发式规则多数是经验规律，对改进设计和提高软件质量往往有重要的参考价值；但是，它们既不是设计的目标，也不是设计时应该普遍遵循的原理。

3.3　描绘软件结构的图形工具

3.3.1　层次图和 HIPO 图

层次图用来描绘软件的层次结构。虽然层次图的形式和 2.9 节中介绍的描绘数据结构的层次方框图相同，但是表现的内容却完全不同。层次图中的一个矩形框代表一个模块，方框间的连线表示调用关系而不像层次方框图那样表示组成关系。图 3-9 是层次图的一个例子。层次图很适于在自顶向下设计软件的过程中使用。

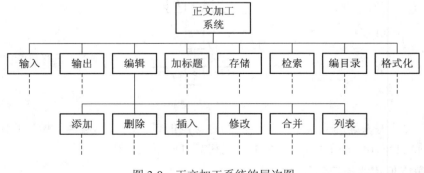

图 3-9　正文加工系统的层次图

HIPO 图是美国 IBM 公司发明的"层次图加输入/处理/输出图"的英语缩写。为了能使 HIPO 图具有可追踪性，在 H 图(层次图)里除了最顶层的方框之外，每个方框都加了编号。编号规则和 2.7 节中介绍的数据流图的编号规则相同，例如图 3-9 加了编号后得到图 3-10。

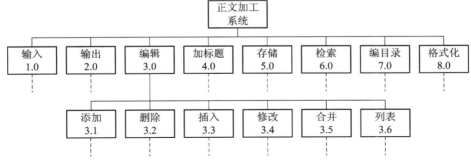

图 3-10　带编号的层次图(H 图)

与 H 图中每个方框相对应，应该有一张 IPO 图描绘这个方框代表的模块的处理过程。HIPO 图中的每张 IPO 图内都应该明显地标出它所描绘的模块在 H 图中的编号，以便追踪了解这个模块在软件结构中的位置。

3.3.2　软件结构图

软件结构图是进行软件结构设计的另一个有力工具。结构图和层次图类似，也是描绘软件结构的图形工具。图中一个方框代表一个模块，框内注明模块的名字或主要功能；方框之间的箭头(或直线)表示模块的调用关系。如图 3-11 所示为结构图的基本符号。图 3-12 是结构图的一个例子——"自动阅卷系统"的软件结构图。

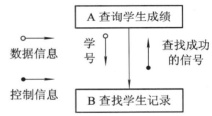

图 3-11　结构图的基本符号

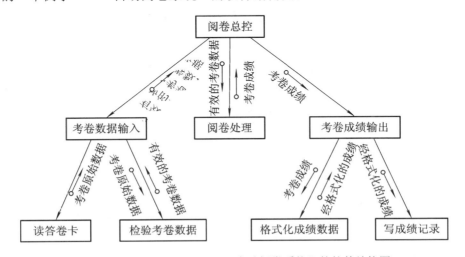

图 3-12　结构图的例子——"自动阅卷系统"的软件结构图

如果希望进一步标明传递的信息是数据还是控制信息，则可以利用注释箭头尾部的形状来区分：尾部是空心圆表示传递的是数据，实心圆表示传递的是控制信息(见图 3-11)。

以上介绍的是结构图的基本符号。此外还有一些附加的符号，可以表示模块的选择调用或循环调用。图 3-13 表示模块 M 有条件地调用另一个模块 A(或者模块 B、C)时，在模块 M 的箭头尾部标以一个菱形符号，表示条件选择。图 3-14 表示模块 M 反复地调用模块 A、B 和 C 时，在模块 M 的箭头尾部则标以一个弧形符号表示循环。

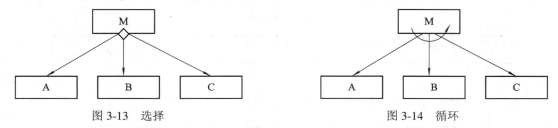

图 3-13　选择　　　　　　　　　　　　图 3-14　循环

注意，层次图和结构图并不严格表示模块的调用次序。虽然多数人习惯于按调用次序从左到右画模块，但并没有这种规定，出于其他方面的考虑(例如为了减少交叉线)，也完全可以不按这种次序画。此外，层次图和结构图并不指明什么时候调用下层模块。通常上层模块中除了调用下层模块的语句之外还有其他语句，究竟是先执行调用下层模块的语句还是先执行其他语句，在图中丝毫没有指明。事实上，层次图和结构图只表明一个模块调用哪些模块，至于模块内还有没有其他成分则完全没有表示。

通常用层次图作为描绘软件结构的文档。结构图作为文档并不很合适，因为图上包含的信息太多，有时反而降低了清晰程度。但是，利用 IPO 图或数据字典中的信息得到模块调用时传递的信息，并由层次图导出结构图的过程，却可以作为检查设计正确性和评价模块独立性的好方法。比如，可以提出这样的问题：传送的每个数据元素都是完成模块功能所必需的吗？反之，完成模块功能必需的每个数据元素都传送来了吗？所有数据元素都只和单一的功能有关吗？如果发现软件结构图上模块间的联系不容易解释，则应该考虑是否设计上存在问题。

3.4　映射数据流到软件结构

面向数据流的设计方法，是基于描绘信息流动和处理的数据流图(DFD)，从数据流图出发，根据数据流特性，划分软件模块，建立软件结构的。

在软件工程的需求分析阶段，信息流是一个关键考虑，通常用数据流图描绘信息在系统中加工和流动的情况。面向数据流的设计方法定义了一些不同的"映射"，利用这些映射可以把数据流图变换成软件结构。因为任何软件系统都可以用数据流图表示，所以面向数据流的设计方法理论上可以设计任何软件的结构。

面向数据流的设计方法把信息流映射成软件结构，信息流的类型决定了映射的方法。信息流主要有变换流和事务流两种类型。

3.4.1　变换流

信息沿输入通路进入系统，同时由外部形式变换成内部形式，进入系统的信息通过变换中心，经加工处理以后再沿输出通路变换成外部形式离开软件系统。当数据流图具有这些特征时，这种信息流就叫做变换流。变换流是一个线性结构，由输入、变换、输出三部分组成，如图 3-15 所示。变换流是数据处理过程的核心工作，而输入流只是为它做准备，输出流是对变换后的数据进行后处理工作。

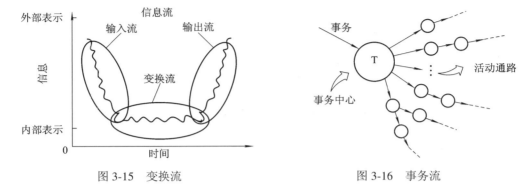

图 3-15　变换流　　　　　　　　　　　　　图 3-16　事务流

3.4.2　事务流

基本系统模型意味着变换流，原则上所有信息流都可以归结为这一类。但是，还有一类数据流是"以事务为中心的"，也就是说，数据沿输入通路到达一个处理 T，这个处理根据输入数据的类型在若干个动作序列中选出一个来执行。这类数据流应该划为一类特殊的数据流，称为事务流。图 3-16 中的处理 T 称为事务中心，它主要完成三个任务：① 接收输入数据(输入数据又称为事务)，② 分析每个事务以确定它的类型，③ 根据事务类型选取一条活动通路。

3.4.3　变换映射(变换分析)

变换映射方法是一系列设计步骤的总称，经过这些步骤把具有变换流特点的数据流图按预先确定的模式映射成软件结构。一般情况下，先运用变换映射方法建立初始的变换型系统结构图，然后对它做进一步的改进，最后得到系统的最终结构图。

变换映射方法主要由以下七个步骤组成：

(1) 复查基本系统模型。

复查的目的是确保系统的输入数据和输出数据符合实际。

(2) 复查并精化数据流图。

应该对需求分析阶段得出的数据流图认真复查，并且在必要时进行精化。不仅要确保数据流图给出了目标系统的正确的逻辑模型，而且应该使数据流图中每个处理都代表一个规模适中、相对独立的子功能。需求分析阶段得出的数据流图经过精化后，对于软件结构设计的"第一次分割"已足够详细，可以进行下一步设计步骤。

(3) 确定数据流图具有变换特性还是事务特性。

通常，一个系统中的所有信息流都可以认为是变换流，但是，当遇到有明显事务特性的信息流时，建议采用事务分析方法进行设计。在这一步，设计人员应该根据数据流图中占优势的属性，确定数据流的全局特性。此外还应该把具有和全局特性不同特点的局部区域孤立出来，以后可以按照这些子数据流的特点精化根据全局特性得出的软件结构。

(4) 确定输入流和输出流的边界，从而孤立出变换中心。

所谓输入/输出数据流，是指输入、输出主加工的数据流。通常把物理输入转换为逻辑输入的数据流称为输入流，将逻辑输出转换为物理输出的数据流称为输出流。例如，为了确定系统的逻辑输入和逻辑输出，可以从数据流图的物理输入端开始，一步一步向系统中间移动，一直到某个数据流不再被看作是系统的输入为止，这个数据流的前一个数据流就是系统的逻辑输入，从物理输入端到逻辑输入，构成系统的输入部分。确定系统的逻辑输出也是类似的步骤。在输入部分和输出部分之间的就是变换中心部分。

(5) 完成第一级分解。

软件结构代表对控制的自顶向下的分配。所谓分解，就是分配控制的过程。

对于变换流的情况，数据流图被映射成一个特殊的软件结构，这个结构控制输入、变换和输出等信息处理过程。图 3-17 说明了第一级分解的方法。

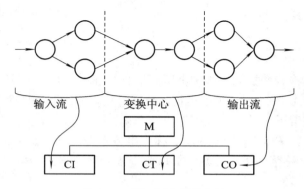

图 3-17　第一级分解的方法

位于软件结构最顶层的控制模块 M 协调下述从属的控制功能：输入信息处理控制模块 CI，协调对所有输入数据的接收；变换中心控制模块 CT，管理对内部形式的数据的所有操作；输出信息处理控制模块 CO，协调输出信息的产生过程。

虽然图 3-17 意味着一个三叉的控制结构，但是，对一个大型系统中的复杂数据流可以用两个或多个模块完成上述一个模块的控制功能。应该在能够完成控制功能并且保持好的耦合和内聚特性的前提下，尽量使第一级控制中的模块数目取最小值。

(6) 完成第二级分解。

第二级分解的工作是自顶向下，逐步细化，为第一层的每一个输入模块、输出模块和处理模块设计它们的从属模块。图 3-18 表示进行第二级分解的普遍途径。

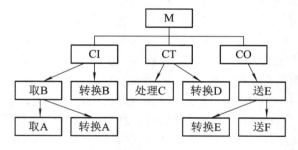

图 3-18　第二级分解的方法

完成第二级分解的方法是：从变换中心的边界开始沿着输入通路向外移动，把输入通路中每个处理映射成软件结构中 CI 控制下的一个低层模块；然后沿输出通路向外移动，把输出通路中每个处理映射成直接或间接受模块 CO 控制的一个低层模块；最后把变换中心内的每个处理映射成受 CT 控制的一个模块。为输入模块 CI 设计下层模块"取 B"和"转换 B"，为输出模块 CO 设计下层模块"送 E"。

虽然图 3-18 描述了在数据流图中的处理和软件结构中的模块之间的一对一映射关系，但是，不同的映射经常出现。应该根据实际情况以及好设计的标准，进行实际的第二级分解。在第二级分解中，虽然每个模块的名字表明了它的基本功能，但是仍然应该为每个模块写一个简要说明和描述：

① 进出该模块的信息(接口描述)；

② 模块内部的信息；

③ 过程陈述，包括主要判定点及任务等；

④ 对约束和特殊特点的简短讨论。

这些描述是第一代的设计规格说明，此设计时期进一步的精化和补充是经常发生的。

(7) 使用设计度量和启发式规则对第一次分解得到的软件结构进一步精化。

第一次分解得到的软件结构，总可以根据模块独立原理进行精化。为了产生合理的分解，得到尽可能高的内聚、尽可能松散的耦合，最重要的是，为了得到一个易于实现、易于测试和易于维护的软件结构，应该对初步分解得到的模块进行再分解或合并。对中下层的模块继续细化，一直分解到物理的输入和输出为止。如图 3-18 中为"取 B"模块设计下层模块"取 A"和"转换 A"，"送 E"模块设计下层模块"送 F"和"转换 E"。

需要注意的是，结构图中的模块并非是由数据流图中的加工直接对应转换而来的，加工和模块之间不存在一一对应的关系，而结构图与数据流图之间的数据流存在对应关系。

遵循上述 7 个设计步骤的目的是开发出软件的整体表示。也就是说，一旦确定了软件结构就可以把它作为一个整体来复查，从而能够评价和精化软件结构。此时期进行修改只需要很少的附加工作，但是却能够对软件的质量，特别是软件的可维护性产生深远的影响。

3.4.4　事务映射(事务分析）

虽然在任何情况下都可以使用变换分析方法设计软件结构，但是在数据流具有明显的事务特点时，也就是有一个明显的事务中心时，还是以采用事务分析方法为宜。

事务分析的设计步骤和变换分析的设计步骤大部分相同或类似，主要差别仅在于由数据流图到软件结构的映射方法不同。

由事务流映射成的软件结构包括一个接收分支和一个发送分支。映射出接收分支结构的方法和变换分析映射出输入结构的方法很相像，即从事务中心的边界开始，把沿着接收流通路的处理映射成模块。发送分支的结构包含一个发送事务模块，它控制下层的所有活动模块；然后把数据流图中的每个活动流通路映射成与它的流特征相对应的结构。图 3-19 说明了上述映射过程。

对于一个大系统，常常把变换分析和事务分析应用到同一个数据流图的不同部分，由此得到的子结构形成"构件"，可以利用它们构造完整的软件结构。

　　如果数据流不具有显著的事务特点，最好使用变换分析；反之，如果具有明显的事务中心，则应该采用事务分析技术。但是，机械地遵循变换分析或事务分析的映射规则，很可能会得到一些不必要的控制模块，如果它们确实用处不大，那么可以而且应该把它们合并。反之，如果一个控制模块功能过分复杂，则应该将其分解为两个或多个控制模块，或者增加中间层次的控制模块。

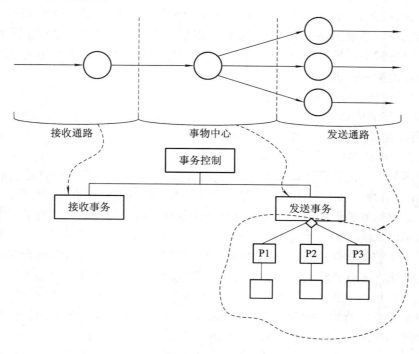

图 3-19　事务分析的映射方法

　　一般来说，对于高层模块采用以事务为中心的设计策略，对于低层模块采用以变换为中心的设计策略。

3.4.5　设计优化——精化软件结构

　　软件设计人员对于获得的初始软件结构图进行优化，使其结构更加合理。优化原则是结构稳定、易于实现、易于理解、易于测试和维护。

　　应该在设计的早期阶段尽量对软件结构进行精化。可以导出不同的软件结构，然后对它们进行评价和比较，力求得到"最好"的结果。这种优化的可能，是把软件结构设计和过程设计分开的真正优点之一。

　　注意，结构简单通常既表示设计风格优雅，又表明效率高。设计优化应该力求做到在有效的模块化的前提下使用最少量的模块，以及在能够满足信息要求的前提下使用最简单的数据结构。

　　对于时间是决定性因素的应用场合，可能有必要在详细设计阶段，也可能在编写程序的过程中进行优化。软件开发人员应该认识到，程序中相对比较小的部分(典型地，10%～20%)，通常占用全部处理时间的大部分(50%～80%)。用下述方法对时间起决定性作用的软件进行优化是合理的：

- 在不考虑时间因素的前提下开发并精化软件结构；
- 在详细设计阶段选出最耗费时间的那些模块，仔细地设计它们的处理过程(算法)，以求提高效率；
- 使用高级程序设计语言编写程序；
- 在软件中孤立出那些大量占用处理机资源的模块；
- 必要时重新设计或用依赖于机器的语言重写上述大量占用资源的模块的代码，以求提高效率。

上述优化方法遵守了一句格言："先使它能工作(功能)，然后再使它快起来(性能)。"

3.5　数据库结构设计过程

数据库管理系统(Database Management System，DBMS)自从 20 世纪 60 年代出现后，经历了一系列的发展阶段，目前主要有层次型、网状型、关系型和面向对象数据库四种类型。其中关系型数据库设计主要分以下六个阶段：需求分析、概念设计、逻辑设计、物理设计、数据库实施、数据库运行和维护。

数据库设计中需求分析阶段综合各个用户的应用需求(现实世界的需求)，在概念设计阶段形成独立于机器特点、独立于各个 DBMS 产品的概念模式(信息世界模型)，用 E-R 图来描述。在逻辑设计阶段将 E-R 图转换成具体的数据库产品支持的数据模型，如关系模型，形成数据库逻辑模式。然后根据用户处理的要求和安全性的考虑，在基本表的基础上再建立必要的视图(View)，形成数据的外模式。在物理设计阶段根据 DBMS 特点和处理的需要，进行物理存储安排，设计索引，形成数据库内模式。

数据库设计开始之前，首先必须选定参加设计的人员，包括系统分析人员、数据库设计人员和程序员、用户和数据库管理员。系统分析和数据库设计人员是数据库设计的核心人员，他们将自始至终参与数据库设计，他们的水平决定了数据库系统的质量。用户和数据库管理员在数据库设计中也是举足轻重的，他们主要参加需求分析和数据库的运行维护，他们的积极参与不但能加速数据库设计，而且也是决定数据库设计质量的重要因素。程序员则在系统实施阶段参与进来，分别负责编制程序和准备软硬件环境。

数据库设计步骤主要为：

- 需求分析：将业务管理单、证、表流化为数据流，划分主题之间的边界，绘制出 DFD 图，并完成相应的数据字典；
- 概念设计：从 DFD 出发，绘制出本主题的 E-R 图，即实体-联系图，并列出各个实体与联系的纲要表；
- 逻辑设计：从 E-R 图与对应的纲要表出发，确定各个实体及联系的表名属性；
- 物理设计：确定所有属性的类型、宽度与取值范围、设计出基本表的主关键字(简称主键，其作用是表示数据结构中唯一的一条信息或记录，例如企业人事档案数据中不能存在两个完全相同的职工档案，要么用职工编号区分，要么用多个条件区分(复合主键))，将所有的表名与字段名英文化，实现物理建库、完成数据库物理设计字典文件(统称为*.SQL

脚本文件);

　　• 加载测试：贯穿于程序测试工作的全过程，整个录入、修改、查询、数据处理工作均可视为对数据库的加载测试。

3.6　实 例 分 析

　　通过第 2 章的需求分析，已获得教材购销系统第 1 层的销售子系统和采购子系统两张数据流图。试用结构化方法将上述这两张数据流图转换成软件的总体结构图。

　　(1) 细化并修改数据流图。

　　首先看销售子系统，共有 6 个加工，其中加工 1.4 包含登记售书和打印领书单两项功能。为了提高模块独立性，可将它分解为两个加工，让原来的加工 1.4 只登记售书，另外添加一个加工 1.7 "打印领书单"。

　　再考察采购子系统，来自书库保管员的"进书通知"，不仅本系统要用它来修改教材存量表 F1 和待购教材表 F5，还要传递给销售子系统，以便及时通知学生补售。"登记进书"和"补售教材"分属于两个子系统，且补售只能在登记之后进行，为避免补售时在键盘上重复输入"进书通知"的内容，可以在系统中增加一个"进书登记表"文件 F7，供两个子系统共享，该文件组成是：

进书登记表={书号+书名+数量+登记标志+补售标志}

其中两个标志的初值均为"假"，分别在执行登记和补售功能后改为"真"。

　　经过上述的细化和修改，可获得两张新的数据流图，即图 3-20 的修改后的销售子系统和图 3-21 的修改后的采购子系统。同时，对它们的父图也要作相应的修改，才能保持一致。

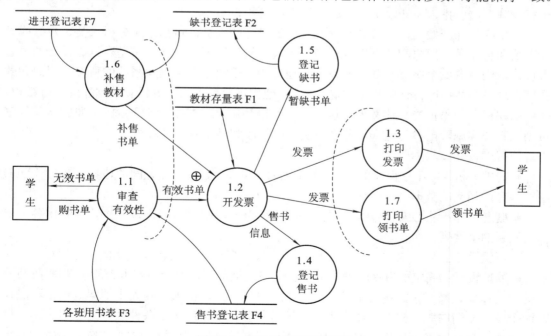

图 3-20　修改后的销售子系统

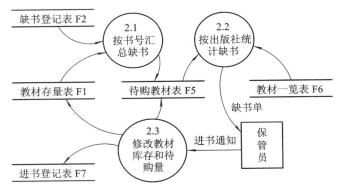

图 3-21　修改后的采购子系统

(2) 鉴别数据流图的类型。

初看图 3-20，它具有变换型结构。加工 1.1 和 1.6 为传入部分，加工 1.3 和 1.7 为传出部分，其余 3 个加工(1.2、1.4、1.5)属于变换中心。经过分析可以在图上画出两条界限，图 3-20 中两条虚线之间的加工即为变换中心。

这样，图 3-20 中的传入部分就含有两个加工：加工 1.1 用于初次出售，产生传入数据流"有效书单"；加工 1.6 用于补售，产生传入数据"补售书单"。一次售书只能执行一种功能，要么是初售，要么是补售。因此，图 3-20 中加工 1.2 的左方应添加一个"⊕"号，表明这两种传入不会同时出现，但是在任何一次售书操作中，二者必居一个。

由此可见，图 3-20 实际是事务型结构，它包括两个动作分支：初售和补售。这两个分支仅有第一个加工不同，其余的加工都是公用的。也就是说，图 3-20 在整体上属于事务型结构，但它的两个动作分支都具有变换型结构。

对图 3-21 的分析表明，它具有包括两个动作分支的事务型结构。第一个动作分支是"统计缺书"，包括加工 2.1 和 2.2；第二个动作分支是"登记进书"，包括加工 2.3。其中统计缺书分支具有变换型结构，加工 2.1 是它的传入部分，加工 2.2 是它的传出部分。它没有事务中心部分，待购教材表 F5 既是这个分支的传入数据，也是它的传出数据。

(3) 画出软件结构图的框架。

软件结构图框架如图 3-22 所示。其中，发送分支只画到事务层，它又分两层，相当于两级菜单。

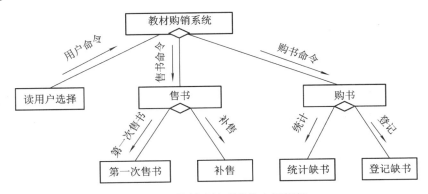

图 3-22　教材购销系统的上层框架

（4）分解动作分支，补充动作层和细节层。

图 3-23 显示了采购子系统的结构图。

图 3-24 就是销售子系统的结构图。

由于初售与补售的大部分操作是相同的，所以在动作层和细节层都有很多共享模块。

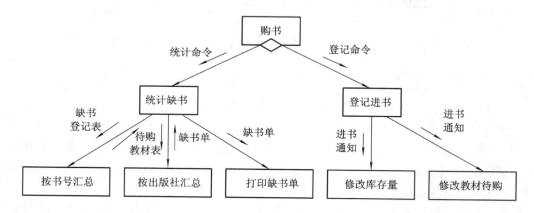

图 3-23　采购子系统的结构图

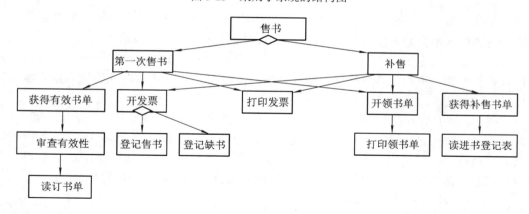

图 3-24　销售子系统的结构图

3.7　小　　结

总体设计阶段的基本目的是用比较抽象概括的方式确定系统如何完成预定的任务，也就是说，应该确定系统的物理配置方案，并且进而确定组成系统的每个程序的结构。因此，总体设计阶段主要由两个阶段组成：系统设计、结构设计。层次图和结构图是描绘软件结构的常用工具。

在进行软件结构设计时应该遵循的最主要的原理是模块独立原理，也即，软件应该由一组完成相对独立的子功能的模块组成，这些模块彼此之间的接口关系应该尽量简单，力争做到高内聚、低耦合。

抽象和逐步求精是一对互补的概念，也是人类解决复杂问题时最常用、最有效的方法。在进行软件结构设计时，一种有效的方法就是，由抽象到具体地构造出软件的层次结构。

软件工程师在开发软件的长期实践中积累了丰富的经验，总结这些经验得出一些很有参考价值的启发式规则，它们往往能对如何改进软件设计给出宝贵的提示。

自顶向下逐步求精是进行软件结构设计的常用途径；但是，如果已经有了详细的数据流图，也可以使用面向数据流的设计方法，用形式化的方法由数据流图映射出软件结构。应该记住，这样映射出来的只是软件的初步结构，还必须根据设计原理并且参考启发式规则，认真分析和改进软件的初步结构，以得到质量更高的模块和更合理的软件结构。

在进行详细的过程设计和编写程序之前，首先进行结构设计，其好处在于可以在软件开发的初期站在全局高度对软件结构进行优化。在这个时期进行优化付出的代价不高，却可以使软件质量得到重大改进。

习 题 3

1. 系统设计包括哪两个阶段？总体设计的主要任务是什么？
2. 开发软件时，如果没有事先进行总体设计，会带来什么后果？
3. 软件总体设计的设计原理有哪几种？
4. 什么是模块？模块具有哪几个特征？总体设计主要考虑什么特征？
5. 什么是模块化？模块设计的准则是什么？
6. 为每一种类型的模块耦合举一个具体例子；为每一种类型的模块内聚举一个具体例子。
7. 衡量模块独立性的两个标准是什么？它们各表示什么含义？
8. 衡量软件结构好坏的指标有哪几种？
9. 比较层次方框图与结构图的异同。
10. 什么是面向数据流的设计方法？它有哪些策略？
11. 设计一个业务系统的"软件结构图"时，采用什么细化规则？为什么要细化？
12. 对软件设计进行设计优化的原则是什么？
13. 映射数据流到软件结构时，对高层和中低层模块的设计应分别采用什么样的设计策略？
14. 图书馆管理系统有多种功能：读者管理、图书管理、图书流通、图书查询等。每个功能又可分为若干子功能。读者只能进入图书查询模块；图书流通部的工作人员只能进入图书流通模块(借书、还书)和读者管理(分为读者的添加、删除和修改 3 个子功能)模块；图书采编部的工作人员可以进入图书采购入库、图书编码模块。系统功能由控制中心逐次由上而下进行分解。请画出图书馆管理系统的 HIPO 图。
15. 欲开发一个银行的活期存/取款业务的处理系统。储户将填好的存/取款单和存折交给银行工作人员，然后由系统作以下处理：
(1) 业务分类处理：系统首先根据储户所填的存/取款单，确定本次业务的性质，并将

存/取款单和存折移交下一步处理;

(2) 存款处理:系统将存款单上的存款金额分别记录在存折和账目文件中,并将现金存入现金库;最后将存折还给储户;

(3) 取款处理:系统将取款单上的取款金额分别记录在存折和账目文件中,并从现金库提取现金;最后将现金和存折还给储户。

绘制该系统的数据流图和软件结构图。

16. 设计数据流图时"顶层"和"第 0 层"的主要任务是什么?"其余的其他层次"的主要任务是什么?

第 4 章　软件详细设计

知识点

结构化程序设计，用户界面设计，程序算法设计工具，面向数据结构的设计方法，程序复杂程度的定量度量。

难点

用户界面设计，面向数据结构的设计方法，程序的环形复杂度计算。

基于工作过程的教学任务

通过本章的学习，了解软件详细设计的任务、结构化程序设计的基本原理，掌握人机界面的设计中需要解决的问题，掌握程序算法设计工具，并能在实际开发软件的过程中应用所学到的方法。另外，还要求掌握面向数据结构的设计方法。熟悉掌握对程序复杂程序的定量度量的估计方法。

　　总体设计是详细设计的基础，必须经复查确认后才可以开始详细设计。总体设计的重点是确定构成系统的模块及其之间的联系，详细设计则是根据总体设计提供的文档，对各模块给出详细的过程性描述及其他具体设计等。

　　在程序过程设计阶段，要决定各个模块的实现算法，并精确地表达这些算法。表达程序处理过程的工具叫做详细设计工具，也称作程序算法设计工具。它可以分为以下三类：

　　(1) 图形工具：如程序流程图。

　　(2) 表格工具：如判定表、判定树。

　　(3) 语言工具：如过程设计语言(PDL)。

　　软件详细设计的目标是对目标系统做出精确的设计描述，其主要任务包括：模块的程序算法设计、模块内的数据结构设计、模块接口设计、模块测试用例设计、编写详细设计说明书、详细设计评审。

　　详细设计是为后续具体编程实现做准备，其处理过程应简明易懂，并选择恰当的描述工具表述模块算法。

　　软件详细设计的结果将成为程序实现的依据。需要注意的是，详细设计结果不仅要求逻辑上正确，还要求对处理过程的设计应该尽可能简明易懂，以方便在对程序进行测试、维护时，程序具有可读性并容易理解。可以说，详细设计的结果基本上决定了最终的程序代码的质量。另外，考虑程序代码的质量时必须注意，程序的“读者”有两个，那就是计算机和程序员。

4.1　结构化程序设计

结构化程序的基本特征是程序的任何位置都是单入口、单出口的。因此，结构化程序设计中，GOTO 语句的使用受到了限制(原因是 GOTO 语句具有的随意指向特性有可能破坏结构化程序所要求的单入口和单出口特征)，并且程序控制也要求采用结构化的控制结构，以确保程序的单入口和单出口特性。

4.1.1　结构化的控制结构

结构化程序设计思想最早由 E.W.Dijkstra 提出，他在 1965 年的一次会议上指出：程序的质量与程序中所包含的 GOTO 语句的数量成反比，因此有必要从高级语言中取消 GOTO 语句。1966 年，Bohm 和 Jacopini 又证明了，只需使用图 4-1 所示的"顺序"、"选择"和"循环"这三种基本的控制结构就能实现任何复杂的程序计算问题。1972 年，IBM 公司的 Mills 进一步提出，结构化程序必须具有单入口和单出口的特征。

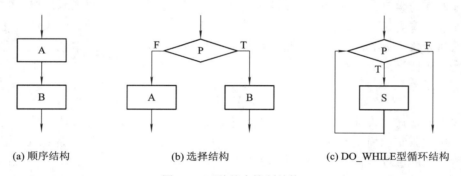

(a) 顺序结构　　　　　(b) 选择结构　　　　　(c) DO_WHILE型循环结构

图 4-1　三种基本控制结构

结构化程序设计本质上并不是无 GOTO 语句的编程方法，而是一种使程序代码容易阅读、容易理解的编程方法。在多数情况下，无 GOTO 语句的代码确实是容易阅读、容易理解的代码，但是，在某些情况下，为了达到容易阅读和容易理解的目的，反而需要使用 GOTO 语句。因此，下述的结构化程序设计的定义是对经典定义的进一步补充："结构程序设计是尽可能少用 GOTO 语句的程序设计方法。最好仅在检测出错误时才使用 GOTO 语句，而且应该总是使用前向 GOTO 语句。"

虽然从理论上说只用上述三种基本控制结构就可以实现任何单入口单出口的程序，但是为了实际使用方便，常常还允许使用扩展的控制结构，包括 DO-UNTIL 和多分支选择(DO-CASE)结构两种控制结构，它们的流程图分别如图 4-2(a)和图 4-2(b)所示。

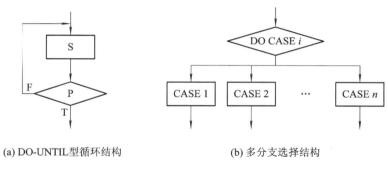

(a) DO-UNTIL型循环结构　　　　　　　　(b) 多分支选择结构

图 4-2　扩展的控制结构

4.1.2　结构化程序设计的实现方法

结构化程序设计的实现方法包括两个方面：一是将复杂问题的解法分解和细化成由若干个模块组成的层次结构；二是将每个模块的功能逐步分解细化为一系列的处理。可以说，结构化程序设计的基本途径就是对程序问题自顶向下、逐步求精。

具体而言，对于某一个要解决的问题，在寻求它的解法过程中，首先从问题的整体(最顶层)出发，将它分解成独立而互不交叉的若干个子问题，每个子问题解决整体问题的一部分或一种情况。针对每个子问题，仍采用对待整体问题解的思路，继续对其进行分解(求精)，得到该子问题解法的分解步骤，即更低一层次的子问题。如此下去，直到最低层的每个子问题都能用计算机语言表示出来或都能明显写出解法为止，这样便找到了解决整个问题的算法了。经过不断的细化、求精过程，问题的解法会不断清晰、明了。

上述的求精过程中的每一步，即分解某一具体问题时，主要用到如下四种求精技术：

(1) 顺序连接的求精技术；

(2) 分支、选择的求精技术；

(3) 循环的求精技术；

(4) 递归的求精技术。

当问题的子解具有前后关系时，采用第一种求精技术，将问题分解成互不相交的几个子问题顺序执行。当问题是分不同情况而应该进行不同处理时，采用第二种求精技术，构造分支。这时要注意分支的条件一定要正确。

当具有往解的方向更进一步细化的方法，且不断重复该步骤即能解决问题，最终达到完全解，则应该采用循环的求精技术(构造循环)。这时一定要弄清循环的初始条件、结束条件和有限进展的每一步都是什么。

当问题的某步解法与前边高层次的某步解法具有相同性质，只是某些参数不同时，可采用递归的求精技术。这时应注意递归的参数变化规律以及递归出口。

自顶向下、逐步求精的方法曾被应用于总体设计之中，由此可以把一个复杂的软件问题分解和细化成由许多模块组成的具有层次结构的软件系统。而在详细设计或编码阶段，通过自顶向下、逐步求精，则可以把一个模块的功能进一步分解细化为一系列具体的处理步骤，直到对应为某种高级语言的语句。

4.1.3 结构化程序设计的特点

结构化程序设计技术，具有以下主要特点：

(1) 自顶而下，逐步求精。

逐步求精的思想符合人类解决复杂问题的普遍规律，可以显著提高软件开发的效率。而且这种思想还体现了先全局、后局部，先抽象、后具体的方法，使开发的程序层次结构清晰，易读、易理解，还易验证，因而提高了程序的质量。

将程序自顶向下逐步细化的分解过程用一个树型结构来描述，如图4-3所示。

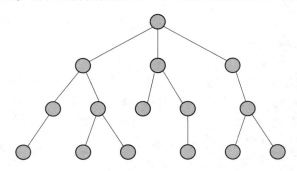

图 4-3   自顶而下的逐步求精

(2) 单入口和单出口的控制结构。

结构化程序仅由顺序、选择、循环三种基本控制结构组成，既保证了程序结构清晰，又提高了程序代码的可重用性。这三种基本结构可以组成所有的各种复杂程序。

4.2   用户界面设计

在计算机应用中，用户与计算机都要以适当的形式把消息传递给对方，称为人机交互(Human Computer Interface，HCI)。交互是通过界面进行的，这种界面既存在于用户与计算机硬件之间，也存在于用户与一切软件(包括系统软件与应用软件)之间，所以现在常把"用户界面"简称为"HCI"。

用户界面设计是接口设计的一个重要的组成部分。用户界面的设计质量，直接影响用户对软件产品的评价，从而影响软件产品的竞争力和寿命。用户界面"好不好"主要看它是否"容易使用"和"美观"，而且软件是否易用、是否美观要让用户来评价。

1.   用户界面应具备的特性

(1) 可使用性：使用简单(输入画面尽可能接近实际)；用户界面中的术语标准且有一致性，便于用户学习；拥有 HELP 帮助功能；快速的系统响应和低的系统成本；具有容错能力。

(2) 灵活性：宁可让程序多干，不可让用户多干。

(3) 简单可靠：在完成预定功能的前提下，用户界面越简单越好；能保证用户正确、可靠地使用系统，保证有关程序和数据的安全性。

2．界面设计的基本类型

从用户与计算机交互的角度来看，用户界面设计的类型主要有问题描述语言、数据表格、图形与图表、菜单、对话以及窗口等。

3．图形用户界面(GUI)的特点

早期的用户界面大多是基于命令方式的，界面外观简单，一般由软件设计人员独立完成。现今的用户界面则大多是图形用户界面(GUI)，并具有以下几方面的特点：

(1) 容易学习和使用，没有计算机基础的用户经过短期培训就能学会使用这种界面；

(2) 用户可利用多屏幕(窗口)与系统进行交互，并可通过任务窗方便地由一个任务转换到另一个任务；

(3) 可以实现快速、全屏的交互，能很快在屏幕上的任何地方进行操作。

4.2.1　黄金规则

1997 年，Theo Mandel 在其关于界面设计的著作中提出了三条用于用户界面设计的"黄金规则"：

- 置用户操作于控制之下；
- 减少用户的记忆负担；
- 保持界面一致。

1．置用户操作于控制之下

(1) 以不强迫用户进入不必要的或不希望的动作的方式来定义交互方式。交互模式是界面的当前状态。例如，用户在字处理菜单中选择拼写检查，软件将转移到拼音检查模式。如果用户在这种情况下又希望进行一些文本编辑，则没有理由强迫用户停留在拼写检查模式，用户能够几乎不需做如何动作就进入和退出该模式。

(2) 提供灵活的交互方式。不同用户有不同的偏好，界面中应该给用户提供不同的选择。例如，允许用户通过键盘命令、鼠标移动、多触摸屏或语音识别命令等方式进行交互。

(3) 用户交互可以被中断和撤消。当陷入到一系列动作之中时，用户应该能够中断动作序列去做某些其他事情。用户应该能够"撤销"任何动作。

(4) 允许用户与出现在屏幕上的对象直接交互。当用户能够操纵界面上的对象，并且操纵时可以获得操纵一个真实物理对象的体验时，用户就会有一种控制感。

2．减少用户的记忆负担

(1) 减少对短期记忆的要求。当用户陷入复杂的任务中时，短期记忆的要求将会很大。界面设计应该尽量不要求记住过去的动作、输入和结果。

(2) 建立有意义的缺省。初始的缺省集合应该对一般的用户有意义，同时，用户可以设定个人的偏好。应提供"reset(重置)"选项，可便于重新定义初始缺省值。

(3) 定义直观的快捷方式。当使用助记符来完成系统功能时，助记符应该以容易记忆的方式联系到相关动作。

(4) 界面的视觉布局应该基于真实世界。例如，一个账单支付系统应该在界面显示可视化的支票簿和支票登记簿来指导用户完成账单支付过程，这样用户只需依赖直观可视提示，而不必记忆复杂难懂的交互序列。

3. 保持界面一致

界面应该以一致的方式展示和获取信息，这意味着：按照统一的标准设计屏幕显示及组织可视信息；从一个任务到另一个任务的引导机制应统一定义和实现。保持界面一致性的基本设计原则有以下三条：

(1) 允许用户将当前任务放入有意义的环境中。当需要通过使用数十个屏幕图像来实现复杂的交互层次时，提供指示器(如窗口标题、图标、一致的颜色编码)帮助用户知道当前工作环境是十分重要的。

(2) 保持应用系统的一致性。同一应用系统(或一组产品)都应按相同的设计规则来实现，以保持交互方式的一致性。这方面，微软的 **Office** 系列产品是一个很好的例子。

(3) 如果用户已经习惯某种交互模式，除非有不得已的理由，否则不要改变，以免导致混淆。

4.2.2　用户界面的分析与设计

用户界面分析和设计的过程始于创建不同的系统功能模型(从外部看对系统的感觉)。用以完成系统功能的任务被分为面向人的和面向计算机的；考虑那些应用到界面设计中的各种设计问题，各种工具被用于建造原型和最终实现设计模型；最后由最终用户从质量的角度对结果进行评估。

1. 用户界面分析和设计模型

分析和设计用户界面时要考虑四种模型：由工程师(或者软件工程师)创建的用户模型；软件工程师创建设计模型；最终用户在脑海里对系统界面产生的映像(称为用户的心理模型或系统感觉)；系统的实现者创建实现模型。不幸的是，这四种模型可能会相差甚远，界面设计人员的任务就是消除这些差距，导出一致的界面表示。

用户模型确立了系统最终用户的轮廓。为了建立有效的用户界面，开始设计之前，必须对预期用户加以了解，包括年龄、性别、身体状况、教育、文化和种族背景、动机、目标以及性格。此外，还应将用户分为以下三类来考虑：

(1) 新手。对系统没有任何了解，并且对应用或计算机的一般用法几乎没有掌握什么语义知识(这里指应用程序的内在含义，即对执行的功能、输入/输出的含义、系统目标的理解)。

(2) 对系统有部分了解的中级用户。掌握适度的应用语义知识，但对使用界面所必需的语法信息的了解还比较少。

(3) 熟练型用户。对应用有很好的语义知识和语法知识(这里指有效地使用界面所需要的交互机制)了解，这些用户经常寻找捷径和简短的交互模式。

整个系统的设计模型应考虑软件数据的表示、体系结构、界面形式和程序的实现方式，用户需求规格说明对系统提出了一定的要求，可以用来帮助定义系统的用户，界面的设计则往往是设计模型的附带结果。

用户的心理模型是最终用户在脑海里对系统产生的印象，例如，请某个特定页面风格布局系统的用户描述其操作，那么系统感觉将会引导用户的回答，明确的回答取决于用户的经验和用户对应用领域软件的熟悉程度。

实现模型包括计算机系统的外在表现(界面的感觉)，以及所有用来描述系统信息(书、手册，录像带、帮助文件等)。当系统实现模型和用户心理模型一致的时候，用户通常就比较容易接受该系统，使用起来也比较有效。为了将这些模型融合起来，设计模型中必须包含用户模型中的一些信息，而实现模型必须准确地反映界面的语法和语义信息。

这四种模型是"对用户在使用交互式系统时的所做所想，或其他用户所做所想的抽象"。从本质上看，这四种模型使得界面设计人员满足用户界面设计中最重要原则的关键元素就是——了解用户，了解任务。

2. 用户界面分析和设计过程

用户界面的分析和设计过程是迭代的，可以用类似于第 1 章讨论过的螺旋模型表示。如图 4-4 所示，用户界面分析和设计过程包括四个不同的框架活动：① 界面分析和建模；② 界面设计；③ 界面构造；④ 界面确认。

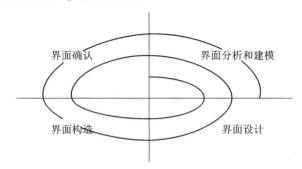

图 4-4　用户界面分析和设计过程

图 4-4 中的螺旋意味着每一个活动都将多次出现，每绕螺旋一周表示需求和设计的进一步精化。在大多数情况下，实现活动涉及原型开发——这是唯一实用的确认设计结果的方式。

界面分析和建模活动的重点在于了解及确定系统用户的基本情况，通过确定用户的操作水平、业务理解以及对新系统的一般感悟，来定义不同的用户类型。并在此基础上针对每一个用户类别进行需求诱导。本质上，在这个活动中，软件工程师的任务就是了解每类用户并理解每类用户对系统的感觉。

用户环境的分析着重于物理工作环境。需要了解问题有：界面的物理定位如何?用户是否将坐着、站着或完成其他与界面无关的任务？界面硬件是否适应空间、光线或噪音的约束？是否存在由环境因素驱动的特殊人性因素考虑？

界面设计的目标是定义一组界面对象和相应的动作，用户能够使用这些界面对象和相应动作完成相应的任务。

正常情况下，界面构造活动始于创建可供评估使用的界面原型。随着迭代设计过程的继续，可使用用户界面开发工具完成及完善用户界面。

界面确认活动着重于要确认：(1) 界面正确地实现每个用户任务的能力，界面适应任务变更的能力以及满足一般用户需求的能力；(2) 界面使用和学习的难易程度；(3) 用户对界面的接受程度。

4.2.3　界面分析

在设计用户界面时，需要随时想到用户。例如，如何才能使用户在没有专门指导的情况下，自己发现应用程序的各种功能？当有错误发生时，应用程序具有哪些容错措施能够让用户从错误陷阱中跳出来？界面是否具有艺术美感，从而使用户感觉舒适？当用户需要帮助时，能够通过哪些方式获得这些帮助？

实际上，设计用户界面时会受诸多来源于用户的因素的影响，这些因素主要体现在以下几个方面。

1．用户工作环境与工作习惯

用户界面要解决的是用户与软件系统的交互问题，因此，用户在使用软件时需要完成的工作将直接决定着用户界面的基本格局。对此，需要考虑以下方面的问题。

(1) 用户的工作环境。用户界面中的元素及其操作应该与用户的工作环境尽量贴近。例如，某电路控制系统的界面，其界面元素就应该是控制开关、控制线路，相关操作则应该是通电、断电、合闸、拉闸等。

(2) 用户的工作习惯。界面设计应该考虑到用户工作中已经形成的习惯。例如不要与用户原有的业务流程发生冲突，使用用户熟悉的领域术语等。

2．用户操作定势

用户操作定势是指用户在使用系统时形成的一种思维定势。如果某个操作引起某种变化，那么他就有理由相信另一个相似的操作所能够带来相似的结果，如果产生了完全不同的结果，用户就会吃惊，并会感到困惑。

为了满足用户操作上形成的思维定势，界面设计者必须尽量使类似的操作能够具有类似的效果。

3．界面一致性

界面一致性是指系统界面具有一致的风格。例如，系统中的各个界面具有相同的命令格式，具有相似的菜单与工具栏构造，相似的操作具有非常接近的触发方式等。

4．界面动作感

动作感是一种感觉，它能够带来操作线索。例如，录音机上的按钮，一看到它的外形就可以想到它所带来的操作及用途。

用户界面设计也存在动作感。例如，命令按钮往往被设置为三维立体效果，这可以使得这些按钮看上去像是可以被按下去的东西。相比之下，如果命令按钮被设计成平面边框，它的动作感就会下降。文本框也有动作感，用户可能习惯性地认为，可编辑的文本框是带有边框和白色背景的框。

很显然，界面设计中控件的动作感是非常有用的辅助提示信息，可以使界面更容易被用户理解，界面设计者应该充分利用。

5．界面信息反馈

界面信息反馈是界面向用户提供的有关界面操作方面的信息，可使得用户知道当前将要进行的操作会产生什么结果，执行进度如何。因此，界面设计者应该考虑如何在系统工作过程中为每个用户建立必要的信息提示。

在大多数情况下，一个沙漏或一个等待指示器就提供了足够的反馈来显示程序正处于执行状态。但对那些可能需要较长时间才能完成的操作，则需要一个更生动的反馈形式，例如，进度指示器。

6．个性化

个性化是指用户可对界面外观进行特别的设置。如设置界面的背景色、字体、界面中子窗口的布局等，用户可以将这些设置保存起来，以作为他的个人偏好，当下一次程序激活时，界面将出现他所需要的界面外观。

7．容错性

容错性是指用户界面应该可以容忍用户的操作错误并允许用户进行实验性操作，例如界面应能够自动修正用户在文本框中输入的不正确的数据格式或给出错误提示；允许用户进行操作试探，用户选择错误的执行路径时，能够在需要的时候能"转回"到开始点。

容错性还隐含着可以进行多级取消操作。但是并非任何时候都可以实现多级取消，尤其是在多用户数据库的应用中。例如从银行账号中进行转出资金操作，这时对数据库的操作就无法直接取消，而必须通过在另一次事务中将资金存入账户的方式来改正这个问题。

8．审美性与可用性

审美性是界面视觉上的吸引力，而可用性则指界面在使用上是否方便、简单、有效以及可靠和高效。它们是两个不同方面的问题，但两者相互关联，都将影响用户对界面的满意度。在考虑界面的美学特性的时候，需要考虑的问题包括人眼睛的凝视和移动、颜色的使用、平衡和对称的感觉、元素的排比和间隔、比例的感觉、相关元素的分组等。

界面中元素之间一致的间隔以及垂直与水平方向元素的对齐也可以使设计更具可用性。就像杂志中的文本那样，行列整齐，行距一致的界面会显得更加清晰。

界面设计中还需要考虑元素的位置。人的一般阅读习惯是从上到下、从左到右，对于计算机屏幕也如此。大多数用户的眼睛会首先注视屏幕的左上部位，所以最重要的或必须最先操作的元素一般也就应当放在屏幕的左上位置，而最不重要或需要最后操作的元素则一般放在屏幕的右下位置。

为了提高界面的审美性与可用性，界面设计中还需要考虑如何使用颜色，以增加对人的视觉影响。但是颜色不能滥用，目前的显示器一般都具有了显示上千万种颜色的能力，面对着许多的颜色，如果在设计时不做仔细地考虑，颜色也会像界面中的其他元素一样出现许多问题。

综上因素考虑，可以将界面设计规则归纳为以下几类：

(1) 数据显示的规则。

- 只显示必要的数据；
- 在一起使用的数据显示在一起；
- 显示出的数据应与用户执行的任务有关；
- 每一屏数据的数量不应超过整个屏幕面积的 30%。

(2) 屏幕布局规则。

- 屏幕显示中尽量少用代码和缩写；
- 多个显示画面，应采用统一的显示格式；

- 提供明了的标题、标栏及其他提示信息；
- 遵循用户习惯；
- 采用颜色、字符大小、下划线、不同字体等方式强化重要数据。

(3) 数据输入的设计规则。

在软件设计的范围内，可以通过以下方法来减少用户输入的工作量。

- 使用代码或缩写；
- 对相同的输入内容设置默认值(缺省值)；
- 自动填入已输入过的内容或需要重复输入的内容；
- 如果输入内容是来自一个有限的备选集，则可以采用列表选择。

(4) 数据输入对话设计的一般规则。

- 明确的输入。只有当用户按下输入的确认键时，才确认输入。这有助于在输入过程中一旦出现错误能及时纠错。
- 明确的动作。在表格项之间自动地跳跃/转换并不总是可取的，尤其是对于不熟练的用户，往往会被搞得无所适从。
- 明确的取消。如果用户中断了一个输入序列，已经输入的数据不要马上丢弃。这样才能对一个也许是错误的取消动作进行重新思考。
- 确认删除。为避免错误的删除动作可能造成的损失，在键入删除命令后，必须进行确认，然后才执行删除操作。
- 提供反馈。若一个屏幕上可容纳若干输入内容，可将用户先前输入的内容仍保留在屏幕上，以便用户能够随时查看，明确下一步应做的操作。

(5) 输入表格设计(这也就是所谓的"所见即所得"设计)。

要输入一个表格时，可在屏幕上显示一张表格，供用户以填表方式，向计算机内输入数据。

4.2.4 界面设计步骤

一旦界面分析完成，最终用户的所有要求都已详细确定之后，就可以开始界面设计活动。与所有软件设计一样，界面设计是一个迭代的过程。每个用户界面设计步骤都要进行很多次，每次细化和精化所依据的信息都来源于前面的设计步骤。

成熟的用户界面设计模型很多，但不论使用哪种模型，建模时都建议遵循以下原则：

- 使用界面分析中获得的信息定义界面对象和行为(操作)；
- 识别并确认导致用户界面状态发生变化的事件(用户动作)，对这个行为建模；
- 描述每一个界面状态，使其与最终用户实际看到的界面一致；
- 简要说明用户如何通过界面提供的信息来了解系统状态。

在某些情况下，界面设计可以从每个界面的状态草图开始(即确定各种环境下用户界面的外观)，然后再定义对象、动作和其他重要的设计信息。不管设计任务的顺序如何，设计师必须做到遵循前面讨论的黄金规则(见本书 4.2.1 节)，模拟界面的实现过程，考虑将要使用的环境(如显示技术、操作系统、开发工具)。

1. 应用界面设计步骤

界面设计的一个重要步骤是定义界面对象和作用于其上的行为,也就是说,要撰写用例的描述。描述中的名词(对象)和动词(行为)被分离出来后,形成对象和行为列表。

一旦完成对象和动作定义及迭代细化,就可以将对象按类型分类,将目标、源和应用对象标识出来。如把源对象拖放到目标对象上,这意味着该动作要产生一个硬拷贝的报告。界面中的应用对象代表应用特有的数据,不能在屏幕交互过程中被直接操纵。例如,一个邮件列表被用于存放邮件的名字。该列表本身可以进行排序、合并或清除(基于菜单的动作),但是,不能通过用户的交互而拖动和删除。

设计者确认已经定义了所有的重要对象和动作(对一次设计迭代而言)后,即可开始屏幕布局。和其他界面设计活动一样,屏幕布局是一个交互过程,其中包括:图标的图形设计和放置、屏幕描述性文字的定义、窗口的规格说明和标题以及各类主要和次要菜单项的定义等。

2. 用户界面设计模式

图形用户界面已经变得如此普遍,与之相对应,也涌现出各式各样的用户界面设计模式。Tidwell 和 vanWelie 对用户界面设计模式给出了分类,将其分为十类。以下将描述每一类的模式示例。

(1) 完整用户界面:为高层结构和导航提供设计指导。

模式:高层导航。界面提供高层菜单,通常带有一个图标或者定义一个图像,能够直接跳转到任一个系统主要功能。

(2) 页面布局:负责页面概要组织(用于站点)或者清楚的屏幕显示(用于需要进行交互的应用系统)。

模式:层叠。界面呈现层叠状的标签卡,伴随着鼠标的点击选择,显示指定的子功能或者分类内容。

(3) 表格和输入:用于完成表格(Form)及输入的各种设计方法。

模式:填充空格。画出表格后,用户在界面提供的"文本框"中填写文字与数字数据。

(4) 表(Table):为创建和操作各种列表数据提供设计指导。

模式:有序表。用来显示长记录列表,可以在任意一列上选择排序机制进行排序。

(5) 直接数据操作:解决数据编辑、数据修改和数据转换问题。

模式:面包屑导航(bread crumbs,这个名字起源于童话故事"汉赛尔和格莱特")。为层次结构复杂的页面或者屏幕时,提供完全的导航路径。

(6) 导航:辅助用户在层级菜单、Web 页面和交互显示屏幕进行操作。

模式:现场编辑。为显示位置上的特定类型内容提供简单的文本编辑能力。

(7) 搜索:对网站的信息或保存在存储装置中的数据,能够进行特定内容的搜索。

模式:搜索。提供在网站或者数据源中搜索由字符串描述的简单数据项的能力。

(8) 页面元素:实现 Web 页面或者显示屏的特定元素。

模式:操作向导。通过一系列的简单窗口显示来指导操作,使得用户能够逐步地完成某个复杂的任务。

(9) 电子商务:主要针对于网站,这些模式实现了电子商务应用中的重现元素。

模式：购物车。提供一个要购买的项目清单。

(10) 其他。不能简单地归类到前面所述的任一类中的其余模式，在某些情况下，这些模式与具体的应用领域相关或者只对特定类别的用户适用。

模式：进展指示器。为某一正在进行的操作提供进展指示。

3. 设计问题

在进行用户界面设计时，几乎总会遇到以下五个问题：系统响应时间、在线帮助、出错处理、菜单和命令标记、应用的可访问性。不幸的是，许多设计人员往往很晚才注意到这些问题(有时在操作原型已经建立起来后才发现有问题)，这往往会导致不必要的反复、项目滞后和用户的挫折感，最好的办法是在设计的初期就对这些问题加以考虑，因为此时修改比较容易，代价也低。

(1) 系统响应时间。系统响应时间不能令人满意是交互式系统用户经常抱怨的问题。一般来说，系统响应时间是指从用户开始执行动作(比如按回车键或点击鼠标)到软件以预期的输出和动作形式给出响应。

(2) 在线帮助。几乎所有计算机交互式系统的用户都时常需要帮助。有时一个简单的问题问一下同事就可以解决，但更复杂的问题则需要细致地研究用户手册。在多数情况下，现代的软件均提供在线联机帮助，用户可以不离开用户界面就得到帮助。

(3) 出错处理。出错信息和警告是出现问题时系统反馈给用户的"坏消息"。如果考虑不周，出错信息和警告会给出无用和误导的信息，这反而增加了用户的沮丧感。

(4) 菜单和命令标记。键入命令曾经是用户和系统交互的主要方式，并广泛用于各种应用程序中。现在，面向窗口的界面采用点击(Point)和拾取(Pick)方式减少了用户对键入命令的依赖，但许多高级用户仍然喜欢面向命令的交互方式。在提供命令交互方式时，必须考虑以下问题：

- 每一个菜单、选项是否都有对应命令？
- 以何种方式提供命令？有三种选择：控制序列、功能键或键入命令。
- 学习和记忆命令的难度有多大？命令忘了怎么办？
- 用户是否可以定制和缩写命令？
- 在界面环境中菜单的名称是否是顾名思义的？
- 子菜单是否与主菜单项所指功能相一致？

如果在一个应用系统中，Alt+D 表示复制一个图形对象，而在另一个应用系统中表示删除一个图像，这就使用户感到困惑并往往会导致错误。

(5) 应用的可访问性。随着计算机应用系统变得无处不在，软件工程师必须确保界面设计中包含使得有特殊要求的用户易于访问的机制。

4.3 程序算法设计工具

描述程序处理过程的工具称为过程设计工具，也称作程序算法设计工具。程序算法设计工具可以分为三类：图形工具，表格工具，语言工具。无论采用哪类工具，都需要对设计进行清晰、无歧义的描述，描述中应表明控制流程、系统功能、数据结构等方面的细节，以便在系统实现阶段能根据详细设计的描述直接编程。

4.3.1　图形化设计工具

图形化设计工具包括有程序流程图、盒图(N-S 图)、问题分析图(PAD 图)。

1. 程序流程图

程序流程图(Program Flow Chart，PFC)又称为程序框图，一直是软件设计的主要工具。它是历史最悠久、使用最广泛的描述过程设计的方法，然而也是使用最混乱的一种方法。从 20 世纪 40 年代末到 70 年代中期，它一直是程序算法设计的主要工具。前面图 4-1 中对控制结构的图示所采用的就是程序流程图。图 4-5 中列出了程序流程图中使用的各种符号。

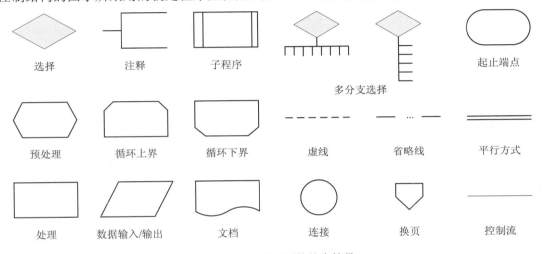

图 4-5　程序流程图的基本符号

程序流程图独立于任何一种程序设计语言，它的主要优点是对控制流程的描绘很直观，便于初学者掌握。由于程序流程图历史悠久，为最广泛的人所熟悉，尽管它有种种缺点，许多人建议停止使用它，但至今仍在广泛使用着。不过总的趋势是越来越多的人不再使用程序流程图了。

程序流程图的主要缺点如下：

(1) 不能清晰地表达结构化程序所具有的控制嵌套。当控制嵌套比较复杂时，程序流程图会出现混乱。

(2) 程序流程图中的箭头具有太大的随意性，例如可以通过箭头而从程序结构嵌套的最内层直接转到最外层，由此会使结构化程序所要求的单入口与单出口要求受到破坏。

(3) 程序流程图本质上不是逐步求精的好工具，它诱使程序员过早地考虑程序的控制流程，而缺少对程序全局结构的考虑。

(4) 程序流程图不易表示数据结构。

下面举一个例子，键盘输入若干个整数 X，求其中的最大值，当 X 为−1 时结束。图 4-6 为该问题的程序流程图。

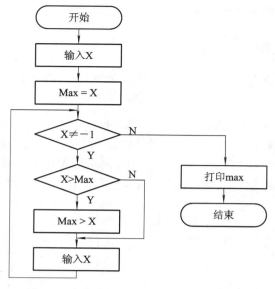

图 4-6　求若干整数中最大值的程序流程图

2. 盒图

为了满足结构化程序设计对算法设计工具的需要，Nassi 和 Shneiderman 推出了盒图，又称为 N-S 图。它是一种严格符合结构化程序设计原则的图形描述工具。图 4-7 给出了结构化控制结构的盒图表示，也给出了调用子程序的盒图表示方法。

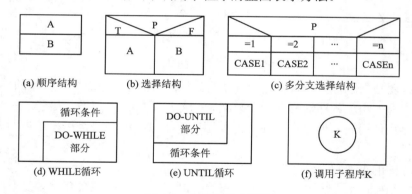

图 4-7　盒图的基本符号

盒图的基本元素是一些盒型框，每一个框由一些代表基本结构的子框构成。盒图只有一个入口和一个出口，是一种不违背结构程序设计精神的图形工具。它有下述特点：

(1) 功能域(即一个特定控制结构的作用域)明确，可以从盒图上一眼就看出来；

(2) 不可能任意转移控制；

(3) 很容易确定局部和全程数据的作用域；

(4) 很容易表现嵌套关系，也可以表示模块的层次结构。

任何一个 N-S 图都是上面几种基本控制结构相互结合与嵌套的结果。图 4-8 是一种 N-S 图的嵌套型结构。

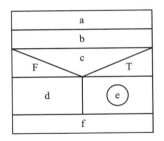 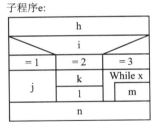

图 4-8　N-S 图的嵌套型结构

盒图的缺点是，对于一个现成的盒图，要修改它比较困难，只能重画。

图 4-9 给出了一个实例。

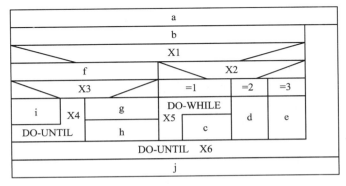

图 4-9　使用 N-S 盒图设计程序算法

3. PAD 图

PAD 是问题分析图(Problem Analysis Diagram)的英文缩写，由日本日立公司首先推出，并得到了广泛的应用。它是符合结构化程序设计原则的图形描述工具。图 4-10 给出了 PAD 图的基本符号。

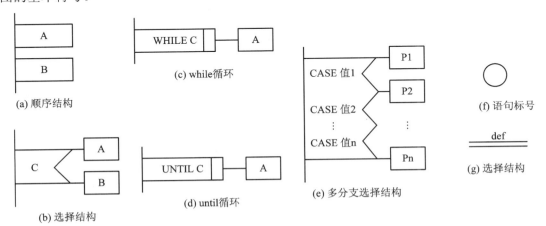

图 4-10　PAD 图的基本符号

PAD 图的基本特点是使用二维树形结构表示程序的控制流程，从上至下是程序进程方向，从左至右是程序控制嵌套关系。应该说，PAD 图与源代码有比较一致的结构，因此，

PAD 图有利于由程序算法设计往高级程序语言源代码的转换。

在图 4-10 中，"定义"符号表示对某个处理进行进一步的细化。当一个模块的内容非常大，在一页纸上画不下时，可使用 def 符号在另一页纸上详细定义该模块的内容。PAD 图所描述程序的层次关系表现在纵线上，每条纵线表示一个层次。PAD 图的控制流程为自上而下、从左到右地执行，如图 4-11 所示。

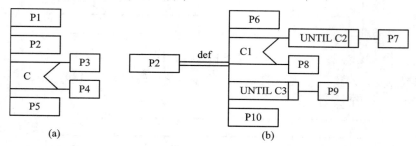

图 4-11　使用 PAD 图提供的定义功能来逐步求精的例子

PAD 图的主要优点如下：

(1) 使用表示结构化控制结构的 PAD 符号所设计出来的程序必然是结构化程序；

(2) PAD 图所描绘的程序结构十分清晰。图中最左面的竖线是程序的主线，即第一层结构。随着程序层次的增加，PAD 图逐渐向右延伸，每增加一个层次，图形向右扩展一条竖线。PAD 图中竖线的总条数就是程序的层次数；

(3) 用 PAD 图表现程序逻辑，易读、易懂、易记。PAD 图是二维树形结构的图形，程序从图中最左竖线上端的结点开始执行，自上而下、从左向右顺序执行，遍历所有结点；

(4) 容易将 PAD 图转换成高级语言源程序，这种转换可用软件工具自动完成，从而可省去人工编码的工作，有利于提高软件可靠性和软件生产率；

(5) 既可用于表示程序逻辑，也可用于描绘数据结构；

(6) PAD 图的符号支持自顶向下、逐步求精方法的使用。设计者可使用 def 符号逐步增加细节，直至完成详细设计。

图 4-12 给出了一个实例。

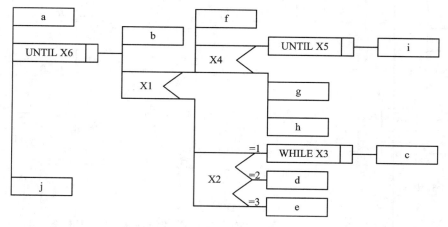

图 4-12　使用 PAD 图设计程序算法

4.3.2　表格式设计表示

表格式的过程设计工具包括判定表和判定树。

1. 判定表

判定表是算法设计辅助工具，专门用于对复杂的条件组合关系及其对应的动作行为等给出更加清晰的说明，能够简洁而又无歧义地描述涉及条件判断的处理规则，并能够配合程序流程图、N-S 图、PAD 图或 PDL 伪码等进行程序算法描述。

应该说，判定表并不是一种通用的设计工具，并不能对应到某种具体的程序设计语言上去。但是，当程序算法中出现多重嵌套中的条件选择时，往往需要用到判定表。

判定表一般由四个部分组成，如表 4-1 所示。其中，表的左上部分列出所有条件，表的左下部分是所有可能出现的动作，表的右上部分用于表示各种可能的条件组合，表的右下部分则是和每种条件组合相对应的动作。这样，判定表的右半部分的每一列实质上就构成了一条规则，它规定了与特定的条件组合相对应的动作。

表 4-1　一张判定表的组成

条件定义	条件取值的组合
动作定义	在各种取值的组合下应执行的动作

下面以行李托运费的算法为例说明判定表的组织方法。假设某航空公司规定，乘客可以免费托运重量不超过 20 kg 的行李。当行李重量超过 20 kg 时，对头等舱的国内乘客超重部分每千克收费 4 元，对其他舱的国内乘客超重部分每千克收费 6 元，对残疾乘客超重部分每千克收费比正常乘客少一半。用判定表可以清楚地表示与上述每种条件组合相对应的计算行李费的算法，如表 4-2 所示。

表 4-2　判 定 表 示 例

	1	2	3	4	5
头等舱		T	F	T	F
残疾乘客		F	F	T	T
行李重量 W≤20 kg	T	F	F	F	F
免费	×				
(W−20)×4		×			
(W−20)×6			×		
(W−20)×2				×	
(W−20)×3					×

从上面这个例子可以看出，判定表能够简洁而又无歧义地描述处理规则。当把判定表和布尔代数或卡诺图结合起来使用时，可以对判定表进行校验或化简。但是，判定表并不适于作为一种通用的设计工具，没有一种简单的方法能使它同时清晰地表示顺序和重复等处理特性。

2. 判定树

判定表虽然能清晰地表示复杂的条件组合与应做的动作之间的对应关系，但其含义却不是一眼就能看出来的，初次接触这种工具的人理解它需要有一个简短的学习过程。此外，当数据元素的值多于两个时(例如，表 4-2 例子中假设对机票需细分为头等舱、二等舱和经济舱等多种级别时)，判定表的简洁程度也将下降。

判定树是判定表的变种，也能清晰地表示复杂的条件组合与应做的动作之间的对应关系。判定树的优点在于，它的形式简单到不需任何说明，一眼就可以看出其含义，因此易于掌握和使用。多年来判定树一直受到人们的重视，是一种比较常用的系统分析和设计的工具。图 4-13 是和表 4-2 等价的判定树。我们可以看到判定树较判定表直观易读，而判定树的简洁性不如判定表。判定表和判定树适用于算法中包含复杂的多重组合的情况，可将两种工具结合起来，先用判定表作底稿，然后产生判定树。

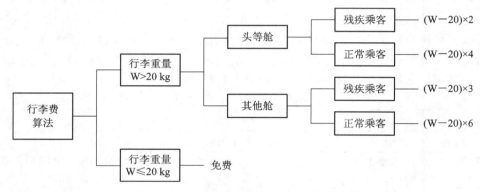

图 4-13　用判定树表示计算行李费的算法

4.3.3　程序设计语言

PDL 语言(Procedure Design Language，PDL)也称为伪码，或过程设计语言，它一般是某种高级语言稍加改造后的产物。由于技术背景的不同，伪码可以是类 PASCAL、类 C 或是其他高级语言的变形。可以使用普通的正文编辑软件或文字处理系统进行 PDL 的书写和编辑。

PDL 语言的语法规则分外部语法和内部语法。其中，外部语法用于定义程序中的控制结构和数据结构，具有比较严谨的语法规则，一般采用某种高级程序设计语言的语句构造，可用于定义控制结构和数据结构；内部语法则用于表示程序中的加工计算或条件，它一般采用比较通俗的自然语言进行描述。因此，PDL 是一种由高级程序设计语言的框架结构和自然语言的细节描述混合而成的语言。

PDL 语言一般包括以下成分：

(1) 外部语法。由固定的关键字提供外部语法，它提供了结构化控制结构、数据说明和模块化的特点。为了使结构清晰和可读性好，通常在所有可能嵌套使用的控制结构的头和尾都有关键字。例如，If … EndIf、Loop … EndLoop、Do while … enddo。

(2) 内部语法。由自然语言提供内部语法，用于描述程序中的加工计算。

(3) 数据说明。需要对数据进行说明，既包括简单的数据结构(如变量、数组)，也包括复杂的数据结构(如结构体、链表)。

(4) 模块说明。需要对模块功能、调用与接口等进行说明。

PDL 的缺点是不如图形工具形象直观，描述复杂的条件组合与动作间的对应关系时，不如判定表那样清晰简单。因此，常常将 PDL 描述和一种图形描述结合起来使用，加以弥补。

举例： 下面是判断某个整数 x 是否为质数的算法设计伪码。

```
PROCEDURE Verdict_Prime
        定义整型变量：x，n，i
        从键盘读入：x
        给变量赋值：n = x1 / 2
        给变量赋值：i = 2
        DO WHILE i <= n
            IF x 被 i 整除   THEN
            中途结束循环
            ENDIF
            i = i + 1
        ENDDO
        IF i >= n + 1   THEN
        输出：x  是质数
        ELSE
        输出：x  不是质数
        ENDIF
    END Verdict_Prime
```

举例： 发货流程 PDL 加工逻辑描述举例。

```
    IF  发货单金额超过$500 THEN
      IF  欠款超过了 60 天  THEN
            在偿还欠款前不予批准
      ELSE (欠款未超期)
            发批准书，发货单
      ENDIF
    ELSE (发货单金额未超过$500)
      IF  欠款超过 60 天  THEN
            发批准书，发货单及赊欠报告
      ELSE (欠款未超期)
            发批准书，发货单
      ENDIF
    ENDIF
```

4.3.4 程序算法设计工具的比较

在图形化设计中，程序流程图对控制流程的描绘很直观，便于初学者掌握。但是程序流程图中用箭头代表控制流，使得程序员不受任何约束，可以随意转移控制。盒图和 PAD 图设计出来的程序必然是结构化程序。盒图中没有箭头，不允许随意转移控制，可以使程序员逐步养成用结构化的方式思考问题和解决问题的习惯。PAD 图表现程序逻辑，易读、易懂、易记，图中竖线的总条数就是程序的层次数。

表格设计工具中的判定表和判定树能清晰地表示复杂的条件组合与应做的动作之间的对应关系，常用在算法中包含多重嵌套的条件选择。判定树较判定表直观易读，而判定树简洁性不如判定表，常常将两种工具结合起来，先用判定表作底稿，然后产生判定树。

PDL 是一种"混杂"语言，关键字是固定语法，其语法是自由灵活的自然语言。PDL可以作为注释直接插在源程序中间。由于 PDL 不形象、不直观，常常和一种图形描述结合起来使用，加以弥补。

4.4 面向数据结构的设计方法

面向数据流的设计方法，是基于描绘信息流动和处理的数据流图(DFD)，从数据流图出发，根据数据流特性，划分软件模块，建立软件结构。

面向数据结构的设计方法，是根据数据结构设计程序处理过程。由于程序加工的是数据结构，程序表述的算法在很大程度上也依赖于作为基础的数据结构，所以数据结构分层次，程序结构也必然分层次。数据结构既影响程序的结构又影响程序的处理过程，面向数据结构的设计方法的最终目标是得出对程序处理过程的描述。这种方法最适合于在详细设计阶段使用，也就是说，在完成了软件结构设计之后，可以使用面向数据结构的方法来设计每个模块的处理过程。

1975 年由 M．A．Jackson 提出了一种以软件中数据结构为基本依据的程序算法设计方法。它是按照输入、输出和内部信息的数据结构进行软件设计的。因此，在以数据处理为主要内容的信息系统开发中，Jackson 程序设计方法具有一定的应用价值。

4.4.1 Jackson 数据结构图

Jackson 程序设计方法的基本设计途径是通过分析输入数据与输出数据的层次结构，由此对程序算法的层次结构进行推论。为了方便由数据结构映射出程序结构，Jackson 将软件系统中所遇到的数据分为顺序、选择和重复三种结构，并需要使用图形方式表示。

1. 顺序结构

顺序结构的数据由一个或多个数据元素组成，每个元素按确定次序出现一次，上下层是"组成"关系。图 4-14(a)是表示顺序结构的 Jackson 图的一个例子，A 由 B、C、D 这三个基本元素顺序组成，出现次序依次是 B、C、D。

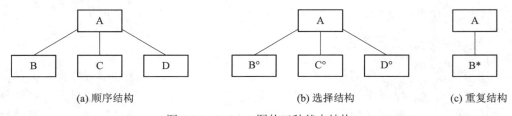

(a) 顺序结构   (b) 选择结构   (c) 重复结构

图 4-14　Jackson 图的三种基本结构

2. 选择结构

选择结构的数据包含两个或多个数据元素，每次使用这个数据时按一定条件从这些数据元素中选择一个。图 4-14(b)是表示三个结构中选 1 个的 Jackson 图。注意，在 B、C、D 的右上角用圆圈做标记，表示根据条件 A 是 B 或 C 或 D 中的某一个。

3. 重复结构

重复结构的数据，根据使用时的条件由一个数据元素出现零次或多次构成。图 4-14(c) 是表示重复结构的 Jackson 图。A 由 B 出现 N 次(N ≥ 0)组成，注意，在 B 的右上角有星号标记。

Jackson 图有以下优点：

- 便于表示层次结构，而且是对结构进行自顶向下分解的有力工具；
- 形象直观可读性好；
- 既能表示数据结构也能表示程序结构。

4.4.2　改进的 Jackson 图

上节介绍的 Jackson 图的缺点是，用这种图形工具表示选择或重复结构时，选择条件或循环结束条件不能直接在图上表示出来，影响了图的表达能力，也不易直接把图翻译成程序，此外，框间连线为斜线，不易在行式打印机上输出。为了解决上述问题，建议使用图 4-15 中给出的改进的 Jackson 图，其中 S(i)表示分支条件编号，I(i)表示循环结束条件编号。图 4-15(c)表示 A 或者是 B 或者不出现。

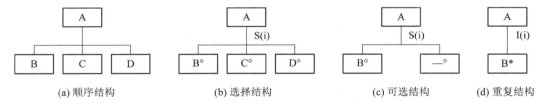

图 4-15　改进的 Jackson 图

Jackson 图实质上是对第 2 章 2.9 节中介绍的层次方框图的一种精化。请读者注意，虽然 Jackson 图和描绘软件结构的层次图形式相当类似，但是含义却很不相同。层次图中的一个方框通常代表一个模块；而 Jackson 图即使在描绘程序结构时，一个方框也并不代表一个模块，通常一个方框只代表几个语句。层次图表现的是调用关系，通常一个模块除了调用下级模块外，还完成其他操作；而 Jackson 图表现的是组成关系，也就是说，一个方框中包括的操作仅仅由它下层框中的那些操作组成。

4.4.3　Jackson 方法的设计过程

Jackson 方法的基本设计步骤分为以下五个步骤。

(1) 分析并确定输入和输出数据的逻辑结构，并用 Jackson 图描绘这些数据结构。

(2) 找出输入数据结构和输出数据结构中有对应关系的数据单元。所谓"对应关系"指这些数据单元在数据内容上、数据量上和顺序上有直接的因果关系，对重复的数据单元，必须重复的次序和次数都相同才可能有对应关系。

(3) 使用下述 3 条规则从描绘数据结构的 Jackson 图导出描绘程序结构的 Jackson 图。

• 为每对有对应关系的数据单元，按照它们在数据结构图中的层次在程序结构图的相应层次画一个处理框(注意，如果这对数据单元在输入数据结构和输出数据结构中所处的层次不同，则和它们对应的处理框在程序结构图中所处的层次与它们之中在数据结构图中层次低的那个对应)；

• 根据输入数据结构中剩余的每个数据单元所处的层次，在程序结构图的相应层次分别为它们画上对应的处理框；

• 根据输出数据结构中剩余的每个数据单元所处的层次，在程序结构图的相应层次分别为它们画上对应的处理框。

总之，描绘程序结构的 Jackson 图应该综合输入数据结构和输出数据结构的层次关系而导出来。在导出程序结构图的过程中，由于改进的 Jackson 图规定在构成顺序结构的元素中不能有重复出现或选择出现的元素，因此可能需要增加中间层次的处理框。

(4) 列出所有操作和条件(包括分支条件和循环结束条件)，并且把它们分配到程序结构图的适当位置。

(5) 用伪码表示程序。Jackson 方法中使用的伪码和 Jackson 图是完全对应的。

以上五步对应结构化方法的需求分析、概要设计和详细设计。下面举例说明设计过程。

例如，期末考试后将学生的基本情况文件(简称学籍文件)和学生成绩文件(简称成绩文件)合并成一个新文件。按照 Jackson 方法的设计步骤如下：

(1) 确定输入和输出数据的数据结构。经分析找出并用 Jackson 图描绘输入/输出数据结构图，如图 4-16 所示。

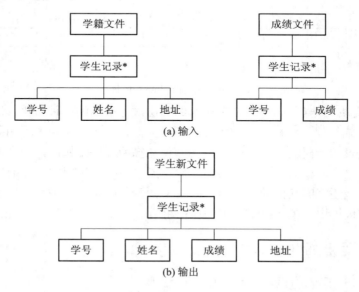

图 4-16　学生成绩系统中输入/输出结构的 Jackson 图

(2) 确定在输入数据结构和输出数据结构中有对应关系的数据单元。学生学籍文件中的学生记录与成绩文件中的学生记录的个数、排列次序是相同的。学生新文件中的学生记录的内容来自学籍文件和成绩文件的相应记录。因此，可以说输入数据结构中的"学生记录"这个数据单元与输出数据结构中的"学生记录"有对应关系。在图中用双箭头线标出，如图 4-17 所示。

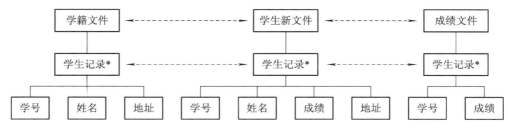

图 4-17　输入/输出结构中有对应关系的 Jackson 图

(3) 从数据结构图导出程序结构图。根据前面介绍的 3 条规则，由图 4-17 画出的程序结构图如图 4-18 所示。

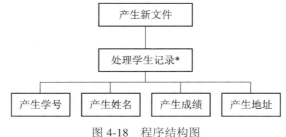

图 4-18　程序结构图

(4) 列出所有操作和条件，并且把它们分配到程序结构图的适当位置。列出的操作和条件为：停止、打开两个输入文件、建立输出文件、从输入文件中各读一条记录、生成一条新记录、将新记录写入输出文件、关闭全部文件、文件结束。

把上述操作和条件分配到程序结构图的适当位置。当把操作 2、3、4、7、1 分配到第一层时，改进的 Jackson 图规定顺序执行的处理中，不允许混有重复执行或选择执行的处理。所以，在"处理学生记录"这个处理框上面，又增加了一个处理框"分析学生记录"。最后得到如图 4-19 所示的程序结构图。

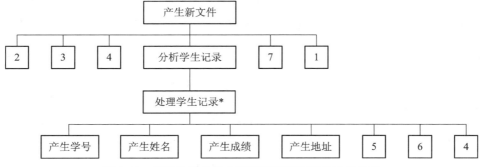

图 4-19　把操作和条件分配到程序结构图的适当位置

(5) 用伪码表示程序处理过程。下面是使用 Jackson 所使用的伪代码写出的与图 4-19 对应的程序。

　产生新文件 seq

　　　　打开两个输入文件
　　　　建立输出文件
　　　　从输入文件中各读一条记录
　　　　分析学生记录 iter until 文件结束
　　　　处理学生记录 seq
　　　　　　　产生学号
　　　　　　　产生姓名
　　　　　　　产生成绩
　　　　　　　产生地址
　　　　　　　生成一条新记录
　　　　　　　将新记录写入输出文件
　　　　　　　从输入文件中各读一条记录
　　　　处理学生记录 end
　　　　关闭全部文件
　　　　停止
　　产生新文件 end

　　以上简单介绍了由英国人 M.Jackson 提出的结构程序设计方法。这个方法在设计比较简单的数据处理系统时特别方便，当设计比较复杂的程序时常常遇到输入数据可能有错、条件不能预先测试、数据结构冲突等问题。为了克服上述困难，把 Jackson 方法应用到更广阔的领域，需要采用一系列比较复杂的辅助技术。

4.5　程序复杂度的概念及度量方法

　　在前一章中曾经讲述了软件设计的基本原理和概念，经过详细设计之后每个模块的内容都非常具体了，因此可以使用这些原理进一步仔细衡量它们的质量。但是，这种衡量毕竟只能是定性的，人们希望能进一步定量度量软件的性质。由于软件工程还是一门很年轻的学科，目前许多定量度量方法还处在研究过程中。目前，程序复杂程度定量度量方法比较成熟的有两种——代码行度量法和 McCabe 度量法，其中 McCabe 度量法是比较著名的程序算法复杂性度量方法。本节将重点介绍 McCabe 度量法。

　　程序复杂性主要指模块内程序的复杂性。它直接关联到软件开发费用的多少，开发周期的长短和软件内部潜伏错误的多少。比如把程序的复杂程度乘以适当常数即可估算出软件中错误的数量以及软件开发需要用的工作量。定量度量的结果可以用来比较两个不同的设计或两个不同算法的优劣；程序的定量的复杂程度可以作为模块规模的精确限度。程序复杂度定量度量的目标及其作用就是减少程序复杂性，可提高软件的简单性和可理解性，并使软件开发费用减少，开发周期缩短，软件内部潜藏错误减少。

　　McCabe 度量法是在 1976 年由 Thomas McCabe 提出的一种基于程序控制流的复杂性度量方法。McCabe 度量法是通过计算程序中环路的个数来估算程序复杂程度的，因此为了使用 McCabe 方法来进行程序算法复杂性度量，则首先需要画出流图。

1. 流图

所谓流图，也就是退化了的传统程序流程图(也称为程序图)，其仅仅表现程序内部的控制流程，而并不涉及对数据的具体操作以及分支或循环的具体条件，这样度量出的结果称为程序的环形复杂度。

在流图中用圆表示结点，一个圆代表一条或多条语句。程序流程图中的一个顺序的处理框序列和一个菱形判定框，可以映射成流图中的一个结点。流图中的箭头线称为边，它和程序流程图中的箭头线类似，代表控制流。在流图中一条边必须终止于一个结点，即使这个结点并不代表任何语句(实际上相当于一个空语句)。由边和结点围成的面积称为区域，当计算区域数时应该包括图外部未被围起来的那个区域。图 4-20 显示了流图的结构。

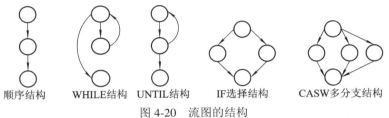

顺序结构　　WHILE结构　　UNTIL结构　　IF选择结构　　CASW多分支结构

图 4-20　流图的结构

用任何方法表示的过程设计结果，都可以翻译成流图。图 4-21 举例说明把程序流程图映射成流图的方法。

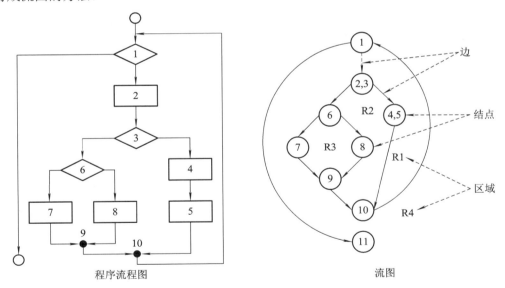

程序流程图　　　　　　　　　　　　　　流图

图 4-21　把程序流程图映射成流图

图 4-22 是用 PDL 表示的处理过程及与之对应的流图。当过程设计中包含复合条件时，生成流图的方法稍微复杂一些。所谓复合条件，就是在条件中包含了一个或多个布尔运算符(OR，AND，NOT)。在这种情况下，应该把复合条件分解为若干个简单条件，每个简单条件对应流图中一个结点。包含条件的结点称为判定节点，从每个判定结点引出两条或多条边。图 4-23 是由包含复合条件的 PDL 片断翻译成的流图。

PDL语言表示排序过程:
1: do while records remain
2:    read record;
      if record field1 = 0
3:    then process record;
      store in buffer;
      increment counter;
4:    elseif record field2 = 0
5:    then reset counter;
6:    else process record;
      store in file;
7a: endif
      endif
7b: enddo
8: end

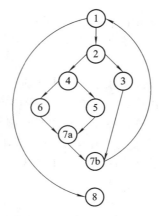

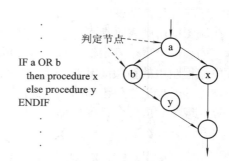

IF a OR b
   then procedure x
   else procedure y
ENDIF

图 4-22 由 PDL 翻译成的流图　　　图 4-23 由包含复合条件的 PDL 片段翻译成的流图

2. 计算环形复杂度的方法

环形复杂度定量度量程序的逻辑复杂度。有了描绘程序控制流的流图之后，可以用下述三种方法中的任何一种来计算环形复杂度。

- 流图 G 的环形复杂度 $V(G)=E-N+2$，其中，E 是流图中边的条数，N 是结点数；
- 流图中的区域数等于环形复杂度；
- 流图 G 的环形复杂度 $V(G)=P+1$，其中，P 是流图中判定结点的数目。

例如，计算图 4-24(a)程序流程图的环路复杂度，图 4-24(b)显示了对应的流图，用上述三种方法计算环形复杂度，过程及结果如下：

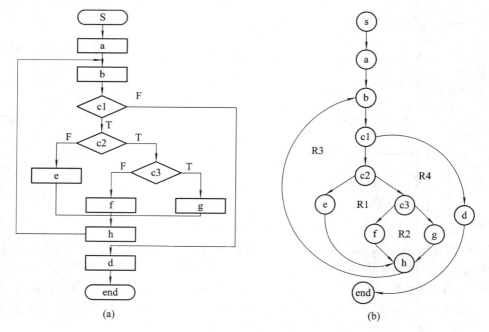

图 4-24 程序流程图与对应的流图

所显示的流图中，边条数 E＝14，结点数 N＝12，则有 $V(G)=E-N+2=14-12+2=4$；

从图 4-24 (b)发现，程序图中的区域数为 4，所以 V(G)=4；

在图 4-24 (b)中，判定结点的数目 P 是 3，则 V(G)=P+1=3+1=4。

也就是说，如上图所示的程序的 McCabe 环路复杂度度量值为 4。

3．环形复杂度的用途

程序的环形复杂度取决于程序控制流的复杂程度，即取决于程序结构的复杂程度。顺序结构最简单，复杂度为 1，当程序内分支数或循环个数增加时，环形复杂度也随之增加，因此它是对测试难度的一种定量度量，也能对软件最终的可靠性给出某种预测。

McCabe 研究大量程序后发现，程序环形复杂度越高，则程序也就越复杂，往往越难实现，越容易出问题。对此，McCabe 建议，模块内程序复杂度应该限制在 V(G)<10 以内。对于复杂度超过 10 的程序，则应该将程序分成几个小程序，由此来减少程序复杂度，并可以使程序出错的可能性降低。

4．环形复杂度的特征

- 简单的 IF 语句与循环语句的复杂性同等看待；
- 嵌套的 IF 语句与简单 CASE 语句的复杂性是一样的；
- 模块间接口当成一个简单分支一样处理；
- 一个具有 1000 行的顺序程序与一行语句的复杂性相同。

4.6　小　　结

详细设计阶段的关键任务是确定怎样具体地实现用户需要的软件系统，也就是要设计出程序的"蓝图"。除了应该保证软件的可靠性之外，使将来编写出的程序可读性好、容易理解、容易测试、容易修改和维护，是详细设计阶段最重要的目标。结构程序设计技术是实现上述目标的基本保证，是进行详细设计的逻辑基础。

人机界面设计是接口设计的一个重要的组成部分。对于交互式系统来说，人机界面设计和数据设计、体系结构设计及过程设计一样重要。人机界面的质量直接影响用户对软件产品的接受程度，因此，对人机界面设计必须给予足够重视。用户界面"好不好"主要看它是否"容易使用"和"美观"。

过程设计的工具分为图形(程序流程图、N-S 盒图、PAD 图)、表格(判定表、判定树)和语言(PDL 语言)3 类，各有所长，应根据需要选用。

使用环形复杂度可以定量度量程序的复杂程度，实践表明，环形复杂度 V(G)=10 是模块规模的合理上限。

习　题　4

1. 为什么要对软件进行详细设计，其任务和主要目标是什么？
2. 常用的详细设计工具(程序算法设计工具)主要有哪些？
3. 结构化程序设计的主要特点是什么？结构化程序设计有哪几种控制结构？

4. 简述人机界面设计的黄金规则。在用户界面的"灵活性"特性中，你是如何理解"宁可让程序多干，不可让用户多干"这句话的？

5. 比较面向数据流和面向数据结构两类设计方法的异同。

6. 你是如何理解"软件的核心就是算法"这句话的，即这句话的寓意是什么？

7. 给出一组数从小到大的排序算法，分别用下列工具描述其详细过程：

(1) 流程图；(2) N-S 图；(3) PAD 图；(4) PDL 语言。

8. 某旅行社根据旅游淡季、旺季及是否团体订票，确定旅游票价的折扣率。具体规定是：人数在 20 人以上的属于团体，20 人以下的为散客。每年 4 月到 5 月、7 月到 8 月、10 月为旅游旺季，其余为旅游淡季。旅游旺季团体票优惠 5%，散客不优惠。旅游淡季团体票优惠 30%，散客优惠 20%。用判定表和判定树表示旅游订票的优惠规定。

9. 需要从 1000 以内将能够被 7 整除的数查询出来，并计算出这些数的和。试分别使用程序流程图、N-S 图、PAD 图和 PDL 伪码，设计该程序问题的算法，然后使用 McCabe 方法对所设计的算法的复杂度进行估算。

10. 某教学设备销售部门制定了一项销售优惠政策，一次购买 100 台或 100 台以上者按八五折优惠；购买小于 100 台时，若购买者是教师、学生则按九折优惠，否则就不优惠。请画出"判定树"来表达其业务。

11. 实际业务中若出现复杂形态表现，如何利用现有的程序算法设计工具进行设计？

12. 过程设计语言(PDL)的优势是什么？

13. 计算环形复杂度时，可采用哪三种方法都可计算出程序的环形复杂度？

14. 请画图 4-25 所示的流图，并回答 V(G)=？从画出的流图来看判定结点的符号有什么突出的特点？

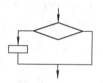

图 4-25　习题 14 用图

第 5 章　软 件 实 现

知识点

软件编码，软件测试基础，软件测试过程，软件测试的基本方法，测试策略，黑盒与白盒测试，回归测试与调试。

难点

软件测试的策略，白盒测试和黑盒测试技术，测试用例的设计。

基于工作过程的教学任务

通过本章的学习，了解如何选择程序设计语言，培养良好的编码风格，熟悉理解选择良好的程序设计途径的重要性；掌握软件测试的目标、准则、方法和步骤，掌握单元测试、集成测试、确认测试的方法步骤；掌握白盒测试和黑盒测试技术的概念、方法以及方案的设计，能够熟练按照测试的原则和技术，分析确定高效的测试用例；掌握软件调试的概念和策略，了解自动测试工具和调试工具。掌握测试即找错、调试即纠错的核心概念。

5.1　软 件 编 码

软件经过结构化设计后进入程序编码阶段，编码即编程序。程序的质量基本上取决于软件设计的质量。编码使用的语言和程序的布局风格对程序质量有相当大的影响。

程序内部的良好文档资料，有规律的数据说明格式，简单清晰的语句构造和输入输出格式等，可以提高程序的可读性，改进程序的可维护性。

5.1.1　编码目的

软件编码的目的就是实现人和计算机的通信，指挥计算机按照人的意志正常工作，把模块的过程描述翻译成用语言书写的源程序。源程序应该正确可靠、简明清晰，而且具有较高的效率。

软件工程项目对代码编写的要求，不仅仅是源代码语法上的正确性，也不只是源程序中没有各种错误，还要求源代码具有良好的结构性和良好的程序设计风格。

如果人们写出的源程序既便于阅读，又便于测试和排除所发现的程序故障，就能够有效地在开发期间消除绝大多数在程序中隐藏的错误，使得程序可以做到正常稳定的运行，极大地减少运行期间软件失效的可能性，大大提高软件的可靠性。

如果写出的源程序在运行过程中发现了问题或错误时容易修改，而且当软件在使用过程中，能根据用户需要很容易扩充其功能及改善其性能，这样的程序就具有较好的可维护性。维护人员可以很方便地对它进行修改、扩充和移植。

尽管软件的质量更多地依赖于软件设计，但是，程序设计语言的特性和编码途径等，也会对程序的可靠性、可读性、可测试性和可维护性产生影响。

5.1.2　程序设计语言的选择

虽然好的程序设计语言有助于写出可靠而又容易维护的程序。但是，事在人为，工具再好，使用不当也不会达到预期的效果。按照软件工程方法论，程序是软件设计的自然结果，程序的质量基本上取决于设计的质量。此外，编写程序的途径和编程经验也很大程度上决定着程序的质量。

现在，软件公司使用面向对象的语言，不管是哪一种面向对象语言，开发新的软件都会承受压力。随之产生的问题是：哪种面向对象语言比较合适？今天，最广泛应用的面向对象编程语言是 C++和 Java。

C++流行的真正原因是它与 C 具有明显的相似性，因此，很多管理者把 C++看作 C 的一个扩展集，从而得出任何了解 C 的程序员都能够迅速地掌握额外部分的结论。但是，只有在采用了面向对象技术，而且产品是由对象和类而不是函数来组织的时候，C++的使用才有意义。

因此，在采用 C++之前，相关软件专业人员经过面向对象范型方面的培训是非常重要的。当企业对从 C 转换到 C++带来的结果感到失望时，一个主要的原因是相关人员缺乏面向对象范型的培训。

如果软件企业决定采用 Java，从传统的结构化范型转变到面向对象范型是不可能的。Java 是纯面向对象程序语言，不支持传统的结构化范型的函数和过程。不像 C++这样的混合面向对象语言，Java 程序员从一开始就必须使用面向对象范型(而且只能使用面向对象范型)。由于需要从一个范型转到另一个范型，与转变到像 C++这种混合型的面向对象语言相比，采用 Java 所需的教育和培训就显得更为重要。

决定了实现语言之后，下面的问题是如何采用软件工程原理获得更高质量的代码。在实际选择语言时不能仅仅使用理论上的标准，还必须同时考虑实用方面的各种限制。下面是选择语言的主要标准。

(1) 系统用户的要求。如果所开发的系统由用户负责维护，用户通常要求用他们熟悉的语言书写程序。

(2) 可以使用的编译程序。运行目标系统的环境中可以提供的编译程序往往限制了可以选用的语言。

(3) 可以得到的软件工具。如果某种语言有支持程序开发的软件工具可以利用，则目标系统的实现和验证变得比较容易。

(4) 工程规模。如果工程规模很庞大，现有的语言又不完全适用，那么设计并实现一种供这个工程项目专用的程序设计语言，可能是一个正确的选择。

(5) 程序员的知识。虽然对于有经验的程序员来说，学习一种新语言并不困难，但是要完全掌握一种新语言却需要实践。如果和其他标准不矛盾，那么应该选择一种已经为程序员所熟悉的语言。

(6) 软件可移植性要求。如果目标系统将在几台不同的计算机上运行，或者预期的使用寿命很长，那么选择一种标准化程度高、程序可移植性好的语言是很重要的。

(7) 软件的应用领域。所谓的通用程序设计语言，实际上并不是对所有应用领域都同样适用。因此，选择语言时应该充分考虑目标系统的应用范围。

5.1.3 良好的编程实践

源代码的逻辑简明清晰、易读易懂是好程序的一个重要标准。关于编程风格，许多建议都和特定的语言相关。目前主流开发工具主要以 Java 和 C++为主，因此这里为 Java 和 C++这样的面向对象语言给出一些与语言无关的良好编程实践建议，这就需要从程序内部的文档入手建立良好的编程风格。所谓程序内部的文档，包括恰当的标识符、适当的注释和程序的视觉组织等。

1. 标识符使用一致和有意义的变量名

选取含义鲜明的名字，使它能正确地提示程序对象所代表的实体，这对于帮助阅读者理解程序是很重要的。如果使用缩写，那么缩写规则应该一致，并且应该给每个名字加注解。程序员给出只对自己有意义的变量名是远远不够的，在软件工程领域，有意义的变量名是指"从将来维护程序员的角度来看是有意义的"。例如：

在 20 世纪 70 年代后期，南非约翰内斯堡有个小型软件公司，由两个编程团队组成。团队 A 由来自莫桑比克的人组成，拥有葡萄牙血统，母语是葡萄牙语，代码写得很好，变量名是有意义的，但是仅对说葡萄牙语的人有意义。团队 B 由以色列移民组成，母语是希伯来语，代码写得一样好，选择的变量名同样是有意义的，但是仅对说希伯来语的人有意义。

一天，团队 A 和负责人一同辞职了。团队 B 完全无法维护团队 A 曾经编写的任何优秀代码，因为他们不会讲葡萄牙语，对讲葡萄牙语的人有意义的变量名，对于语言能力仅限于希伯来语和英语的以色列人是完全不可理解的。公司老板无法雇用足够的会说葡萄牙语的程序员代替团队 A，很快在大量不满客户的诉讼压力下破产了，因为这些客户的代码基本上是不可维护的了。

这种情况很容易避免，公司的领导应当在一开始就坚持用英语命名全部的变量名，而英语是每个计算机专业人员都理解的语言，于是变量名对每个维护人员就都是有意义的。

有些命名约定可以使代码更容易理解，其思想是变量名应该包括类型信息。例如，ptrChTmp 可能表示一个临时变量(Tmp)用来指向字符(Ch)的指针(ptr)，这种方案最著名的是匈牙利命名法。这类方案的缺点是，当参与者不能拼读出变量名时，代码审查的效果会降低，逐个地读出变量名尤其痛苦。但是，对有匈牙利命名法经验的人来说，该方法增强了代码的可读性。

2. 注释——自文档化代码的问题

当问到为何代码没有包含注释时，程序员常常会自豪地说："我写的是自文档化代码"。意思是程序中的变量名经过认真选择，代码编写得十分精巧，以至于没有添加注释的必要。自文档化代码的确存在，但非常稀少。通常的情形是程序员在编写代码制品时认真考虑代码中每个名词的细微差别，并进行注释。

另外，在每个代码段中序言注释是必须有的，每个代码的顶部必须提供图 5-1 中列出的最基本信息。除了序言注释外，应当在代码中插入行内注释，以帮助维护程序员理解代码。专家建议，行内注释的使用场合应该仅仅是当代码编写的方式不明显，或使用了该语言中某些难以理解的方法的时候。相反，含糊不清的代码应当以清晰的方式重新编写，行内注释是帮助程序员维护的一种手段，不应当助长拙劣的编程实践或为其寻找借口。

```
代码制品的名字
关于代码制品做什么的简单描述
程序员的名字
代码制品编写的日期
代码制品被认可的日期
认可代码制品人的名字
代码制品的参数
代码制品中每个变量的名字列表，最好按字母顺序排列，并有用法的简短描述
代码制品访问的文件名
代码制品修改的文件名
输入-输出（如果有的话）
错误处理能力
包含测试数据的文件名（以后用于回归测试）
对代码制品所作修改的列表，修改日期及认可人
任何已知错误
```

图 5-1　一个代码制品的序言注释

3. 业务数据常量建议使用参数

很少有真正的常量，也就是说，值"永远不会"改变。例如，销售税不是真正的常量，可能不时会调整销售税率，假定销售税率当前是 6.0%，如果数值 6.0 硬性编码到某产品的许多代码中，那么改变该产品将是一项浩大的工程，可能导致忽视"常量" 6.0 的一个或两个实例，也可能错误地改变一个不相关的 6.0。

更好的解决方案是像下面的 Java 声明：

public static final float SALESTAXRATE = (float)6.0;

或在 C++中声明：

const float SALESTAXRATE = 6.0;

这样，无论哪里需要销售税率的值，都应当使用常量 SALESTAXRATE 而不是数值 6.0。如果销售税率改变了，只需采用编辑器替换包含 SALESTAXRATE 值的那行代码即可。更好的方法是，运行开始时从参数文件或数据库基表中读入销售税率的值。因此，常量都应该当作参数处理，这样，当某个值发生变化时，就可以快速有效地实现改变。

4. 视觉组织——代码编排以增加可读性

要想代码易于阅读相当简单。例如，即使编程语言允许，一行中也不应当出现多个语句。缩进是增加代码可读性最重要的技术，设想一下如果没使用缩进来帮助理解代码，很多代码都难于阅读。在 Java 或 C++中，缩进可以用来匹配相应的{…}对，还能显示哪些语句属于给定的代码块。因此，正确的缩进太重要了，可使用 CASE 工具确保缩进的正确性。

另一个有用的方法是插入空行。方法之间应当用空行隔开，此外，用空行隔开大的代码块通常有助于阅读。额外的"空白区域"使代码更容易阅读，也更容易理解。

5. 语句构造

设计期间确定了软件的逻辑结构，然而个别语句的构造却是编写程序的一个主要任务。构造语句时应该遵循的原则是，每个语句都应该简单而直接，不能为了提高效率而使程序变得过分复杂。下述规则有助于使语句简单明了：

- 不要为了节省空间而把多个语句写在同一行；
- 尽量避免复杂的条件测试；
- 尽量减少对"非"条件的测试；
- 避免大量使用循环嵌套和条件嵌套；
- 利用括号使逻辑表达式或算术表达式的运算次序清晰直观。

6. 输入/输出

设计输入/输出界面的原则是友好、简洁、统一，符合用户的日常工作习惯。在设计和编写程序时应该考虑下述有关输入/输出风格的规则：

- 对所有输入数据都进行检验；
- 检查输入项重要组合的合法性；
- 保持输入格式简单；
- 使用数据结束标记，不要要求用户指定数据的数目；
- 明确提示交互式输入的请求，详细说明可用的选择或边界数值；
- 当程序设计语言对格式有严格要求时，应保持输入格式一致；
- 设计良好的输出报表给所有输出数据加标志。

7. 编码标准与效率

编码标准是福也是祸。带有偶然性内聚的模块通常是使用某些规则的结果，如"每个模块将由 35～50 条可执行语句组成"。与这种死板的风格不同的是，"程序员在构造一个少于 35 条或多于 50 条可执行语句的模块之前，应当征求管理层的意见"。因为，没有哪种编码标准能适用所有可能的情形。

根据有关资料，以下原则对提高程序效率有一些帮助：

- 在编码之前，先化简算术和逻辑表达式，尽量使用整型算术和逻辑表达式；
- if 语句嵌套不应当超过 3 层，除非得到上级的许可；
- 特别注意嵌套的循环，以确定是否有语句可以从循环内层移到循环外层；
- 应当避免使用 goto 语句，非要使用的话，尽量使用前向 goto 语句，用于处理错误；
- 尽量避免使用多维数组和复杂的表格；
- 尽量使用执行时间短的算术运算；
- 尽量避免混合使用不同数据类型的量。

5.1.4　程序员的基本素质

要成为一名合格的程序员，不仅要具备编程功底和动手能力，还需要具备以下素质。

1. 团队精神和协作能力

随着软件规模扩大,一个人的力量开发大型软件十分困难,甚至是不可能实现的。因此,团队精神和协作能力是程序员应具备的基本素质之一。

2. 文档习惯

编写良好的文档是正规软件开发流程中非常重要的环节。缺乏文档,一个软件系统就会缺乏生命力,在未来的查错、升级以及模块复用时就会遇到极大的麻烦。因此,具备良好和规范的文档编写习惯同样是程序员应具备的基本素质之一。

3. 规范化、标准化的代码编写习惯

早期的软件生产往往只注重个人的编程技巧,强调程序简练和执行效率,而不重视程序源代码的可读性和可维护性。作为一些国外知名软件公司,对代码的变量命名,代码内注释格式,甚至嵌套中行缩进的长度和函数间的空行数字都有明确规定。良好的编写习惯,不但有助于代码的移植和纠错,也有助于不同技术人员之间的协作。因此,程序员要养成良好的编码习惯。

4. 需求理解能力

程序员需要理解一个模块的需求,写程序时往往只关注一个功能需求,他们把性能指标全部归结到硬件、操作系统和开发环境上,而忽视了代码本身的性能。性能需求指标中,稳定性、并访支撑能力以及安全性都很重要,作为程序员需要评估该模块在系统运营中所处的环境,将要受到的负荷压力以及各种潜在的危险和恶意攻击的可能性。

5. 复用性和模块化思维能力

复用性和模块化思维能力是要求程序员在完成任何一个功能模块或函数时,多想一些,不要局限在完成当前任务的简单思路上,想想看该模块是否可以脱离这个系统存在,是否可以通过简单的修改参数的方式在其他系统和应用环境下直接引用,实现模块或函数的复用,如此可以极大地避免重复性开发工作,使程序员将更多时间和精力投入到创建新代码的工作中。

6. 测试习惯

对于一个软件工程,问题发现越早,解决问题的代价就越小。程序员在每段代码、每个模块完成后都进行认真测试,就可以尽早发现和解决潜在的问题。

7. 学习和总结的能力

程序员是一个知识更新很快的职业。程序员如果想安身立命,就必须不断跟进新的技术,学习新的技能。

5.2　软件测试基础

软件的质量就是软件的生命,为了保证软件的质量,人们在长期的开发过程中积累了许多经验,并形成了许多行之有效的方法。但是借助这些方法,我们只能尽量减少软件中的错误和不足,而不能完全避免所有的错误。因此,软件测试是保证软件质量,提高软件可靠性的关键,是对软件规格说明、设计和编码的最后复审。软件产品最大的成本是检测软

件错误、修正软件错误的成本。

1. 什么是软件测试

软件测试的经典定义是：在规定条件下对软件进行操作，以发现错误，对软件质量进行评估。我们知道，软件是由文档、数据以及程序组成的，其中，程序是按照事先设计的功能和性能等要求执行的指令序列；数据是程序能正常操纵信息的数据结构；文档是与程序开发维护和使用有关的各种图文资料。那么，软件测试就应该是对软件开发过程中形成的文档、数据以及程序进行的测试，而不仅仅是对程序进行的测试。

大量统计资料表明，在整个软件开发中，测试工作量一般占 30%～40%，甚至超过 50%。在极端情况下，测试那种关系到人的生命安全的软件所花费的成本，可能相当于软件工程其他开发步骤总成本的 3 倍到 5 倍。因此，必须高度重视软件测试工作，绝不要以为写出程序之后软件开发工作就接近完成了，实际上，大约还有同样多的开发工作量需要完成。

软件测试只能证明软件存在缺陷，而不能证明软件没有缺陷。软件缺陷必须眼见为实。思考：如果软件中的问题没有人发现，那么它算不算软件缺陷？

2. 软件测试的目的

软件测试的目的就是把软件的缺陷控制在一个可以进行软件系统交付/发布的程度上，可以交付/发布的软件系统并不是不存在任何缺陷，而是对于软件系统而言，没有主要的缺陷，或者说没有影响业务正常进行的缺陷，因此软件测试不可能无休止地进行下去，而是要把缺陷控制在一个合理的范围之内，因为软件测试也是需要花费巨大成本的。

因此，在测试阶段，测试人员应该努力设计出一系列测试方案，目的是为了"破坏"已经建造好的软件系统，即竭力证明程序中有错误，不能按照预定要求正确工作。有研究表明，发现并纠正软件中缺陷的费用可能占整个开发费用的 40%～80%。因此，软件企业投入大量的资金不仅仅是为了"验证软件正确运行"，而是要找出导致软件无法正确运行的在软件中存在的大量缺陷。

G．Myers 给出了关于测试的一些规则，这些规则可以看作是软件测试的目标：

(1) 测试是为了发现程序中的错误而执行程序的过程；

(2) 测试是为了证明程序有错，而不是证明程序无错；

(3) 好的测试方案是极可能发现迄今为止尚未发现的错误的测试方案；

(4) 成功的测试是发现了至今为止尚未发现的错误的测试。

仅就测试而言，它的目标是发现软件中的错误，它只能证明软件存在缺陷，而不能证明软件没有缺陷。但是，发现错误并不是最终目的。对任何软件来说，开发完成时都会遗留没有被发现的缺陷，所以，软件测试并非是简单的"挑错"，而是贯穿于软件开发过程的始终，是一套完善的质量管理体系，这就要求测试工程师应该具有系统的测试专业知识及对软件的整体把握能力。

3. 软件测试方法和测试策略

软件的测试设计与软件产品的设计一样，是一项需要花费许多人力和时间的工作，我们希望以最少量的时间和人力，最大可能地发现最多的错误。目前常用的测试方法主要有：白盒测试法、黑盒测试法。常用的软件测试策略主要有：单元测试、集成测试、确认测试、系统测试和验收测试。

实际上，为了保证软件质量，从项目开始测试人员就要介入，要了解客户需求，参与项目评审，把握测试要点。如果测试人员数量少，软件质量是得不到保证的。因此测试行业的确需要大量人才，尤其是性能测试。

5.3 测 试 设 计 和 管 理

对于软件项目测试来说，测试团队应该合理地统筹安排软件测试工作，做好测试设计工作，例如测试策略的设计、测试方案的设计、测试用例的设计等；在测试工作开始后，要有效地管理好测试，例如测试用例管理、配置管理、测试缺陷跟踪管理等，否则会使得测试工作效率低下，甚至导致整个软件开发的低效率。

5.3.1 错误曲线

软件是程序、数据、文档及其相关服务的完整集合，它并不是一种有形的产品。但是在软件开发过程中隐藏的错误会引起程序使用初期较高的故障率，错误改正之后，故障曲线会趋于平稳。理想情况下，软件的故障率呈现如图 5-2 所示的理想曲线。

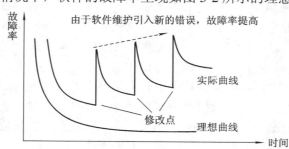

图 5-2　软件故障率曲线

在软件的运行初期，未知的错误使得程序有较高的故障率，当修正了这些错误而且未引入新的错误时，软件将进入一种比较理想的平稳运行期。如图 5-2 中的实际曲线那样。这是因为软件开发时的需求环境、软硬件环境在不断变化，因此软件在其生命周期中会经历多次修改，每次修改都不可避免地会引入新的错误，导致软件的失效率升高，而对这些错误又要进行新的修改，使得软件的故障曲线呈现一种锯齿形，导致最后的故障率慢慢升高，即软件产生了退化，从而使得软件可靠性下降，当修改的成本变得难以接受时，软件就被抛弃。

5.3.2 软件测试配置

要实现软件测试，就要对软件测试进行配置，包括编写测试计划、配置相应的软件测试环境、设计测试用例、编写测试文档等。本节主要介绍测试计划、测试环境和测试文档，测试用例将在下节中详细介绍。

1. 软件测试计划

软件测试计划描述测试活动的目标、范围、方法、策略、资源、组织和进度等，并确定测试项、哪些功能特性将被测试、哪些功能特性将无需测试，识别和明确测试过程中的风险，使得测试活动能够在准备充分且定义清晰的条件下进行。

借助软件测试计划，可以使测试人员明确测试活动的意图，了解整个项目测试情况以及项目测试不同阶段所要进行的工作，方便管理者做宏观调控，进行相应资源配置，确保测试实施过程顺畅，有效地跟踪和控制测试过程，并能容易应对可能发生的各种变更。它规范了软件测试内容、方法和过程，为有组织地完成测试任务提供保障。

测试计划的文档可以作为软件测试人员之间，以及测试人员和软件开发人员等之间的交流工具，为软件测试的管理提供依据，并能够帮助及早地发现和修正软件需求分析、设计等阶段存在的问题。应该在软件需求分析阶段甚至更早的时候制定测试计划。

测试计划应当足够完整但也不应当过于详尽。通常来说，一个正规的测试计划应该包含以下几个项目：

- 测试的基本信息：包括测试目的、背景、测试范围等；
- 测试的具体目标：列出软件需要进行的测试部分和不需要进行的测试部分；
- 测试的策略：测试人员采用的测试方法，如回归测试、功能测试、自动测试等；
- 测试的通过标准：测试是否通过的界定标准以及没有通过情况的处理方法；
- 停测标准：给出每个测试阶段停止测试的标准；
- 测试用例：详细描述测试用例，包括测试值、测试操作过程、测试期待值等；
- 测试的基本支持：测试所需硬件支持、自动测试软件等；
- 部门责任分工：明确所有参与软件管理、开发、测试、技术支持等部门的职责；
- 测试人力资源分配：列出测试所需人力资源以及软件测试人员的培训计划；
- 测试进度安排：制定每一个阶段的详细测试进度安排表；
- 风险估计和危机处理：估计测试过程中潜在的风险以及面临危机时的解决办法。

总之，软件测试计划是整个软件测试流程工作的基本依据，测试计划中所列条目在实际测试中必须一一执行。在测试的过程中，若发现新的测试用例，就要尽早补充到测试计划中。若预先制定的测试计划项目在实际测试中不适用或无法实现，那么也要尽快对计划进行修改，使计划具有可行性。

2. 软件测试环境

软件测试环境是指为了完成软件测试工作所必需的计算机硬件、软件、网络设备、历史数据的总称。它包括测试设计环境、测试实施环境和测试管理环境三部分。测试环境可以模拟实际运行时可能的各种情况，是测试实施的一个重要阶段，也是软件测试的基础。测试环境适合与否会严重影响测试结果的真实性和正确性，合理的测试环境可以提高软件测试的工作效率。

经过良好规划和配置的测试环境，可以尽可能地减少环境的变动对测试工作的不利影响，并可以对测试工作的效率和质量的提高产生积极的作用。配置测试环境是测试实施的一个重要阶段，一般来说，配置测试环境有五个基本要素：硬件、软件、网络环境、数据准备、测试工具。其中，硬件、软件是测试环境中最基本的两个要素，并派生出后三者。

3. 测试文档

软件测试是一个很复杂的过程，涉及软件开发其他阶段的工作，对于提高软件质量、保证软件正常运行有着十分重要的意义，因此必须把对测试的要求、过程及测试结果以正式的文档形式写下来。测试文档的编制是软件测试工作规范化的一个重要组成部分。

软件测试文档不只在测试阶段才开始考虑，它应在软件开发的需求分析阶段就开始着手编制，软件开发人员的一些设计方案也应在测试文档中得到反映，以利于设计的检验。测试文档对于测试阶段的工作有着非常明显的指导作用和评价作用。即便在软件投入运行的维护阶段，也常常要进行再测试或回归测试，这时仍会用到软件测试文档。

整个测试流程会产生很多个测试文档，一般可以把测试文档分为两类：测试计划和测试分析报告。

测试计划前面已经描述过，测试计划文档描述将要进行的测试活动的范围、方法、资源和时间进度等，其中罗列了详细的测试要求，包括测试的目的、内容、方法、步骤以及测试的准则等。

测试分析报告是执行测试阶段的测试文档，对测试结果进行分析说明，说明软件经过测试以后，结论性的意见如何，软件的能力如何，存在哪些缺陷和限制等，这些意见既是对软件质量的评价，又是决定该软件能否交付用户使用的依据。由于测试分析报告要反映测试工作的情况，自然应该在测试阶段编写。

《计算机软件测试文档编制规范》(GB/T9386–2008)标准给出了更具体的测试文档编制建议，规定了各个测试文档的格式和内容，主要涉及测试计划、测试说明和测试报告等。

5.3.3　测试用例设计

测试用例是为了高效率地发现软件缺陷而精心设计并执行的少量测试数据。在实际测试中，由于无法达到穷举测试，所以要从大量输入数据中精选有代表性或特殊性的数据作为测试数据。不同的测试数据发现程序错误的能力差别很大，为了提高测试效率、降低测试成本，应该选用高效的测试数据。一个好的测试用例应该能发现尚未发现的软件缺陷。从测试用例本身构成的角度来看，测试用例是测试执行的最小实体，是为特定的目的而设计的一组测试输入、执行条件和预期结果。

测试用例通俗一点来讲就是编写一组前提条件、输入、执行条件、预期结果以完成对某个特定需求或目标测试的数据，体现测试方案、方法、技术和策略的文档。

1. 测试用例的作用

测试用例始终贯穿于整个软件测试，是软件测试的核心。在软件测试过程中，参照测试用例，任何人员的流动对测试的影响、对项目质量的影响都可以说是微乎其微的。所以，测试用例可以预防部分风险或减少潜在风险的发生。

2. 测试用例的主要内容

一个完整的测试用例应该包括以下内容：

- 测试用例的编号；
- 测试日期；
- 测试用例设计人员和测试人员；
- 测试用例的优先级；
- 测试标题；

- 测试目标；
- 测试环境；
- 输入数据/动作；
- 测试的操作步骤；
- 测试预期的结果。

3. 测试用例的编写

在测试用例编写中主要涉及测试设计说明、测试用例说明和测试程序说明。ANSI/IEEE 829 标准分别对其进行了描述、规定，并制定了相应的格式和内容。

1) 测试设计说明

测试设计说明是为单个软件功能定义测试方法的细节描述。ANSI/IEEE 829 定义测试说明为"提炼测试方法，明确指出设计包含的特性及其相关测试"。测试设计说明包括的要素有：标识符、要测试的特性、测试方法、测试用例信息、通过/失败规则等。

2) 测试用例说明

有了测试设计说明，就可以按照测试设计说明进行描述，对每一个测试项设计具体的测试用例。ANSI/IEEE 829 称测试用例说明为"编写用于输入的实际数值和预期结果"，测试用例说明还明确指出使用具体测试用例产生的测试程序的各种限制。测试用例说明包括的要素有：标识符、测试标题、测试日期、测试项、测试环境要求、特殊要求、测试输入说明、操作步骤、预期结果、测试用例之间的关联以及测试用例设计人员和测试人员等。

3) 测试程序说明

测试程序说明也称作测试脚本说明，详细定义执行测试用例的每一步操作。ANSI/IEEE 829 定义测试程序说明为"明确指出为实现相关测试设计而操作软件系统和试验具体测试用例的全部步骤"。测试程序说明包括的要素有：标识符、测试目的、特殊要求、程序步骤、操作日志、环境设置、启动步骤、程序运行步骤、结果判断、程序关闭、程序终止、测试环境重置、异常事件流等。

4. 测试用例的设计

测试用例是整个测试工作中的重中之重，测试的一般流程包括制定测试计划、编写测试用例、执行测试、跟踪测试缺陷、编写测试报告等。测试计划、大纲制定后就需要进行测试用例的设计，之后所有的工作全都是在测试用例的基础上展开的。

测试用例的设计应注意以下几点问题：

- 利用成熟的测试用例设计方法来指导设计；
- 保证测试用例的正确性；
- 保证测试用例的明确性，避免测试用例存在含糊的因素，使测试人员在测试过程中不会出现模棱两可的测试结果；
- 保证测试用例的代表性，尽量将具有相似功能的测试用例抽象合并，使每一个测试用例都具有代表性，可以测试一类或一系列的系统功能；
- 保证测试用例的简洁性，避免冗长和复杂的测试用例，使其具有良好的可读性，便于测试人员的理解和操作；
- 要有足够详细、准确和清晰的步骤；

- 设计测试用例时，要使得测试结果具有可判定性和可重现性；
- 测试用例应该从系统的最高级别向最低级别逐一展开；
- 每个测试用例都应单独放在文档中；
- 系统中的所有功能都应该对应到测试用例中；
- 每个测试用例都应该依据需求进行设计；
- 利用测试用例文档编写测试用例时必须符合内部的规范要求；
- 测试用例的设计人员最好是具有丰富经验的测试人员。

5. 测试用例的设计方法

测试用例是多样的、复杂的而且也是简单的，设计的技术也不唯一，一般包括白盒测试用例的设计、黑盒测试用例的设计和综合设计。具体的内容在后面章节中会详细介绍到。

5.4 软件测试过程

软件测试的过程分成若干个阶段，每个阶段各有特点。按照尽早进行测试的原则，测试人员应该在需求阶段就介入，并贯穿软件开发的全过程。测试过程的各个阶段为：

- 测试需求的分析和确定；
- 测试计划；
- 测试设计；
- 测试执行；
- 测试记录和缺陷跟踪；
- 回归测试；
- 测试总结和报告。

首先在分析清楚需求的前提下对测试活动进行计划和设计，然后按既定的计划执行测试和记录测试，对测试的结果进行检查分析，形成测试报告，这些测试结果和分析报告又能指导下一步的测试设计，因此形成了一个循环的环，如图 5-3 所示。

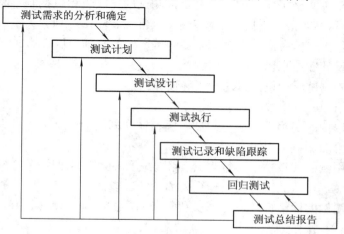

图 5-3 软件测试的过程

5.4.1 软件测试基本原则

软件测试的目标是以最少的时间和人力找出软件中潜在的各种错误和缺陷。为了能设计出有效的测试方案，软件工程师必须遵循以下测试准则。

1．所有的测试都应追溯到用户需求

最严重的错误(从用户角度)是那些导致软件无法满足需求的错误。

2．尽早地和不断地进行软件测试

概要设计时应完成测试计划。详细的测试用例定义可在设计模型确定后开始，所有测试可在任何代码被产生之前进行计划和设计。

3．不可能做穷尽测试

对于程序本身，在很多情况下，由于其运算复杂性和逻辑复杂性，在有限的时间内穷举测试也是不可能的。所以在测试过程中，应该采用具有代表性、最有可能查出系统问题的测试用例，尽量去发现错误。

4．软件测试不等于程序测试

软件测试应贯穿于软件定义与开发的整个期间。据美国一家公司统计，软件错误属于需求分析和软件设计的错误约占 64%，属于程序编写的错误仅占 36%。程序编写的许多错误是"先天的"。

5．应由独立的第三方测试机构来构造测试

由于思维定式，人们难于发现自己的错误或缺陷。因此，为达到测试目的，应采取互相自测，由客观、公正、严格的独立的测试部门测试或者独立的第三方测试机构进行测试。

6．设计完善的测试用例，并长期保留测试用例，直至系统废弃

测试用例是执行程序的最小实体。软件测试的本质就是针对要测试的内容确定一组测试用例。测试用例应由输入数据和预期的输出结果两部分组成，同时还要兼顾合理的输入和不合理的输入数据。

7．软件测试只能表明缺陷的存在，而不能证明产品已经没有缺陷

软件测试只是查找软件缺陷的过程，即使测试人员使用了大量的测试用例、不同的测试方法对软件产品进行测试，测试成功以后也不能说明软件产品已经准确无误，完全符合用户的需求。也就是人们常说的"软件测试只能说明错误，不能说明正确"。

8．注意测试中的群集现象

经验表明，软件产品中所存在的缺陷数与已发现的缺陷数成正比。根据这个规律，应当对缺陷群集的软件部分进行重点测试，以提高测试投资的效益。

在所测的软件部分中，若发现缺陷数目多，则可能残存的缺陷数目也比较多。这种缺陷群集性现象已被许多软件的测试实践所证实。例如，在美国 IBM 公司的 OS/370 操作系统中，47% 的错误或缺陷仅与该系统 4% 的程序模块有关。这种现象对测试很有用。

9．及时更新测试，并进行回归测试

程序员在编写程序时经常会有这样的经验，对一个程序的缺陷进行了修改，而重新调试时，发现由于上一个改动而导致了更多缺陷的出现。同样，软件测试发现缺陷并改正后，

很可能引入新的软件缺陷,往往是因为程序之间的关联性,或者缺陷的表现和缺陷的原因不在同一个地方等。所以,任何一次软件缺陷改正并提交后,都必须进行回归测试。回归测试的目的是对修正缺陷后的应用程序进行测试,以确保缺陷被修复,并且没有引入新的软件缺陷。

10.软件测试应该有计划、有组织地进行

作为软件开发中的重要活动,软件测试应该由软件测试计划进行指导,成立合适的软件测试团队,妥善并长期保存一切软件测试过程文档,并建立有效的软件缺陷发现、上报、改正、跟踪、统计机制,避免软件测试过程中的盲目性、随意性和重复劳动。

5.4.2 软件测试的步骤、测试信息流

1.软件测试的步骤

软件测试过程按各测试阶段的先后顺序可分为单元测试、集成(组装)测试、确认(有效性)测试、系统测试和验收(用户)测试五个步骤,如图 5-4 所示。

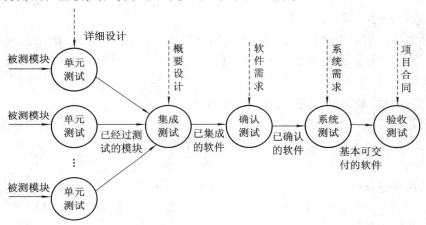

图 5-4 软件测试的步骤

(1) 单元测试:测试执行的开始阶段。测试对象是每个单元。测试目的是保证每个模块或组件能正常工作。单元测试主要采用白盒测试方法,检测程序的内部结构。

(2) 集成测试:也称组装测试,在单元测试基础上,对已测试过的模块进行组装,进行集成测试。测试目的是检验与接口有关的模块之间的问题。集成测试主要采用白盒测试方法。

(3) 确认测试:也称有效性测试,在完成集成测试后,验证软件的功能和性能及其他特性是否符合用户要求。测试目的是保证系统能够按照用户预定的要求工作。确认测试通常采用黑盒测试方法。

(4) 系统测试:在完成确认测试后,为了检验它能否与实际环境(如软硬件平台、数据和人员等)协调工作,还需要进行系统测试。可以说,系统测试之后,软件产品基本满足开发要求。

(5) 验收测试:测试过程的最后一个阶段。验收测试主要突出用户的作用,同时软件开发人员也应该参与进去。

上述步骤是传统软件测试的步骤，测试作为软件工程的一个阶段，它的根本任务是保证软件的质量，因此除了进行测试之外，还有另外一些与测试密切相关的工作(如软件配置、测试配置等)应该完成。

2. 软件测试信息流

软件测试阶段的信息流如图 5-5 所示，这个阶段的输入信息包括两类：

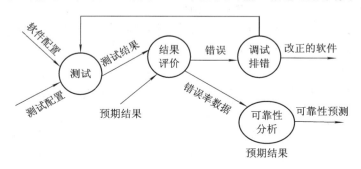

图 5-5　测试阶段的信息流

- 软件配置：指测试对象。通常包括需求说明书、设计说明书和被测试的源程序等；
- 测试配置：通常包括测试计划、测试步骤、测试用例以及具体实施测试的测试程序、测试工具等。

实际上测试配置是软件配置的一个子集，最终交出的软件配置应该包括上述测试配置以及测试的实际结果和调试的记录。

对测试结果与预期的结果进行比较以后，即可判断是否存在错误，决定是否进入排错阶段，进行调试任务。通常根据出错的情况得到出错率来预估被测软件的可靠性，这将对软件运行后的维护工作有重要价值。

5.4.3　软件测试组织与人员

随着软件开发规模的增大、复杂程度的增加，以寻找软件中的错误为目的的测试工作就显得更加困难。为了尽可能多地找出程序中的错误，生产出高质量的软件产品，加强对测试工作的组织和管理就显得尤为重要。

1. 软件测试的组织

软件测试是一个复杂的过程，它的组织形式包括以下三个部分：

1) 测试的过程及组织

根据软件测试计划，由一位对整个系统设计熟悉的设计人员编写测试大纲，明确测试的内容和测试通过的准则，设计完整合理的测试用例，以便系统实现后进行全面测试。当软件由开发人员完成并检验后，提交测试组，由测试负责人组织测试，测试一般可以下列方式组织：编写测试大纲、测试用例，将测试过程分阶段——单元测试、集成测试、确认(有效性)测试、系统测试和验收(用户)测试。

2) 测试人员组织

要成功地完成项目测试任务，必须建立一个高素质的软件测试团队，并将成员有效地组织起来，进行合理分工，以达到最高的工作效率。测试团队的组织和人员管理是软件测试管理中非常重要的一部分，直接影响软件测试效率和软件产品质量。

3) 软件测试文档组织

软件测试文档描述要执行的软件测试及测试的结果。测试文档不只在测试阶段才考虑，它在软件开发的需求分析阶段就开始着手，因为测试文档与用户有着密切的关系。在设计阶段的一些设计方案也应在测试文档中得到反映，以利于设计的检验；在已开发的软件投入运行的维护阶段，常常还要进行再测试或回归测试，这时仍须用到测试文档。所以，在整个测试过程中，对测试文档的类型、使用和编写等的组织非常重要。

2. 软件测试人员

软件测试人员是用户的眼睛，是最早看到并使用软件的人，所以应该站在用户的角度，代表用户说话，及时发现问题，力求使软件功能趋于完善。

为了让测试团队的每个成员都清楚自己的任务，并使得每一个任务都落实到具体的负责人，测试团队管理者应当明确定义测试团队的角色和职责。典型的测试团队的角色和相应的职责如下所述。

(1) 测试经理：代表团队与其他部门进行交流，与用户进行沟通，人员招聘、管理和培训，制定测试预算、进度，估计测试工作量；制定测试计划，引入测试工具；定义和改进测试过程；监控测试活动进行并跟踪进展情况。

(2) 测试工程师：负责设计和实现测试脚本，确定测试特定需求和测试用例优先级；备份和归档所有测试文档和资料；生成测试复用包和测试总结报告；向测试经理汇报并在开始测试前向测试人员介绍各自的任务。

(3) 测试人员：建立和初始化测试环境，准备测试数据和软硬件；执行测试工程师建立的测试脚本，并负责解释和记录测试用例的执行结果。根据具体分工不同，测试人员可以分为系统结构测试人员、系统功能测试人员、系统流程测试人员、可用性测试人员、网络测试人员、安全测试人员等。

5.5　软件测试的基本方法

5.5.1　软件测试方法与技术

1. 静态测试与动态测试

根据程序是否运行可以把软件测试方法分为静态测试和动态测试两大类。

1) 静态测试

静态测试方法的主要特征是走读源代码，对软件进行分析、检查和审阅，不实际运行被测试的软件。因此，静态方法常称为"分析"。所谓静态分析，就是不需要执行所测试的程序，而只是通过扫描程序正文，对程序的数据流和控制流等信息进行分析，找出系统的缺陷，得出测试报告。

静态测试包括代码检查、静态结构分析、代码质量度量等。它可以由人工进行，充分发挥人的逻辑思维优势，也可以借助软件工具自动进行。

在静态测试中，主要就是对软件配置(包括需求规格说明书、软件设计说明书、源程序等)做检查和审阅，具体包括：

- 检查算法的逻辑正确性，确定算法是否实现了所要求的功能；
- 检查模块接口的正确性，确定形参的个数、数据类型、顺序是否正确，确定返回值类型及返回值的正确性；
- 检查输入参数是否有合法性检查。如果没有合法性检查，则应确定该参数是否不需要合法性检查，否则应加上参数的合法性检查；
- 检查调用其他模块的接口是否正确，检查实参类型、实参个数是否正确，返回值是否正确。若被调用模块出现异常或错误，检查程序是否有适当的出错处理代码；
- 检查是否设置了适当的出错处理，以便在程序出错时，能对出错部分进行重新安排，保证其逻辑的正确性；
- 检查表达式、语句是否正确，是否含有二义性；
- 检查常量或全局变量使用是否正确；
- 检查标识符的使用是否规范、一致，变量命名是否好理解、简洁、规范和易记；
- 检查程序风格的一致性、规范性，代码是否符合行业规范，是否所有模块的代码风格一致、规范；
- 检查代码是否可以优化，算法效率是否最高；
- 检查代码注释是否完整，是否正确反映了代码的功能，并查找错误的注释。

实践表明，通过静态测试，可找出 30%~70%的逻辑设计错误。但程序中仍会隐藏许多错误，无法通过静态测试来发现，因此必须通过动态测试进行详细分析。

2) 动态测试

动态测试方法通过运行软件来检验软件的动态行为和运行结果的正确性。动态测试真正运行被测程序，在执行过程中，通过输入有效的测试用例，对其输入与输出的对应关系进行分析，以达到检测的目的。动态测试方法的基本步骤如下：

- 选取定义域的有效值，或选取定义域外的无效值；
- 对已选取值决定预期的结果；
- 用选取值执行程序；
- 将执行结果与预期的结果相比，不吻合则说明程序有错。

不同的测试方法其各自的目标和侧重点不一样，在实际工作中要将静态测试和动态测试结合起来，以达到更加完美的效果。

在动态测试中，又有基于程序结构的白盒测试(或称为覆盖测试)和基于功能的黑盒测试。

2. 白盒测试与黑盒测试

根据软件测试的不同方面，软件测试可以分为针对系统外部功能的黑盒测试和针对系统内部逻辑结构白盒测试。

1) 黑盒测试 —— 测试对象为程序的功能

黑盒测试也称功能测试或数据驱动测试，它在已知产品所应具有的功能，通过测试来检测每个功能是否都能正常使用——逐一验证程序的功能。

黑盒测试方法主要有等价类划分、边值分析、因果图、错误推测等，主要用于软件确认测试。黑盒法着眼于程序外部结构，不考虑内部逻辑结构，针对软件界面和软件功能进行测试。黑盒法是穷举输入测试，只有把所有可能的输入都作为测试情况使用，才能查出程序中所有的错误。实际上测试情况有无穷多个，人们不仅要测试所有合法的输入，而且还要对那些不合法但是可能的输入进行测试。

2) 白盒测试——测试对象为程序的逻辑结构

白盒测试也称结构测试或逻辑驱动测试，它知道产品内部工作过程，通过测试来检测产品内部动作是否按照规格说明书的规定正常进行。白盒测试按照程序内部的结构测试程序，检验程序中的每条通路是否都能按预定要求正确工作，而不顾它的功能——程序的每一组成部分至少被测试一次。这一阶段测试以软件开发人员为主。

白盒测试的主要方法有逻辑覆盖、路径分析等，主要用于软件验证。白盒法全面了解程序内部逻辑结构，对所有逻辑路径进行测试。白盒法是穷举路径测试，在使用白盒法时，测试者必须检查程序的内部结构，从检查程序的逻辑着手，得出测试数据。

3. 验证测试与确认测试

验证和确认是软件能力成熟度集成模型(CMMI)三级的两个过程域，是对软件测试过程中的两种不同目的的测试过程。

1) 验证测试(Verification)

验证测试指测试人员在模拟用户环境的测试环境下，对软件进行测试，验证已经实现的软件产品或产品组件是否实现了需求中所描述的所有需求项。也就是组织开发工作产品的同行对工作产品进行系统性的检查，发现工作产品中的缺陷，并提出必要的修改意见，达到消除工作产品缺陷的目的，适用于所有立项开发的软件项目及产品。其中白盒测试法是一种验证技术，回答了"我们在正确地构造一个系统吗？"的问题。

2) 确认测试(Validation)

确认测试指测试人员在真实的用户环境下，确认软件产品或产品组件不仅实现了需求中所描述的所有需求项，而且它也是满足用户的最终需要的，也就是确保产品或产品构件适合其预定的用途。确认主要是对中间及最终产品的检查与验收，表现形式为审批、签字确认、正式的验收报告等。确认与验证紧密结合，并采用验证的方法，如同行评审、检查、走查、测试等。它适用于所有立项开发的软件项目与产品。其中黑盒测试法是一种确认技术，回答了"我们在构造一个正确的系统吗？"的问题。

验证和确认二者的区别是：测试环境和测试目的不同，但都是软件产品在发布前必须进行的测试活动。

5.5.2 软件测试的误区

随着市场对软件质量要求的不断提高，软件测试不断受到重视。但是，我国不少软件企业的软件开发模式仍然处在无序开发的不规范状态，导致重视编码和轻视测试的现象。对于很多人(甚至是软件项目组的技术人员)还存在对软件测试的认识误区，这进一步影响了软件测试活动的开展和软件测试质量的提高。

误区 1：软件开发完成后进行软件测试。

软件测试的对象不仅仅是软件代码，还包括软件需求文档和设计文档。软件开发与软件测试应该是交互进行的，例如，单元编码需要单元测试，模块组合阶段需要集成测试。如果等到软件编码结束后才进行测试，那么测试的时间将会很短，测试的覆盖面将很不全面，测试的效果也将大打折扣。更严重的是，如果此时发现了软件需求阶段或概要设计阶段的错误，修复该类错误将会耗费大量的时间和人力。

误区 2：软件发布后如果发现质量问题，那是软件测试人员的错。

从软件开发的角度看，软件的高质量不是软件测试人员测出来的，是在软件生命周期的各个过程中设计出来的。出现软件错误，不能简单地归结为某一个人的责任，有些错误的产生可能不是技术原因，可能来自于混乱的项目管理。

解决之道是：应该分析软件项目的各个过程，从过程改进方面寻找产生错误的原因和改进的措施。

误区 3：软件测试要求不高，随便找个人都行。

很多人都认为软件测试就是安装和运行程序，点点鼠标、按按键盘的工作，这是由于不了解软件测试的具体技术和方法造成的。随着软件工程学的发展和软件项目管理经验的提高，软件测试已经形成了一个独立的技术学科，演变成一个具有巨大市场需求的行业。软件测试技术不断更新和完善，新工具、新流程、新测试设计方法都在不断更新，需要掌握和学习很多测试知识，所以具有编程经验的程序员不一定是一名优秀的测试工程师。

误区 4：软件自动测试效率高，将取代软件手工测试。

自动测试具有测试效率高、人工干涉少、灵活方便等优点。然而，自动测试技术应用范围受到限制，需要针对被测软件单独编写和调试比较复杂的测试脚本，而且自动测试工具价格通常十分昂贵，非一般软件公司可以购买得起。当前软件测试领域，测试工程师的手工测试仍然处于十分重要的地位，软件自动测试仅是手工测试的辅助手段。

误区 5：软件测试是测试人员的事情，与程序员无关。

开发和测试是相辅相成的过程，需要软件测试人员、程序员和系统分析师等保持密切联系，需要更多的交流和协调，以便提高测试效率。对于单元测试主要应该由程序员完成，必要时测试人员可以帮助设计测试用例。对测试中发现的软件错误，很多需要程序员通过修改编码才能修复。程序员可以有目的地分析软件错误的类型、数量，找出产生错误的位置和原因，以便在今后的编程中避免同样的错误，积累编程经验，提高编程能力。

误区 6：项目进度吃紧时少做些测试，时间富裕时多做测试。

这是不重视软件测试的表现，也是软件项目过程管理混乱的表现，必然会降低软件测试的质量。因为缩短测试时间带来的测试不完整，会给项目质量带来潜在风险，往往造成更大的浪费。克服这种现象的最好办法是加强软件过程的计划和控制，包括软件测试计划、测试设计、测试执行、测试度量和测试控制。

误区 7：软件测试是没有前途的工作，只有程序员才是软件高手。

项目的成功往往依靠个别全能程序员，他们负责总体设计和程序详细设计，认为软件开发就是编写代码，给人的印象往往是程序员是真正的牛人，具有很高的地位和待遇。因此，软件测试很不受重视，软件测试人员的地位和待遇自然就很低了，甚至软件测试变得可有可无。

总之，随着市场对软件质量的要求不断提高，软件测试将变得越来越重要，相应的软件测试人员的地位和待遇将会逐渐提高。在微软等软件过程比较规范的大公司,软件测试人员的数量和待遇与程序员没有多大差别,优秀测试人员的待遇甚至比程序员还要高。软件测试将会成为一个具有很大发展前景的行业,市场需要更多具有丰富测试技术和管理经验的测试人员,他们同样是软件专家。

5.6　软件测试策略

一个好的测试策略和测试方法,必将给软件测试带来事半功倍的效果。依据软件本身的性质、规模及应用场合的不同,可以选择不同的测试方案。以最少的软件、硬件及人力资源投入得到最佳的测试效果,这就是测试策略的目标所在。

5.6.1　测试策略

1. 什么是软件测试策略

软件测试策略是指在一定的软件测试标准、测试规范的指导下,依据测试项目的特定环境约束而规定的软件测试的原则、方式、方法的集合。测试策略通常描述测试工程的总体方法和目标,描述目前在进行哪个阶段的测试(如单元测试、集成测试、系统测试)以及每个阶段内进行的测试种类(如功能测试、性能测试、压力测试等),以确定合理的测试方案,使得测试更有效。

软件测试策略包含以下四个特征:

(1) 测试从模块层开始,然后扩大延伸到整个基于计算机的系统集合中;

(2) 不同的测试技术适用于不同的时间点;

(3) 测试是由软件的开发人员和(对于大型系统而言)独立的测试组来管理的;

(4) 测试和调试是不同的活动,但是调试必须能够适应任何的测试策略。

2. 影响测试策略的因素

软件测试策略随着软件生命周期的变化、软件测试方法、技术与工具的不同而发生变化。这就要求在制定测试策略的时候,应该综合考虑测试策略的影响因素及其依赖关系。这些影响因素可能包括测试项目资源因素、项目的约束和测试项目的特殊需要等。

3. 测试策略的确定

一个好的测试策略应该包括实施的测试类型和测试的目标,实施测试的阶段、技术,用于评估测试结果和测试是否完成的评测和标准,对测试策略所述的测试工作存在影响的特殊事项等内容。为了确定一个好的测试策略,可以从基于测试技术的测试策略和基于测试方案的测试策略两个方面来考虑。

1) 基于测试技术的测试策略

- 在任何情况下都应使用边界值分析方法;
- 必要时使用等价类划分法补充一定数量的测试用例;
- 必要时再用错误推测法补充测试方案;
- 对照程序逻辑,检查已设计出的测试用例的逻辑覆盖程度,看其是否达到了要求;

- 根据对程序可靠性的要求采用不同的逻辑覆盖标准，再补充一些测试方案。

2) 基于测试方案的测试策略

根据程序的重要性和一旦发生故障将造成的损失来确定它的测试等级和测试重点；认真研究，使用尽可能少的测试用例发现尽可能多的程序错误，以避免测试过度和测试不足。

除此之外，测试策略的制定从策略本身来说，包括宏观的测试战略和微观的测试战术，如图 5-6 所示。

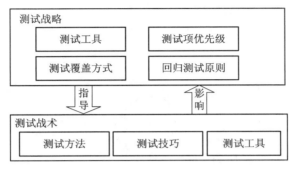

图 5-6 测试策略

总之，测试活动需要采用各种不同的策略。这些策略表明了为确保软件质量而采用的不同的出发点、不同的事例、不同手段和测试方案。

5.6.2 单元测试

程序员编写代码时，一定会反复调试自己编写的程序代码以保证其能够编译通过。如果是编译没有通过的代码，没有任何人会愿意交付给自己的老板。没有任何人可以轻易承诺这段代码的运行结果一定是正确的。这时，单元测试会为此做出保证。

1. 单元测试的定义

单元测试是针对软件设计中的最小单位——程序模块进行正确性检验的测试工作。作为一个最小的单元应该有明确的功能定义、性能定义和接口定义，而且可以清晰地与其他单元区分开来。一个菜单、一个显示界面或者能够独立完成的具体功能都可以是一个单元。从某种意义上，单元的概念已经扩展为组件。

单元测试主要测试每个程序模块内部在语法、格式和逻辑上可能存在的错误。通常，一个单元测试是用于判断某个特定条件(或者场景)下某个特定函数的行为。因此，单元测试通常是由程序员自己来完成的。

2. 单元测试的目的

单元测试的主要目的是确保各单元模块被正确地编码。单元测试除了保证测试代码的功能性外，还需要保证代码在结构上具有可靠性和健全性，并且能够在所有条件下正确响应。进行全面的单元测试，可以减少应用级别所需的工作量，并且彻底减少系统产生错误的可能性。如果手动执行，单元测试可能需要大量的工作，自动化测试会提高测试效率。

除此之外，单元测试也应验证代码是否根据详细设计说明书进行。例如，验证代码是否与设计规格相符合、跟踪需求和设计的实施、发现需求和设计中存在的错误等。

3. 单元测试的内容

单元测试的任务是测试构造软件系统的各个模块。一般来说，单元测试主要侧重于测试各个模块的模块接口、局部数据结构、独立路径、出错处理、边界条件，如图5-7所示。

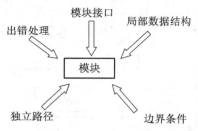

图 5-7　单元测试的内容

(1) 模块接口测试：对通过被测模块的数据流进行测试。为此，对模块接口，包括参数表、调用子模块的参数、全程数据、文件输入/输出操作都必须检查。

(2) 局部数据结构测试：设计测试用例检查数据类型说明、初始化、默认值等方面的问题，还要查清全程数据对模块的影响。

(3) 独立路径测试：选择适当的测试用例，对模块中重要的执行路径进行测试。基本路径测试和循环测试可以发现大量的路径错误，是最常用且最有效的测试技术。

(4) 错误处理测试：检查模块的错误处理功能是否包含有错误或缺陷。例如，是否拒绝不合理的输入、出错的描述是否难以理解、是否对错误定位有误、是否出错原因报告有误、是否对错误条件的处理不正确等。

(5) 边界条件测试：要特别注意数据流、控制流中刚好等于、大于或小于确定的比较值时出错的可能性。对这些地方要仔细地选择测试用例，认真加以测试。此外，如果对模块运行时间有要求的话，还要专门进行关键路径测试，以确定最坏情况下和平均意义下影响模块运行时间的因素。这类信息对进行软件性能评价是十分有用的。

4. 单元测试的步骤

通常单元测试在编码阶段进行。当源程序代码编制完成，经过评审和验证，确认没有语法错误之后，就开始进行单元测试的测试用例设计。利用设计文档，设计可以验证程序功能、找出程序错误的多个测试用例。对于每一组输入，应有预期的正确输出结果。

模块接口测试中的被测模块并不是一个独立的程序，在考虑测试模块时，同时要考虑它和外界的联系，用一些辅助模块去模拟与被测模块相关联的模块。辅助模块可分为驱动模块和桩模块两种。

(1) 驱动模块：用来模拟被测模块的上级调用模块，功能要比真正的上级模块简单得多。它接收测试数据，把这些数据传送给被测模块，最后输出实测结果。

(2) 桩模块：用以代替被测模块调用的子模块，作用是返回被测模块所需的信息。

被测模块、与它相关的驱动模块以及桩模块共同构成了一个单元测试环境，如图5-8所示。

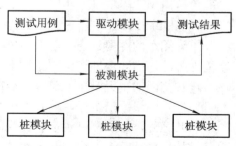

图 5-8　单元测试环境

如果一个模块要完成多种功能，并且以程序包或对象类的形式出现，例如 Ada 中的包、MODULA 中的模块、C++中的类，这时可以将模块看成由几个小程序组成。对其中的每个小程序先进行单元测试要做的工作，对关键模块还要做性能测试。对支持某些标准规程的程序，更要着手进行互联测试。有人把这种情况特别称为模块测试，以区别单元测试。

5.6.3　集成测试（组装测试）

通常经过单元测试后的模块能够单独工作，能够达到设计要求，但在把模块集成后并不能保证各模块能够正常地协同工作。其原因在于：模块相互调用时接口会引入许多新问题，程序在某些局部反映不出来的问题，在全局上很有可能暴露出来，而单元测试是无法找出这类错误的。因此，在各模块完成单元测试的基础上，还应将模块按设计要求组装起来，针对程序整体结构进行组装集成测试。

1. 集成测试的定义

集成测试是介于单元测试和系统测试之间的过渡阶段，与软件开发计划中的软件概要设计阶段相对应，是单元测试的扩展和延伸。采用的测试方法主要为白盒测试方法。集成测试是根据实际情况对程序模块采用适当的集成测试策略组装起来，对系统的接口以及集成后的功能进行正确校验的测试工作，也称为组装测试或联合测试。

在集成测试时需要考虑以下问题：

- 模块集成后，穿越模块接口的数据是否会丢失？
- 模块集成后，各模块的功能是否会相互抑制？
- 模块集成后的功能能否达到预期的要求？
- 各模块的接口是否一致、各模块间的数据流和控制流是否按照设计实现其功能？
- 全局及局部数据的作用域是否存在问题，是否会被非法修改？
- 单个模块的误差通过累积是否会放大到不能接受的程度？
- 单个模块的错误是否会导致数据库错误？

2. 集成测试的模式

选择用何种方式把模块组装起来形成一个可运行的系统是软件集成测试中的策略体现，其重要性是明显的，集成的方式直接关系到模块测试用例的形式、所用测试工具的类型、模块编号的次序和测试的次序、生成测试用例的费用和调试的费用等，一般是根据软件的具体情况来决定采用哪种模式。通常，把模块组装成为系统的测试方式有一次性集成测试和增量式集成测试两种方式。

1) 一次性集成测试(也称作非渐增式集成测试)

它首先对每个模块分别进行单元测试，然后把所有的模块按设计要求组装在一起，再进行整体测试。图 5-9 所示的是一次性集成测试方式的实例。如图 5-9(a)所示，表示的是整个系统结构，共包含 6 个模块。具体测试过程如下：

- 如图 5-9(b)所示，为模块 B 配备驱动模块 D1 来模拟模块 A 对 B 的调用。为模块 B 配备桩模块 S1 来模拟模块 E 被 B 调用。对模块 B 进行单元测试。

- 如图 5-9(d)所示，为模块 D 配备驱动模块 D3 来模拟模块 A 对 D 的调用。为模块 D 配备桩模块 S2 来模拟模块 F 被 D 调用。对模块 D 进行单元测试。

- 如图 5-9(c)、图 5-9(e)、图 5-9(f)所示，为模块 C、E、F 分别配备驱动模块 D2、D4、D5。对模块 C、E、F 分别进行单元测试。
- 如图 5-9(g)表示，为主模块 A 配备三个桩模块 S3、S4、S5。对模块 A 进行单元测试。
- 在将模块 A、B、C、D、E 分别进行了单元测试之后，再一次性进行集成测试。
- 测试结束。

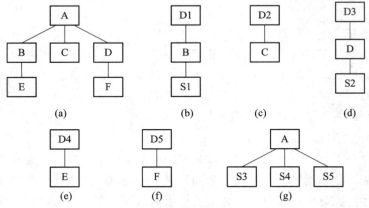

图 5-9　一次性集成测试方式实例

2) 增量式集成测试(也称渐增式集成测试)

增量式集成测试方式逐个把未经过测试的模块组装到已经测试过的模块上，进行集成测试。每加入一个新模块，进行一次集成测试，重复此过程直至程序组装完毕。在组装过程中，如果出现错误，则错误发生在新加入的模块中。

增量式集成测试有自顶向下增量测试方式、自底向上增量测试方式和混合增量测试方式三种方式。

(1) 自顶向下增量测试方式：该方式从主控模块开始，按照软件的控制层次结构，以深度优先或广度优先的策略，逐步把各个模块集成在一起。该方法不需要编写驱动模块，只需编写桩模块。

自顶向下集成测试的步骤如下：

① 以主控模块作为测试驱动模块，把对主控模块进行单元测试时引入的所有桩模块用实际模块替代；

② 依据所选的集成策略(深度优先或广度优先)，每次只替代一个桩模块；

③ 每集成一个模块立即测试一遍，只有每组测试完成后，才着手替换下一个桩模块；

④ 循环执行上述步骤②～③，直至整个程序构造完毕。

如图 5-10 所示，表示的是按照深度优先方式遍历的自顶向下增值的集成测试实例。

具体测试过程如下：

- 在树状结构图中，按照先左后右的顺序确定模块集成路线。
- 如图 5-10(a)所示，先对顶层的主模块 A 进行单元测试。就是对模块 A 配以桩模块 S1、S2 和 S3，用来模拟它所实际调用的模块 B、C、D，然后进行测试。
- 如图 5-10(b)所示，用实际模块 B 替换掉桩模块 S1，与模块 A 连接，再对模块 B 配以桩模块 S4，用来模拟模块 B 对 E 的调用，然后进行测试。

- 图 5-10(c)是将模块 E 替换掉桩模块 S4 并与模块 B 相连，然后进行测试。
- 判断模块 E 没有叶子结点，也就是说以 A 为根结点的树状结构图中的最左侧分支深度遍历结束，转向下一个分支。
- 如图 5-10(d)所示，模块 C 替换掉桩模块 S2，连到模块 A 上，然后进行测试。
- 判断模块 C 没有桩模块，转到树状结构图的最后一个分支。
- 如图 5-10(e)所示，模块 D 替换掉桩模块 S3，连到模块 A 上，同时给模块 D 配以桩模块 S5，来模拟其对模块 F 的调用，然后进行测试。
- 如图 5-10(f)所示，去掉桩模块 S5，替换成实际模块 F，连接到模块 D 上，然后进行测试。
- 对树状结构图进行了完全测试，测试结束。

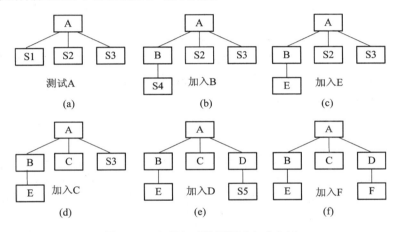

图 5-10　自顶向下增量测试方式实例

(2) 自底向上增量测试方式：自底向上集成从软件结构最低层的模块开始组装测试，因测试到较高层模块时，所需的下层模块功能均已具备，所以该方法仅需编写驱动模块，不需编写桩模块。

自底向上集成测试的步骤如下：

① 把低层模块组织成实现某个子功能的模块群；

② 开发一个测试驱动模块，控制测试数据的输入和测试结果的输出；

③ 对每个模块群进行测试。删除测试用的驱动模块，用较高层模块把模块群组织成完成更大功能的新模块群；

④ 循环执行上述各步骤，直至整个程序构造完毕。

图 5-11 为按照自底向上增值的集成测试例子。首先，对处于树状结构图中叶子结点位置的模块 E、C、F 进行单元测试，如图 5-11(a)、图 5-11(b)和图 5-11(c)所示，分别配以驱动模块 D1、D2 和 D3，用来模拟模块 B、模块 A 和模块 D 对它们的调用。然后，如图 5-11(d)和图 5-11(e)所示，去掉驱动模块 D1 和 D3，替换成模块 B 和 D 分别与模块 E 和 F 相连，并且设立驱动模块 D4 和 D5 进行局部集成测试。最后，如图 5-11(f)所示，对整个系统结构进行集成测试。

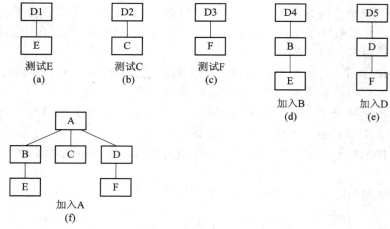

图 5-11　自底向上增量测试方式实例

(3) 混合增量测试方式：自顶向下增值的方式和自底向上增值的方式各有优缺点。自顶向下增值方式的缺点是需要建立桩模块，要使桩模块能够模拟实际子模块的功能是十分困难的，同时涉及复杂算法。

而自底向上增值方式的缺点是程序一直未能作为一个实体存在，直到最后一个模块加上去后才形成一个实体。

通常是把以上两种方式结合起来进行组装和测试。

- 改进的自顶向下增值测试：基本思想是强化对输入/输出模块和引入新算法模块的测试，并自底向上组装成为功能相当完整且相对独立的子系统，然后由主模块开始自顶向下进行增值测试；
- 自底向上－自顶向下的增值测试(混和法)：首先对含读操作的子系统自底向上直至根结点模块进行组装和测试，然后对含写操作的子系统做自顶向下的组装与测试；
- 回归测试：采取自顶向下的方式测试被修改的模块及其子模块，然后将这一部分视为子系统，再自底向上测试，以检查该子系统与其上级模块的接口是否适配。

3. 集成测试完成的标志

可以从以下几个方面来判定集成测试过程是否完成：

- 成功地执行了测试计划中规定的所有集成测试；
- 修正了所发现的错误；
- 测试结果通过了专门小组的评审。

集成测试应由专门的测试小组进行，测试小组由有经验的系统设计人员和程序员组成。整个测试活动要在评审人员出席的情况下进行。

在完成预定的组装测试工作之后，测试小组应负责对测试结果进行整理、分析，形成测试报告。测试报告中要记录实际的测试结果、在测试中发现的问题、解决这些问题的方法及解决之后再次测试的结果。

此外还应提出目前不能解决、还需要管理人员和开发人员注意的一些问题，提供测试评审和最终决策，以提出处理意见。

集成测试需要提交的文档有集成测试计划、集成测试规格说明、集成测试分析报告。

5.6.4 确认测试（有效性测试）

经过集成测试，分散开发的模块被连接起来构成完整的程序，各模块间接口存在的种种问题都已消除，测试工作就可以进入确认测试阶段。

1. 确认测试的定义

确认测试又称为有效性测试，它的任务是验证软件的功能和性能及其特性是否与客户的要求一致。对软件的功能和性能要求在软件需求规格说明中已经明确规定。确认测试主要就是在模拟的环境下，通过一系列黑盒测试来验证检验所开发的软件是否能按用户提出的要求运行。若能达到这一要求，则认为开发的软件是合格的。

2. 确认测试的工作

确认测试阶段需要做的工作有两项：进行确认测试与软件配置审查，如图 5-12 所示。

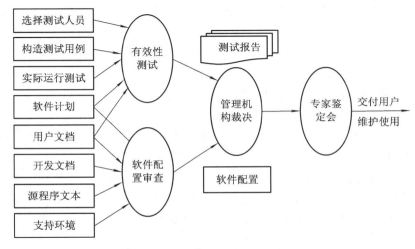

图 5-12 确认测试阶段工作

1）进行确认测试

确认测试一般在模拟环境下运用黑盒测试方法，由专门测试人员和用户参加。确认测试需要需求规格说明书、用户手册等文档，要制定测试计划，确定测试的项目，说明测试内容，描述具体的测试用例，测试用例应该选用实际运用的数据。测试结束后，应写出测试分析报告。

2）软件配置审查

软件配置就是在软件工程过程中产生的所有信息项，如文档、报告、程序、表格、数据等。软件配置审查的任务是检查软件的所有文档资料的完整性、正确性，如发生遗漏和错误，应补充和改正。同时要编排好目录，为以后的软件维护工作奠定基础。

3. 确认测试的结果

在全部软件测试的测试用例运行完后，所有的测试结果可以分为以下两类：

• 测试结果与预期的结果相符。说明软件的这部分功能或性能特征与需求规格说明书相符合，从而这部分程序被接受；

• 测试结果与预期的结果不符。说明软件的这部分功能或性能特征与需求规格说明不一致，因此要为它提交一份问题报告。

通过与用户的协商，解决所发现的缺陷和错误。确认测试应交付的文档有：确认测试分析报告、最终的用户手册和操作手册、项目开发总结报告。

5.6.5 系统测试与验收测试

计算机软件只是计算机系统的一个元素，软件最终要与其他系统元素(如新硬件、信息等)相结合，进行一系列系统集成，再进行系统测试，以保证各组成部分在真实的运行环境下能够正常地协调工作。

1. 系统测试的定义

系统测试是将已经集成好的软件系统，作为整个计算机系统的一个元素，与计算机硬件、外设、某些支持软件、数据和人员等其他系统元素结合在一起，在实际运行环境下，对计算机系统进行一系列的组装测试和确认测试。因此，该测试主要采用黑盒测试方法。

2. 系统测试的目标

系统测试的目标是：

- 确保系统测试的活动是按计划进行的；
- 验证软件产品是否与系统需求用例不相符合或与之矛盾；
- 建立完善的系统测试缺陷记录跟踪库；
- 确保软件系统测试活动及其结果及时让相关小组和个人知道。

3. 系统测试的流程

系统测试流程如图 5-13 所示。由于系统测试的目的是验证最终软件系统是否满足产品需求并且遵循系统设计，所以在完成产品需求和系统设计文档之后，系统测试小组就可以提前开始制定测试计划和设计测试用例，不必等到集成测试阶段结束，这样可以提高系统测试的效率。

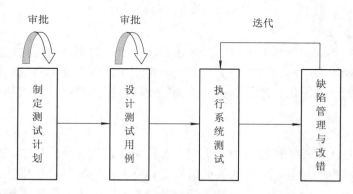

图 5-13 系统测试流程

4. 系统测试的设计

为保证系统测试质量，必须在测试设计阶段就对系统进行严密的测试设计。这就需要在测试设计中，从多方面考虑系统规格的实现情况。通常需要从以下几个层次来进行设计：

- 用户层：面向产品最终的使用操作者的测试；

- 应用层：针对产品工程应用或行业应用的测试；
- 功能层：针对产品具体功能实现的测试；
- 子系统层：针对产品内部结构性能的测试；
- 协议层：针对系统支持的协议、指标的测试。

5. 常见的系统测试方法

1) 功能测试

功能测试是系统测试中最基本的测试，它不管软件内部的实现逻辑，主要根据软件需求规格说明和测试需求列表，验证产品的功能实现是否符合需求规格。功能测试主要发现是否有不正确或遗漏的功能、功能实现是否满足用户需求和系统设计的隐藏需求、能否正确地接受输入、能否正确地输出结果等错误。

2) 性能测试

对于那些实时和嵌入式系统，软件部分即使满足功能要求，也未必能够满足性能要求，虽然从单元测试起，每一测试步骤都包含性能测试，但只有当系统真正集成之后，在真实环境中才能全面、可靠地测试系统运行性能。性能测试有时与强度测试相结合，经常需要其他软硬件的配套支持。

3) 压力测试

检查系统在资源超负荷情况下的表现，特别是对系统的处理时间有什么影响。

4) 安全性测试

安全测试检查系统对非法入侵的防范能力。安全测试期间，测试人员假扮非法入侵者，采用各种办法试图突破防线。

5) 恢复测试

恢复测试是检验系统从软件或者硬件失败中恢复的能力，即采用各种人工干预方式使软件出错，而不能正常工作，从而检验系统的恢复能力。

6) 安装测试

系统验收之后，需要在目标环境中进行安装。安装测试的目的是保证应用程序能够被成功地安装。它重点考虑以下几方面的问题：

- 应用程序是否可以成功地安装在以前从未安装过的环境中；
- 应用程序是否可以成功地安装在以前已有的环境中；
- 配置信息定义是否正确；
- 是否考虑到以前的配置信息；
- 在线文档安装是否正确；
- 安装应用程序是否会影响其他的应用程序；
- 对于该应用程序来说，计算机资源是否充足；
- 安装程序是否可以检测到资源的情况并做出适当的反应等。

总之，系统测试的任务是通过与系统的需求定义作比较，发现软件与系统的定义不符合的地方。系统测试一般不由软件开发人员执行，而应由软件企业中独立的测试部门或第三方测试机构来完成。系统测试阶段主要使用黑盒方法设计测试用例。

6. 验收测试

验收测试是软件产品完成了功能和系统测试之后，在产品发布前用户根据验收标准，在开发环境或模拟真实环境中执行的可用性、功能和性能测试。通常，在软件交付使用之后，用户将如何实际使用程序，对于开发者来说是无法预测的。其原因主要有如下两点：

- 如果软件是专为某个客户开发的，可以进行一系列验收测试，以便用户确认所有需求都得到满足了。验收测试是由最终用户而不是系统的开发者进行的；
- 如果一个软件是为许多客户开发的(例如，向大众公开出售的盒装软件产品)，那么，让每个客户都进行正式的验收测试是不现实的。

Alpha 测试和 Beta 测试的引入，可以发现那些看起来只有最终用户才能发现的错误。

- Alpha 测试：由用户在开发者的场所进行，并且在开发者对用户的"指导"下进行测试。开发者负责记录发现的错误和使用中遇到的问题。Alpha 测试是在受控的环境中进行的，也可以是公司内部的用户在模拟实际操作环境下进行的测试；
- Beta 测试：由软件的最终用户在用户现场进行，开发者通常不在 Beta 测试的现场。Beta 测试是软件在开发者不能控制的环境中的"真实"应用。

Alpha 测试的目的是评价软件产品的 FLURPS(即功能、局域化、可使用性、可靠性、性能和支持)，注重产品的界面和特色。

Beta 测试主要衡量产品的 FLURPS，注重产品的支持性，包括文档、客户培训和支持产品生产能力。

5.7　白　盒　测　试

白盒测试也称作结构测试或逻辑驱动测试。"白盒"将程序形象地比喻为放在一个透明的盒子里，所以测试人员需要了解被测程序的内部结构。

白盒测试是穷举路径测试，贯穿程序的独立路径将是天文数字。

举例: 一个执行 20 次循环的小程序。包含的不同执行路径数达 5^{20} 条，对每一条路径进行测试需要 1 毫秒，假定一年工作 365×24 小时，要想把所有路径测试完，则需要 3170 年。

所以，当程序中有循环时，覆盖每条路径是不可能的，要设计出覆盖程度较高的或覆盖最有代表性的路径的测试用例。但即使对一些小程序的每条路径都进行了测试，仍然可能有错误。第一，穷举路径测试绝对不能查出程序是否违反了设计规范，即程序本身就是一个错误的程序；第二，穷举路径测试不可能查出程序中因遗漏路径而出错；第三，穷举路径测试可能发现不了一些与数据相关的错误。所以，在白盒测试中，测试人员必须在仔细研究程序的内部结构的基础上，从数量极大的可用测试用例中精心挑选尽可能少的测试用例，来覆盖程序的内部结构。

白盒测试的主要方法有逻辑覆盖、基本路径测试等，主要用于软件验证。

5.7.1　逻辑覆盖法

逻辑覆盖是以程序内部的逻辑结构为基础的设计测试用例的技术，要求测试者完全了解程序的结构和处理过程，按照程序内部的逻辑测试，检验程序中的每条通路是否都能按预定要求正确工作。常用的逻辑覆盖测试方法有：语句覆盖、判定覆盖、条件覆盖、判定/条件覆盖、条件组合覆盖及路径覆盖。

下面通过以下程序段来说明 6 种覆盖测试的各种特点，其程序流程图如图 5-14 所示，其中 a、b、c、d、e 是控制流程图上的若干程序点。

IF ((A>1) AND (B=0)) THEN　X=X/A

IF ((A=2) OR (X>1)) THEN　X=X+1

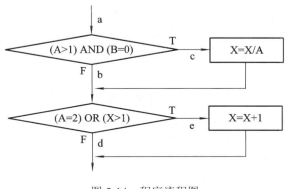

图 5-14　程序流程图

1. 语句覆盖

语句覆盖指设计足够多的测试用例，使被测程序中的每条可执行语句至少执行一次。

在上述程序段中若要做到语句覆盖，程序的执行路径应是 ace。设计测试用例如表 5-1 所示。

表 5-1　语句覆盖测试用例

测试用例	A	B	X	执行路径
测试用例 1	2	0	4	ace

注意：A、B、X 的值这里是输入值，严格来说，测试用例还应包括预期输出。

从表面上看，语句覆盖用例测试了程序中的每一个语句行，好像对程序覆盖得很全面，但实际上语句覆盖测试是最弱的逻辑覆盖方法。例如，第一个判定的运算符"AND"误写成运算符"OR"或是第二个判定中的运算符"OR"误写成运算符"AND"，仍使用上面的测试用例，程序仍然执行 ace 路径，所以上述测试用例是检验不出程序中的判断逻辑错误的。如果第二个条件语句中 X>1 误写成 X>0，路径仍然是 ace，同样无法发现错误。

根据上述分析可知，语句覆盖测试只是表面上的覆盖程序流程，没有针对源程序各个语句间的内在关系设计更为细致的测试用例。

2. 判定覆盖

判定覆盖是指设计足够的测试用例，使程序中的每个判定至少都获得一次"真"和"假"值，或者说使得程序中的每一个取"真"分支和取"假"分支至少经历一次，也称为分支覆盖。在上述程序段中，若要实现判定覆盖，则需覆盖 ace 和 abd 两条路径，或覆盖 acd 和 abe 两条路径，设计测试用例如表 5-2 所示。

表 5-2　判定覆盖测试用例

测试用例	A	B	X	执行路径
测试用例 1	2	0	3	ace
测试用例 2	1	0	1	abd

实际上，上述两组测试用例不仅满足了判定覆盖，同时还做到了语句覆盖。所以，若实现了判定覆盖，则必然实现了语句覆盖，以此来看判定覆盖测试要强于语句覆盖测试。但是，如果程序段中的第二个判定条件 X>1 误写为 X<1，使用上述测试用例，照样能按原路径执行(abe)，而不影响结果。也即只达到判定覆盖仍无法确定判断内部条件的错误。因此，应该用具有更强逻辑覆盖能力的覆盖测试方法来测试这种内部判断条件。

3. 条件覆盖

条件覆盖指设计若干个测试用例，使每个判定中的每个条件的可能取值至少出现一次。由上述程序段可知，两个判定中共有四个条件。条件覆盖应使以下 8 种结果成立：A>1、A≤1、B=0、B≠0、A=2、A≠2、X>1、X≤1。把这 8 种结果按顺序定义为 T1、F1、T2、F2、T3、F3、T4、F4。为覆盖这 8 种结果，设计测试用例如表 5-3 所示。

表 5-3　条件覆盖测试用例

测试用例	A	B	X	执行路径	覆盖条件
测试用例 1	2	0	4	ace	T1, T2, T3, T4
测试用例 2	1	1	1	abd	F1, F2, F3, F4

两个测试用例 A=2、B=0、X=4 和 A=1、B=1、X=1 在覆盖了四个条件的 8 种情况的同时，把两个判断的四个分支 b、c、d 和 e 也覆盖了。那么是否可以说，达到了条件覆盖，也就必然实现了判定覆盖呢？

假定使用测试用例 A=1、B=0、X=3 和 A=2、B=1、X=1。可以看出，覆盖了条件的测试用例不一定能覆盖分支。事实上，它只覆盖了四个分支中的两个(b 和 e)。所以，需要设计一种能同时满足判断覆盖和条件覆盖的覆盖测试方法，即判断/条件覆盖测试。

4. 判定/条件覆盖

判定/条件覆盖测试指设计足够的测试用例，使得判定中每个条件的所有可能(真/假)至少出现一次，并且每个判定本身的判定结果(真/假)也至少出现一次。在上述程序段中，若要实现判定/条件覆盖，设计测试用例如表 5-4 所示。

表 5-4　判定/条件覆盖测试用例

测试用例	A	B	X	执行路径	覆盖条件
测试用例 1	2	0	4	ace	T1, T2, T3, T4
测试用例 2	1	1	1	abd	T1, F2, T3, F4

由此可见，若实现了判定/条件覆盖，则必然也实现了判定覆盖和条件覆盖。

从表面上看，上述两组测试可以满足覆盖图中的四个判断分支和 8 个条件取值。但是它们正好是为了满足条件覆盖的测试用例，而第 1 组测试用例(A=2,B=0,X=4)也是语句覆盖的测试用例，若第二个判断表达式中的条件"A=2 OR X>1"误写成了"A=2 OR X<1"，那么当 A=2 的测试为真的时候，是不可能发现这个逻辑错误的。其原因在于，含有 AND 和

OR 的逻辑表达式中，某些条件将抑制其他条件，如逻辑条件表达式"A AND B"，如果 A 为"假"，则整个表达式的值为"假"，这个表达式中另外的几个条件就不起作用了，所以就不再检查条件 B 了，这样 B 中的错误就发现不了。

同样，逻辑表达式"A OR B"中，如果 A 为"真"，那么整个表达式的值就为"真"，测试程序也不检测 B 了，B 的正确与否也就无法测试了。

5. 条件组合覆盖

条件组合覆盖指设计足够的测试用例，使得每个判定中条件的各种可能组合都至少出现一次。由此可见，满足条件组合覆盖的测试用例组一定满足判定覆盖、条件覆盖和判定/条件覆盖。在上述程序段中的每个判定包含有两个条件，这两个条件在判定中有 8 种可能的组合，具体如下：

(1) A＞1，B＝0　　　记为 T1，T2
(2) A＞1，B≠0　　　记为 T1，F2
(3) A≤1，B＝0　　　记为 F1，T2
(4) A≤1，B≠0　　　记为 F1，F2
(5) A＝2，X＞1　　　记为 T3，T4
(6) A＝2，X≤1　　　记为 T3，F4
(7) A≠2，X＞1　　　记为 F3，T4
(8) A≠2，X＝1　　　记为 F3，F4

为此，我们设计四组测试用例，其覆盖组合号、执行路径和覆盖条件如表 5-5 所示。

表 5-5　条件组合覆盖测试用例

测试用例	A	B	X	覆盖组合号	执行路径	覆盖条件
测试用例 1	2	0	4	(1)，(5)	ace	T1，T2，T3，T4
测试用例 2	2	1	1	(2)，(6)	abe	T1，F2，T3，F4
测试用例 3	1	0	3	(3)，(7)	abe	F1，T2，F3，T4
测试用例 4	1	1	1	(4)，(8)	abd	F1，F2，F3，F4

该测试用例虽然满足了判定覆盖、条件覆盖以及判定/条件覆盖，但是并没有覆盖程序控制流图中全部的 4 条路径(ace, acd, abe, abd)，只覆盖了其中 3 条路径(ace, abe, abd)。软件测试的目的是尽可能地发现所有软件缺陷，因此程序中的每一条路径都应该进行相应的覆盖测试，从而保证程序中的每一个特定的路径方案都能顺利运行。能够达到这样要求的是路径覆盖测试。

6. 路径覆盖

路径覆盖指设计足够的测试用例，覆盖被测程序中所有可能的路径。在上述程序段，可以设计以下测试用例来覆盖四条路径，如表 5-6 所示。

表 5-6　路径覆盖测试的测试用例

测试用例	A	B	X	覆盖组合号	执行路径	覆盖条件
测试用例 1	2	0	4	(1)，(5)	ace	T1，T2，T3，T4
测试用例 2	2	1	1	(2)，(6)	abe	T1，F2，T3，F4
测试用例 3	3	0	1	(1)，(8)	acd	T1，T2，F3，F4
测试用例 4	1	1	1	(4)，(8)	abd	F1，F2，F3，F4

以上 6 种覆盖测试是我们常用的逻辑覆盖测试方法，总结如表 5-7 所示。

表 5-7　常用的逻辑覆盖测试方法

发现错误的能力	覆盖方法	含　义
弱	语句覆盖	每条语句至少执行一次
	判定覆盖	每个判定的每个分支至少执行一次
	条件覆盖	每个判定的每个条件应取到各种可能的值
	判定/条件覆盖	同时满足判定覆盖和条件覆盖
	条件组合覆盖	每个判定中各种条件的每一种组合至少出现一次
强	路径覆盖	使程序中每一条可能的路径至少执行一次

需要注意的是，上面 6 种覆盖测试方法所引用的公共程序只有短短 4 行，是一段非常简单的示例代码。然而在实际测试程序中，一个简短的程序，其路径数目就是一个庞大的数字，要对其实现路径覆盖测试是很难的。所以，路径覆盖测试是相对的，要尽可能把路径数压缩到一个可承受范围。

当然，即便对某个简短的程序段做到了路径覆盖测试，也不能保证源代码不存在其他软件问题了。其他的软件测试手段也是必要的，它们之间是相辅相成的。没有一个测试方法能够找尽所有软件缺陷，只能说是尽可能多地查找软件缺陷。

5.7.2　基本路径测试法

在实际应用中，一个不太复杂的程序可能会出现多重循环嵌套，那么其路径数可能就是一个非常大的数字，所以必须将测试的路径数目压缩到一定范围内。为解决这一难题，可以采用基本路径测试方法，它也是一种白盒测试技术。

基本路径测试在程序的控制流图基础上，确定程序的环路复杂度，导出基本路径的集合，进而在其基础上设计测试用例，这些测试用例能覆盖到程序中的每条可执行语句。

使用基本路径测试的步骤如下：

(1) 根据程序代码或程序流程图，画出相应的程序图。

(2) 计算程序图的环路复杂度 V(G)。

(3) 确定只包含独立路径的基本路径集。环路复杂度 V(G)可以确定程序基本集合中的独立路径条数，这个数目是确保程序中每条可执行语句至少执行一次的测试用例数目的最小值。独立路径是一条含有以前未处理的语句或判断的路径。从控制流图来看，一条独立路径是至少包含有一条在其他独立路径中从未有过的边的路径。路径可以用控制流图中的结点序列来表示。例如，在如图 5-15 所示的控制流图中，一组独立的路径是：

path1：1→11

path2：1→2→3→4→5→9→10→1→11

path3：1→2→3→4→6→9→10→1→11

path4：1→2→3→7→8→10→1→11

路径 path1、path2、path3、path4 组成了控制流图的一个基本路径集。

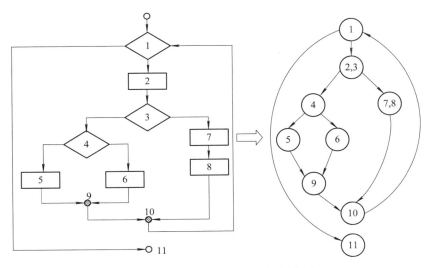

图 5-15 程序流程图对应的控制流图

(4) 设计测试用例，保证基本路径集合中每条路径的执行。

下面通过一个例子来具体说明独立路径测试的设计流程。例如，要对某课程成绩进行统计。连续输入学生成绩，最后以负分结束。规定成绩在 60 分以下的为不及格、60 分以上为及格、80 分以上为优秀。该程序统计并输出不及格、及格、优秀的人数及总人数。

步骤 1：画出程序流程图。根据题意得出程序流程图，如图 5-16 所示。

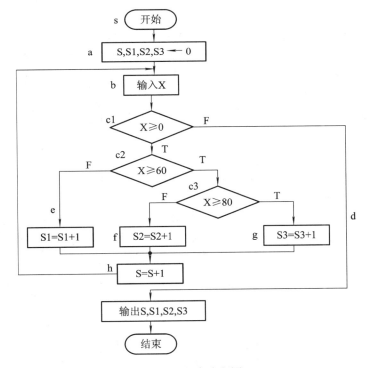

图 5-16 程序流程图

步骤 2：导出程序控制流图，如图 5-17 所示。

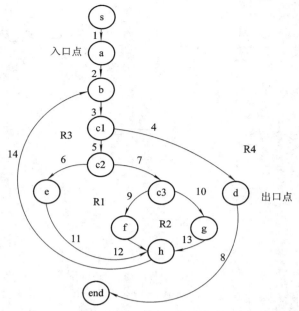

图 5-17   对应的控制流图

步骤 3：求出程序环形复杂度。根据程序环形复杂度的计算公式，求出程序路径集合中的独立路径数目。

公式 1：边数 m＝14，结点数 n＝12，则有 V(G)=m−n+2=14−12+2=4。

公式 2：控制流图中的区域数为 4，则 V(G)=4。

公式 3：判定结点的数目 P 是 3，则 V(G)=P+1=3+1=4。

因此，控制流图 G 的环形复杂度是 4。就是说至少需要 4 条独立路径组成基本路径集合，并由此得到能够覆盖所有程序语句的测试用例。

步骤 4：确定只包含独立路径的基本路径集。

根据上面环形复杂度的计算结果，源程序的基本路径集合中有 4 条独立路径，与其对应的一组独立路径是：

path 1：s→a→b→c1→d→end

path 2：s→a→b→c1→c2→e→h→b→c1→d→end

path 3：s→a→b→c1→c2→c3→f→h→b→c1→d→end

path 4：s→a→b→c1→c2→c3→g→h→b→c1→d→end

步骤 5：设计测试用例。根据以上 4 条路径，设计测试用例，如表 5-8 所示。

表 5-8   基本路径测试的测试用例

测试用例	X		执行路径
测试用例 1	−1		path 1
测试用例 2	50	−1	path 2
测试用例 3	70	−1	path 3
测试用例 4	90	−1	path 4

总之，白盒法测试是一种验证技术，它具有可以构成测试数据、使特定程序部分得到

测试、有一定充分性度量手段、可获较多工具支持等优点，同时它的缺点是不易生成测试数据、无法对未实现规格说明的部分进行测试、工作量大、通常只用于单元测试等。

5.8 黑 盒 测 试

黑盒测试又称为功能测试、数据驱动测试和基于规格说明的测试。它注重测试软件的功能性需求，而不是内部逻辑结构。"黑盒"可理解为程序或软件装在一个漆黑的盒子里，故盒子内的程序内部结构和内部特性对测试人员是不可见的，只明确要做到什么。测试人员根据软件的需求规格说明书设计测试用例，依靠被测程序输入和输出之间的关系或程序的功能设计，对程序功能和程序接口进行测试。黑盒测试是从用户角度出发进行的测试。

黑盒法测试同白盒法测试是截然不同的测试概念，在黑盒测试中，测试人员需根据需求规格说明书，测试程序的功能或程序的外部特性。黑盒测试不是白盒测试的替代品，而是用于辅助白盒测试发现其他类型的错误。

白盒测试用在测试的早期，而黑盒测试主要用于测试的后期。使用白盒法设计测试用例时，只需要选择一个覆盖标准，而使用黑盒法进行测试时，则应该同时使用多种黑盒测试方法，才能得到较好的测试效果。

黑盒测试主要试图发现以下几类错误：是否有不正确或遗漏了的功能、在接口上输入能否正确地接受且能否输出正确的结果、是否有数据结构错误或外部信息(例如数据文件)访问错误、性能上是否能够满足要求、是否有初始化或终止性错误。

典型的黑盒测试方法主要包括等价类划分法、边界值分析法、错误推测法、状态测试法等。

5.8.1 等价类划分法

黑盒测试属于穷举输入测试方法，要求每一种可能的输入或者输入的组合都要被测试到，才能查出程序中所有的错误，但这通常是不可能的。假设有一个程序要求有两个输入数据 x 和 y 及一个输出数据 z，在字长为 32 位的计算机上运行。若 x、y 取整数，按黑盒测试方法进行穷举测试，则测试数据的最大可能数目为：$2^{32} \times 2^{32} = 2^{64}$。如果测试一组数据需要 1 毫秒，一天工作 24 小时，一年工作 365 天，那么完成所有测试需 5 亿年。可见，要进行穷举输入是不可能的。为了解决这个难题，可以引入等价类划分法。

等价类划分法是一种典型的黑盒测试方法，它把所有可能的输入数据，即程序的输入域划分成若干部分(子集)，然后从每一个子集中选取少数具有代表性的数据作为测试用例。等价类是指输入域的某个子集合，所有等价类的并集就是整个输入域。在等价类中，各个输入数据对于揭露程序中的错误都是等效的，它们具有等价特性。因此，测试某个等价类的代表值就等价于对这一类中其他值的测试。

软件不能只接收合理有效的数据，也要具有处理异常数据的功能，这样的测试才能确保软件具有更高的可靠性。因此，在划分等价类的过程中，不但要考虑有效等价类划分，同时也要考虑无效等价类划分。

- 有效等价类是指对软件规格说明来说，合理、有意义的输入数据所构成的集合。利用有效等价类可以检验程序是否满足规格说明所规定的功能和性能。

 • 无效等价类则和有效等价类相反，即不满足程序输入要求或者无效的输入数据所构成的集合。利用无效等价类可以检验程序异常情况的处理。

使用等价类划分法时，应仔细分析需求规格说明书来划分等价类。以下是划分等价类的几个规则：

(1) 如果输入条件规定了取值范围，可定义一个有效等价类和两个无效等价类。例如，要求输入值是学生成绩，范围是 0～100，则有效等价类是"0≤成绩≤100"，两个无效等价类是"成绩<0"和"成绩>100"。

(2) 如果输入条件代表集合的某个元素，则可定义一个有效和一个无效等价类。例如，程序要进行平方根函数的运算，则"≥0"的数为有效等价类，"<0"的数为无效等价类。

(3) 如果规定了输入数据的一组值，并且程序要对每一个输入值做不同处理，则每个允许的输入值是一个有效等价类，并有一个无效等价类，即所有不允许的输入值的集合。例如，输入条件说明教师的职称有助教、讲师、副教授和教授 4 种类型，则分别取这四个值作为 4 个有效等价类，另外把 4 个职称之外的任何职称作为无效等价类。

(4) 如果一个输入条件说明了一个必须遵守的规则(如变量名的第 1 个字符必须是字母)，则可划分一个有效等价类(第 1 个字符是字母)和一个无效等价类(第 1 个字符不是字母)。

如果确知已划分的等价类中各元素在程序中的处理方式不同，则应将此等价类进一步划分成更小的等价类。

在确立了等价类之后，建立等价类表，列出所有划分出的等价类，再根据已列出的等价类表，按以下步骤确定测试用例：

(1) 为每一个等价类规定一个唯一的编号；

(2) 设计一个新的测试用例，使其尽可能多地覆盖尚未被覆盖的有效等价类，重复这个过程，直至所有的有效等价类均被测试用例所覆盖；

(3) 设计一个新的测试用例，使其仅覆盖一个无效等价类，重复这个过程，直至所有的无效等价类均被测试用例所覆盖。

5.8.2 边界值分析法

大量的测试实践表明，很多错误都发生在输入或输出数据范围的边界上。例如，错误常发生在数组的上下标、循环条件的开始和终止处等，所以检查边界情况的测试用例是高效的，针对各种边界情况设计测试用例，有利于揭露程序中的错误。

边界值分析法的测试用例来自于等价类的边界，是一种补充等价类划分法的测试用例设计技术。使用边界值分析法时，应针对等于、刚好大于或刚好小于各输入等价类和输出等价类边界值的情况设计测试用例。

在应用边界值分析法设计测试用例时，应遵循以下原则。

(1) 如果输入条件规定了值的范围，则应该选取刚达到这个范围的边界值，以及刚刚超过这个范围边界的值。例如，输入值的范围是[a，b]，可取 a、b、略大于 a 的值、略小于 b 的值作为测试数据。

(2) 如果输入条件规定了值的个数，则用最大个数、最小个数、比最小个数少 1、比最大个数多 1 的数。例如，一个输入文件可包括 1～100 个记录，则分别取有 1 个记录、100 个记录、0 个记录和 101 个记录的输入文件来作为测试用例。

例如，一个学籍管理系统规定，只能查询 2003～2013 级学生的各科成绩，可以设计测试用例查询在规定范围内的某一届学生的学生成绩，还需要设计测试用例查询 2002 级、2014 级学生成绩。

(3) 根据规格说明的每一个输出条件，分别使用以上两个原则。

(4) 如果程序的规格说明给出的输入域或者输出域是有序集合(如有序表、顺序文件等)，则应选取集合的第一个元素和最后一个元素。

(5) 如果程序中使用了一个内部数据结构，则应当选择这个内部数据结构的边界值作为测试用例。

(6) 分析规格说明，找出其他可能的边界条件。

总之，边界值分析法是对输入的边界值进行测试。在测试用例设计中，需要对输入的条件进行分析并且找出其中的边界值条件，应当选取正好等于、刚刚大于或刚刚小于边界的值作为测试数据，而不是选取等价类中的典型值或任意值作为测试数据。

5.8.3 错误推测法

错误推测法是基于经验和直觉推测程序中所有存在的各种错误，从而有针对性地设计测试用例的方法。错误推测法是凭经验进行的，没有确定的步骤。其基本思想是列出程序中可能发生错误的情况，根据这些情况选择测试用例。

例如，对一个排序程序，可能出错的情况有：

(1) 输入表为空的情况；

(2) 输入表中只有一行；

(3) 输入表中所有的行都具有相同的值；

(4) 输入表已经排好序。

5.8.4 状态测试法

软件状态是指软件当前所处的情况或者模式。软件通过代码进入某一个流程分支，触发一些数据位、设置某些变量、读取某些变量，而转入一个新的状态。软件测试员必须测试软件的状态及其转换。

基于状态的测试主要考虑面向对象系统，它根据系统的特定状态选择大量的测试输入，测试某个组件或系统，并将实际的输出与预期的结果相比较。在类环境中，类的 UML 状态图可以导出测试用例组成基于状态的测试。

用这种方法设计测试用例的原则如下：

(1) 测试每个状态的每一种内部转换，验证程序在正常状态转换下与设计需求的一致性；

(2) 测试每个状态中每一种内部转换的监护条件，考虑条件为真、为假以及条件参数处于极限值附近的情况；

(3) 测试每个状态中是否可能发生异常的内部转换;

(4) 测试状态与状态之间每一条转换路径,验证程序在合法条件下行为的正确性;

(5) 测试状态与状态之间每一条转换路径的监护条件,考虑条件为真、为假以及条件参数处于极限值附近的情况;

(6) 分析状态与状态之间可能发生的异常转换,并设计测试用例;

(7) 将系统看作一个整体,针对系统的典型功能设计测试用例。

总之,黑盒测试法除此之外,还有判定表驱动法、正交试验法、场景法等,它是一种确认技术。它具有适用于各阶段测试、从产品功能角度测试、容易入手生成测试数据等优点,同时它的缺点是某些代码得不到测试、如果规格说明有误,则存在无法发现错误、不易进行充分性测试等缺点。

5.9 回 归 测 试

为什么要进行回归测试?每当一个新模块加入到系统中时,程序就发生了变化,建立了新的数据流路径,可能出现了新的 I/O 操作,激活了新的控制逻辑——可能使原来工作正常的系统功能出现问题。

1. 回归测试的定义

回归测试是指重新执行已经做过的测试的某个子集,以保证上述这些变化没有带来非预期的副作用。

回归测试可以有选择地重复执行集成测试和系统测试的测试用例,一般有人工回归测试和自动化回归测试。因回归测试要频繁地重复运行,工作量很大,所以,回归测试一般都采用自动化测试。自动化测试以非常高效的方式进行,软件开发的各个阶段都会进行多次回归测试。

2. 回归测试的目的

回归测试是重复测试,要求使用相同的方法、使用相同的测试用例和数据、在相同的环境下进行测试,其目的是:

- 确认软件经过变更或修改后是否仍满足所有的需求;
- 确认变更后会对软件的功能或性能产生怎样的影响。

3. 回归测试的方法

1) 再测试全部用例

把测试用例库中的全部测试用例组成回归测试包进行测试,这是一种比较安全的方法。再测试全部用例具有最低的遗漏回归错误的风险,但测试时间、人员、设备和经费成本最高。全部再测试几乎可以应用到任何情况下,基本上不需要进行分析和重新开发。但是随着开发工作的推进,测试用例不断增多,重复原先所有的测试将带来很大的工作量,往往会超出预算并影响进度。

2) 基于风险进行测试

从测试用例库中选择测试用例进行回归,这种方法有一定的风险。选择测试用例时,首先要选择运行最重要的、关键的和可疑的测试，而跳过那些非关键的、优先级别低的和高稳定的测试用例。

　　3) 基于操作进行测试

　　如果测试用例库的测试用例是基于软件操作开发的，回归测试时可以优先选择基于操作的测试用例，针对最重要或最频繁使用的功能。这种方法可以在给定的预算下最有效地提高系统的可靠性，但实施起来有一定的难度。

　　4) 仅测试修改部分

　　当测试者对修改的局部化有足够的信心时，可以仅测试修改部分，但要分析修改情况和修改的影响，使回归测试尽可能覆盖受到影响的部分，这种方法实施起来有一定的风险。

　　在回归测试时，常常采用多种测试技术，表现在以下两个方面：

　　● 测试者对一个修改的软件进行回归测试时，回归测试者可以采用多种回归测试方法，例如采用回归测试工具，进而增加对修改软件的信心；

　　● 不同的回归测试者可能会根据自己的经验和判断选择不同的回归测试技术和方法。

　　回归测试是重复性较多的活动，容易使测试者感到疲劳和厌倦，降低测试效率，在实际工作中可以采用一些策略减轻这些问题。例如：安排新的测试者完成手工回归测试；分配更有经验的测试者开发新的测试用例；编写和调试自动测试脚本；在不影响测试目标的情况下，鼓励测试者创造性地执行测试用例等。

　　在实际工作中，可以将回归测试与兼容性测试结合起来进行。在新的配置条件下运行旧的测试可以发现兼容性问题，而同时也可以揭示编码在回归方面的错误。

5.10　软 件 调 试

　　调试(Debug)又称为纠错或者排错，是在进行了成功的测试之后才开始的工作。也就是说，调试是在测试发现错误之后排除错误的过程。

　　调试与测试有着完全不同的含义。简单地讲，测试是一种检验，发现的是故障的表现，目的是尽可能多地发现软件中的错误，但并不知道故障的根源；而调试则是测试发现错误后，进一步诊断和改正程序中潜在的错误。通常在测试过后紧接着的工作就是调试。实际上，这两种工作还经常交叉进行。调试的任务是根据测试所发现的错误，找出原因和具体位置并加以改正。准确地讲，调试工作包括：对错误进行定位并分析原因、对错误部分重新编码以改正错误、重新测试，其活动由确定程序中可疑错误的确切性质和位置、对程序(设计、编码)进行修改，排除这个错误这两部分内容组成。

　　具体地说，软件调试由以下步骤组成：

　　(1) 从错误的外部表现入手，确定程序中出错的位置；

　　(2) 分析有关程序代码，找出错误的内在原因；

　　(3) 修改程序代码，排除这个错误；

　　(4) 重复进行暴露了这个错误的原始测试以及某些回归测试，以确保该错误确实被排除且没有引入新的错误；

　　(5) 如果所作的修正无效，则撤销这次改动，重复上述过程，直到找到一个有效的办法为止。

因此，调试是一件较困难并具有很强技巧性的工作，是通过现象找出原因的一个思维分析的过程。因为在分析测试结果时所发现的问题，往往只是潜在错误的外部表现，而外部表现与内在原因之间常常并无明显的联系。因此，要找出真正的原因，排除潜在的错误，并不是一件容易的事情。

5.10.1　软件调试的目的与原则

1. 软件调试的目的

软件测试的目的是尽可能多地发现软件中的缺陷，但这并不是最终目的，在进行了成功的测试之后必须进行调试工作。而调试的目的是确定错误的原因和位置，并进行程序修改、排除错误，因此调试也称为纠错。

2. 软件调试的原则

前面介绍过，调试工作由确定错误的性质和位置以及改正错误两部分组成，所以，调试的原则也分为两组。

1) 查错的原则

(1) 注重头脑的分析思考，不要过分依赖计算机。最有效的调试方法是用头脑分析与错误征兆有关的信息。程序调试员应能做到不使用计算机就能够确定大部分错误。

(2) 避开死胡同。当调试工作进入死胡同，找不到任何解决问题的方法时，暂时把问题抛开，清醒一下头脑，留到第二天再去考虑，或者向其他人讲述这个问题。

(3) 避免用试探法。试探法是一种费时、费力的方法，它的成功机会很小，只能把它当作最后手段使用。这是初学调试的人常犯的一个错误。

(4) 把调试工具当作辅助手段来使用。调试工具只能提供一些辅助调试的信息，可能帮助调试人员分析思考，但不能代替思考，因为排错工具给出的是一种无规律的排错方法。在调试过程中主要应用的仍然是调试人员的逻辑思考。

2) 修改错误的原则

(1) 注意错误的"群集现象"。经验证明，错误有群集现象。当在某一程序段发现有错误时，在该程序段中存在别的错误的概率很高。因此，在修改一个错误时，还要查其附近，看是否还有其他的错误。

(2) 不能只修改错误的征兆、表现，还应该修改错误的本质。修改错误的一个常见失误是只修改了这个错误的征兆，而没有修改错误的本身。如果提出的修改不能解释与这个错误有关的全部线索，那就表明只修改了错误的一部分。

(3) 注意在修改一个错误的同时，又引入新的错误。对程序的任何修改都可能会带来副作用，即引进新的错误。在修改了一个错误之后，必须进行回归测试，以确认是否引进了新的错误。

5.10.2　软件调试技术

软件调试的关键在于推断程序内部的错误位置及原因，目前常用的技术有以下几种。

1. 试探法排错

试探法又称为蛮干法，由于简单，也是最常用的方法。该方法工作量大，浪费时间，效率很低，通常适合那些结构比较简单的程序，往往是在调试人员毫无办法、迫不得已的时候才使用。该方法一般由调试人员分析错误症状，猜测问题的所在位置，利用在程序中设置输出语句来分析寄存器、存储器的内容等手段来获取错误线索，进而找到真正的错误所在。

2. 回溯法排错

回溯是一种相当常用的调试方法，它从发现症状的地方开始，人工沿程序的控制流往回追踪分析源程序代码，直到找出错误原因为止。

实践证明，回溯法是一种可以成功地用在小程序中的很好的调试方法。通过回溯，我们往往可以把错误范围缩小到程序中的一小段代码，仔细分析这段代码，不难确定出错的准确位置。但是，随着程序规模扩大，应该回溯的路径数目也变得越来越大，以至彻底回溯变成完全不可能了。

3. 对分查找法排错

如果已经知道每个变量在程序内若干个关键点的正确值，则可以用赋值语句或输入语句在程序中点附近"注入"这些变量的正确值，然后运行程序并检查所得到的输出。如果输出结果是正确的，则错误原因在程序的前半部分；反之，错误原因在程序的后半部分。这种方法即为对分查找法。

4. 归纳法排错

归纳法从测试结果发现的错误入手，分析它们之间的联系，导出错误原因的假设，然后再证明或否定这个假设。它是一种从特殊推断一般的系统化思考方法。归纳法的调试过程如下：

(1) 收集并设置相应数据：列出程序做的正确的和做的错误的全部信息；
(2) 组织这些数据：整理数据以便发现规律，使用分类法构造一张线索表；
(3) 提出假设：分析线索之间的关系，导出一个或多个错误原因的假设；
(4) 证明假设：如果不能证明这个假设成立，需要提出下一个假设。

5. 演绎法排错

演绎法从一般原理或前提出发，经过排除和细化的过程推导出结论。演绎法调试程序时，首先列出所有可能的错误原因的假设，然后利用测试数据排除不适当的假设，最后再用测试数据验证余下的假设确实是出错的原因；如果测试表明某个假设的原因可能是真的原因，则对数据进行细化以精确定位错误。

上述每一类方法均可辅以调试工具。目前，调试编译器、动态调试器(追踪器)、测试用例自动生成器、存储器映像及交叉访问视图等一系列工具已广为使用。然而，无论什么工具也替代不了一个开发人员在对完整的设计文档和清晰的源代码进行认真审阅和推敲之后所起的作用。此外，不应荒废调试过程中最有价值的一个资源，那就是开发小组中其他成员的评价和忠告，正所谓"当局者迷，旁观者清"。

5.10.3　调试技巧

无论采用什么方法，调试的目标都是寻找软件错误的原因并改正错误。调试的关键在于推断程序内部的错误位置及原因。目前主要几个行之有效的技巧如下：

(1) 输出存储器内容。通过某些工具可以将程序运行过程中存储器指定位置的内容输出以便检查。由于输出的内容是八进制或十六进制的形式而且信息量较大，因此这种调试技术的效率较低。

(2) 在程序特定部位设置适当插入输出语句。在程序中的错误疑似位置插入一些输出关键变量信息的标准语句，这样程序在执行时将输出这些信息，显示程序的动态行为，便于确认错误的位置。

(3) 使用专用的调试工具。目前绝大部分程序开发平台都提供了功能相当强大的程序调试工具，另外还有专门的软件分析工具，利用这些工具也可以有效地分析程序的动态行为。可以设置断点，当程序执行到断点时程序暂停，程序员可以观察程序当前的运行状态，如有关语句的输出信息、关键变量的值、子程序的调用情况、参数传递情况等。

5.11　小　　结

软件实现包括软件编码和软件测试两个阶段。

程序的质量基本上取决于软件设计的质量。编码使用的语言，程序的布局风格，对程序质量也有相当大的影响。

程序内部的良好文档资料，有规律的数据说明格式，简单清晰的语句构造和输入/输出格式等，可以提高程序的可读性、改进程序的可维护性。

软件测试是为了发现错误而执行程序的过程，其目的在于以最少的时间和人力系统地找出软件中潜在的各种错误和缺陷。

由于软件错误的复杂性，软件测试需要综合应用测试技术，并且实施合理的测试步骤，即单元测试、集成测试、确认测试、系统测试和验收测试。

软件测试技术大体上可以分成白盒测试和黑盒测试。白盒测试技术依据的是程序的逻辑结构，主要包括逻辑覆盖和路径测试等方法；黑盒测试技术依据的是软件行为的描述，主要包括等价类划分、边界值分析、错误推测法、因果图法和基于状态的测试等方法。

在测试过程中发现的软件错误必须及时改正，这就是调试的任务。调试是通过现象找出原因的一个思维分析的过程。根据错误迹象确定错误的原因和准确位置并加以改正，主要依靠的就是调试技术。常见的调试技术有试探法排错、回溯法排错、对分查找法排错、归纳法排错和演绎法排错。调试是一个相当艰苦的过程，同时也是一件较困难并具有很强技巧性的工作，我们在调试的过程中要注意使用一些技巧。

习　题　5

1. 程序内部文档主要包括哪三部分？

2. 编程为什么要注意编程的风格？编码的目的是什么？

3. 为什么说程序的质量基本上取决于软件设计的质量？

4. 什么是软件测试？软件测试的目的与基本任务是什么？在进行软件测试时，错误的发现为什么要"见为实"？

5. 软件测试时应该追求的目标是什么？常用的软件测试方法有哪两种？测试策略主要采用哪五种？

6. 描述静态分析测试和动态执行测试的区别。

7. 什么是黑盒测试？什么是白盒测试？它们主要采用的技术有哪些?各自有什么优缺点？

8. 假设有如下 C 语言程序，请用基本路径分析的方法进行测试，要求画出控制流图、求出程序环形复杂度、列出独立路径，并设计测试用例，填入表5-9中。

```
1    main ()
2    {
3      int num1=0, num2=0, score=100;
4      int i;
5      char str;
6      scanf ("%d, %c\n", &i, &str);
7      while (i<5)
8      {
9          if (str='T')
10             num1++;
11         else if (str='F')
12         {
13         score=score-10;
14         num2 ++;
15         }
16         i++;
17      }
18      printf ("num1=%d, num2=%d, score=%d\n", num1, num2, score);
19    }
```

表 5-9 习题 8 用表

测试用例	输入		期望输出			执行路径
	i	str	num1	num2	score	
测试用例 1						
...						

9. 完成一个软件的测试，主要完成哪五个步骤？

10. 什么是软件配置？什么是测试配置？

11. 什么是测试用例？叙述黑盒测试用例设计的主要方法及其特点。

12. 在无法做到穷尽测试时，你如何选择你的测试用例？设计完的测试用例，为什么一直要保留到软件寿命终止时才可丢弃？

13. 假设 NextDate 函数包含三个变量 month、day 和 year，函数的输出为输入日期后一天的日期。例如，输入为 2013 年 11 月 15 日，则函数的输出为 2013 年 11 月 16 日。要求输入变量 month、day 和 year 均为整数值，并且满足下列条件：

　　　　条件 1：1≤month≤12；
　　　　条件 2：1≤day≤31；
　　　　条件 3：1912≤year≤2050。

请使用等价类划分方法设计测试用例，填入表 5-10 中。

表 5-10　习题 11 用表

测试用例	输入数据			期望输出
	month	day	year	
测试用例 1				
...				

14. 某城市电话号码由三部分组成。它们的名称和内容分别是：

地区码：　空白或三位数字；
前缀：　　非"0"或"1"的三位数字；
后缀：　　4 位数字。

假定被测程序能接受一切符合上述规定的电话号码，拒绝所有不符合规定的电话号码。根据该程序的规格说明，作等价类的划分，并设计测试方案。

15. 图 5-18 所示为某程序的逻辑结构。试为它设计足够的测试用例，分别实现对程序的判定覆盖、条件覆盖和条件组合覆盖。

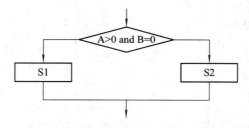

图 5-18　习题 13 用图

16. 什么是软件调试？软件调试的目的是什么？常用的调试技术有哪些？

17. 测试与调试的主要区别是什么？

18. 集成测试主要分为"非渐增式测试"和"渐增式测试"两种集成软件的方法，请问，孩时玩的"滚雪球"的原理是属于上述哪一种方法？其暗示的经验是什么？

19. 月收入≤800 元者免税，现用输入数 800 元和 801 元测试程序，请问这是采用黑盒测试法中的哪种方法？请解释其理由？

20. 现有一个计算类型的程序，它的输入只有一个 Y，其范围是 −50≤Y≤50。现从输入的角度考虑设计了一组测试用例：−100，100，0。请问设计这组测试用例的方法是黑盒测试法中的什么方法？并解释其理由。

第 6 章　软件维护

 知识点

软件维护的基本概念，维护管理，维护过程，预防性维护，维护的副作用，软件文档，软件逆向工程和再工程。

 难点

软件维护过程和管理，预防性维护，软件文档编写。

基于工作过程的教学任务

通过本章的学习，了解软件维护的基本概念及分类，软件维护的副作用，软件可维护性对软件开发的重要性；掌握预防性维护、软件文档编写要求和方法、软件维护过程、软件维护类型、以及提供软件可维护性的方法；了解软件逆向工程与再工程的基本过程。

6.1　软件维护的基本概念

软件工程的目的就是提高软件的可维护性，减少软件维护所需要的工作量，降低软件系统的总成本。所谓软件维护就是在软件已经交付使用之后，为了改正错误或满足新的需要而修改软件的过程。可以通过描述软件交付使用后可能进行的 4 项维护活动，具体地定义软件维护。这 4 种维护活动为改正性维护、适应性维护、完善性维护、预防性维护。

软件维护绝不仅限于纠正使用中发现的错误，事实上在全部维护活动中一半以上是扩充与完善性维护。统计数字表明，完善性维护占全部维护活动的 50%～66%，改正性维护占 17%～21%，适应性维护占 18%～25%，预防性维护活动只占 4% 左右。如图 6-1 所示。

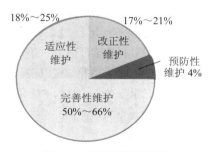

图 6-1　各种维护的比例

需要注意的是，上述 4 种维护活动都必须应用于整个软件配置，维护软件文档和维护软件的可执行代码是同样重要的。

(1) 为什么要进行软件维护？

举例： 大学科研机构里的软件维护工作恐怕是做得最差的了。几乎每一批新的研究生都会把毕业生留下的软件臭骂一通，然后全部推倒重做。到他毕业该走时，就轮到别人评论他的工作了。如此轮回，最终没有什么成果留下。

通过上述案例可以看出，如果希望软件系统能延长寿命，必须要对它进行维护。如果希望软件系统有效益，则必须设法降低维护的代价。

(2) 影响维护工作量的因素。

① 系统大小：系统越大，理解掌握起来越困难。系统越大，所执行功能越复杂。

② 程序设计语言：使用强功能的程序设计语言可以控制程序的规模。语言的功能越强，生成程序的模块化和结构化程度越高，所需的指令数就越少，程序的可读性越好。

③ 数据库技术的应用：使用数据库，可以简单而有效地管理和存储用户程序中的数据，还可以减少生成用户报表应用软件的维护工作量。

④ 先进的软件开发技术：在软件开发时，若使用能使软件结构比较稳定的分析与设计技术及程序设计技术，如面向对象技术、复用技术等，可减少大量的工作量。

(3) 软件维护的成本。

有形的维护成本是花费了多少钱；无形的维护成本是带来的负面影响。

6.2　软件维护的任务和分类

软件维护的主要任务就是在软件使用或软件维护阶段，为了改正错误或满足新的需要而修改软件，使软件能持久地满足用户的需求。按软件维护的不同性质，可以把软件维护分为改正性维护、适用性维护、完善性维护、预防性维护四种类型。

1. 改正性维护

因为软件测试不可能暴露出一个大型软件系统中所有潜藏的错误，所以必然会有第一项维护活动：在任何大型程序的使用期间，用户必然会发现程序错误，并且把他们遇到的问题报告给维护人员。因此，把诊断和改正错误的过程称为改正性维护。

2. 适用性维护

适用性维护是为了使系统适应环境的变化而进行的维护工作。一方面，信息系统要能够适应新的软硬件环境，以提高系统的性能和运行效率；另一方面，应用对象在不断发生变化，机构的调整，管理体制的改变、数据与信息需求的变更等都将导致系统不能适应新的应用环境。如代码改变、数据结构变化、数据格式以及输入/输出方式的变化、数据存储介质的变化等，都将直接影响系统的正常工作。因此，有必要对系统进行调整，使之适应应用对象的变化，满足用户的需求。

3. 完善性维护

在系统的使用过程中，用户往往要求扩充原有系统的功能，增加一些在软件需求规范书中没有规定的功能与性能特征，以及对处理效率和编写程序的改进。例如，有时可将几个小程序合并成一个单一的运行良好的程序，从而提高处理效率；增加数据输出的图形方式；增加联机在线帮助功能；调整用户界面等。尽管这些要求在原有系统开发的需求规格说明书中并没有，但用户要求在原有系统基础上进一步改善和提高，并且随着用户对系统的使用和熟悉，这种要求可能会不断提出，为了满足这些要求就要进行完善性维护工作。

4．预防性维护

为了改进未来的可维护性或可靠性，或为了给未来的改进奠定更好的基础而修改软件时，就出现了第 4 项维护活动。这项维护活动通常称为预防性维护，目前这项维护活动相对比较少。

软件维护工作不应总是被动地等待用户提出要求后才进行，应进行主动的预防性维护，即选择那些还有较长使用寿命，目前尚能正常运行，但可能将要发生变化或调整的系统进行维护，目的是通过预防性维护为未来的修改与调整奠定更好的基础。例如，将目前能应用的报表功能改成通用报表生成功能，以应对今后报表内容和格式可能的变化。

6.3 软件维护过程

维护过程本质上是修改和压缩了的软件定义和开发过程，而且事实上远在提出一项维护要求之前，与软件维护有关的工作已经开始了。软件维护主要包括 5 个过程：建立维护组织、撰写维护报告、确定维护事件流、保存维护记录、评价维护活动。

1．建立维护组织

虽然通常并不需要建立正式的维护组织，但是，即使对于一个小的软件开发团体而言，非正式地委托责任也是绝对必要的。每个维护要求都通过维护管理员转交给相应的系统管理员去评价。系统管理员是被指定去熟悉部分产品程序的技术人员，系统管理员一旦对维护任务做出评价之后，由变化授权人决定应该进行的活动。如图 6-2 所示。

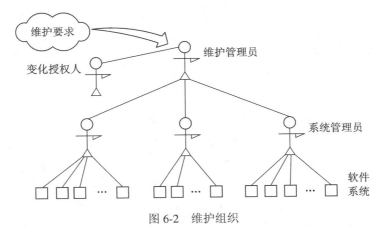

图 6-2 维护组织

在维护活动开始之前就明确维护责任是十分必要的，这样做可以大大减少维护过程中可能出现的混乱。

2．撰写维护报告

应该用标准化的格式表达所有软件维护要求。软件维护人员通常给用户提供空白的维护要求表，有时也称为软件问题报告表，这个表格由要求一项维护活动的用户填写。如果遇到了一个错误，那么必须完整描述导致出现错误的环境(包括输入数据、全部输出数据以及其他有关信息)。对于适应性或完善性的维护要求，用户必须提出一份修改说明书，列出所有希望的修改。如前所述，由维护管理员和系统管理员评价用户提交的维护要求表，并相应做出软件修改报告，并给出下述信息：

- 维护要求的性质；
- 这项要求的优先次序；
- 与修改有关的事后数据；
- 满足维护要求表中提出的要求所需要的工作量。

在拟定进一步的维护计划之前，把软件修改报告提交给变化授权人审查批准。

3．确定维护事件流

当一个维护申请提出并通过评审确定需要维护时，则按图6-3所描绘的过程实施维护。首先应该确定要求进行的维护的类型。用户常常把一项要求看作是为了改正软件的错误(改正性维护)，而开发人员可能把同一项要求看作是适应性或完善性维护。当存在不同意见时，必须协商解决。

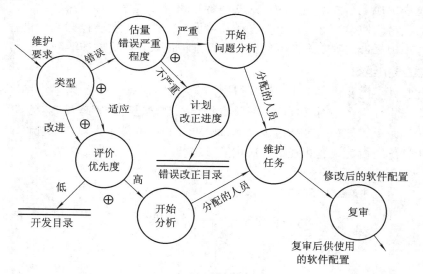

图6-3　维护阶段的事件流

从图6-3描绘的事件流可看到，对一项改正性维护要求(图中"错误"通路)的处理，从估量错误的严重程度开始。如果是一个严重的错误(例如，一个关键性的系统不能正常运行)，则在系统管理员的指导下分派人员，并且立即开始问题分析过程。如果错误并不严重，那么改正性的维护和其他要求软件开发资源的任务一起统筹安排。

适应性维护和完善性维护的要求沿着相同的事件流通路前进，对每个维护要求进行优先度评价，并且安排要求的工作时间，好似它是另一个开发任务一样。如果一项维护要求的优先次序非常高，就要立即开始维护工作。

不管维护类型如何，都需要进行同样的技术工作。这些工作包括修改软件设计、复查、必要的代码修改、单元测试和集成测试(包括使用以前的测试方案的回归测试)、验收测试和复审。不同类型的维护强调的重点不同，但是基本途径是相同的。维护事件流中最后一个事件是复审，它再次检验软件配置的所有成分的有效性，并且保证事实上满足了维护要求表中的要求。

4．保存维护记录

对于软件生命周期的所有阶段而言，以前记录保存都是不充分的，而软件维护则根本没有记录保存下来。由于这个原因，往往不能估计维护技术的有效性，不能确定一个产品程序的优良程度，而且很难确定维护的实际代价是什么。

在维护阶段需要记录一些与维护有关的信息，这些信息可作为估计维护的有效程度，确定软件产品的质量，估算维护费用等工作的原始依据。维护档案记录主要包括：

- 程序名称；
- 源程序语句条数；
- 机器代码指令条数；
- 所用的程序设计语言；
- 程序安装的日期；
- 程序安装后的运行次数；
- 与程序安装后运行次数有关的处理故障次数；
- 程序改变的层次及名称；
- 修改程序增加的源程序语句条数；
- 修改程序减少的源程序语句条数；
- 每次修改所付出的人时数；
- 修改程序的日期；
- 软件维护人员的姓名；
- 维护申请报告的名称、维护类型；
- 维护开始时间和维护结束时间；
- 花费在维护上的累计人时数；
- 维护工作的净收益等。

5．评价维护活动

缺乏有效的数据就无法评价维护活动。如果已经开始保存维护记录了，则可以对维护工作做一些定量度量。至少可以从下述 7 个方面度量维护工作：

- 每次程序运行平均失效的次数；
- 用于每一类维护活动的总人时数；
- 平均每个程序、每种语言、每种维护类型所做的程序变动数；
- 维护过程中增加或删除一个源语句平均花费的人时数；
- 维护每种语言平均花费的人时数；
- 一张维护要求表的平均周转时间；
- 不同维护类型所占的百分比。

根据对维护工作定量度量的结果，可以做出关于开发技术、语言选择、维护工作量规划、资源分配及其他许多方面的决定，而且可以利用这些数据去分析评价维护任务。

6.4 维护的管理

软件维护管理包括有缺陷报告、批准对产品的修改、软件的可维护性、影响软件可维护性的因素、软件可维护性度量、提高软件可维护性的方法等。

1. 缺陷报告

缺陷报告必须包括足够的信息，使维护程序员能够再现该问题，通常是某种类型的软件故障。另外，维护程序员必须指出缺陷的严重性，典型的严重性类别包括致命的、主要的、通常的、较小的和微不足道的。

理想情况下，用户提出的每个缺陷都应立即纠正。而实际上，程序开发公司通常人力不足，开发和维护工作都会滞后。如果缺陷是致命的，例如工资发放软件在发工资的前一天或有员工增减工资的前一天崩溃了，那么必须立即采取纠正措施。其他情况下，必须立即对每一份缺陷报告进行初步的调查。

维护程序员应该首先参考缺陷报告文件。缺陷报告包括已经发现但尚未纠正的所有缺陷，以及关于在缺陷得到纠正之前用户如何绕过它们的建议。如果缺陷以前已经报告过，缺陷报告中的任何信息都应传递给用户。但如果用户报告的是新缺陷，那么维护程序员应该对问题加以研究并设法找出原因和解决问题。

另外，应该设法找到绕过问题的办法，因为有可能需要 6～9 个月的时间才能分配人力对软件做出必要的修改。考虑到程序员，特别是能够胜任维护工作的优秀程序员的短缺，对于那些不十分紧急的缺陷报告，只能建议用户通过某种方法继续使用带有缺陷的软件，直到缺陷可以得到解决。

然后，维护程序员的结论要连同所有支持其结论的文档——用以得出上述结论的清单、设计、手册等，一同加入缺陷报告文件中。负责交付后维护的管理员应该定期阅读该报告，确定各种纠错任务的优先次序。该文件还应包括客户在完善性维护和适应性维护等方面的要求，下一次将纠正优先级最高的缺陷。

2. 批准对产品的修改

一旦决定进行纠错性维护，维护程序员就要查找软件运行失败的原因，并承担起修正该错误的任务。代码改变后，必须像对整个产品进行测试一样，对所做修改进行回归测试。然后必须更新文档，以反映所做的修改。特别是对改变后的代码制品，要在其序言注释中加入关于进行了哪些修改、为什么修改、由谁做的修改以及何时进行修改等方面的信息。如果有必要，分析或设计制品也需要修改。

在完善性维护或适应性维护之后，也要采取类似的步骤。唯一的区别是，完善性维护和适应性维护是按客户要求进行的，不是由缺陷报告引发的。

如果维护程序员对所做的修改测试不充分该怎么办呢?产品在发布前，要通过一个独立的小组进行软件质量保证，即维护 SQA 小组的成员一定不能作为维护程序员给相同的管理者提供报告。SQA 保持管理上的独立很重要。

维护工作是容易出错的，交付后维护期间的测试是困难的，也是消耗时间的。SQA 小组不应低估测试对软件维护的影响，一旦新版本得到 SQA 小组的批准，它就可以发布了。

3. 软件的可维护性

许多软件的维护十分困难，原因在于，这些软件的文档不全、质量差、开发过程不注意采用好的方法，忽视程序设计风格等。许多维护要求并不是因为程序中出错而提出的，而是为适应环境变化或需求变化而提出的。为了使得软件能够易于维护，必须考虑使软件具有可维护性。

软件可维护性是指纠正软件系统出现的错误和缺陷，以及为满足新的要求进行修改、扩充或压缩的难易程度。在前面的章节中曾经多次强调，提高可维护性是支配软件工程方法学所有步骤的关键目标。

4. 影响软件可维护性的因素

维护就是在软件交付使用后进行的修改，修改之前必须理解待修改的对象，修改之后应该进行必要的测试，以保证所做的修改是正确的。如果是改正性维护，还必须预先进行调试以确定错误的具体位置。因此，影响软件可维护性的因素主要有下述 7 个：

1) 可理解性

软件可理解性表现为维护人员理解软件的结构、功能、接口和内部处理过程的难易程度。模块化(模块结构良好，高内聚，松耦合)、详细的设计文档、结构化设计、程序内部的文档和良好的高级程序设计语言等，都对提高软件的可理解性有重要贡献。

2) 可测试性

软件的可测试性指程序正确性的难易程度。诊断和测试的容易程度取决于软件容易理解的程度，良好的文档对诊断和测试是至关重要的。维护人员应该能够得到在开发阶段用过的测试方案，以便进行回归测试。

3) 可修改性

软件可修改性指修改程序的难易程度。软件容易修改的程度和本书第 3 章讲过的结构化设计原理和启发规则直接有关。耦合、内聚、信息隐藏、局部化、控制域与作用域的关系等等，都影响软件的可修改性。

4) 可靠性

软件可靠性指一个程序在满足用户功能需求的基础上，在一定时间内正确执行的概率。软件的可靠性越好，越有助于减少由于修改软件而出现更多的错误，越有利于维护工作。

5) 可移植性

软件可移植性指把程序从一种计算环境(硬件配置和操作系统)转移到另一种计算环境的难易程度。把与硬件、操作系统以及其他外部设备有关的程序代码集中放到特定的程序模块中，可以把因环境变化而必须修改的程序局限在少数程序模块中，从而降低修改的难度。

6) 可使用性

软件可使用性是指程序方便、实用及易于使用的程度。一个可使用的程序应是易于使用、允许用户出错和改变、并尽可能不使用户陷入混乱状态的程序。

7) 效率

效率指一个程序能执行预定功能而又不浪费机器资源的程度(即对存储容量、通道容量和执行时间的使用情况)。编程时，不能一味追求效率，有时需要牺牲部分执行效率而提高程序的其他特性。

对于不同类型的维护，上述 7 个因素的侧重点也不相同。表 6-1 列出了在各类维护中应侧重哪些特性。

表 6-1　可维护性的 7 个因素在各类维护中的侧重点

	改正性维护	适应性维护	完善性维护
可理解性	√		
可测试性	√		
可修改性	√	√	
可靠性	√		
可移植性		√	
可使用性		√	√
效率			√

5. 软件可维护性度量

软件维护性度量的任务是对软件产品的维护性给出量化的评价，和其他软件质量特性一样，软件维护的度量也分为内部维护性度量和外部维护性度量。

从表 6-2 中可以看出，内部维护性度量是在软件产品尚未开发完成时实施的度量。此时只有阶段产品，例如已得到设计规格说明和源程序(但未经测试)，度量的目的在于预测将获得的软件产品的维护性。而外部维护性度量则是在产品完成后，经运行开发出的程序而获得的维护性数据。

表 6-2　内部维护性度量与外部维护性度量

	内部维护性度量	外部维护性度量
度量的目的	预测修改软件产品所需的工作量	度量修改软件产品的工作量
度量的时机	软件产品设计和编程阶段	代码完成后测试或运行时
度量的对象	对软件中间产品实施静态测量	执行代码收集数据

维护性度量的实施者可能是用户、测试人员、开发人员、产品评价人员或是软件维护人员。以下分别说明内部维护性子特性度量及外部维护性子特性度量的含义：

(1) 内部维护性子特性度量。

● 易分析性度量——预测未来维护人员或软件产品用户在维护工作中为诊断软件产品缺陷或失效原因，或是找出要修改的部分所付出的工作量和资源。

● 易变更性度量——预测未来维护人员或软件产品用户在进行维护时，修改软件所需的工作量。

● 稳定性度量——预测对软件产品进行修改后的稳定程度，例如，如果某软件产品修改的局部化程度较高，或是修改变更的副作用较小，表明未来产品的维护性的稳定性较好。

● 测试性度量——预测软件产品中设计并实现的自动测试辅助功能的总量。

● 维护性的依从性度量——评估软件产品遵循与维护性有关的用户组织的标准、约定或法规的能力。例如，如果开发的软件是出口给某外国公司的产品，那就要评估该产品是否能符合该国、该公司有关软件维护性的标准或法规。

(2) 外部维护性子特性度量。

● 易分析性度量——软件维护人员或软件产品用户在维护工作中为诊断软件产品缺陷或失效原因，或是找出要修改的部分所付出的工作量和资源。

● 易变更性度量——软件维护人员或软件产品用户在进行维护时，修改所付出的工作量，如实现变更所用时间。

● 稳定性度量——在软件产品修改后的测试或运行时对所出现的意外行为属性的度量，如变更成功比率。

● 测试性度量——在测试已经修改或未修改的软件时所付出的测试工作量等测试属性的度量。

● 维护性的依从性度量——软件产品不遵循说要求的与维护性相关的标准、约定或法规的功能数和出现依从性问题的数量。

6. 提高软件可维护性的方法

软件的可维护性对于延长软件的生存期具有决定意义，因此必须考虑怎样才能提高软件的可维护性。为此，可以从以下 5 个方面着手。

(1) 建立明确的软件质量目标。

如果要使程序完全满足可维护性的 7 种影响软件可维护性的因素，肯定是很难实现的。实际上，某些因素是相互促进的，如可理解性和可测试性，可理解性和可修改性；某些质量特性是相互抵触的，如效率和可移植性，效率和可修改性。因此，为保证程序的可维护性，应该在一定程度上满足可维护的各个因素，但各个因素的重要性又是随着程序的用途或计算机环境的不同而改变的。对编译程序来说，效率和可移植性是主要的；对信息管理系统来说，可使用性和可修改性可能是主要的。通过实验证明，强调效率的程序包含的错误比强调简明性的程序所包含的错误要高出 10 倍，所以在提出目标的同时还必须规定它们的优先级，这样有助于提高软件的质量。

(2) 使用先进的软件开发技术和工具。

使用先进的软件开发技术是软件开发过程中提高软件质量、降低成本的有效方法之一，也是提高可维护性的有效技术。常用的技术有：模块化、结构化程序设计、自动重建结构和重新格式化的工具等。

例如，面向对象的软件开发方法就是一个常用的强而有力的软件开发方法。面向对象方法是按照人的思维方法，用现实世界的概念来思考问题的，这样能自然地解决问题。它强调模拟现实世界中的概念而不是强调算法，鼓励开发者在开发过程中按应用领域的实际概念来思考并建立模型，模拟客观世界，使描述问题的问题空间和解空间尽量一致，开发出尽量直观、自然地表现求解方法的软件系统。

总之，面向对象方法开发出来的软件系统的稳定性好、容易修改、易于测试和调试，因此可维护性好。

(3) 建立明确的质量保证工作。

质量保证是提高软件质量所做的各种检查工作。在软件开发和软件维护的各阶段，质量保证检查是非常有效的方法。为了保证软件的可维护性，有 4 种类型的软件检查。

① 在检查点进行复审。

检查点是软件开发过程中一个阶段的终点。检查点进行检查的目标是，证实已开发的软件是满足设计要求的。保证软件质量的最佳方法是，在软件开发的最初阶段就把质量要求考虑进去，并在每个阶段的终点，设置检查点进行检查。各阶段的检查重点、对象和方法如表 6-3 所示。

表 6-3　各阶段的检查重点、对象和方法

	检查重点	检查项目	检查方法或工具
需求分析	对程序可维护性的要求是什么？如对可维护性；交互系统的响应时间	软件需求说明书 限制与条件，优先顺序 进度计划 测试计划	可使用性检查表
设计	程序是否可理解 程序是否可修改 程序是否可测试	设计方法 设计内容 进度 运行、维护支持计划	复杂性度量、标准 修改练习 耦合、内聚估算 可测试性检查表
编码及单元测试	程序是否可理解 程序是否可修改 程序是否可移植 程序是否效率高	源程序 文档 程序复杂性 单元测试结果	复杂性度量、测试、自动结构检查程序 可修改性检查表、修改练习 编译结果分析 效率检查表、编译对时间和空间的要求
组装与测试	程序是否可靠 程序是否效率高 程序是否可移植 程序是否可使用	测试结果 用户文档 程序和数据文档 操作文档	调试、错误统计、可靠性模型 效率检查表 比较在不同计算机上的运行结果 验收测试结果、可使用性检查表

② 验收检查。

验收检查是对一个特殊的检查点的检查，它是把软件从开发转移到维护的最后一次检查。它对减少维护费用，提高软件质量非常重要。

③ 周期性的维护检查。

上述两种软件检查可用来保证新的软件系统的可维护性。周期性的维护检查的结果是开发阶段对检查点进行检查的继续，采用的检查方法和内容都是相同的。把多次检查的结果与以前进行的验收检查的结果和检查点检查的结果进行比较，对检查结果的任何变化进行分析，并找出原因。

④ 对软件包进行检查。

上述三种方法使用与组织内部开发和维护的软件或专为少量用户设计的软件，很难适

用于有很多用户的通用软件包。因软件包属于卖方的资产，用户很难获得软件包源代码和完整的文档。对软件包的维护通常采用单位的维护程序员在分析研究卖方提供的用户手册、操作手册、培训手册、新版本策略指导、计算机环境和验收测试的基础上，深入了解本单位的希望和要求，来编制软件包检验程序。软件包检测程序是一个测试程序，它检查软件包程序所执行的功能是否与用户的要求和条件相一致。

(4) 选择可维护的程序设计语言。

程序设计语言的选择对软件可维护性影响很大。恰当的程序设计语言能使编码时困难最少，可以减少需要的程序测试量，并且可以得到更容易阅读、更容易维护的程序。

第四代语言(4GL)，例如查询语言、图形语言、报表生成语言和非常高级语言等，对减少维护费用来说是最有吸引力的语言。人们容易理解、使用和修改它们。例如，用户使用4GL 开发商业应用程序比使用通常的高级语言快很多倍。一些 4GL 是过程语言，另一些是非过程语言。对非过程语言，用户不需要指出实现算法，只需向编译程序或解释程序提出自己的要求。例如它能自动选择报表格式、文字字符类型等。自动生成指令能改进软件的可靠性。另外，4GL 容易理解，容易编程，程序容易修改，因此改进了可维护性。

(5) 改进程序的文档。

程序员利用程序文档来解释和理解程序的内部结构，以及程序同系统内其他程序、操作系统和其他软件系统是如何相互作用的。程序文档包括源代码注释、设计文档、系统流程、程序流程图和交叉引用表等。

程序文档是对程序的总目标、程序的各组成部分之间的关系、程序设计策略、程序时间过程的历史数据等的说明和补充。程序文档能提高程序的可阅读性。为了维护程序，人们不得不阅读和理解程序文档。虽然大家对程序的看法不一，但普遍同意以下观点：

- 好的文档能使程序更容易阅读，坏的文档比没有更糟糕；
- 好的文档简明扼要，风格统一，容易修改；
- 程序编码中加入必要的注释可提高程序的可理解性；
- 程序越长、越复杂，越应该注意程序文档的编写。

6.5 预 防 性 维 护

几乎所有历史比较悠久的软件开发组织，都有一些十几年前开发出的老系统。目前，某些老系统仍然在为用户服务，但是，当初开发这些程序时并没有使用软件工程方法学来指导。因此，这些程序的体系结构和数据结构都很差，文档不全甚至完全没有文档，对曾经做过的修改也没有完整的记录。针对这些寿命长、目前正在为用户服务的老版本的软件系统，为了更好地发挥其优势，需要进行预防性维护。

预防性维护，就是采用先进的软件工程方法对需要维护的软件或软件中的某一部分(重新)进行设计、编制和测试。预防性维护的目的是为了提高软件的可维护性、可靠性等，为以后进一步改进软件打下良好基础。

怎样满足用户对上述这类老系统的维护要求呢？为了修改这类程序以适应用户新的或变更的需求，有以下几种做法可供选择：

(1) 盲目修改。反复多次地做修改程序的尝试,与不可见的设计及源代码"顽强战斗",以实现所要求的修改。

(2) 认真阅读。通过仔细分析程序,尽可能多地掌握程序的内部工作细节,以便更有效地修改它。

(3) 重新设计。在深入理解原有设计的基础上,用软件工程方法重新设计、重新编码和测试那些需要变更的软件部分。

(4) 借助先进工具。以软件工程方法学为指导,对程序全部重新设计、重新编码和测试,为此可以使用 CASE 工具(逆向工程和再工程工具)来帮助理解原有的设计。

第一种做法很盲目,通常人们采用后 3 种做法。其中第 4 种做法称为软件再工程,而第 3 种做法实质上是局部的再工程。

预防性维护方法是由米勒(Miller)提出来的,他的想法是"结构化翻新",并将这个概念定义为:把今天的方法学应用到昨天的系统上,以支持明天的需求。

粗看起来,在一个正在工作的程序版本已经存在的情况下,重新开发一个大型程序,似乎是一种浪费。其实不然,下述事实很能说明问题。

(1) 维护一行源代码的代价可能是最初开发该行源代码代价的 14～40 倍;

(2) 重新设计软件体系结构(程序及数据结构)时使用了现代设计概念,它对将来的维护可能有很大的帮助;

(3) 由于现有的程序版本可作为软件原型使用,开发生产率可大大高于平均水平;

(4) 用户具有较多使用该软件的经验,因此,能够很容易地搞清新的变更需求和变更的范围;

(5) 利用逆向工程和再工程的工具,可以使一部分工作自动化;

(6) 在完成预防性维护的过程中可以建立起完整的软件配置。

虽然由于条件所限,目前预防性维护在全部维护活动中仅占很小比例,但是,我们不应该忽视这类维护,在条件具备时应该主动地进行预防性维护。

6.6 软件维护的副作用

通过维护可以延长软件的寿命,使其创造更多的价值。但是,修改软件是危险的,每修改一次,可能会产生新的潜在错误。因此,维护的副作用是指由于修改程序而导致新的错误或新增加一些不必要的活动。一般,软件维护产生的副作用有如下 3 种。

1. 修改代码的副作用

在使用程序设计语言修改源代码时,可能引入新的错误。例如修改或删除一个标识符、改变占用存储的大小、改进程序的执行效率、改变逻辑运算符,以及把设计上的改变翻译成代码的改变、边界条件的逻辑测试做出改变等。任何一个修改都容易引入错误,因此在修改时必须特别小心。

2. 修改数据的副作用

在修改数据结构时,有可能造成软件设计与数据结构不匹配,因而导致软件出错。例如在重新定义局部常量或全局常量、修改全局数据或公共数据、重新初始化控制标志或指针、减小或增大一个数组大小、减小或增大一个高层数据结构大小、重新排列输入或输出的参数时，非常容易导致设计与数据不相容的错误。修改数据的副作用是修改软件信息结构导致的，它可以通过详细的设计文档来加以控制。在文档中通过一种交叉引用，把数据元素、记录、文件和其他结构联系起来。

3. 修改文档的副作用

对数据流、软件结构、模块逻辑或任何其他有关特性进行修改时，必须对相关技术文档进行相应修改。但修改文档过程会产生新的错误，导致文档与程序功能不匹配、缺省条件改变、新错误信息不正确等，产生修改文档的副作用。例如对交互输入的顺序或格式进行修改，如果没有正确地记入文档中，可能引起重大的问题。因此，必须在软件交付前对整个软件配置进行评审，以减少文档的副作用。

为了控制因修改而引起的副作用，要做到以下几点：

(1) 按模块把修改分组；

(2) 自顶向下地安排被修改模块的顺序；

(3) 每次只修改一个模块；

(4) 对每个修改过的模块，在安排修改下一个模块之前，要确定这个修改的副作用。

6.7　软件文档与编写要求及方法

文档(document)是指某些数据媒体和其中所记录的数据。文档具有永久性，并可以由人或机器阅读。在软件工程中文档常常用来表示对活动、需求、过程或结果进行描述、定义、规定、报告或认证的任何书面或图示的信息。文档也是软件产品的一部分，没有文档的软件就不称其为软件。软件文档的编制在软件开发中占有突出的地位和相当大的工作量。高质量、高效率地开发、管理和维护文档，对于转让、变更、修正、扩充和使用文档，对于充分发挥软件产品的效益有着重要的意义。

举例： 一位软件公司的老总感慨地说："做软件公司，最痛苦的事情是下班之后，你发现自己的公司除了几台电脑外，几乎什么也没有了。"因为公司最值钱的资产都在每个程序员的脑子里，这些人一旦离开，公司的资产就等于零。

6.7.1　软件文档的重要性与分类

文档是影响软件可维护性的决定因素。由于长期使用的大型软件系统在使用过程中必然会经受多次修改，所以维护期间的文档比程序代码更重要。例如国内某著名 IT 企业所提到的"人人都痛恨别人不写文档，人人自己都不愿意写文档"，说明软件文档十分重要。

软件系统的文档可以分为用户文档和系统文档两类。用户文档主要描述系统功能和使用方法，并不关心这些功能是怎样实现的；系统文档描述系统设计、实现和测试等各方面的内容。文档在开发人员、维护人员、管理人员、用户与计算机之间起着重要的桥梁作用，如图 6-4 所示。

　　软件开发人员在各个阶段中以文档作为前阶段工作成果的体现和后阶段工作的依据。软件开发过程中软件开发人员需制定一些工作计划或工作报告,这些计划和报告都要提供给管理人员,并得到必要的支持。管理人员则可通过这些文档了解软件开发项目安排、进度、资源使用和成果等。软件开发人员需为用户了解软件的使用、操作和维护提供详细的资料。文档作为计算机软件的重要组成部分,告诉用户如何操作和维护系统。

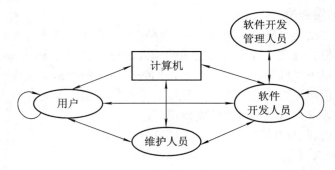

图 6-4　文档的桥梁作用

下面分别讨论用户文档和系统文档。

1. 用户文档

　　用户文档是用户了解系统的第一步,它应该能使用户获得对系统的准确的初步印象。文档的结构方式应该使用户能够方便地根据需要阅读有关的内容。用户文档至少应该包括下述 5 方面的内容。

　　(1) 功能描述:说明系统能做什么。

　　(2) 安装文档:说明怎样安装这个系统以及怎样使系统适应特定的硬件配置。

　　(3) 使用手册:图表结合、文字前后描述统一,简要说明如何着手使用这个系统(应该通过丰富例子说明怎样使用常用的系统功能,还应该说明用户操作错误时怎样恢复和重新启动)。

　　(4) 参考手册:详尽描述用户可以使用的所有系统设施以及它们的使用方法,还应该解释系统可能产生的各种出错信息的含义(对参考手册最主要的要求是完整,因此通常使用形式化的描述技术)。

　　(5) 操作员指南(如果需要有系统操作员的话):说明操作员应该如何处理使用中出现的各种情况。

　　上述内容可以分别作为独立的文档,也可以作为一个文档的不同分册,具体做法应该由系统规模决定。

2. 系统文档

　　系统文档又称开发文档,指从问题定义、需求说明到验收测试计划这样一系列和系统实现有关的文档。描述系统设计、实现和测试的文档对于理解程序和维护程序来说是极端重要的。和用户文档类似,系统文档的结构也应该能把读者从对系统概貌的了解,引导到对系统每个方面每个特点的更形式化更具体的认识。下面通过表 6-4 显示出软件生存期各阶段与各种文档编制的关系。

表 6-4　软件生存期各阶段与各种文档编制的关系

	软件计划	需求分析	软件设计	编码与单元测试	集成与测试	运行与维护
可行性研究报告	▰					
项目开发计划	▰▰					
软件需求说明书		▰				
数据要求说明书		▰				
测试计划		▰▰				
概要设计说明书			▰			
详细设计说明书			▰			
用户手册		▰▰▰				
操作手册			▰▰▰			
测试分析报告					▰	
开发进度报告	▰▰▰▰▰▰					
项目开发总结					▰	
软件维护手册						▰

文档最终要向软件管理部门，或向用户回答下列问题：① What：工作目标要满足哪些需求？② Where：开发的软件在什么环境中实现，所需信息从哪里来？③ When：开发工作的时间如何安排？④ Who：开发或维护工作打算由谁来完成？⑤ How：需求应如何实现？⑥ Why：为什么要进行这些软件开发或维护修改工作？

6.7.2　软件文档应该满足的要求

总的说来，软件文档应该满足下述要求：

- 必须描述如何使用这个系统，没有这种描述时即使是最简单的系统也无法使用；
- 必须描述怎样安装和管理这个系统；
- 必须描述系统需求和设计；
- 必须描述系统的实现和测试，以便使系统成为可维护的。

在项目开发过程中，应该按要求编写好 11 种文档，文档编制要求具有针对性、精确性、清晰性、完整性、灵活性、可追溯性。

(1) 可行性分析报告。说明该软件开发项目的实现在技术上、经济上和社会因素上的可行性，评述为了合理地达到开发目标可供选择的各种可能实施方案，说明并论证所选定实施方案的理由。

(2) 项目开发计划。为软件项目实施方案制订出具体计划，应该包括各部分工作的负责人员、开发的进度、开发经费的预算、所需的硬件及软件资源等。

(3) 软件需求说明书(软件规格说明书)。对所开发软件的功能、性能、用户界面及运行环境等做出详细的说明。它是在用户与开发人员双方对软件需求取得共同理解并达成协议的条件下编写的，也是实施开发工作的基础。该说明书应给出数据逻辑和数据采集的各项要求，为生成和维护系统数据文件做好准备。

(4) 概要设计说明书。该说明书是概要实际阶段的工作成果，它应说明功能分配、模块划分、程序的总体结构、输入/输出以及接口设计、运行设计、数据结构设计和出错处理设计等，为详细设计提供基础。

(5) 详细设计说明书。着重描述每一模块是怎样实现的，包括实现算法、逻辑流程等。

(6) 用户操作手册。本手册详细描述软件的功能、性能和用户界面，使用户对如何使用该软件得到具体的了解，为操作人员提供该软件各种运行情况的有关知识，特别是操作方法的具体细节。

(7) 测试计划。为做好集成测试和验收测试，需为如何组织测试制订实施计划。计划应包括测试的内容、进度、条件、人员、测试用例的选取原则、测试结果允许的偏差范围等。

(8) 测试分析报告。测试工作完成以后，应提交测试计划执行情况的说明，对测试结果加以分析，并提出测试的结论意见。

(9) 开发进度月报。该月报系软件人员按月向管理部门提交的项目进展情况报告，报告应包括进度计划与实际执行情况的比较、阶段成果、遇到的问题和解决的办法以及下个月的打算等。

(10) 项目开发总结报告。软件项目开发完成以后，应与项目实施计划对照，总结实际执行的情况，如进度、成果、资源利用、成本和投入的人力，此外，还需对开发工作做出评价，总结出经验和教训。

(11) 软件维护手册。主要包括软件系统说明、程序模块说明、操作环境、支持软件的说明、维护过程的说明，便于软件的维护。

6.7.3　对软件文档编制的质量要求

为了使软件文档能起到多种桥梁作用，使它有助于程序员编制程序，有助于管理人员监督和管理软件开发，有助于用户了解软件的工作和应做的操作，有助于维护人员进行有效的修改和扩充，文档的编制必须保证一定的质量。

质量差的软件文档不仅使读者难于理解，给使用者造成许多不便，而且会削弱对软件的管理(如管理人员难以确认和评价开发工作的进展)，增加软件的成本(如一些工作可能被迫返工)，甚至造成更加有害的后果(如误操作等)。造成软件文档质量不高的原因可能是：缺乏实践经验，缺乏评价文档质量的标准；不重视文档编写工作或是对文档编写工作的安排不恰当。

高质量的文档应当体现在以下几个方面。

(1) 针对性：文档编制以前应分清读者对象，按不同的类型、不同层次的读者，决定怎样适应他们的需要。例如，管理文档主要是面向管理人员的，用户文档主要是面向用户的，这两类文档不应像开发文档(面向软件开发人员)那样过多地使用软件的专业术语。

(2) 精确性：文档的行文应当十分确切，不能出现多义性的描述。同一课题若干文档内容应该协调一致，应是没有矛盾的。

(3) 清晰性：文档编写应力求简明，如有可能，配以适当的图表，以增强其清晰性。

(4) 完整性：任何一个文档都应当是完整的、独立的，它应自成体系。例如，前言部分应作一般性介绍，正文给出中心内容，必要时还有附录，列出参考资料等。同一课题的几个文档之间可能有些部分相同，这些重复是必要的。例如同一项目的用户手册和操作手册中关于本项目功能、性能、实现环境等方面的描述是没有差别的。特别要避免在文档中出现转引其他文档内容的情况。例如一些段落并未具体描述，而用"见××文档××节"的方式，这将给读者带来许多不便。

(5) 灵活性：各个不同的软件项目，其规模和复杂程度有许多实际差别，不能同等对待。对于较小或较简单的项目，可做适当调整或合并。例如可将用户手册和操作手册合并成用户操作手册；软件需求说明书可包括对数据的要求，从而去掉数据要求说明书；概要设计说明书与详细设计说明书合并成软件设计说明书等。

(6) 可追溯性：由于各开发阶段编制的文档与各阶段完成的工作有着紧密的关系，前后两个阶段生成的文档，随着开发工作的逐步扩展，具有一定的继承关系。在一个项目各开发阶段之间提供文档必定存在着可追溯的关系。例如某一项软件需求，必定在设计说明书、测试计划以至用户手册中有所体现。必要时应能做到跟踪追查。

6.7.4　软件文档的管理和维护

在整个软件生存期中，各种文档作为半成品或是最终成品，会不断地被生成、修改或补充。为了最终得到高质量的产品，达到上节提出的质量要求，必须加强对文档的管理。以下几个方面是应注意做到的：

(1) 软件开发小组应设一位文档保管人员，负责集中保管本项目已有文档的两套主文本。两套文本内容完全一致。其中的一套可按一定手续，办理借阅。

(2) 软件开发小组的成员可根据工作需要在自己手中保存一些个人文档。这些一般都应是主文本的复制件，注意和主文本保持一致，在做必要的修改时，也应先修改主文本。

(3) 开发人员个人只保存着主文本中与他工作相关的部分文档。

(4) 在新文档取代了旧文档时，管理人员应及时注销旧文档。在文档内容有更改时，管理人员应随时修订主文本，使其及时反映更新了的内容。

(5) 项目开发结束时，文档管理人员应收回开发人员的个人文档。发现个人文档与主文本有差别时，应立即着手解决，这常常是未及时修订主文本造成的。

(6) 在软件开发过程中，可能发现需要修改已完成的文档，特别是规模较大的项目，主文本的修改必须特别谨慎。修改以前要充分估计修改可能带来的影响，并且要按照提议、评议、审核、批准和实施等步骤加以严格的控制。

软件文档作为一类配置项，必须纳入配置管理的范围。在整个软件生命周期中，通过软件配置管理，控制这些配置项的投放和更改，记录并报告配置的状态和更改要求，验证配置项的安全性和正确性以及系统级上的一致性。上面所提到的文档保管员，可能就是软件配置管理员，可通过软件配置信息数据库，对配置项(主要是文档)进行跟踪和控制。

6.8　软件逆向工程和再工程

所谓软件再工程(Reengineering)，是以软件工程学为指导，对老系统进行重新设计、用更先进的程序设计语言重新编码、执行新的测试过程、修改和更新系统结构和系统数据、重新建立其文档等方法，来提高老系统的可维护性。就是说，将新技术和新工具应用于老系统的一种较彻底的预防性维护。

软件再工程作为一种新的预防性维护方法，近年来得到很大发展。它通过逆向工程和软件重构等技术，有效地提高现有软件的可理解性、可维护性和复用性。

典型的软件再工程过程模型如图 6-5 所示，该模型定义了 6 类活动。一般情况下，这些活动是顺序发生的，但每个活动都可能重复，形成一个循环的过程，这个过程可以在任意一个活动之后结束。下面简要地介绍该模型所定义的 6 类活动。

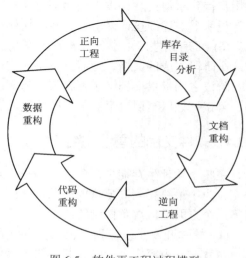

图 6-5　软件再工程过程模型

1. 库存目录分析

每个软件组织都应该保存其拥有的所有应用系统的库存目录。该目录包含关于每个应用系统的基本信息，例如最初构建时间、以往维护情况、访问的数据库、接口情况、文档数量与质量、代码复杂性等。在确定对一个软件实施再工程之前，应收集这些数据，根据业务重要程度、寿命、当前可维护情况等对应用软件进行分析，从中选出再工程的修造者，合理地分配再工程所需要的资源。

2. 文档重构

文档重构就是重新构建原本缺乏文档的应用系统的文档。根据应用系统的重要性和复杂性，可以选择对文档全部重构或维持现状。

老系统固有的特点是缺乏文档。具体情况不同，处理这个问题的方法也不同：

(1) 建立文档非常耗费时间，不可能为数百个程序都重新建立文档。如果一个程序是相对稳定的，正在走向其有用生命的终点，而且可能不会再经历什么变化，那么，让它保持现状是一个明智的选择。

(2) 为了便于今后的维护，必须更新文档，但是由于资源有限，应采用"使用时建文档"的方法，也就是说，不是一下子把某应用系统的文档全部都重建起来，而是只针对系统中当前正在修改的那些部分建立完整文档。随着时间流逝，将得到一组有用的和相关的文档。

(3) 如果某应用系统是完成业务工作的关键，而且必须重构全部文档，则仍然应该设法把文档工作减少到必需的最小量。

3. 逆向工程

软件的逆向工程是分析程序以便在比源代码更高的抽象层次上创建出程序的某种表示的过程，也就是说，逆向工程是一个恢复设计结果的过程，逆向工程工具从现存的程序代码中抽取有关数据、体系结构和处理过程的设计信息。它分析现存程序，以便在比源代码更高的抽象层次上创建出程序的某种描述的过程。逆向工程的过程如图 6-6 所示。

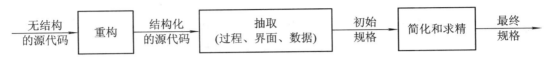

图 6-6　逆向工程的过程

逆向工程的过程从源代码重构开始，将无结构的源代码转换为结构化的源代码，提高源代码的易读性。抽取是逆向工程的核心，内容包括处理抽取、界面抽取和数据抽取。处理抽取可在不同层次上进行，例如语句段、模块、子系统、系统。使用逆向工程工具，可以从已存在程序中抽取数据结构、体系结构和程序设计信息。

4. 代码重构

代码重构是最常见的再工程活动。某些老系统具有比较完整、合理的体系结构，但是，个体模块的编码方式却是难于理解、测试和维护的。在这种情况下，可以重构可疑模块的代码。

为了完成代码重构活动，首先用重构工具分析源代码，标注出和结构化程序设计概念相违背的部分。然后重构有问题的代码(此项工作可自动进行)。最后，复审和测试生成的重构代码(以保证没有引入异常)并更新代码文档。

通常，重构并不修改整体的程序体系结构，它仅关注个体模块的设计细节以及在模块中定义的局部数据结构。如果重构扩展到模块边界之外并涉及软件体系结构，则重构变成了正向工程。

5. 数据重构

对数据体系结构差的程序很难进行适应性修改和增强，事实上，对许多应用系统来说，数据体系结构比源代码本身对程序的长期生存力有更大影响。

与代码重构不同，数据重构发生在相当低的抽象层次上，它是一种全范围的再工程活动。在大多数情况下，数据重构始于逆向工程活动，分解当前使用的数据体系结构，必要时定义数据模型，标识数据对象和属性，并从软件质量的角度复审现存的数据结构。

当数据结构较差时，应该对数据进行再工程。

6. 正向工程

正向工程也称为革新或改造，这项活动不仅从现有程序中恢复设计信息，而且使用该信息去改变或重构现有系统，以提高其整体质量。

正向工程过程应用软件工程的原理、概念、技术和方法来重新开发某个现有的应用系统。在大多数情况下，被再工程的软件不仅重新实现现有系统的功能，而且加入了新功能和提高了整体性能。

6.9　小　结

维护是软件生命周期的最后一个阶段，也是持续时间最长、代价最大的一个阶段。软件工程学的主要目的就是提高软件的可维护性，降低维护的代价。

软件维护通常包括改正性维护、适应性维护、完善性维护、预防性维护4类活动。软件维护不仅限于纠正使用中发现的错误，事实上在全部维护活动中一半以上是完善性维护。

软件的可理解性、可测试性、可修改性、可靠性、可使用性、可移植性和效率，是决定软件可维护性的基本因素。

软件生命周期每个阶段的工作都和软件可维护性有密切关系。良好的设计，完整准确、易读易理解的文档资料，以及一系列严格的复审和测试，使得一旦发现错误时比较容易诊断和纠正，当用户有新要求或外部环境变化时软件能较容易地适应，并且能够减少维护引入的错误。因此，在软件生命周期的每个阶段都必须充分考虑维护问题，并且为软件维护做准备。

文档是影响软件可维护性的决定因素。它可分为用户文档和系统文档两大类。不管是哪一类文档都必须和程序代码同时维护，只有和程序代码完全一致的文档才是真正有价值的文档。

虽然由于维护资源有限，目前预防性维护在全部维护活动中仅占很小比例，但是不应该忽视这类维护活动，在条件具备时应该主动地进行预防性维护。

典型的软件再工程过程模型定义了库存目录分析、文档重构、逆向工程、代码重构、数据重构和正向工程等6类活动。一般情况下，这些活动是顺序发生的，但每个活动都可能重复，形成一个循环的过程。这个过程可以在任意一个活动之后结束。

习　题　6

1. 为什么要进行软件维护？软件维护包括哪四种维护活动？
2. 影响软件维护的因素有哪些？
3. 正确的软件维护方法和过程有哪些具体措施？
4. 决定软件可维护性的因素主要有哪七个？
5. 简述软件维护的副作用。为减少因修改而引起的副作用，要做到哪四个方面的工作？
6. 简述文档的重要性及其分类。
7. 开发软件时或给用户提交发布版本时，为什么要编写软件文档？为什么说文档比程序代码更重要？
8. 软件再工程有何作用？有何意义？
9. 软件维护是否像软件开发一样创造价值？
10. 软件工程的目的是什么？软件维护过程和软件开发过程有何不同？

第 7 章　面向对象软件工程方法学

 知识点

面向对象(OO)的基本概念，统一过程(RUP)，UML，迭代和增量过程。

难点

迭代和增量过程。

基于工作过程的教学任务

通过本章的学习，了解什么是面向对象；从认识论看面向对象方法的形成，深入理解面向对象方法的内涵；了解面向对象的基本概念和基本特征；了解 UML，重点掌握 RUP 模型的基本原理；了解迭代和增量过程，为后续要描述的工作流服务。

用传统的结构化方法开发的软件，其稳定性、可修改性和重用性都比较差，这是因为结构化方法的本质是功能分解，从代表目标系统整体功能的单个处理着手，自顶向下不断把复杂的处理分解为子处理，一层一层地分解下去，直到只剩下容易实现的子处理，然后用相应的工具来描述各个处理。因此，结构化方法是围绕实现处理功能的"过程"来构造系统的。但是，用户需求的变更大部分是针对功能的，因此这种变更对于基于过程的设计来说是灾难性的。用这种方法设计出来的系统结构常常是不稳定的，用户需求的变更往往造成系统结构的较大改变，从而需要花费很大代价才能实现这种变更。面向对象方法能够更好地应对变更，开发出稳定性好、容易修改和便于重用的系统。

7.1　面向对象的概念

面向对象是一种新兴的程序设计方法，或者说它是一种新的程序设计范型，其基本思想是使用对象、类、封装、继承、聚合、关联、消息、多态、重载等基本概念来进行程序设计。自 20 世纪 80 年代以来，面向对象方法已深入到计算机软件领域的几乎所有分支，远远超出了程序设计语言和编程技术的范畴。

面向对象(Object-Oriented，OO)不仅是一些具体的软件开发技术与策略，而且是一整套关于如何看待软件系统与现实世界的关系，用什么观点来研究问题并进行求解，以及如何进行系统构造的软件方法学。

面向对象方法的出发点和基本原则：尽可能模拟人类习惯的思维方式，使开发软件的方法与过程尽可能接近人类认识世界并解决问题的方法与过程。即：使描述现实世界问题的问题空间(也称为问题域)与实现解法的解空间(也称为求解域)在结构上尽可能一致。结构化方法采用了许多符合人类思维习惯的原则与策略(例如自顶向下、逐步求精)，面向对象方法更强调运用人类在日常的逻辑思维中经常采用的思想方法与原则，例如抽象、分类、继承、聚合、封装等，这使得软件开发人员能更有效地思考问题，并以其他人也能看得懂的方式把自己的认识表达出来。

具体地讲，面向对象方法有下面一些主要特点：

- 从问题域中客观存在的事物出发来构造软件系统，用对象作为对这些事物的抽象表示，并以对象作为系统的基本构成单位；
- 事物的静态特征(即可以用一些数据来表达的特征)用对象的属性表示,事物的动态特性(即事物的行为)用对象的操作表示；
- 对象的属性与操作结合，构成一个独立的实体，对外屏蔽其内部细节(封装性)；
- 对事物进行分类，把具有相同属性和相同操作的对象归为一类，类是相似对象的抽象描述，每个对象是类的一个实例；
- 通过在不同程度上运用抽象的原则(较多或较少地忽略事物之间的差异)，可以得到一般类和特殊类。特殊类继承一般类的属性与操作，面向对象方法支持对这种继承关系的描述与实现，从而简化系统的构造过程及其文档；
- 复杂的对象可以用简单的对象组合而成(聚合)；
- 对象之间通过消息进行通信，以实现对象之间的动态联系；
- 用关联表达某些类之间对用户业务有特定意义的实例关系。

从上面可以看到，在用面向对象方法开发的系统中，以类的形式进行描述并由这些类创建的对象为基本构成单位来构造系统。这些对象对应着问题域中的各项事物，它们内部的属性与操作刻画了事物的静态特征和动态特性。对象类之间的继承、聚合、关联、消息等关系如实地表达了问题域中事物之间实际存在的各种关系。因此，无论是系统的构成成分，还是通过这些成分之间的关系而体现的系统结构，都可直接地映射问题域。

通过以上的介绍，对什么是面向对象有了一个大致的了解。而对于"面向对象"，有以下几种定义：

- 一种使用对象(将属性与操作封装为一体)、消息传递、类、继承、多态和动态绑定来开发问题域模型之解的范型；
- 一种基于对象、类、实例和继承等概念的技术；
- 用对象作为建模的原子；
- 用来描述一些基于下述概念的东西：封装、对象(对象的标识、属性和操作)、消息传递、类、继承、多态、动态绑定；
- 用来描述一种把软件组织成对象集合的软件开发策略，对象中既包含数据也包括操作。

面向对象方法最主要的应用范围仍是软件开发。在软件生命周期的各个阶段(包括需求、分析、设计、实现、测试与维护)，以及与软件开发有关的各个领域(如人机界面、数据库、软件复用、分布式计算、形式化方法、CASE 工具与环境等)，都受到面向对象技术的重大影响，形成或正在形成以面向对象为特色的新理论和新技术。因此，如果在这个范围讨论问题，可将面向对象方法定义为：

面向对象方法是一种运用对象、类、继承、封装、聚合、关联、消息、多态性等概念来构造系统的软件开发方法。

7.2　从认识论看面向对象方法的形成

对问题域的正确认识是软件开发工作的首要任务，没有对问题域的正确认识，就不可能产生一个正确的系统。而描述只是把开发人员对问题域的认识表达出来，最终产生机器能够理解和执行的系统实现。

7.2.1　软件开发——对事物的认识和描述

软件开发是对问题域求解的过程。按照软件工程学对软件生命周期的划分，软件开发过程包括需求、分析、设计、实现、测试和维护等主要阶段。从认识论的角度看，整个软件开发过程又可归结为两项主要活动，即人们对所要解决的问题域及其相关事物的认识和基于这种认识所进行的描述。

所谓"认识"，是指在要处理的问题域内，通过人的思维对该问题域客观存在的事物，以及要解决的问题产生正确的认识和理解，包括弄清事物的属性、行为及其关系，并找出解决问题的方法。

所谓"描述"，是指用一种语言把人们对问题域的认识、对问题及其解决方案的认识描述出来，最终描述必须使用计算机读得懂的语言，即编程语言。

粗略地划分，可以把分析与设计视为对问题及其解决方案的认识，把实现视为对解决方案的描述。细致地划分，分析和设计阶段本身也包括描述，即按特定的软件开发方法所提供的建模概念和表示法来建立分析模型和设计模型，并产生相关的文档；实现阶段也包括一定的认识和理解活动，特别是在传统的软件开发方法中，分析文档和设计文档不能很好地映射问题域，程序员在书写程序之前，往往需要在分析、设计文档的帮助下，对程序要描述的事物进行再认识。

7.2.2　语言的鸿沟

开发人员对问题域的认识是人类的一种思维活动。人类的任何思维活动都是借助于熟悉的某种自然语言进行的。而系统的最终实现必须用计算机能够阅读和理解的编程语言来对系统进行描述，人们习惯使用的自然语言和计算机能够执行的编程语言之间存在着很大的差距，这种差距称为"语言的鸿沟"，实际上也就是认识和描述之间的鸿沟(见图 7-1)。

语言的鸿沟意味着什么呢？一方面，人借助自然语言对问题域所产生的认识远远不能被机器理解和执行；另一方面，机器能够理解的编程语言又很不符合人的思维方式。开发人员需要跨越两种语言之间的鸿沟，即从思维语言过渡到描述语言，这种过渡并没有一种准确可靠的方法，因此往往要耗费开发人员的许多精力，也是很多错误的发源地。

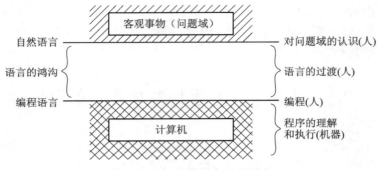

图 7-1　认识和描述之间的鸿沟

7.2.3　面向对象编程语言的发展使鸿沟变小

随着机器语言、汇编语言、高级语言等编程语言从低级向高级的发展,语言的鸿沟也在逐渐变小。面向对象的编程语言(Object-Oriented Programming Language, OOPL)与以往各种语言有着根本的不同,其设计目标就是为了能更直接地描述问题域中客观存在的事物(即对象)及其关系,主要体现在以下几点:

(1) 客观世界(问题域)是由具体事物构成的。每个事物有自己的静态特征(可以由一组数据表示)和动态特性(事物的行为或功能,可以由一组操作表示)。

(2) 客观世界中的事物既具有共同性又具有特殊性。人类认识客观世界的基本方法之一是对事物进行分类,即:根据事物的共性把事物归结为某些类;考虑一个类中一部分事物的特殊性可得到这个类的子类,子类既有父类的普遍性又有自己的特殊性。

(3) 客观世界中较为复杂的事物往往是由一些比较简单的事物构成的,例如,一架飞机由机舱、机翼和发动机等构成。OOPL 中提供了描述这种组成关系的功能,即聚合。

(4) 客观世界中的每个事物通常是一个独立的整体,它的许多内部细节是外部不必关心的。OOPL 的封装机制把对象的属性和操作结合为一个整体,屏蔽了对象的内部细节。

(5) 客观世界中各事物之间存在着某些关系,例如,在教师和课程之间,需要指明哪些教师承担了哪些课程。OOPL 用关联来表示类之间的这种关系。

(6) 客观世界中的一个事物可能与其他事物存在某种行为上的联系,例如,采购员购入一次货物要引起会计的一次账目处理。OOPL 用消息表示对象之间的动态联系。

综上所述,面向对象的编程语言使程序能够比较直接地反映客观世界的本来面目,并且使软件开发人员能够运用人类日常思维方法来进行软件开发。

图 7-2 表示,随着编程语言由低级向高级发展,它们与自然语言之间的鸿沟在逐渐变小。

在图 7-1 和图 7-2 中,从编程语言到计算机之间的深色阴影表示这部分工作是由机器自动完成的,基本不需要开发人员花费精力了。自然语言与问题域之间的浅色阴影表明这样的意思:虽然人们借助自然语言来认识和理解问题域属于人类的日常思维活动,不存在语言的鸿沟,但是不能说这一区域已经不存在问题。第一个问题是:虽然人人都会运用某种自然语言,但不一定都能正确地认识客观世界,因为认知需要有正确的思维方法。第二个问题是:在软件开发过程中,要求人们比在日常生活中对问题域有更深刻、更准确的理解，这需要许多以软件专业知识为背景的思维方法。这些问题正是软件工程学所要解决的。

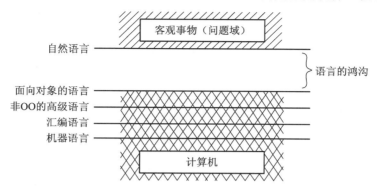

图 7-2　编程语言的发展使语言的鸿沟变小

7.2.4　软件工程学的作用

　　软件开发是对问题域的认识和描述，那么软件工程学起什么作用呢？从认识事物方面看，它在分析阶段提供了一些对问题域的分析和认识方法；从描述事物方面看，它在分析和设计阶段提供了一些从问题域逐步过渡到编程语言的描述手段。这如同在语言的鸿沟上铺设了一些平坦的路段，但是在传统的软件工程方法中，这些路段并不连续，也就是说，并没有完全填平语言之间的鸿沟(如图 7-3 所示)。而在面向对象的软件工程方法中，从面向对象的分析(Object-Oriented Analysis, OOA)到面向对象的设计(Object-Oriented Design, OOD)，再到面向对象的实现(Object-Oriented Implementation, OOI)，都是紧密衔接的，填平了语言之间的鸿沟。

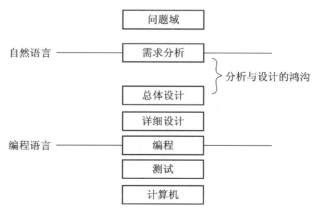

图 7-3　没有完全填平语言鸿沟的传统软件工程方法

1. 传统的软件工程方法

　　传统的软件工程方法指面向对象方法出现之前的各种软件工程方法，这里主要讨论结构化方法所起的作用。

　　1) 需求分析

　　传统的软件工程方法中的需求分析对问题域的认识和描述不是以问题域中的固有事物作为基本单位，并保持原貌，而是打破了各项事物之间的界限，在全局范围内以功能、数据或数据流为中心来进行分析。例如，功能分解法把整个问题域看成一些功能和子功能；数据流法则把整个问题域看成一些数据流和加工。所以这些方法的分析结果不能直接映射问题域，而是经过了不同程度的转化和重新组合。因此，传统的分析方法容易隐藏一些对问题域的理解偏差，与后续开发阶段的衔接也比较困难。

2) 总体设计和详细设计

传统的软件工程方法中的设计文档很难与分析文档对应，原因是二者的概念体系不一致。结构化分析的结果——数据流图和结构化设计的结果——模块结构图是基于两种不同的概念体系。数据流图中的一个数据流，既不能对应模块结构图中的模块的数据，也不能对应模块间的调用关系，数据流图中的一个加工也未必对应模块结构图中的一个模块。分析与设计之间在概念体系上的不一致称为"分析与设计的鸿沟"，它给从分析到设计的过渡带来了较大的困难。所谓"从分析到设计的转换"，实际上并不存在可靠的转换规则，而是带有人为的随意性，往往因为工程人员的理解错误而埋下隐患。分析与设计的鸿沟带来的另一个后果是，设计文档与问题域的原貌相差更远了，因为其中经过了两次扭曲：一次发生在分析阶段，一次发生在从分析到设计的"转换"阶段。当程序员手持设计文档进行编程时，已经难以透过这些文档看到问题域的原貌了。

3) 实现、测试和维护

从理论上讲，从设计到实现、从实现到测试、从运行到维护应能较好地衔接，即在这些阶段之间不存在明显的鸿沟。但是，由于分析方法的缺陷很容易产生对问题域的错误理解，而分析与设计的鸿沟很容易造成设计人员对分析结果的错误转换，所以在实现时程序员往往需要对分析和设计人员已经认识过的事物重新进行认识，并可能产生不同的理解。在实际开发过程中常常看到，后期开发阶段的人员不断地发现前期阶段的错误，并按照自己的理解进行工作，所以每两个阶段之间都会出现不少变化，其文档不能很好地衔接。

无论如何，各种传统的软件工程方法的历史作用是毋庸置疑的。它们在自然语言和编程语言之间的鸿沟上铺设了一些平坦的路段(尽管还不太连贯)，其作用与不足，也为面向对象方法提供了有益的借鉴。

2. 面向对象的软件工程方法

面向对象的软件工程方法是面向对象理论在软件工程领域的全面运用。它包括面向对象的分析(OOA)、面向对象的设计(OOD)、面向对象的实现(OOI)、面向对象的测试(Object-Oriented Test, OOT)和面向对象的软件维护(Object-Oriented Software Maintenance, OOSM)等主要内容，如图7-4所示。

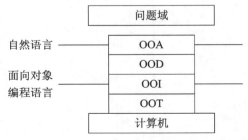

图7-4 面向对象的软件工程方法

1) 面向对象的分析

OOA 强调直接以问题域中客观存在的事物来识别系统中的对象。用对象的属性和操作分别描述事物的静态特征和动态特性。问题域中有哪些与需求有关的事物，OOA 模型中就应该有哪些对象，对象及其属性和操作的命名都强调与客观事物保持一致。此外，OOA 模型也保持了问题域中各项事物之间关系的原貌。这包括：把有相同属性和相同操作的对象归结为一类；用一般—特殊结构描述一般类与特殊类之间的关系，即继承关系；用整体—部分结构描述事物间的组成关系，即聚合关系；用关联表示事物之间的静态联系；用消息表示事物之间的动态联系。可以看到，无论是对问题域中的单个事物，还是对各项事物之间的关系，OOA 模型都保留着它们原有的基本面貌，而没有加以转换和扭曲，也没有打破原有的界限而重新组合，所以，OOA 模型能够很好地映射问题域。

2) 面向对象的设计

OOA 与 OOD 的职责划分是：OOA 针对问题域和系统责任，运用 OO 方法，建立一个能直接映射问题域、满足用户需求的 OOA 模型，不考虑与系统实现条件有关的因素(例如，采用什么编程语言、图形用户界面、数据库等)，从而使 OOA 模型独立于具体的实现；OOD 是在 OOA 模型基础上，针对具体的实现条件，运用 OO 方法进行系统设计，其中既包括全局性的设计决策，也包括对象细节的完善。根据具体的实现条件，一方面要对 OOA 模型做某些必要的修改和调整，将其结果作为 OOD 的组成部分；另一方面要增加若干新的组成部分，以解决人机交互、控制驱动及数据存储等方面的问题。

OOA 与 OOD 采用一致的概念和表示法，这是面向对象分析与设计优于传统软件工程方法的重要原因之一。这使得从 OOA 到 OOD 不存在转换，只有局部的修改或调整，并增加几个与实现有关的独立部分。因此，OOA 与 OOD 之间不存在传统方法中分析与设计之间的那种鸿沟，二者能够紧密衔接，从而大大降低了从 OOA 过渡到 OOD 的难度、工作量和出错率。

3) 面向对象的实现

面向对象的实现又称为面向对象的编程(Object-Oriented Programming, OOP)，是使面向对象的软件开发最终落到实处的重要阶段。现在，在 OOA、OOD 和 OOP 一系列的软件工程阶段中，OOP 的分工就比较简单了：认识问题域和设计系统成分的工作已经在 OOA 和 OOD 阶段完成，OOP 的工作只是用一种面向对象的编程语言把 OOD 模型中的每个成分编写为程序代码而已。

OOP 阶段产生的程序能够紧密地对应 OOD 模型；OOD 模型中一部分对象类对应 OOA 模型，其余部分的对象类对应与实现有关的因素；OOA 模型中全部类及对象都对应问题域中的事物。这样的映射关系不但提高了开发工作的效率和质量，而且对开发以后的维护工作有更长远的意义。

4) 面向对象的测试

面向对象的测试(OOT)是指：对于用 OO 技术开发的软件，在测试过程中继续运用 OO 技术，进行以对象概念为中心的软件测试。

用 OO 技术开发的软件含有大量与 OO 方法相关的概念、原则以及与之有关的语法与语义信息。在测试过程中发掘并利用这些信息，继续运用 OO 的概念与原则来组织测试，可以更准确地发现程序错误并提高测试效率。有利于 OOT 的另一个因素是对象的继承性，对父类的测试完成之后，子类的测试重点只是那些新定义的属性和操作。

对于用 OOA 和 OOD 建立模型并由 OOPL 编程的软件，OOT 可以发挥更强的作用——通过捕捉 OOA 和 OOD 模型信息，检查程序与模型不匹配的错误，这一点是传统软件工程方法难以达到的。

从这些方面可以看出，面向对象的软件工程比传统的软件工程更有优势，更适合开发大型、复杂的系统，是目前软件开发的主流技术。

7.3 面向对象方法的基本概念

面向对象方法更强调运用人类在日常的逻辑思维中经常采用的思想方法与原则，例如抽象、分类、继承、聚合、封装等，使用这些方法和原则，将对象抽象成类，用类之间的继承、聚合、关联、消息等关系表达问题域中事物之间实际存在的各种关系。下面就来了解面向对象的基本概念和特征。

7.3.1 面向对象的基本概念

1．对象

对象是要研究的任何事物。从一本书到一家图书馆，简单的整数到整数列，庞大的数据库、极其复杂的自动化工厂、航天飞机等都可看作对象，它不仅能表示有形的实体，也能表示无形的(抽象的)规则、计划或事件。对象由数据(描述事物的属性)和作用于数据的操作(体现事物的行为)构成一个独立的整体。从程序设计者的角度看，对象是一个程序模块，从用户的角度看，对象提供了他们所希望的行为。对内的操作通常称为方法。一个对象请求另一对象为其服务的方式是发送消息。

2．类

类是对象的模板。类是对一组具有相同数据和相同操作的对象的定义，一个类所包含的方法和数据描述一组对象的共同属性和行为。类是在对象之上的抽象，对象则是类的具体化，是类的实例。类可以有子类，也可以有其他类，形成类的层次结构。

3．消息

消息是对象之间进行通信的一种规格说明，一般由三部分组成：接收消息的对象、消息名及参数列表。

7.3.2 面向对象的主要特征

1．封装性

封装是一种信息隐藏技术，它体现了类的说明，是对象的重要特性。封装将数据和加工数据的方法(函数)封装为一个整体，成为独立性很强的模块，使用户只能见到对象的外部特性(对象能接受哪些消息，具有哪些处理能力)，而对象的内部特征(保存内部状态的私有数据和实现加工能力的算法)对用户是隐藏的。封装的目的在于把对象的设计者和对象的使用者分开，使用者不必知晓行为实现的细节，只须使用设计者提供的消息来访问对象即可。

2．继承性

继承性是子类共享父类数据和方法的机制，由类的派生功能实现，一个类直接继承父类的全部描述，同时能进行修改和扩充。

继承具有传递性。继承分为单继承(一个子类只有一个父类)和多重继承(一个子类可以有多个父类)。类的对象是各自封闭的，如果没有继承性机制，则类对象中数据、方法就会出现大量重复。继承不仅支持系统的可重用性，而且还促进系统的可扩充性。

3. 多态性

对象根据接收的消息而做出动作。同一消息为不同的对象接收时可产生完全不同的行动，这种现象称为多态性。利用多态性，用户可发送一个通用的信息，而将所有的实现细节留给接收消息的对象来处理，这样，同一消息就可以调用不同的实现方法。例如，将 print 消息发送给一张图或表时调用的打印方法与将同样的 print 消息发送给一个正文文件而调用的打印方法会完全不同。多态性的实现受继承性的支持，利用类继承的层次关系，把具有通用功能的协议(方法)存放在类层次的高层，而将实现这一功能的不同方法置于较低层次，这样，在低层次上生成的对象就能对通用消息做出不同的响应。在 OOPL 中可通过在派生类中重定义基类方法(函数)来实现多态性。

综上可知，在 OO 方法中，对象和传递消息分别表现事物及事物间相互联系的概念，类和继承是适应人们一般思维方式的描述方式，方法是允许作用于该类对象上的各种操作，这种对象、类、消息和方法的程序设计方式的基本点在于对象的封装性和类的继承性。通过封装将对象的定义和对象的实现分开，通过继承体现类与类之间的关系，以及由此带来的动态联编和实体的多态性，就构成了面向对象的基本特征。

7.4　统一过程与统一建模语言

7.4.1　统一过程概述

统一过程(Unified Process，UP)是一个软件开发过程，软件开发过程是一个将用户需求转化为软件系统所需活动的集合，如图 7-5 所示。

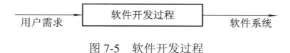

用户需求　软件开发过程　软件系统

图 7-5　软件开发过程

统一过程是基于构件的，所构造的软件系统是由软件构件通过明确定义的接口相互连接而建造起来的。统一过程使用统一建模语言(UML)来建立软件系统的所有模型，统一过程的突出特点是用例(use case)驱动、以构架为中心、迭代(iteration)和增量的。

1. 用例驱动

软件系统是为用户服务的。因此，要想构造一个成功的软件系统，就必须了解预期用户的希望和需要是什么。

用户使用自动取款机(Automatic Teller Machine, ATM)就是一个交互的例子，用户插入银行卡，然后对取款机屏幕上出现的询问信息做出恰当的应答，便可以提取一定数额的现金。作为对用户的取款卡和应答的响应，系统执行一系列有序的动作，提供给用户一个有价值的结果，即取出现金。这种交互就是一个用例。

用例向用户提供系统的功能，用例获取的是功能需求，所有用例合在一起构成用例模型，描述了系统的全部功能，用来代替传统的系统功能说明。传统的系统功能说明回答了这样一个问题，即"系统应该做什么？"；而用例方法则刻画出了"系统应该为每个用户做什么？"，这就要求从系统对用户提供的价值方面来考虑问题，而不仅仅限于提供强大的功能。

用例不只是一种确定系统需求的工具，还能驱动系统设计、实现和测试的进行，也就是说，用例可以驱动开发过程。基于用例模型，开发人员可以创建一系列用例的设计和实现模型，开发人员也可以审查后续建立的模型是否与用例模型一致，测试人员测试实现以确保实现模型的构件正确实现了用例。因此，用例不仅启动了开发过程，而且使其结合为一个整体。

用例虽然可以驱动过程，但不能孤立地选择用例，它们与系统构架是协调发展的。也就是说，用例驱动系统构架，系统构架反过来影响用例的选择。因此，系统构架和用例会随着生命周期的延续而逐渐完善。

2．以构架为中心

软件构架包含了系统中最重要的静态特征和动态特性。构架技术是根据企业的需要逐渐发展起来的，受用户和其他项目相关人员需求的影响，在用例中得到反映；而且，构架技术也受其他许多因素的影响，如软件应用平台(例如计算机体系结构、操作系统、数据库管理系统、网络通信协议等)、是否有可重用的构件(例如图形用户界面框架)、如何考虑实施问题、如何与遗留系统集成以及非功能性需求(例如性能、可靠性)等。构架刻画了系统的整体设计，省略了细节部分，突出了系统的重要特征。

用例和构架是如何相关的呢？每种产品都有功能和表现形式两方面的特征，只具备其中的一个方面是不够的，对这两个方面必须权衡才能得到成功的产品，这里的功能与用例对应，表现形式与构架对应。用例和构架之间是相互影响的，这是一个"鸡与蛋"的问题。一方面，用例在实现时必须适合构架；另一方面，构架必须预留空间以实现现在或将来所需要的用例。事实上，构架和用例必须并行演化。

因此，构架设计师通过某种表现形式来描述系统。这种表现形式(即构架)的设计必须使系统能够演化，不仅要考虑系统的初始开发，而且要考虑系统将来的扩展。要想找到这样的表现形式，构架设计师必须全面了解系统的主要功能(即主要用例)。主要用例的数量可能只占所有用例的 5%～10%，但却十分重要，它们构成了系统的核心功能。

3．迭代和增量的过程

开发商业软件产品是一项艰巨的任务，可能会持续几个月甚至一年以上。因此，通常将一个大项目划分为较小的部分或一系列小项目，每个小项目能够进行一次迭代并产生一个增量。迭代指工作流中的步骤，而增量是指产品中增加的部分。要想获得最佳效果，迭代过程必须是受控的，也就是说，必须按照计划好的步骤有选择地执行。

在每次迭代过程中，开发人员标识并详细描述有关的用例，以选定的构架为向导来创建设计，用构件来实现设计，并验证这些构件是否满足用例。如果一次迭代达到了目标，开发工作便可以进入下一次迭代。如果一次迭代未能达到预期的目标，开发人员必须重新审查前面的方案，并尝试新的方法。

用例驱动、以构架为中心以及迭代和增量开发的概念是同等重要的，构成了统一过程的核心。构架提供一种结构来指导迭代过程中的工作，而用例则确定目标并驱动每次迭代工作的进行。

7.4.2 统一过程生命周期

统一过程是由一系列循环组成的系统生命周期，如图 7-6 所示，每次循环都向用户提供一个产品版本或增量。

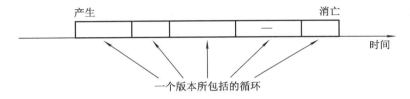

图 7-6 由循环组成的产生到消亡的过程生命周期

每次循环都包括四个阶段：初始、细化、构造和移交，每个阶段进一步细分为上面提到的多次迭代过程，如图 7-7 所示。

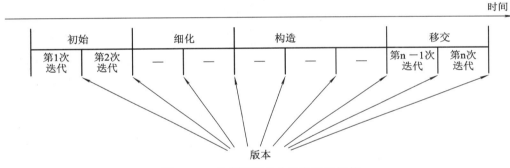

图 7-7 一次循环所包含的阶段和迭代

1. 产品

产品也称工件或制品。每次循环都产生系统的一个新版本，每个版本都是一个准备交付的产品，包括由能够编译和运行的构件所体现的源代码、各种手册和相关的制品。完成的产品不仅要满足各种用户的需求，还要满足所有产品相关人员的各种需求。因此，软件产品不应该仅仅是可以运行的程序。

完成的产品包括功能需求、用例、非功能性需求和测试用例，还包括构架和可视化的模型(即用 UML 建立的模型化制品)。通过这些元素，所有产品相关人员(客户、用户、分析人员、设计人员、实现人员、测试人员和管理人员等)能够详细描述、设计、实现、测试和使用系统。而且，正是这些元素才使产品相关人员能够使用迭代来更新系统。

尽管对用户来说可执行的构件是最重要的制品，但是只有这些是远远不够的，因为环境在不断变化。操作系统、数据库和作为基础的计算机都在不断发展，此外，随着更深入地了解任务，需求本身可能会发生变化。为了高效地完成这一循环过程，开发人员需要该软件产品的所有制品，如图 7-8 所示。

图 7-8 所示模型表示模型之间具有跟踪依赖关系，虚线表示了用例模型和其他模型之间的跟踪依赖关系。

- 用例模型：包含所有用例及其与参与者之间的关系；
- 分析模型：有两方面的作用，即更详细地提炼用例，将系统的行为初步分配给提供行为的一组对象；
- 设计模型：将系统静态结构定义为子系统、类和接口，并定义由子系统、类和接口之间的协作所实现的用例；
- 实施模型：定义计算机的物理节点和构件到这些节点的映射；
- 实现模型：包括构件(表现为源代码)和类到构件的映射；
- 测试模型：描述用于验证用例的测试用例。

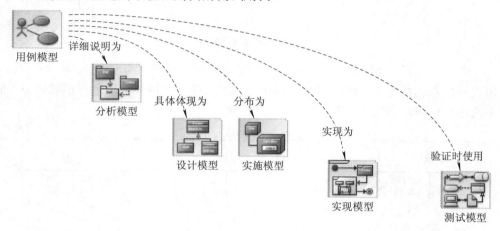

图 7-8   统一过程的模型

当然，该模型还包括构架的表示，还可能包括描述系统业务情境的领域模型或业务模型。

所有这些模型都是相关的，表达的是系统的某个侧面，合起来描述整个系统。模型元素到其他模型的链表明了模型中的元素前后之间存在跟踪依赖关系。例如，用例可以跟踪到用例的分析、设计、实现和部署，再跟踪到测试用例，这有助于系统的理解和修改。

2. 阶段

每次循环都要经历一定的时间，可分为四个阶段，如图 7-9 所示。通过模型，所有与产品相关的人员都可以看到每个阶段中要发生的事情。每个阶段，管理人员或开发人员又可以将本阶段工作进一步细分为多次迭代过程以及每次迭代所产生的增量，每个阶段都以里程碑作为结束标志。

图 7-9 左侧列出了开发过程的工作流——需求、分析、设计、实现和测试。曲线图近似描述了工作流在每个阶段中的完成情况。每个阶段通常又进一步细分为多次迭代过程或小项目。典型的迭代过程经历全部五种工作流，图 7-9 中标出了细化阶段的一次迭代。

(1) 初始阶段(Inception Phase)：提出将一个想法开发为最终产品的构想，指出产品的业务实例。本质上，该阶段回答下面的问题：

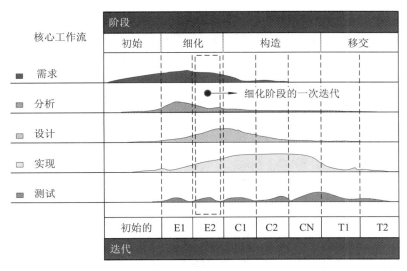

图 7.9　RUP 统一软件开发过程

- 系统为主要用户提供的基本功能是什么？
- 系统的构架看起来是什么样子的？
- 开发产品的计划如何？开销多大？

(2) 细化阶段(Elaboration Phase)：详细说明产品的绝大多数用例，并设计系统构架。系统构架和系统本身的关系是至关重要的，构架就像是由皮肤所覆盖的骨架，在皮肤和骨骼之间只有很少量骨架产生基本动作的肌肉(即软件)，系统则是包括了骨架、皮肤和肌肉的整个躯体，所以，构架表示为系统中所有模型的不同视图，合起来表示整个系统，这意味着构架包括了用例模型、分析模型、设计模型、实现模型和实施模型的视图。实现模型的视图包含了一些构件，以证明构架是可以运行的。在这个阶段所确定的关键用例都要在这个阶段具体化，该阶段的结果是构架基线(通过评审的构架)。

细化阶段末期，项目经理要规划完成项目的活动，估算完成项目所需的资源。关键问题是：用例、构架和计划是否足够稳定可靠，风险是否得到充分控制，以便能够按照合同的规定完成整个开发任务。

(3) 构造阶段(Construction Phase)：将构造最终产品——为骨架(构架)增加肌肉(完成的软件)。这个阶段，构架基线逐渐开发成完善的系统，初始阶段形成的构想演化成一个准备移交给用户的产品。这个阶段，会消耗所需的大部分资源。尽管开发人员可能发现更好的构造系统的方法，可能会建议构架设计师对构架进行细微变动，系统构架仍然是稳定可靠的。这个阶段末期，产品将包括管理层和客户对发布的版本达成共识的所有用例。产品不可能是完全没有缺陷的，很多缺陷将在移交阶段发现和改正。里程碑处要回答的问题是，早期交付给客户的产品是否完全满足了用户的需求？

(4) 移交阶段(Transition Phase)：包括了产品进入 β 版本的整个阶段。β 版本期间，少数有经验的用户试用产品并报告产品的缺陷和不足，开发人员则改正所报告的问题，并将部分改进建议嵌入到通用版本中。移交阶段包括制作手册、用户培训、提供在线支持以及改正缺陷等活动。

3. 统一过程是一个综合的过程

统一过程是基于构件的，采用可视化建模标准，即统一建模语言(UML)，依赖三个关键内容——用例、构架以及迭代和增量开发。要使这些思想能够发挥作用，需要一个包括多方面的过程，要考虑到生命周期、阶段、工作流、风险缓解、质量控制、项目管理和配置管理等。统一过程建立了集成所有这些方面的框架，在框架下，工具厂商和开发人员可以借助生产工具来支持过程自动化，支持专门的工作流，构造所有不同的模型，完成跨越生命周期和所有模型的集成工作。

7.4.3　统一建模语言

可视化建模技术在软件开发中正日益扮演着越来越重要的角色。为了便于交流，选择一种合适的建模语言就显得至关重要，统一建模语言就是一种最佳的选择。

统一建模语言(Unified Modeling Language，UML)是对象管理组织(Object Management Group,OMG)制定的一个通用的、可视化的建模语言标准，可以用来可视化(Visualize)、描述(Specify)、构造(Construct)和文档化(Document)软件密集型系统的各种工件(Artifacts)。它是由信息系统和面向对象领域的三位著名的方法学家 Grady Booch、James Rumbaugh 和 Ivar Jacobson(three Amigos，三友)提出的。这种建模语言已经得到了工业界的广泛支持和应用，目前已经成为 ISO 国际标准。在选择 UML 建模时，需要注意以下几个方面的问题：

(1) UML 不是一种程序设计语言，而是一种可视化的建模语言。它比 C++、Java 这样的程序设计语言抽象层次更高，可以适用于任何面向对象的程序设计语言。

(2) UML 不是工具或知识库的规格说明，而是一种建模语言规格说明，是一种表示模型的标准。

(3) UML 不是过程，也不是方法，但允许任何一种过程和方法使用它。

UML 的产生经历了一个漫长的发展历程。从 20 世纪 80 年代初期开始，众多的方法学家都在尝试用不同的方法进行面向对象的分析与设计。许多方法开始在一些项目中发挥作用，如 Booch、OMT、Shlaer/Mellor、Odell/Martin\RDD\Objectory 等。到了 20 世纪 90 年代中期出现了比较完善的面向对象方法，著名的有 Booch 94、OMT-2、OOSE、Fusion 等，那时面向对象方法已经成为软件分析和设计方法的主流。

1994 年 10 月，Grady Booch 和 James Rumbaugh 开始致力于这一工作。他们首先将 Booch 93 和 OMT-2 统一起来，并于 1995 年 10 月发布了第一个公开版本，称之为统一方法 UM (Unified Method)0.8。1995 年秋，OOSE 的创始人 Ivar Jacobson 加盟这一工作。经过 Booch、Rumbaugh 和 Jacobson 三人的共同努力，于 1996 年 6 月和 10 月分别发布了两个新的版本，即 UML 0.9 和 UML 0.91，并将 UM 重新命名为 UML(Unified Modeling Language)。之后，UML 在 OMG 的管理下不断发展，相继推出了 1.2、1.3、1.4、1.5、2.0、2.1.1、2.1.2、2.2、2.3、2.4、2.4.1 等多个版本，并最终成为 ISO 国际标准，其中 UML1.4.2 对应于 ISO/IEC19501:2005 国际标准，而 UML2.1.2 及后续版本对应于 ISO/IEC19505-1:2012(基础结构)和 ISO/IEC19505-2:2012(上层结构)。UML 的发展过程可用图 7-10 来表示。

UML 是一种定义良好、易于表达、功能强大且普遍适用的建模语言，融入了软件工程领域的新思想、新方法和新技术，其作用域不限于支持面向对象的分析与设计，还支持从需求分析开始的软件开发的全过程。

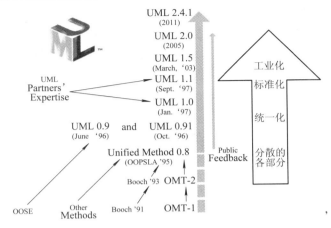

图 7-10　UML 的产生和发展历程

作为一种建模语言，UML 包括 UML 语义和 UML 表示法两个部分。

(1) UML 语义：描述基于 UML 的精确元模型定义。元模型为 UML 的所有元素在语法和语义上提供了简单、一致、通用的定义性说明，使开发者能在语义上取得一致，消除了因人而异的最佳表达方法所造成的影响。此外，UML 还支持对元模型的扩展定义。

(2) UML 表示法：定义 UML 符号的表示法，为开发者或开发工具使用这些图形符号和文本语法为系统建模提供了标准。这些图形符号和文字所表达的是应用级的模型，在语义上是 UML 元模型的实例。

标准建模语言 UML 的重要内容可以由五类图来定义。

(1) 用例图(Use Case Diagram)，从用户角度描述系统功能，并指出各种功能的操作者。

(2) 静态图(Static Diagram)，包括类图、对象图和包图。

(3) 行为图(Behavior Diagram)，描述系统的动态模型和组成对象间的交互关系。行为图包括：状态图、活动图、顺序图和通信图。

(4) 交互图(Interactive Diagram)，描述对象间的交互关系。其中顺序图显示对象之间的动态合作关系，强调对象之间消息发送的顺序，同时显示对象之间的交互；通信图描述对象之间的协作关系，通信图跟顺序图相似，显示对象间的动态合作关系。除显示信息交换外，通信图还显示对象以及它们之间的关系。如果强调时间和顺序，则使用顺序图；如果强调上下级关系，则选择通信图。这两种图合称为交互图。

(5) 实现图(Implementation Diagram)。实现图主要包含构件图和部署图。

从应用的角度看，当采用面向对象技术设计系统时，首先是描述需求；其次根据需求建立系统的静态模型，以构造系统的结构；第三步是描述系统的行为。其中在第一步与第二步中所建立的模型都是静态的，包括用例图、类图(包含包)、对象图、构件图和部署图等五个图形，是标准建模语言 UML 的静态建模机制。第三步中所建立的模型或者可以执行，或者表示执行时的时序状态或交互关系，包括状态图、活动图、顺序图和通信图等图形，是标准建模语言 UML 的动态建模机制。因此，标准建模语言 UML 的主要内容也可以归纳为静态建模机制和动态建模机制两大类。

UML 的目标是以面向对象图的方式来描述任何类型的系统，具有很宽的应用领域。其中最常用的是建立软件系统的模型，但也同样可以用于描述非软件领域的系统，如机械系统、企业机构或业务过程，以及处理复杂数据的信息系统、具有实时要求的工业系统或工业过程等。总之，UML 是一个通用的标准建模语言，可以对任何具有静态结构和动态行为的系统进行建模，它适用于以面向对象技术来描述任何类型的系统，而且适用于系统开发的不同阶段，从需求规格描述直至系统完成后的测试和维护。

7.5   迭代和增量过程

软件过程要做到更有效，则需要有一系列非常清晰的里程碑，以便为项目经理和项目组的其他人员提供一个准则，以此来认可产品周期是否可以从一个阶段进入下一个阶段。

在每个阶段中，过程需要经历一系列的迭代和增量来满足这些准则。

(1) 初始阶段的根本准则是可行性，通过下面的方式达到：

- 确定并降低影响系统可行性的关键风险；
- 通过用例建模将需求的关键子集转化为候选构架；
- 在宽限条件下，对成本、工作量、进度和产品质量进行初步估计；
- 在宽限条件下，开始对值得做的项目创建业务案例。

(2) 细化阶段的根本准则是在经济框架内构造系统的能力，通过下面的方式达到：

- 确定并降低对系统构造有重大影响的风险；
- 确定代表待开发功能的大部分用例；
- 将候选构架扩展为可执行的基线部分；
- 制定足够详细的项目计划来指导构造阶段；
- 在较严的条件下进行估计，以便调整项目的商业报价；
- 对值得做的项目确定业务案例的最终方案。

(3) 构造阶段的根本准则是使系统能够在用户环境下完成最初的操作，需要通过一系列迭代，得到周期性的构造和增量。这样在完成该阶段时，系统可行性便会以可执行的形式明确表现出来。

(4) 移交阶段的根本准则是得到一个达到最终操作能力的系统，通过下面的方式达到：

- 修改产品以缓解在早期阶段没有发现的问题；
- 修正缺陷。

一般来说，统一过程的目标之一是使构架设计师、开发人员和其他项目相关人员了解到早期阶段的重要性。

7.5.1   为什么采用迭代和增量的开发方法

采用迭代和增量的开发方法的目的是为了得到更好的软件，详细来说，就是为了达到用来控制开发的主里程碑和次里程碑。下面是更多的理由：

- 为了尽早处理关键风险和重要风险；

- 为了建立一个构架来指导软件开发；
- 为了更好地处理不可避免的需求以及其他变化而提供一个框架；
- 为了随时间而递增地构建系统，而不是在临结束时才一下子建成一个系统，那时候的改变需要付出很大的代价。
- 为了提供一个开发过程，使所有工作人员可以更高效地工作。

1. 降低风险

与任何工程活动一样，软件开发也会遇到风险。在软件开发中，应尽可能早地确定风险并迅速做出处理来解决这个问题。风险是会导致损失或危害的一种潜在的可能性，风险是构成危险的因素、事件、要素或进程，其危害程度是不确定的，一旦发生会造成损失。在软件开发中，可以将风险定义为一个需要关注的问题，在一定程度上可能会危及项目的成功。下面是几个风险的例子。

- 最初考虑的对象请求代理可能无法处理每秒钟 1000 个"远程客户账户"对象的查询请求；
- 实时系统可能需要一些没有在细化阶段确定的数据输入，可能需要通过大量的但无法确定细节的计算来处理这些数据，可能在一个较短但目前尚不能确定的时间内发出一个命令信号；
- 电话交换系统可能必须在几毫秒内响应由电信业务公司定义的各种输入。

统一过程是风险驱动方法的，而不是文档驱动或代码驱动的，在前两个阶段(初始和细化阶段)中便致力于解决主要风险，在构造阶段的早期按照风险的重要顺序逐个解决其余的风险。在早期阶段通过迭代来标识、管理并降低风险。因此，未经确定的或忽略的风险不会在后期突然出现并危害整个项目。

风险的处理能力和开发时间之间的关系如图 7-11 所示。从图中可以发现，迭代开发从最初的迭代开始便着手降低关键风险，到达构造阶段时，已经没有什么重大风险了，工作得以顺利进行。相反，使用瀑布模型，重大风险直到代码集成阶段"大爆发"时才得到处理。

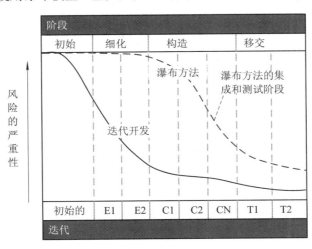

图 7-11　风险的处理能力和开发时间之间的关系

2. 获得健壮的构架

得到一个健壮的构架是早期阶段迭代的结果。例如，在初始阶段，寻找一个能满足关键需求、克服关键风险和解决开发中主要问题的核心构架；在细化阶段，进一步建立构架基线，以指导后续的开发。

这些阶段的投资还比较少，能够负担得起确保构架健壮性的迭代。例如，在细化阶段的第一次迭代后，可以对构架进行初步评估，如果发现需要对构架进行改变以满足重要用例的需要和非功能性需求，还能负担得起。

如果沿用瀑布方法，到发现需要对构架进行改变时，已经在开发上投资太多以致于改变构架会导致严重的经济损失，而且已临近合同的交付日期，由于成本和进度的制约，不能主动对构架进行大的改变。在细化阶段侧重于创建构架，可以避免这种进退两难的局面。在生命周期早期，便将构架稳定在基线级，此时，成本仍然比较低，而且在进度上还有伸缩的余地。

3. 处理不断变化的需求

在早期阶段，系统部分地运行可使用户和其他项目相关人员提供建议并指出可能忽略的需求；当项目计划、预算和进度表还没有最终确定下来时，开发人员很容易进行修正。在单向的瀑布模型中，用户直到集成和测试阶段才能看到可运行的系统，这时，即使是那些有价值或看起来很小的改变，几乎总会不可避免地增加投资或拖延进度。因此，迭代生命周期更易于客户在开发周期中尽早了解需要增加或改变的需求，也使开发人员更容易进行相应的修改。归根到底，按照一系列迭代进行系统构造、响应反馈或进行修改只是对一个增量进行的修改或改变，不会影响其他部分。

4. 允许灵活改变

采用迭代和增量的方法，开发人员可以解决前期构造中发现的问题，并能立刻做出改变来纠正这些问题。使用这种方法，可以逐渐发现问题，开发人员可以及时纠正这些问题。在瀑布模型中，在"爆发"的集成阶段大量涌现出的错误报告经常会中断项目的进展。如果这种中断很严重，项目可能会终止，开发人员由于压力而垂头丧气，项目经理焦头烂额，其他管理人员也手足无措。相反，一系列可运行的构造结果会给所有人带来成就感。

5. 实现持续的集成

在每次迭代的最后，项目组要明确已经降低了一些风险。每次迭代后，项目组均交付递增的功能，使项目相关的所有人员都能清楚地了解项目的进展情况。即使开发人员在早期迭代过程中未能得到计划的结果，仍有时间在后续的内部版本中重试和改进模型。

图 7-12 中的粗线表明迭代开发是如何进行的。在进度表的开始，这时的项目代码只有 2% 到 4%，将一个增量(或构造)组合起来。这种尝试会出现一些问题，由图中进度线的下降表示，但很快会得到解决，项目继续向前进行。此后，项目进行频繁的构造，每次构造都可能导致进程中一次暂时的停顿，与整个产品的最终集成相比，增量相对较小，所以恢复起来很快。

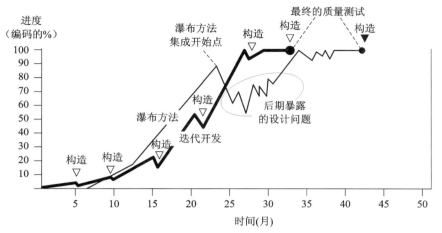

图 7-12　迭代增量开发与瀑布方法发现问题能力的对比

如图 7-12 所示，在瀑布方法中(细线)，开发人员直到完成了需求、分析和设计才开始实现工作。即使实现过程进展顺利，因为没有中间构造来说明其工作有误，实际上问题隐藏得很深，直到集成和测试阶段才完全暴露出来(后期暴露设计问题)。在迭代开发中，实现开始得较早，频繁的构造不仅能尽早发现问题，而且发现的问题数量不大，也易于处理。

在瀑布方法中，接近交付日期时一次性的集成暴露出大量问题。此时，因为问题太多和不可回避的交付期限，导致很多问题的修正无法考虑周全，查找并纠正问题常常耽搁了按计划日期交付。因此，迭代开发能够比瀑布方法在更少的规划时间内完成，而且，"瀑布项目"的产品可能是脆弱和难以维护的。

6. 尽早得到相关的知识

经过几次迭代之后，开发组的每个人都对不同工作流的含义有了深入的理解，他们知道有了需求后该做什么，分析后该做什么，大大降低了"分析停顿"(分析花费的时间太多)的风险。

此外，培训新的人员会更容易，因为他们能够通过工作本身得到训练，无须设置专门的培训来帮助他们理解过程，他们可以直接进入与任务相关的工作。如果新手不能理解要点或做错了，对整个项目的最后进度也不会造成重大影响，因为在进行下次构造时问题就会显现出来。

迭代方法还有助于项目处理非技术性风险，如组织风险。例如，开发人员可能没有尽快了解下面的问题：

- 如何使用对象请求代理建立应用程序；
- 如何使用测试或配置管理工具；
- 如何根据软件开发过程进行工作。

通过阶段性的迭代工作，开发人员能更好地满足实际用户需要和降低风险。通过增量式构造，所有有关人员都能够注意开发的进展程度。通过减少后期困难，加速上市时间。此外，迭代方法不仅对开发人员，而且最终对用户和经理都是有益的，经理通过关注完成的迭代能够看到实际的进展。

7.5.2　迭代方法是风险驱动的

风险是威胁或阻碍项目成功的不定因素，是项目经理不希望发生的事件(如进度延期、成本超支或放弃)的可能性，这些事件一旦发生，会造成损失。

根据风险及其重要性的先后顺序确定、排序并执行迭代。在以下几种情况下都需要处理风险：在评价新技术时；为满足客户的需要(无论是功能性的还是非功能性的)而工作时；在早期阶段建立一个健壮的构架时(允许进行改变而不必冒重新设计某些部分的风险)。的确，通过迭代可以减少风险。

其他重要的风险是性能(速度、容量、准确度)、可靠性、可用性、系统界面统一性、适应性和可移植性等方面的问题，这类风险直到实现和测试底层功能时才暴露出来。这就是为什么需要通过迭代首先在初始和细化阶段，然后一直到编码和测试阶段都要探查风险的原因，这样做的目的就是在早期迭代中确定风险。

降低风险是初始和细化阶段迭代工作的核心。在构造阶段，风险在很大程度上已经降低到了一个常规的级别，已经能够由一般的开发活动来解决。组织迭代过程时，应设法对其进行排序，以使每个构造可以在前一个构造的基础上建造。这样可以设法避免风险，特别是那些因迭代顺序不妥而造成的风险。

7.5.3　通用迭代过程

开发人员在每个阶段面临的挑战不一样，因此，开发周期中不同阶段的迭代过程明显不同。这里从通用的观点介绍迭代的基本概念。

1．迭代是什么

这里，把一次迭代看作是一个能够产生内部版本的袖珍项目——或多或少要经历所有的核心工作流，是一种使用和生产制品的工作人员之间的协作。在统一过程中，分为核心工作流和迭代工作流。现在，已经知道有五种核心工作流：需求、分析、设计、实现和测试。这些核心工作流只是出于教学目的，帮助描述迭代工作流的。因此，关于核心工作流的构成没有什么奇妙的。采用另外一组核心工作流可能同样简单，例如把分析和设计结合在一起的核心工作流。核心工作流用来简化对具体工作流的描述，就像抽象类有助于描述具体类一样。具体的工作流就是迭代工作流。

在图 7-13 中，描述了迭代工作流的一般元素。每次迭代都经历五种核心工作流，而且都是从规划开始、以评估结束。每次迭代都重用了核心工作流的描述，只是处于不同时期的处理方式不同。

早期迭代侧重于了解问题和技术。在初始阶段，迭代过程关注的是获得一个业务案例；在细化阶段，迭代的目的是进行构架基线的开发；在构造阶段，迭代过程通过每次迭代中的一系列构造创建产品，直到得到准备交付给用户组织的产品。每次迭代都按照同样的模式，如图 7-13 所示。

特别应该注意的一个活动是回归测试。在完成一次迭代前，要确保不会破坏以前迭代中实现的系统的其他部分。回归测试在迭代、增量的生命周期中尤为重要，因为每次迭代都会对前面的增量进行相当的补充和修改。如果没有合适的测试工具，完成如此大规模(因为每次迭代都会产生一个构造)的回归测试是不现实的。

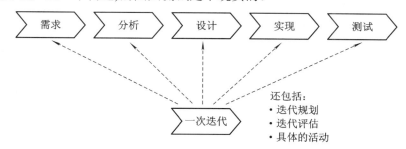

图 7-13　每次迭代要经历的五种核心工作流

项目经理在当前迭代目标未达到之前不应该同意开始下一次迭代，否则，就会导致必须改变计划来适应新的情况。

2. 规划迭代过程

迭代开发比瀑布方法需要更多的规划和考虑。在瀑布模型中，在降低风险和确定构架前就预先制定好所有的计划，制定的计划基于很多不确定性，因而缺少真实性。相反，迭代方法在初始阶段并不对整个项目进行详细规划，只是对最初的几步进行规划，直到在细化阶段建立了事实的基础，项目组才试图对构造和移交阶段进行规划。当然，前两个阶段也有工作计划，但不太详细。

除了在项目的刚开始，通常规划工作要考虑以前的迭代结果、与新的迭代相关的用例选取、出现在下一次迭代中的风险现状以及模型集合的最新版本等，以要发布的内部版本作为结束。

3. 确定迭代次序

自然界的进化是在没有预先进行规划的情况下发生的，而软件迭代却不能这样。可以认为，用例设定了开发的目标，构架建立了开发的模式。根据用例和构架，开发人员就可以规划出进行产品开发的顺序。

在一次迭代将要结束而另一次迭代即将开始时，迭代过程可能出现交叠，如图 7-14 所示，在结束前一次迭代并准备发布时，可以开始规划并提早进行下一次迭代的工作。但是不能交叠得太多，因为上一次迭代毕竟是下一次迭代的基础。结束一次迭代意味着在开发组内已经获得了一次结果，即对这次迭代中的所有软件进行了集成并在内部发布。

第1次迭代
需求　分析　设计　实现　测试

第2次迭代
需求　分析　设计　实现　测试

第3次迭代
需求　分析　设计　实现　测试

图 7-14　迭代过程出现的交叠

在很大程度上，规划的迭代次序依赖于技术因素，但最重要的目标是确定工作顺序，以便能尽早做出最重要的决定，即涉及新技术、用例和构架的决定。

7.5.4　一次迭代产生一个增量结果

一个增量是一次迭代的内部版本与下一次迭代的内部版本之间的差别。

在迭代结束时，表示系统的模型集合处于一种特定的状态，这种状态或状况称为基线(baseline)。每种模型都已经达到一条基线，每个基本模型的元素处于基线状态。例如，每次迭代最后的用例模型都包含了一个用例集合，代表迭代过程已经实现需求的程度。这个集合中的一些用例已经完成了，而另一些用例只是部分完成。同时，设计模型已经达到了与用例模型一致的基线状态。设计模型的子系统、接口和用例实现也处于彼此相互一致的基线状态。为了在项目中有效地处理多条基线，开发组织需要在一条基线中维持所有制品一致的和兼容的版本。在迭代开发时，不能过分强调配置管理工具的有效性。

在迭代序列内的任一点，有些子系统已经完成了，它们包含所规定的功能，而且已经得以实现并经过了测试，其他的子系统只是部分完成，还有一些子系统仍然空着，尽管确实有桩程序(stubs)，也可以运行并与其他子系统集成在一起。因此，用更精确的术语来说，一个增量是两次相继的基线之间的差别。

在细化阶段已经建立了构架基线，确定对构架有重要影响的用例，然后把这些用例按照协作来实现，这是确定大多数子系统和接口(至少是对构架有意义的子系统和接口)的方法。只要确定了大多数的子系统和接口，就可以增添"血肉"，编写实现代码。其中，有些工作在发布构架基线前就完成了，并将继续贯穿于所有的工作流，但是，大多数的细化工作是在构造阶段的迭代过程中进行的。

当临近移交阶段时，模型间和模型内的一致性程度提高了，通过反复完善模型来构造增量，对最终增量的集成就成为可发布的系统。

7.5.5　在整个生命周期上的迭代

四个阶段中的每个阶段都以一个主里程碑结束，如图 7-15 所示。

里程碑						
生命周期目标里程碑	生命周期构架里程碑		最初可操作能力里程碑			产品发布里程碑
阶段	初始	细化		构造		移交
迭代	初始的	E1	E2	C1	C2	CN	T1	T2

图 7-15　软件生命周期各阶段里程碑的迭代

- 初始：生命周期目标；
- 细化：生命周期构架；
- 构造：最初的可操作能力；
- 移交：产品发布。

　　每个主里程碑的目标是为了确保不同的模型在产品的生命周期内以一种平稳的方式演化。"平稳的"意思是指影响这些模型的最重要的决定(与风险、用例和构架有关的决定)是在生命周期的早期做出的。之后，应该能够以递增细节的方式，高质量地开展工作。

　　初始阶段的主要目标是设定产品应该做什么的范围，降低最不利的风险，并建立初始业务案例，从业务的角度表明项目的可行性。换句话说，为项目建立生命周期目标。

　　细化阶段的主要目标是建立构架基线，捕获大多数需求，并降低比最不利风险稍好一点的风险，建立生命周期构架。在这个阶段结束时，能够对成本和进度进行估计，而且能够对构造阶段进行相当详细的规划。

　　构造阶段的主要目标是开发整个系统，确保产品可以开始移交给客户，产品达到最初的可操作能力。

　　移交阶段的主要目标是确保得到一个准备向用户发布的产品。在这个阶段，需要培训用户如何使用软件。

　　在每个阶段内有更小的里程碑，也就是适用于每个迭代过程的准则。每次迭代都会产生结果(模型制品)，在每次迭代的最后，用例模型、分析模型、设计模型、实施模型、实现模型和测试模型都会得到新的增量，新的增量将与前一次迭代的结果组合成模型集合的一个新版本。

　　每次迭代都要经历需求、分析、设计、实现和测试工作流，但不同阶段的迭代侧重点不同，如图 7-16 所示。迭代过程的重点发生转移，从捕获需求、分析与构架，到详细设计、实现及测试。

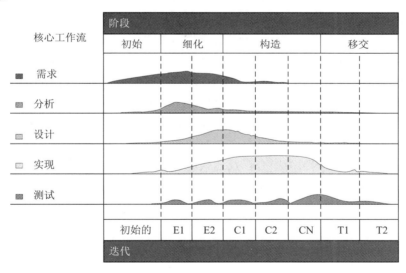

图 7-16　迭代过程的重点

　　在初始和细化阶段中，绝大部分工作集中在捕获需求、进行初步的分析与设计上。在构造阶段中，重点则转移到详细设计、实现及测试上。尽管图 7-16 中没有表示出来，但早期阶段中关于项目管理和搭建项目环境的任务也很艰巨。

7.5.6　由迭代过程来演化模型

迭代过程是以逐渐递增的方式构造出最终系统的。每次迭代在经历需求、分析、设计、实现和测试时，会对系统的每种模型增加一些内容。其中有些模型(如用例模型)在初期会得到更多的关注，其他模型(如实现模型)则在构造期间成为重点，如图 7-17 所示。

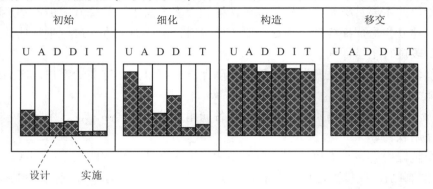

图 7-17　由迭代过程来演化模型

如图 7-17 所示，所有模型中的工作都在四个阶段上持续进行，由模型中填充区域表示。构造阶段结束时所有模型基本上很完整了。但是，在移交阶段将这些模型交给用户使用时还需要进行修改和调整。

在初始阶段，开发组也许会先创建支持证明概念原型所必须的模型部分，包括用例模型(U)、分析模型(A)和设计模型(D)中最重要的元素，还包括实施模型(D)、实现模型(I)和测试模型(T)中的一些元素。此阶段大多数实现都是初步的，因此，还有许多工作要做。

在细化阶段，表示工作已完成的深色区域进展相当明显，在这一阶段末期，开发组已经捕获了大约 80%的用例模型(U)和实施模型(第二个 D)，但只有不到 10%的用例已经"构造成为"系统，并对其功能进行了实现(I)和测试(T)。在细化阶段结束时，用例模型和实施模型必须是完整的，否则，将无法充分了解需求和实现的前提条件(包括构架)，也就无法对构造阶段进行精确规划。

当然，用例驱动、以构架为中心以及迭代和增量开发的概念是同等重要的，构成了统一过程的核心。后面的章节会进行详细的介绍。

7.6　小　　结

面向对象方法从现实世界中的对象出发来构造软件系统，并在系统构造中尽可能地运用人类的思维方式，以对象作为系统的基本构成单位，使系统能直接映射问题域，保持问题域的本来面貌；面向对象方法强调运用人类在日常的逻辑思维中经常采用的思想方法与原则，使软件开发人员能更有效地思考问题，并以其他人也能看得懂的方式把自己的认识表达出来。因此，在面向对象的软件工程方法中，从面向对象的分析(OOA)到面向对象的设计(OOD)再到面向对象的实现(OOI)都是紧密衔接的，填平了语言之间的鸿沟，更便于开发大型、复杂的系统。

统一过程是一个将用户需求转化为软件系统所需活动的集合，不只是一个简单的过程，而是一个通用的过程框架，可用于不同类型的软件系统、不同的应用领域、不同类型的组织、不同的功能级别以及不同的项目规模，其突出特点是用例驱动、以构架为中心、迭代和增量的。统一过程使用 UML 来建立软件系统的所有模型，UML 是一个通用的标准建模语言，已经成为工业标准，可以对任何具有静态结构和动态行为的系统进行建模，适用于系统开发的不同阶段，从需求规格描述直到系统完成后的测试和维护。

习　题　7

1. 什么是面向对象？它有哪些基本概念？编写代码，举例说明其基本特征。
2. 是什么原因导致出现了面向对象软件工程方法学？
3. 什么软件工程方法更适合开发大型、复杂的软件系统？并解释原因。
4. 什么是统一过程？它的突出特点(或核心思想)主要反映在哪三个方面？
5. 统一过程生命周期指的是什么？在统一过程生命周期中的每次"循环"包含哪四个阶段？在这些阶段中每次迭代过程中都要经历哪五个核心工作流？
6. 统一过程的模型中包含哪些具体的模型？
7. 什么是统一建模语言？利用该语言能干什么？请解释原因。
8. UML 有哪些部分构成，有哪几类图？
9. 简述迭代和增量过程。解释一下开发软件为什么要采用迭代和增量的开发过程。
10. 每次迭代都会产生一个增量结果，请问这个"增量"指的是什么？
11. 请结合孩时玩的"滚雪球"游戏，阐述一下你对"迭代和增量开发"的理解程度。
12. 用例是干什么用的？需求捕获有哪两个目标？在利用 RUP 统一过程开发软件时，为什么首先要采用用例驱动开发？
13. 利用统一过程和瀑布模型进行软件开发时，都要采用一系列步骤来开发，请问统一过程与瀑布模型的区别在哪里？
14. 你刚刚作为一个软件经理加入一家软件公司，该软件公司多年来一直使用瀑布模型为小型商店开发财务软件，并经常成功。根据你的经验，你认为统一过程是更先进的软件开发方法。就软件开发给副总裁写一份报告，解释你为什么相信公司应该转到统一过程上来。切记，副总裁不喜欢长度超过一页纸的报告。

第8章 用例驱动

📖 **知识点**

需求工作流，领域模型，业务模型，建模技术。

📣 **难点**

如何将理论与实践结合。

✍ **基于工作过程的教学任务**

通过本章学习，了解为什么使用用例，学习用例驱动开发的基本概念；确定客户需要什么，掌握需求工作流的基本过程；理解领域模型、业务模型对需求的作用，掌握相关的建模技术；以考勤系统为例，全面展示需求工作流的工作过程；了解考勤系统的测试工作流。

统一过程(UP)的核心思想是用例驱动、以构架为中心的迭代和增量开发。图 8-1 描述了统一过程中的一系列工作流和模型。从机器解释的角度看，实现模型是最形式化的，而用例模型的形式化成分最少。也就是说，部分实现模型可以通过编译和连接成为可执行代码，而用例模型主要用自然语言来描述。

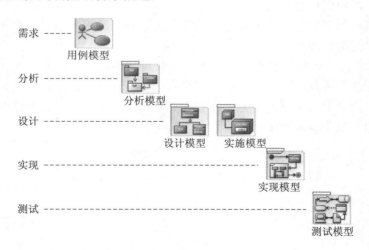

图 8-1　统一过程从需求到测试的一系列工作流

用例常用于捕获软件系统(尤其是基于构件的系统)的需求。用例不只是捕获需求的工具，还能够驱动整个开发过程。在寻找和确定类、子系统和接口时，在寻找并确定测试用例时，在规划开发迭代和系统集成时，用例都将作为主要输入。对每次迭代，用例驱动完成一整套工作流(从需求捕获，经过分析、设计和实现，最后到测试)，并将这些不同的工作流集成在一起。

8.1　用例驱动开发概述

在需求工作流中，开发者必须确定什么样的软件是客户想要的。因此，需求捕获有两个目标：发现真正的需求，并以适合于用户、客户和开发人员的方式加以描述。"真正的需求"是指在实现时可以给用户带来预期价值的需求，但是，很多客户不知道他们需要什么。"以适合于用户、客户和开发人员的方式"主要是指对需求的最后描述必须能够让用户和客户理解，但是，即便客户真正了解他们需要什么，也有可能很难精确地把其想法传达给开发者，因为大多数客户的计算机知识不如开发团队的成员。这也是需求工作流的难点之一。

系统通常有多种用户，每种用户都是一个参与者，参与者使用系统与用例进行交互，用例是系统向参与者提供某些有价值结果而执行的动作序列，即某种功能，参与者和用例构成用例模型。

在分析和设计期间，用例模型经分析模型转化为设计模型。简单地说，分析模型和设计模型都是由类元(Classifier)和说明如何实现用例的集合组成的。类元是一种描述行为和结构特征的模型元素，它具有属性和操作，可以用状态图描述，有的还可以实例化、参与协作等。类元的种类包括类、行为、构件、数据类型、接口、节点、信号、子系统以及用例。其中，类是最常见的类元。

分析模型也是一种模型，是需求的详细规格说明，可作为设计模型的切入点。分析模型可能是暂时的，只存在于前几次迭代中，然而，在某些情况下，尤其对于大型、复杂系统，分析模型会存在于系统的整个生命周期。这种情况下，分析模型的用例实现与设计模型中相应的用例实现之间存在一种无缝的跟踪依赖关系，分析模型中每个元素都可以从实现它的设计模型元素中跟踪到。

设计模型具有下面的特点：

- 设计模型是有层次的，也包括跨层次的关系，这些关系在 UML 中很常见：关联、泛化和依赖等；
- 用例实现是协作的构造型，协作表示类元在做某件事情(如实现用例)时如何参与和扮演角色；
- 设计模型是实现的蓝图，设计模型的子系统和实现模型的构件之间存在直接的映射关系。

开发人员以用例模型为输入来创建分析模型。用例模型中的每个用例都实现为分析模型中的用例实现，用例和用例实现的依赖性支持需求和分析之间的无缝可跟踪性。通过对用例进行处理，开发人员可以确定参与实现用例的类，例如，"取款"用例可以通过分析"取款"类、"账户"类、"分配"类及其他无需在此标识的类来实现。开发人员将用例中定义的职责分配为类的职责，因此"账户"类包括诸如"从账户上提取一定数额的现金"的职责。这样，就可以得到一个类的集合，合在一起就能实现用户所需的用例。

开发人员设计类和用例实现，以便更充分地应用相关的产品和技术(如对象请求代理、图形用户界面、构造工具和数据库管理系统等)来实现系统。根据子系统对设计类进行分组，并定义子系统间的接口。开发人员还要进一步建立实施模型，其中包括定义在计算节点上的系统的物理结构，以验证用例能够实现并能在节点上运行。

开发人员把设计好的类实现为实现模型中的构件(源代码)集合，能够产生(即编译和连接)如 DLL、JavaBeans 和 ActiveX 等可执行代码，用例有助于开发人员确定实现和集成构件的次序。

在测试工作流期间，测试人员验证系统确实能够实现用例描述的功能并满足系统需求。测试模型包含测试用例，测试用例是测试数据集，定义了输入、运行条件和结果的集合。许多测试用例直接从用例得到。因此，在测试用例和相应的用例之间存在跟踪依赖关系，这意味着测试人员将验证系统能够做用户需要的事，即能够执行用例。

8.2　为什么使用用例

在软件开发中，很常见的问题是许多客户不知道他们需要什么，进一步来讲，即便客户真正了解他们需要什么，也有可能很难精确地把这些想法传达给开发者，因为大多数客户的计算机知识不如开发团队的成员。对开发人员来说，对软件产品及其功能进行形象化描述已经很难了，对并不精通软件工程的客户来说则更加困难。

另外，客户可能并不了解自己的企业正在做什么。例如，如果现有软件系统响应时间过长的真正原因是数据库设计得太差，那么客户要求开发一个运行速度更快的软件是毫无用处的，重新开发一个软件产品，运行效果还是会和原来一样慢，真正需要做的是在目前的软件产品中重新组织和改善数据的存储方式。又如，如果客户经营的是亏损的零售连锁店，那么客户可能会要求一个财务管理信息系统来反映诸如销售量、工资、应付账目和应收账目之类的项目，但是，如果亏损的真正原因是商品的损耗(或盗窃和雇员监守自盗)，信息系统就几乎毫无用武之处，而且，如果真是这样的情况，需要的其实是一个库存控制系统而不是一个财务管理信息系统。

因此，没有专业的软件开发团队的协助，客户很难了解到需要开发些什么。另一方面，除非能与客户面对面交流，否则专业的软件开发团队也无法找出客户究竟需要什么。

用例有益于软件开发并被普遍采用有多种原因，下面是两个主要原因。

- 为用户提供捕获功能需求的系统方法；
- 可驱动整个开发过程，大部分活动如分析、设计和测试都是从用例开始执行的，设计和测试可根据用例进行规划和协调。

8.2.1 根据需求的价值捕获用例

用例视图实现了软件工程的最终目标：客户可以用创建的产品做有用的工作。

构造用例有利于确定用户目标，用例是系统向用户提供的增值功能。收集各类用户的观点，捕获他们需要完成的工作以构建用例。相反，如果虚构出一组很好的系统功能，而没有考虑各类用户使用的用例，就很难断定这些功能是否重要或合适，也就不知道，谁在进行工作？需要满足什么业务？能够对业务增加多少价值？

最好的用例为系统业务提供最大的价值。为业务提供负面价值或允许用户做不该做的事情的用例不是真正的用例，这类用例指出了禁止使用系统的方法，称为"不良用例"，例如，允许银行储户将他人账户上的存款转移到自己的账户上。为业务提供极少价值或无价值的用例，基本上不会用到，就是不必要的"无用用例"。

正如前述，只是简单的询问系统需要做什么并不能获得正确的答案。那么，列出系统功能表呢？乍一看似乎有用，但对用户需要来说并不必要。使用用例策略将"希望系统做什么？"的问题变成了"希望系统为每个用户做什么？"，似乎只有很细微的差别，却产生了差别很大的结果。

用例很直观。用户和客户根本不懂复杂的符号，相反，简单的词汇(如自然语言)适用于大多数的场合，也易于阅读用例描述并提出修改建议。

捕获用例涉及到用户、客户和开发人员。用户和客户是需求专家，开发人员的作用是与用户和客户进行沟通，帮助他们表达其需求。

用例模型用来与用户和客户在"系统应该为每个用户做什么"方面达成共识，用例模型是所有可能使用系统(用例)的方式的规格说明，可作为合同的一部分。

8.2.2 用例驱动开发过程

用例驱动意味着从用例初始化开始项目的开发过程。开发人员阅读用例说明，寻找适合于实现用例的类，因此用例有助于开发人员找出类。用例还有助于开发用户界面，使用户更易于执行任务。随后，用例实现要经过测试以证明类的实例能够执行用例。用例不仅启动开发过程，而且将其结合为一个整体，如图 8-2 所示。背景中椭圆表示用例如何将这些工作流连为一体。

图 8-2　用例的开发过程

要确保捕获正确的用例，以便得到用户真正的需求。解决该问题最好的方法当然是在需求阶段彻底做好，这往往很难达到，但是，演化的系统允许进一步确定用例是否符合实际的用户需求。

用例有助于项目经理规划、分配和监控开发人员执行的任务。项目经理可以标识、设计和测试用例为一个个的任务，可以估算这些任务所需要的工作量和时间。根据用例确定的任务有助于项目经理估计项目的规模和所需要的资源，并把这些任务分配给开发人员。

用例是保证所有模型具有可跟踪性的重要机制。需求阶段的用例可以进一步在分析和设计阶段实现，还可以追寻到参与实现的所有类、构件(间接的)以及最后用来验证用例的测试用例。可跟踪性是管理项目的一个重要方面，当用例发生变化时，必须对相应的设计、类、构件和测试用例进行检查以便更新，便于保持系统的完整性和需求变更的一致性。

用例有助于进行迭代开发。除了项目中第一次迭代之外，每次迭代都由用例驱动而经历所有的工作流，即从需求、分析到设计和测试，进而得到一个增量结果。因此，每次开发的增量都是一个用例集合的具体实现。

用例有助于设计构架。在最初的几次迭代中，选择实现适当的用例集合(对构架关键的用例)，便可以用稳定的构架来实现系统，该构架可用于开发周期后续的演化。

用例可作为编写用户手册的起点。因为用例说明了各类用户使用系统的方法，因此用例是说明用户怎样与系统进行交互的起点。

8.3　确定客户需要什么

下面简单介绍一下如何通过工作流来执行用例驱动。

1. 用例模型表示功能需求

用例模型帮助客户、用户和开发人员在如何使用系统方面达成共识。大多数系统具有多种类型的用户，每类用户表示为一个参与者人(Actor)，参与者使用用例○(Use Case)与系统进行交互。系统所有的参与者和所有用例组成用例模型，一张用例图描述部分用例模型，显示带有关联关系(表示参与者和用例之间的交互)的用例和参与者的集合(如图 8-3 所示)。

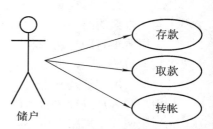

图 8-3　用例图(表示一个参与者和三个用例之间的关联)

举例：ATM 系统的用例模型

参与者"储户"使用自动取款机系统从账户中取款，或存款到账户中，或在账户间转账。可以由图 8-3 中的三个用例表示，三个用例与参与者之间的关联表示了参与者与用例之间的关系。

2. 参与者与系统交互

参与者不一定是人，还可以是与系统发生交互的其他系统或外部硬件。参与者在与系统交互时扮演相应的角色，一个用户可以是一个或几个参与者，在与系统交互时发挥其作用。几个用户可以作为一个用户的不同实例而充当同一个参与者。

参与者执行用例，向系统发送消息或从系统接收消息，与系统进行通信。当明确了参与者和用例应该做什么时，便可以划分参与者的职责和系统的职责，以便限定系统的范围。此时考虑哪些用户将使用系统以及哪些系统会与系统发生交互，就可以找出并详细说明参与者，每类用户或交互系统都是参与者。

3. 用例确定系统

用例是为了满足用户使用系统的需要，用例模型捕获系统的所有功能性需求。下面是用例的精确定义。

用例规定一个动作序列(可以有多种实现)，系统执行这些动作，产生一个对特定参与者有价值的结果。

考虑用户如何使用系统完成其工作，就可以找出用例。每个对用户增值的系统使用方式就是一个候选用例，之后，对候选用例进行详细说明、修改、划分为更小的用例或结合为更完整的用例。当以客户、用户和开发人员都能理解的方式正确地捕获了全部功能性需求时，便基本完成了用例模型。用例执行的动作序列是一条完成该用例的具体路径，可能存在多条路径，而且很多路径可能是相似的，都是用例规定的动作序列的不同实现。要想用例模型易于理解，应该将相似的实现路径组成一个用例。

举例："取款"用例

执行"取款"动作序列的一条路径是非常简单的，下面是简单描述。

(1) 储户表明自己的身份。

(2) 储户选择从哪个账户取款，并确定取款金额。

(3) 系统从账户上扣减指定的金额，分发等额的货币给储户。

用例还可以说明非功能性需求，如性能、可用性、准确度和安全性等方面的需求。例如，下面的需求可以附加到"取款"用例上，储户从选择取款数额到得到货币的响应时间应该小于 30 秒。

总之，所有的功能需求确定为用例，而非功能需求可以附加到用例上，用例模型以易于管理的方式来组织需求。

8.4 需 求 工 作 流

需求工作流的第一步是理解问题域，即目标产品的应用环境，问题域可能是银行、太空探索、装备制造、生物工程等。开发团队的成员对问题域理解到一定程度，就可以构造出业务模型，可以用 UML 图来描述客户的业务过程，业务模型确定客户的初始需求是什么，接着，就可以采用迭代的方法进行需求开发。

根据对问题域的初步了解构造初始的业务模型，然后，拟订客户需求的初始集合，接着，根据已知的客户需求，对问题域进行深层次的理解，就可以精化业务模型，并得到客户需求，迭代一直持续到开发团队对需求集感到满意为止。

发现客户需求的过程叫做需求获取，拟订初始需求集合，对其精化和扩展的过程叫做需求分析。图 8-4 描述了需求捕获工作流的动态行为。

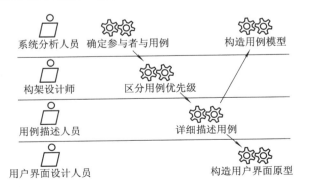

图 8-4　需求捕获工作流的动态行为

图 8-4 中使用泳道可以很清晰地了解每类工作人员所执行的活动，每个活动与执行人员处在同一条泳道中。当工作人员执行活动时，会创建或改变制品，将工作流描述为一个活动序列，一个活动产生的输出可以作为下一个活动的输入。图中表明的只是一种逻辑流，在实际的生命周期中，并不需要按顺序执行各项活动，相反，可以按任意方式执行，只要产生"等价的"最终结果即可。例如，可以从确定用例("确定参与者与用例"活动)开始，然后设计用户界面("构造用户界面原型"活动)，这时可能会发现需要增加新的用例(又跳回到"确定参与者与用例"活动，就打破了严格的顺序)，依此类推。

一个活动可能会重复多次，每次重复可能只执行该活动的一部分。例如，在重复"确定参与者与用例"活动时，新的结果可能只是确定一个补充的用例。因此，活动之间的路径只是表明了活动的逻辑顺序——将一个活动产生的结果用作另一个活动的输入。

首先，系统分析员执行"确定参与者与用例"活动来构造用例模型的最初版本。系统分析员要确保用例模型捕获了需求，即特征表和领域模型或业务模型。然后，构架设计师确定对构架重要的用例，划分用例的优先级。接着，用例描述人员对所有确定了优先级的用例进行描述。与此同时，用户界面设计人员可根据用例设计合适的用户界面。之后，系统分析员定义用例间的泛化关系，重新构造用例模型，使其易于理解。

经过第一次迭代得到了用例模型、用例和所有相关的用户界面原型的最初版本，后续迭代构成了新版本，经过多次迭代，逐步细化和完善。

用例模型是在几个开发增量的基础上得到的，期间的迭代过程，或增加新的用例，或对已存在的用例规格说明增加细节。

图 8-5 表明了需求捕获工作流和得到的制品在不同阶段及相应的迭代过程中呈现不同的形态。

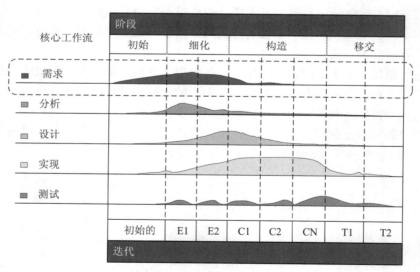

图 8-5　需求主要在初始和细化阶段获得

• 初始阶段，分析人员确定了大部分用例，以限定系统和项目的范围，并详细说明主要用例(少于 10%)；

• 细化阶段，分析人员捕获大多数剩余的需求，以便开发人员能够估计所需的工作量。目标是捕获大约 80%的需求，并描述大部分用例；(注意，此时只能将需求的大约 5%～10%

实现为构架基线);

- 构造阶段，捕获(并实现)其余的需求；
- 移交阶段，除非需求发生了改变，基本上不再捕获需求。

8.5 领 域 模 型

要想获取客户需求，需求小组的成员必须对目标产品的应用领域十分熟悉，例如，如果不熟悉银行业务和神经外科，就很难向银行家和神经外科医生提出有意义的问题，也就不能设计出对客户有用的系统。因此，除非对产品使用的领域很有经验，故需求分析小组成员最初的任务就是熟悉应用域。

解决问题的方法是构造一张术语表，罗列领域中使用的技术词汇并给出相应的解释。

(1) 什么是领域模型？

领域模型能捕获系统情境中最重要的对象类型，领域对象代表系统工作环境中存在的"事物"或发生的事件。

很多领域对象或类可以从需求规格说明中找到或通过访谈从领域专家那里得到，领域类有下面三种典型的形式。

- 业务对象，表示业务中可操作的东西，例如订单、账户和合同等；
- 系统需要处理的现实世界的对象和概念，例如火箭、导弹及其弹道等；
- 将要发生或已经发生的事件，例如飞机抵达、飞机起飞和演出等。

UML 的类图向客户、用户、评审人员和其他开发人员阐明领域类，以及它们之间是如何彼此关联的，可用于描述领域模型。

举例：领域类("订单"、"账单"、"订单项"和"账户")

系统可通过互联网在买主和卖主之间发送订单、账单并支付费用。系统帮买主准备订单，卖主对订单估价并发送账单，买主确认账单并从卖主的账户到卖主的账户转账以实现支付。

订单是买主向卖主提出的购买商品的请求。每种商品都是订单中一项，订单具有订单日期、交货地址等属性，如图 8-6 中的类图。账单是卖主发给买主的对应货物或服务订单的支付请求。账单具有数量、提交日期和最后支付日期等属性，一份账单可能是多张订单的支付请求。

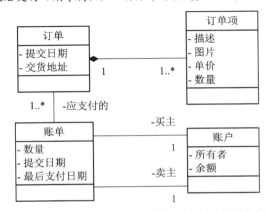

图 8-6 领域模型中的类图捕获系统语境中最重要的概念

账单的支付通过将买主账户上的存款转到卖主账户上来实现。账户具有余额和所有者等属性，所有者属性标识拥有该账户的用户。

(2) 建立领域模型。

领域模型通常由领域分析员用 UML 或其他建模语言来描述，因此，要想建立一个高效的工作小组，还应该包括领域专家、以建模见长的其他人员等。

领域建模的目的是理解和描述在领域环境中最重要的类。规模适度的领域模型通常需要 10~50 个类，规模更大的领域可能需要更多的类。分析员为该领域选取的几百个候选类将作为术语表中的定义保存下来，否则，领域模型会变得很大，需要花费大量的工作量，这是该阶段不希望的。有时候，对于非常小的业务领域，就没有必要为其建立对象模型，这时，只要一张术语表也就够了。

术语表和领域模型有助于用户、客户、开发人员和其他项目相关人员使用统一的词汇。

(3) 领域模型的使用。

在确定用例和分析模型时要使用领域类和术语表，经常用于下面的场合。

- 描述用例和设计用户界面时，有助于理解用例和交互；
- 分析期间，提取要开发的系统内部类。

实际上，还有更系统的方法来确定用例和发现系统内部类——建立业务模型。领域模型实际上是业务模型的特例，因此，业务模型是领域模型的更有效的替代方案。

8.6　业　务　模　型

业务模型是理解一个组织中业务过程的技术。业务模型(Business Model)对应用领域的业务过程进行描述，例如，银行的业务过程包括存款、贷款以及投资等。如果系统与大多数人所关心的业务无关怎么办呢？例如，开发心脏起搏器、防抱死刹车系统、相机控制器或电信系统时，应该怎么做呢？在这些情况下，可能会围绕着要开发的软件系统建立系统模型，该系统(人体的一部分、汽车的一部分、相机、交换机)是嵌入式软件系统类的"业务系统"，包含了高度概括的系统用例，目的是确定软件用例和软件所支持的相关业务实体，只需建立模型来理解系统环境就可以了。

业务模型提供对客户业务的整体了解。只有了解业务过程，开发者才能建议客户业务中的哪些部分可以计算机化。另外，如果要扩充已存在的软件产品，那么开发者必须先从整体上理解现存的业务，才能决定如何扩充现存业务，现存产品的哪些部分需要修改，以及需要添加哪些新的部分。

UML 模型的用例模型和对象模型支持业务建模。如用用例图描述业务用例模型。

1. 什么是业务模型

业务用例模型分别从业务过程、客户对应的业务用例和业务参与者的角度来描述组织的业务过程。与软件系统的用例模型相似，业务用例模型从使用的角度来表示系统(这里为业务)，并概括了它如何向其用户(这里指客户和合作伙伴)提供有价值的功能。

举例：业务用例

　　Interbank 是一个基于 Internet 的银行业务系统。这里有 Interbank 的一个业务用例，涉及在买主和卖主之间发送订单、账单和支付费用——"销售：从订单到交货"。在业务用例中，买主知道要买什么和从哪儿买。在以下序列中，Interbank 在业务用例中扮演经纪人，将买主和卖主彼此联系并为账单支付提供下面的安全例程。

(1) 买主订购货物或服务。

(2) 卖主给买主开账单。

(3) 买主支付费用。

(4) 卖主交付货物或提供服务。

此情境中，买主和卖主是 Interbank 的业务参与者，使用 Interbank 所提供的业务用例。

一种业务一般提供多个业务用例，Interbank 业务也不例外。下面是其中两个用例，以获得恰当的情境。

在"借贷处理：从申请到支付"业务用例中，储户向 Interbank 提交借贷申请，并从银行收到贷款。这里，储户就代表银行的普通客户，买主和卖主是银行更为具体的储户。

在"转账、取款和存款"业务用例中，储户在账户间转账、从某个账户提款和向其中某个账户存款。该业务用例还允许储户设置自动转账等。

业务对象模型是业务的内部模型，描述了如何由工作人员使用业务实体和工作单元来实现业务用例。业务实体如账单等类似的事物，在业务用例中工作人员可以创建、访问、检查、处理或使用它。工作单元是一个实体的集合，对最终用户来说是一个可认知的整体。业务用例的实现可以用交互图和活动图来表示。

业务实体和工作单元用于表示同一类型的领域类概念，如订单、订单项、账单和账户，因此，可以绘制一张类似于图 8-6 的业务实体图。之后，用其他图描述工作人员、它们之间的交互以及如何使用业务实体和工作单元，如图 8-7 所示。

工作人员、业务实体和工作单元可能会参与多个业务用例的实现。例如，"账户"类很可能参与所有下面的三个业务用例。

- 在"借贷处理：从申请到支付"的用例中，借贷得到的贷款将转入到某个账户上；
- 在"转账、取款和存款"用例中，从账户中取款或将钱存入账户，或在两个账户间转账；
- 在"销售：从订单到交货"用例中，将款额从买主的账户转账到卖主的账户。

举例："销售：从订单到交货"业务用例

在"销售：从订单到交货"业务用例中，工作人员执行如图 8-7 所示的步骤。

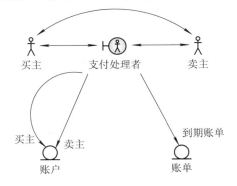

图 8-7　"销售：从订单到交货"业务用例

(1) 买主通过与卖主接触订购货物或服务。

(2) 卖主通过"支付处理者"向买主发送账单。

(3) 卖主向买主交付货物或提供服务。

(4) 买主通过"支付处理者"付款，即将款额从买主的账户转移到卖主的账户。

辅助实现第 2 步和第 4 步的支付处理者是银行职员，该任务可以由信息系统自动完成。

买主和卖主使用"支付处理者"能为买主和卖主提供价值。"支付处理者"通过给买主发账单并跟踪未付款账单来为卖主提供增值服务，同时，"支付处理者"简化支付过程并提供更好的账单支付信息和可用性，为买主提供增值服务。

2．如何建立业务模型

建模人员应分以下两步来建立业务模型。

(1) 应该建立一个业务用例模型，用于确定业务的参与者和参与者使用的业务用例，以使开发者更好地理解业务对参与者提供的价值。

(2) 应该建立一个业务对象模型，其中包括工作人员、业务实体和工作单元，三者结合在一起共同实现业务用例。业务规则与不同的对象相关联，目标是尽可能高效地建立实现业务用例的工作人员、业务实体和工作单元。

业务建模和领域建模在某些方面非常相像。实际上，可以将领域建模看作是业务建模的一个简单变体，只关注领域类或工作人员要处理的业务实体。因此，领域类和业务实体是非常相像的概念。

但是，业务建模和领域建模之间还是存在一些差异，这些差异体现在业务建模方面。

● 领域类来源于领域专家的知识，也可能来源于相似系统的有关知识(如其他的领域类和需求规格说明等)。另一方面，业务实体以业务的客户为起点，然后确定业务用例，并最终确定这些业务实体，每个实体必须在业务用例中使用才能激发。这两种方法通常会得到不同的类、关联、属性和操作的集合，领域建模方法中的类可以跟踪到领域专家的经验，业务建模方法中的每个模型元素可以跟踪到客户的需要。

● 领域类具有属性，但通常没有或仅有较少的操作。业务实体则不同，业务建模方法不仅要确定实体，还要确定参与实现业务用例(或使用业务实体)的所有工作人员。此外，要确定这些工作人员是如何通过每个实体提供的操作来使用实体的，这些实体所提供的操作都来源于客户并可以跟踪到客户。

● 在业务建模中确定的工作人员，将作为导出的信息系统的第一批参与者和用例集合的起点。这就允许在信息系统中经由工作人员和业务用例来跟踪用例，并返回到业务的客户。此外，每个用例均可跟踪到实现该系统的构件。因此，将业务建模和统一过程的软件工程方法结合起来，允许经过业务过程、工作人员和用例一直到软件代码来跟踪客户的需要。但是，如果只使用领域模型，在领域模型和系统用例之间没有明显的跟踪路线。

3．根据业务模型确定用例

分析人员将业务模型作为输入，应用系统技术来建立初步的用例模型。

首先，分析人员把每个使用信息系统的工作人员和业务参与者(即每个客户)确定为一个参与者(Actor)。

举例：买主参与者

        买主应用"结账与支付系统"来订购货物或服务并支付账单。因此，买主既是客户也是参与者，因为他通过"订购货物或服务"用例和"支付账单"用例来使用系统去订购和付账。

    每个使用信息系统的工作人员和业务参与者都需要系统的支持。对每个工作人员，只要知道他所参与的业务用例实现，就能确定系统应该支持什么，就可以了解工作人员在每个用例实现中充当的角色。

    确定了所有工作人员或业务参与者所充当的角色后，便可以为信息系统的参与者确定用例。业务中的每个工作人员和业务参与者对应于信息系统的一个参与者，对每个工作人员或业务参与者角色，需要有一个对应的用例，以便使用系统完成工作。

    因此，确定初步的用例集合最简单的方法是为每个工作人员和业务参与者创建用例。对每个业务用例，存在一个针对工作人员和业务参与者的用例。接着，分析人员可以对初步用例进行细化和调整。

    分析人员还必须决定有多少工作人员或业务参与者的任务应该由信息系统自动完成，并重新整理用例以便更好地适应参与者的需要。注意，不是所有任务都可以自动完成。

举例：根据业务模型确定用例

        在前面的例子中，假定一个初步的用例"购买货物或服务"，当买主在业务用例"销售：从订单到交货"中充当业务参与者时，该用例支持参与者"买主"。经过进一步分析表明，最好是将用例"购买货物或服务"实现为几个不同的用例，如"订购货物或服务"和"支付账单"。将这个初步用例分为几个较小用例的原因是：买主不希望以不间断的动作序列执行"购买货物或服务"用例；希望等到交付货物或提供服务之后再支付账单。因此，将支付序列表示为一个单独的用例"支付账单"，并于交付货物之后再执行这个用例。

4．获取业务模型信息的技术

    需求小组成员需要和客户交流和沟通，了解客户的业务需求，直到获取客户和目标软件产品未来用户的所有相关信息为止。

    通常，访谈有两种基本类型：结构化的和非结构化的。在结构化访谈中，会提出一些特定的、预先计划好的问题，一般是封闭式的，需要得到特定的答案。在非结构化访谈中，访谈可能从1～2个封闭式问题开始，后续的问题根据受访谈对象的回答而提出，后续问题可能在实质上是开放式的，以便给访谈提供更广泛的信息。

    访谈过于非结构化也不好，例如，对客户说，"请谈谈你的业务"，就不太可能得出很多相关的信息。因此，问题应该以既能鼓励受访谈者给出范围广泛的回答，但又总是在访谈者所需的特定信息的范围内。

    进行一次好的访谈并不容易。首先，访谈者必须熟悉应用域。其次，若访谈者已经决定遵循客户的需求，那么进行访谈是没有太大作用的。无论访谈者知道些什么，每次进行访谈都必须认真聆听受访谈者所说的内容，同时，要克制任何与客户及要开发产品的潜在需求相关的固有成见。

    访谈结束后，访谈者必须准备一份访谈的书面报告，最好将报告的副本发放给每一位受访谈者，这样，可能会澄清某些有误解的陈述或添加一些忽视的信息。

8.7　补　充　需　求

补充需求是指无法与任何特定的用例相关联的非功能性需求，这样的需求可能会影响到几个用例或根本不影响任何用例。性能、接口和物理设计需求以及构架、设计和实现等约束是非功能性需求的实例，补充需求可以捕获为传统的需求规格说明中陈述的需求，然后，连同用例模型一起用于分析和设计。

接口需求详细描述了系统与其交互的外部项目之间的接口，其中包括对数据格式和时间限制的约束或其他与交互有关的因素。

物理设计需求详细描述了系统必须具有的物理特性，如其材料、形状、大小和重量等。该类需求可以用来代表硬件需求，如所需的物理网络配置等。

举例：硬件平台需求

服务器、PC Server

客户机、PC 机

设计约束是对系统设计进行限制，如可扩展性和可维护性约束，或有关重用遗留系统或其中的主要部分的约束等。

实现约束是对系统的编码或构造进行说明或限制。例如，所使用的标准、实现指南、编程语言、数据库完整性策略、资源范围和操作环境等。

举例：文件格式约束

"结账与支付系统"的 1.2 版将支持长文件名。

举例：软件平台约束

系统软件

客户机操作系统：Windows XP 或 Windows 7/8

服务器操作系统：Windows 2003 或 Linux

浏览器软件：Firefox 16.0 或 Microsoft Internet Explorer 8.0

此外，经常还有一些其他需求，如：法律方面的需求和规章制度方面的需求等。

举例：其他需求

安全性：传输必须是安全的，意味着只有经授权的人才能访问信息。被授权的人只能是拥有账户的储户和系统管理员等参与者。

可用性："结账与支付系统"每个月的停机时间必须小于 1 小时。

易用性：90%的买主学会（通过使用说明书）提交简单订单和支付简单账单的时间不能超过 10 分钟。简单订单只有一个条目；简单账单是对简单订单进行支付的账单。

8.8　初　始　需　求

要确定客户的需求，首先基于初始业务模型拟订初始需求，然后，与客户进一步讨论，精化对应用域的理解和业务模型，同时对需求进行精化。

需求是动态的, 也就是说, 不仅需求本身会多变, 开发团队、客户和未来用户对于需求的态度也是多变的。例如, 某项特定需求最初可能是可选的, 经过进一步分析, 该项需求可能非常重要, 但是, 经过与客户讨论后, 该项需求被舍弃了。要处理这些变化, 最好的办法是维护一张需求表, 再加上已经得到团队成员一致同意并经客户认可的需求用例。

面向对象范型是迭代的, 因此, 术语表、业务模型或需求可能要随时进行调整。

功能需求在需求工作流和分析工作流期间进行处理, 而一些非功能需求需要等到设计工作流才能处理。原因在于, 要想处理某些非功能需求, 需要详细了解目标产品的具体情况, 这一般要在需求工作流和分析工作流结束之后才能得到。但是, 只要有可能, 非功能需求也应该在需求工作流和分析工作流期间进行处理。

确定参与者和用例是捕获需求最重要的活动, 通过该活动, 可以了解谁(参与者)与系统进行交互、从系统预期得到哪些功能(用例), 从而确定系统范围。如图 8-8 所示, 该活动由系统分析员负责, 但系统分析员不可能独立完成该工作, 需要从客户、用户以及其他分析员参加的建模专题讨论会中获得相关信息。

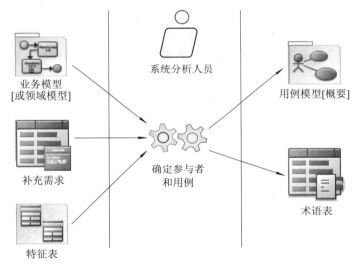

图 8-8　用于确定参与者和用例的输入及其结果

捕获需求主要包括下面四个步骤。

- 确定参与者。
- 确定用例。
- 简要描述每个用例。
- 从整体上描述用例模型(这里, 还应该准备一张术语表)。

这些步骤不需要按照特定的顺序, 经常并发执行。例如, 一旦确定了新的参与者或用例, 就可以对用例图进行更新。得到的用例模型应该进行简明扼要地描述, 图 8-9 就是用例图的说明(经过多次迭代来完善和重构), 关联上的角色"发起人"表明哪个参与者启动用例。

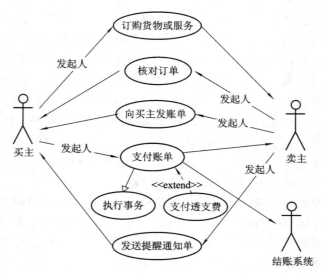

图 8-9　支持业务用例"销售：从订单到交货"的"结账与支付系统"中的用例

8.9　初始需求:考勤系统实例研究

有了应用领域知识并对初步的业务模型熟悉后，团队成员就可以进行深入的访谈，建立初步的用例模型。

8.9.1　聆听

一个系统是由其提供的价值来确定的，所以，该阶段的目标就是从客户的角度来认识系统。下面描述了与客户之间的(有点理想化的)对话：开发者、负责考勤的业务经理以及一个使用该系统的雇员，其目的是描述系统的功能和用途。当然，在现实世界中，这样通常会是一个 5 人、10 人、甚至 20 人的会议，每个人都有不同的需求和视角，为了达成对系统的共识就可能需要用好几个星期来召开好几次会议。

举例：考勤系统的初次会议记录

　　开发者：谁会使用考勤系统？

　　客　户：所有用它来记录可记账以及不可记账工时的雇员。

　　开发者：在什么地方？这里、家里还是使用客户端？在防火墙之后？

　　客　户：在办公室里，有时候也可以在家里，但肯定是通过防火墙后的客户端来访问。

　　开发者：很好，这很有用。那么，现在是怎么考勤的呢？

　　客　户：每半个月用一个 Excel 表格来记录。每个雇员将表格填好，然后用电子邮件发给我。表格格式标准：纵向是收费项目代码，横向是日期。雇员可以在每个条目上填写说明。

　　开发者：那么，从什么地方得到收费项目代码呢？

　　客　户：有一张单独的表格记录有效的收费项目代码，按客户和活动来进行组织。

　　开发者：这么说，每个收费项目代码都有一个名称、客户和项目？

　　客　户：对，而且，还有一个类型，可记账和不可记账的判断。

开发者：你认为会需要一种更复杂的层次结构吗？

客　户：什么意思？

开发者：换句话说，现在，你有客户、项目和活动等信息，那么是不是还要一些子项目或者子活动的信息呢？

客　户：不，我想不用。

开发者：谁来管理收费项目代码？

客　户：嗯，必要的时候我(业务经理)可以添加这类代码，而且，每个经理会告诉下属应该填写什么。

开发者：你能想到一些特殊情况吗？例如，雇员可能提前填写表格或其他类似的事情吗？

客　户：噢，我明白你的意思。雇员不会这么做。如果有人在休假或住院，就由我来替他填写表单。

开发者：这些数据收集起来后要用来做什么？

客　户：每个月，我会将数据导入到支付系统中，用来产生账单。

开发者：该系统是否应该自动选择数据范围和所有的雇员？

客　户：如果可能的话，可以由我来选择要导出的数据范围、客户和雇员。

开发者：那么，支付系统有标准的数据格式吗？

客　户：是的，是基于 XML 的。

开发者：好的，我会详细研究这个格式的。

开发者：谢谢，占用了你的时间。我想还会继续合作……我们下周二再碰次头，好吗？

客　户：好的。

在对话中，客户和开发者共同发掘和精化客户对系统的需求。注意，开发者首先提出问题，其次倾听答案，然后要么总结要么问一个澄清的问题。在多数情况下，客户并不确切地知道他们需要什么，当然更不可能会明白软件开发所需的细节。所以，开发者或需求分析员要把握这种讨论并确保收集到必需的信息。

根据对话，开发人员就可以从高层的用例图开始编写真正的系统需求分析文档。构建用例图需要：确定参与者、确定用例、确定参与者和用例之间的关系。

8.9.2　确定参与者

确定参与者的任务依赖于起点。认真研究原始记录，区分不同的用户群，选出候选的参与者。当存在业务模型时，确定参与者很简单。系统分析员可以为业务中的每个工作人员建议一个参与者，也可以为每个使用信息系统的业务参与者(即每个业务的客户)建议一个参与者。否则，不管有没有领域模型，系统分析员都要与客户一起来确定用户，并设法将他们组织成不同类别的参与者。在这两种情况下，需要将表示外部系统的参与者与用于系统维护和操作的参与者确定下来。

在挑选候选参与者时有两个标准。首先，至少确定一个用户来扮演候选参与者，这有助于获得相关的参与者而避免只是想象中的参与者。其次，不同参与者扮演的角色之间的重叠应该最少，不应该两个或多个参与者实际上担当相同的角色。如果出现了这种情况，应设法将这些角色合并，或设法确定一个更一般化的参与者来充当重叠参与者的公共角色，新的参与者可以使用泛化关系进行特化。系统分析员为参与者命名，并简要描述每个参与者的角色以及参与者使用系统做什么。

举例：对话摘录

> 开发者：谁会使用考勤系统？
>
> 客 户：所有用它来记录可记账以及不可记账工时的雇员。每个雇员将表格填好，然后用电子邮件发给我。
>
> 开发者：谁来管理收费项目代码？
>
> 客 户：嗯，必要的时候我(业务经理)可以添加这类代码，而且，每个经理会告诉下属应该填写什么。
>
> 开发者：这些数据收集起来后要用来做什么？
>
> 客 户：每个月，我会将数据导入到支付系统中，用来产生账单。

这样，就得到候选的参与者：雇员、业务经理、经理、支付系统。

有了候选参与者，需要进一步精化。精化参与者是一个交互的过程。在多数情况下，用户都清楚自己在机构中的地位。如果开发人员采用用户的术语表，那么接下来的会议会方便很多。而且，开发人员还需要仔细调查是否不同类型的人会用不同的方式来使用该系统。记住，参与者是由使用系统的方式决定的，而不是由他们的工作头衔或在组织结构中的地位决定的。

第一个参与者看起来很清楚，雇员利用系统来记录时间。下一个，业务经理，看起来很重要，只代表机构中的一个具体的人。如果这个人去休假了或随着机构的变化，他需要将工作移交给他人，这种情况该怎么处理呢？通过与业务经理进一步交流，就可以发现"管理员"用户是符合这个角色的。

那么，要确定"经理"是否是一个独立的参与者，就需要安排一次面对面的交流。他们在考勤过程中会承担一个角色，因为雇员需要知道应该在哪一个项目上记账。但是，在当前的需求下，经理并不需要利用该系统来进行这种处理。经过讨论，征得客户同意，决定谁有权利来填写收费项目代码不是经理的需求。所以，经理不是一个参与者。

最后，作为与考勤系统交互的外部系统，支付系统也是一个参与者。

这样，参与者就剩下两个：雇员和管理员。当然，还有一个支付系统。

举例："雇员"、"管理员"和"支付系统"参与者

> "雇员"：使用考勤系统来记录可记账以及不可记账工时的员工。
>
> "管理员"：管理考勤系统的员工，可以设置收费项目代码，向支付系统导入数据。
>
> "支付系统"：从考勤系统收集数据，产生账单。

得到参与者集合，并对每个参与者进行简要说明。此时，这些参与者便可以作为确定用例的起点。

8.9.3 确定用例

当起点是业务模型时，可以按照"根据业务模型确定用例"中讨论的方法来确定参与者和用例，为参与业务用例实现和使用信息系统的每个工作人员所充当的角色设计用例。系统分析员逐个检查参与者，为每个参与者设计候选用例。例如，可以通过访谈和故事板来了解需要用例做些什么。参与者通常需要用例支持其工作，可以创建、修改、跟踪、删除或研究业务用例中的业务对象(如"雇员"和"收费代码")。参与者可能要将某些外部事件或其他类似的方法告知系统，或反之，即参与者可能需要系统告知自己某些已经发生的事件(例如账单)。可能还需要有附加的参与者来执行系统启动、终止或维护等工作。

为每个用例选择一个恰当、含义鲜明的名字。通常采用"动宾结构"来命名，应该反映参与者和系统之间的交互。例如："记录工时"和"设置收费代码"等用例。

有时很难确定用例的范围。用户与系统交互可以在一个用例中确定，也可以在参与者引用的几个用例中确定。在决定候选用例是否应该作为一个单独的用例时，必须考虑用例是否完整，或是否总是作为另一个用例的延续。注意，这里有两个关键，有价值的结果和具体参与者，表示了确定用例的两个原则。

● 有价值的结果。每个可以成功执行的用例都应该对其参与者提供某些价值，使参与者实现预定目标。有时候，参与者愿意为获得价值而付出代价，一个用例实例(如打电话)可能涉及多个参与者。此时，"有价值的结果"应该针对最初的参与者，也避免确定太小的用例。

举例："支付账单"用例的范围

"结账与支付系统"提供了"支付账单"用例，买主使用该用例来确定已经订购或收到的货物账单的支付日期。然后，"支付账单"用例会在预定日期完成支付。

"支付账单"用例包括确定支付日期和完成支付。如果将该用例分为两部分，一部分是确定支付日期，另一部分是完成支付。其中"确定支付日期"不会增值，只有支付了账单，才会获得增加的价值。

● 具体的参与者。向真正的用户提供有价值的用例，可以使用例不会变得太大。

寻找用例首先从原始记录中识别候选用例，然后考虑需要哪些用例来支持这些已有的用例。有的候选用例可能不适合作为单独的用例，最好作为其他用例的一部分。

存在这样的用例：它们决定了系统的特性。在原始记录中，关注下面的对话。

举例：寻找主用例对话摘录

开发者：谁会使用考勤系统？

客　户：所有用它来记录可记账以及不可记账工时的雇员。

客　户：每半个月用一个 Excel 表格来记录。每个雇员将表格填好，然后用电子邮件发给我。表格格式：纵向是收费项目代码，横向是日期。雇员可以在每个条目上填写说明。

开发者：谁来管理收费项目代码？

客　户：嗯，必要的时候我(业务经理)可以添加这类代码，而且，每个经理总会告诉其下属应该填写什么。

开发者：这些数据收集起来后要用来做什么？

客　户：每个月，我会将数据导入到支付系统中，用来产生账单。

开发者：该系统是否应该自动选择数据范围和所有的雇员？

客　户：如果可能的话，可以由我来选择要导出的数据范围、客户和雇员。

开发者：那么，支付系统有标准的数据格式吗？

客　户：是的，是基于 XML 的。

开发者：好的，我会详细研究这个格式的。

第一个摘录产生了"记录工时"用例，第二个产生了"填写工时说明"用例，第三个产生了"设置收费代码"用例，最后一个产生"导出工时记录"用例。

对话中没有提到支撑用例，可以通过交流进一步了解"系统在完成某个用例时需要什么"来得到。考虑"记录工时"用例，在雇员记录其工时时，需要收费项目代码列表和雇员列表。收费项目代码列表，已经通过"设置收费代码"用例产生，但是，雇员是怎么来的却还没有交代清楚，所以，"设置雇员"用例是必需的。其他的用例，"填写工时说明"和"导出工时记录"是由"记录工时"用例支持的。

这样，候选用例就有：设置雇员、设置收费代码、记录工时、填写工时说明、导出工时记录。

"设置雇员"用例只有一个用途，即管理员在系统中添加一个雇员信息作为系统的客户。所以，"雇员"用例符合"集中"准则。显然，管理员从新员工的经理那边得到请求，然后，将员工信息添加到系统中。之后，系统有了明显的变化：获得一个新的最终用户。所以，"设置雇员"符合"独立提供价值"的原则。

"设置收费代码"用例也只有一个用途，那就是让管理员添加收费项目代码到系统中。显然，管理员从项目经理那边得到请求，然后，将收费项目代码添加到系统中。之后，系统发生了明显的变化：得到一个新的代码，最终用户就可以使用该代码。所以，"设置收费代码"用例也符合准则。

"记录工时"用例看起来不是很集中，雇员可以用它来浏览、更新和增加新的工时条目。而且，这些活动看起来不能独自提供价值。尽管"记录工时"有不同的子活动，但是它有一个不同的价值。当一个用例太大，而它的子用例又太小的时候，保留这个大用例还是比较明智的。"记录工时"用例本身也是有价值的，它是整个系统的目标。

"填写工时说明"用例显然符合集中的原则，有非常具体的用处。但是，它违反了"独立提供价值"的原则。"填写工时说明"是"记录工时"的一部分。所以，"填写工时说明"用例就应该删除，只作为"记录工时"用例的一个细节即可。

显然，"导出工时记录"用例有一个严格定义的、有价值的目标，允许管理员导出系统数据。

在检查整个用例模型的一致性之前，要先检查每个用例。经过评估，用例集变为：设置雇员、设置收费代码、记录工时、导出工时记录。

最初确定的参与者和用例，在用例模型稳定之前通常需要进行多次重构和评估。

系统的用例和构架是通过迭代逐步开发的。一旦得到了构架，后面捕获的新用例一定要适合该构架。不适合构架的用例应该加以修改以便更好地融入构架，或改进构架以便易于补充新的用例。例如，最初确定用例时，头脑中可能已经有了如何与具体用户交互的构想，一旦确定了图形用户界面(GUI)框架，可能需要修改相应的用例，通常类似的适应性修改很小。

8.9.4 简要说明用例

分析员在确定用例时，有时会用一段话来说明每个用例，有时只记下用例的名字。之后，用几句话来进行简要的描述，概括用例的动作。然后，逐步说明用例与参与者交互时需要完成什么任务。

举例："支付账单"用例的初始描述

简要说明："买主"使用"支付账单"用例来确定账单支付时间。而后，"支付账单"用例在预定日期实现支付。

初始的逐步描述：

在对用例进行初始化之前，"买主"已经收到了账单(由"买主账单"用例发送)，而且已经收到了订购的货物或服务。

(1) 买主检查要支付的账单并核对是否与原始订单一致。

(2) 买主确定通过银行支付账单的时间。

(3) 在预定的支付日期，系统检查买主的账户里是否有足够的存款，如果有足够的存款，就完成该事务。

现在，已经简单介绍了参与者和用例。但不能孤立地描述和理解每个用例，还需要从整体上来把握，需要说明用例和参与者如何彼此相关以及如何组成用例模型。

8.9.5 描述用例模型

可以用图和文字从整体上解释用例模型，尤其是说明用例如何彼此相关以及用例如何与参与者相关。对图中应该包括哪些内容没有严格的规定，因此，选择能明确说明系统的图。例如，可以画图来表示参与业务的若干用例(如图 8-10 所示)，或表明参与者所执行的若干用例。

每个参与者都参与一个或多个用例，每个用例都由一个或多个参与者触发，创建高层用例图就需要描述用例和参与者之间的这种关系，从参与者指向用例的箭头表明参与者参与的用例。

分别考虑每个参与者。从与客户的对话得知，"雇员"参与者不能触发"设置雇员"、"设置收费代码"或"导出工时记录"用例。当然，在正常的情况下，"雇员"参与者必须触发"记录工时"用例。

显然，"管理员"参与者触发"设置雇员"、"设置收费代码"以及"导出工时记录"用例。充当"管理员"参与者角色的人几乎肯定是组织的一个雇员，因此，也必须记录自己的工时，在执行"记录工时"任务时，扮演雇员的角色，当且仅当记录其他雇员的工时时，才有必要以"管理员"的身份来执行。再研究一下会议记录就可以发现这也是一个需求，因为管理员用户需要为生病或请假的雇员登记工时。

图 8-10 描述了参与者与用例之间的关系，是第一份用例图草稿。

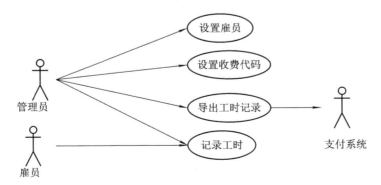

图 8-10 考勤系统的第一次迭代用例图

在同时描述几个用例时为确保一致性，可建立术语表，这些术语可能来自领域模型或业务模型中的类。

对用例模型进行综合说明，从整体上解释用例模型，描述参与者与用例如何交互，并描述用例之间如何关联。

举例：用例模型综合说明

"结账与支付系统"(如图 8-9 所示)中用例模型的综合说明大致如下。

买主使用"定购货物或服务"用例查看订单条目和价格，汇总并提交订单。可能当时或稍后，货物或服务会连同账单一起提交给买主。

买主启动"支付账单"用例，确认收到的账单并确定支付时间。在预定的支付日期，"支付账单"用例自动将存款从买主的账户转到卖主的账户上。另外，如果出现透支，"支付账单"用例将由"支付透支费"用例进行。

那么，卖主如何使用系统呢？

卖主可能会使用"确认订单"用例查看、建议更改和确认收到的订单。确认后的订单将与订购的货物或服务一起发送出去。

当货物或服务送达时，卖主通过"买主账单"用例给买主开账单。在开账单时，卖主可能需要使用折扣率，还可能将几个账单合并为一个账单。

如果买主到期没有支付，卖主会得到通知并使用"发送提醒通知单"用例。系统也可以自动发送提醒通知单，这里，选择另一种解决方案，即卖主先检查一遍提醒通知单之后再发送出去，以避免给客户带来麻烦。

这时，系统分析员需要和客户一起确认该模型的准确性和正确性。客户必须认同所有的参与者和用例，在这次会议上，客户必须执行一个有价值的、理性的检查，指出任何遗漏的特性。好的用例模型是需求的一个良好的切入点，客户应该很容易理解。

- 这些用例是否已经捕获所有必需的功能性需求；
- 每个用例的动作序列是否正确、完整且易于理解；
- 是否已经确定了一些价值很小或根本没有价值的用例。果真如此，应该重新考虑这些用例。

8.10 继续需求流:考勤系统实例研究

用例图为整个系统提供一个高层视图。但是，对设计来说，所提供的信息是远远不够的。对每个用例，还需要确定用户是如何使用系统的。有了初步的用例模型，开发团队的成员就可以进行更深入的访谈工作，进一步了解业务和应用域，对用例模型做深入的研究和详细的描述。

8.10.1 区分用例的优先级

区分用例优先级为迭代服务，决定哪些用例在早期的迭代中进行开发(即分析、设计、实现等)，哪些用例可以在后面的迭代中开发(如图 8-11 所示)。

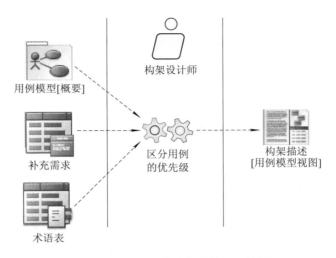

图 8-11 区分用例优先级的输入及结果

用例模型的构架视图包括描述某些重要和关键功能的用例，或涉及某些必须在软件生命周期中尽早实现的重要需求的用例，描述对构架重要的用例，可作为计划迭代时的输入。

8.10.2 详细描述用例

细化用例是为了详细描述其事件流，包括用例如何开始、结束以及如何与参与者交互(如图 8-12 所示)。

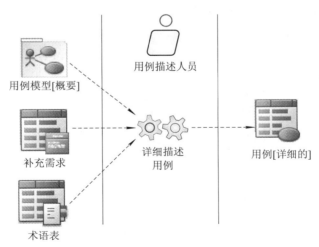

图 8-12 详细描述用例的输入及结果

以用例模型和相关的用例图为起点，用例描述人员就可以详细描述用例，将用例的逐步描述细化为精确的动作序列。

1．构造用例说明

用例定义了用例实例可能进入的状态以及在这些状态间的转移(如图 8-13 所示)，每个转移都是由事件(如消息)触发的用例实例执行的动作序列。

图 8-13 所示的状态转移图可能非常复杂，必须尽可能简单而精确地描述状态转移(动作序列)。可以选择一条从初态(最左面的圆角矩形)到终态(最右面的圆角矩形)的、中间状态(后面的圆角矩形)、完整的基本路径(图 8-13 中带箭头的直线)，并在说明中对该路径加以描述，而后将其他路径(带箭头的曲线)描述为基本路径的备选路径，每条路径单独描述。有时候备选路径很小，可以直接插入基本路径的描述中。记住，说明应该精确、易读，无论选择什么技术，都要描述所有的备选路径，不然就不算确定了用例。

图 8-13   用例有一个初态、中间状态、终态和状态间的转移。

出现基本路径的备选、偏离或异常路径有很多原因。

- 参与者可能选择不同的路径来完成用例。例如，在执行"支付账单"用例时，参与者可能决定支付或拒付账单；
- 若用例涉及多个参与者，其中一个参与者的动作可能会影响其他参与者的动作路径；
- 系统可能检测到来自参与者的错误输入；
- 有些系统资源可能出现故障，导致系统无法正常工作。

所选的基本路径应是"正常"路径，即用户认为最有可能遵循的、能够给参与者带来最显著价值的路径。基本路径一般不包括由系统加以处理的异常和特殊路径。

2. 细节描述模板——编写用例文档

该阶段需要考虑已知的部署约束。例如，如果最终用户是通过防火墙或便携设备访问系统，就需要为每个受影响的用例捕捉需求。但是，技术选择决定又不在这个阶段进行，所以，在该阶段为部署约束而考虑解决具体的方案还为时过早。另一个常犯的错误是从界面设计上来考虑用例，这也是很不准确的，因为有些界面可能会支持好几个用例，而有些用例在最终设计的时候可能又要用到好几个界面。

在设计事件流的时候，开发者或需求分析员要扮演最终用户的角色并考虑一系列问题：流程是如何开始的？系统需要从参与者中获取什么信息？系统将如何响应？流程如何结束？这些答案可以通过一系列的系统输入和系统响应来获得。事件流就像一个不带任何界面设计细节或响应格式的测试计划。某些情况下，开发者可以通过与最终用户的交互来理解每个用例的需求。

经常有这样的想法，在同客户召开了第一次会议之后就应该对系统有一个很清晰的认识。事实上，开发用例细节是个乏味而又充满启发意义的工作。在开发每个事件流并试图描述前置条件和部署约束时，会发现一些相关的问题和悬而未决的事务，这些都可以列为需求文档的一部分，并在第一次评审整个需求模型时去解决。

每个用例描述都使用相同的模板。虽然不同的项目用例模板也不一样，但应该像下面描述的样子。

用例名称：动词短语，描述用例目的的简短动词短语。

描述：简要的段落，介绍用例目的，强调用例为参与者提供的价值。如果无法在一个简短的段落中描述，那么用例可能不够集中。

前置条件：简短的段落，描述在哪些用例成功执行之后，才会触发该用例，描述其中的依赖关系。

部署约束：简短的段落，描述如何使用系统来完成用例。例如，某个特定的用例是由"雇员"参与者触发的，而该参与者是位于保护雇员客户端的防火墙之后。那么，忽略这类约束就会导致严重的后果，因此必须尽快获得这些信息。

正常事件流：交互动作的有序序列，描述所有的系统输入以及系统响应，组成了该用例的正常流程。正常事件流表明事件按计划进行时的交互动作，揭示了用例的目的。

可选事件流：交互动作的有序序列，描述组成该用例的一个可选流程的所有系统输入及其响应。可选事件流显示系统是如何对用户的误操作做出响应，例如，输入一个无效的数据或按不正常的顺序来执行一个流程。需要编写每个可选事件流。

异常或错误事件流：交互动作的有序序列，描述组成该用例的一个异常流程的所有系统输入及其响应。异常流程捕捉系统对错误的响应，例如，无法获取系统内部的或外部的资源。需要编写每个异常事件流。

活动图：在图中显示事件流的所有流程，能够完整地描述事件流，为度量用例的复杂度提供方法。

非功能性需求：用一两个简短的段落来介绍用例成功执行的判断准则，该准则不适合在事件流中描述。例如，系统对用例的响应可能必须限制在 3 秒钟以内；或者，在遍历某个用例的事件流时，鼠标点击次数的上限是 7 次。

说明(可选)：确定不符合上面类别的其他事务，其中可能包括对系统功能的限制。

未解决的问题(可选)：需要进一步询问相关人员的问题列表。

举例："记录工时"的用例文档示例

用例名称　记录工时(RecordTime)

描述　雇员使用"记录工时"用例来登记工时。管理员使用该用例为任何雇员登记工时。

前置条件　无

部署约束　用户可以从客户端或雇员的家中访问"记录工时"用例，如果是从客户端访问，要考虑到防火墙。

正常事件流　雇员记录工时。

(1) 雇员查看当前时间段之前输入的数据。

(2) 雇员从已有的支付号码中选择一个，这些收费项目代码是按客户和项目组织的。

(3) 雇员从当前的时间段选择一个日期。

(4) 雇员输入以正整数表示的工时。

(5) 在视图中显示数据，在以后的视图中都可以看到该数据。

可选事件流　雇员修改工时。

(1) 雇员查看当前时间段之前输入的数据。

(2) 雇员选择一个已有的条目。

(3) 雇员修改工时。

(4) 在视图中更新信息，在以后的视图中都可以看到。

可选事件流　管理员为雇员登记工时。

(1) 管理员查看按名称排序的雇员列表。

(2) 管理员选择一个雇员，查看当前时间段之前输入的数据。

(3) 管理员从已有的收费项目代码中选择一个，这些收费项目代码是按客户和项目组织的。

(4) 管理员从当前的时间段选择一个日期。

(5) 管理员输入以正整数表示的工时。

(6) 在视图中显示数据，在以后的视图中都可以看到该数据。

异常事件流　由于系统或通信错误，系统无法对考勤卡进行更新。

(1) 雇员查看当前时间段之前输入的数据。

(2) 雇员从已有的收费项目代码中选择一个，这些收费项目代码是按客户和项目组织的。

(3) 雇员从当前的时间段选择一个日期。

(4) 雇员输入以正整数表示的工时。由于系统或通信错误，系统无法完成这次操作。

(5) 系统将错误及其详细信息通知管理员，撤销所有的改动，视图回到前一个状态。

(6) 如果可能，在日志中记录该错误。

活动图　如图 8-14 所示。

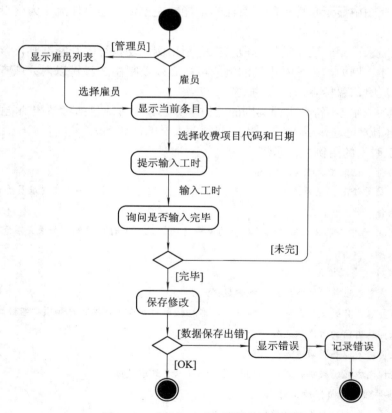

图 8-14　"记录工时"用例的活动图

非功能性需求　无

未解决的问题

(1) 雇员是否可以在以前的考勤卡上输入和更改时间？

(2) 雇员是否可以在以后的考勤卡上输入和更改时间,例如,在休假之前?

举例:"导出工时记录"的用例文档示例

用例名称 导出工时记录(ExportTimeEntries)

描述 管理员使用"导出工时记录"将特定的考勤卡数据保存到格式化文件中。

前置条件 无

部署约束 无

正常事件流 管理员导出数据。

(1) 管理员选择一段日期。

(2) 管理员选择部分或所有的客户。

(3) 管理员选择部分或所有的雇员。

(4) 管理员选择目标文件。

(5) 数据以 XML 格式导出到文件中,过程结束后通知管理员。

异常事件流 由于系统错误,无法导出数据。

(1) 管理员选择一段日期。

(2) 管理员选择部分或所有的客户。

(3) 管理员选择部分或所有的雇员。

(4) 管理员选择目标文件。

(5) 系统无法导出数据,管理员得到有关错误的通知。

(6) 如果可能,在日志中记录该错误。

活动图 如图 8-15 所示。

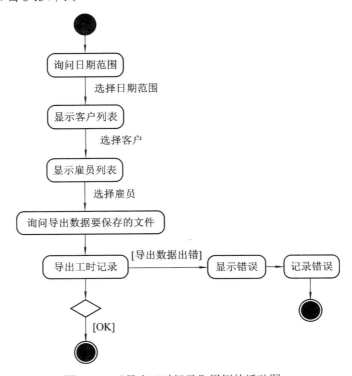

图 8-15 "导出工时记录"用例的活动图

非功能性需求　无

未解决的问题

(1) 选择数据的判断准则是否足够?

(2) 选择数据的判断准则是否过于复杂?

(3) 是否有其他的导出格式?

因为用例需要得到开发人员、客户及用户的理解,所以,应该像例子所示的那样,用简明的语言来描述用例。

在分析和设计阶段,用例属性可以作为启发,用以确定类和属性,例如,从用例的账单属性可以导出称为"支付账单"的设计类——在分析和设计期间,还应该考虑用于多个用例的对象,但在用例模型中则无需考虑。相反,应该禁止用例实例间的交互和访问彼此属性的实例以保持用例模型简单。

如果系统需要与其他系统进行交互,就必须详细说明。这项工作必须在细化阶段的早期迭代中完成,因为系统间通信的实现常常会对构架产生影响。

当认为用例说明已经是易于理解的、正确的、完整的和一致的时候,用例说明就完成了。在需求捕获末期举行的评审会上,分析人员、用户和客户一起对用例说明进行评价,只有客户和用户才能验证用例是否正确。

8.10.3　构造用户界面原型

构造用户界面原型能够帮助更好地理解用例,获取需求(如图 8-16 所示)。

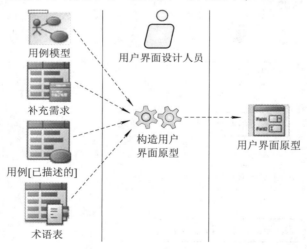

图 8-16　构造用户界面原型的输入及结果

设计用户界面,可以使用户有效地执行用例。首先,从用例入手,设法了解每个参与者启动用例需要什么样的用户界面,即进行逻辑用户界面设计。然后,再进行实际的用户界面设计并开发原型,以说明用户如何使用系统来执行用例。在决定如何实现用户界面之前先确定需要用户界面做些什么,可以让开发者在实现之前理解需求。

1. 逻辑用户界面设计

当参与者与系统交互时,使用用户界面元素来处理用例属性,这些属性通常是术语表中的术语(如客户、工时和雇员)。参与者看到的用户界面元素是图标、列表、文件夹或二维地图等，通过选择、拖动或语音来进行处理。用户界面设计人员为每个用例确定适当的用户界面元素，并向参与者说明这些元素。每个参与者都应该回答下面的问题。

- 需要哪些用户界面元素来启动用例？
- 用户界面元素彼此之间如何相关？
- 如何在不同的用例中使用？
- 看起来像什么？
- 如何处理？

要想确定参与者可以访问的每个用例中需要哪些用户界面元素，可了解下面的问题。

- 哪些领域类、业务实体或工作单元适合作为用例的用户界面元素？
- 参与者用哪些用户界面元素完成工作？
- 参与者可以激发哪些动作，能够做那些决定？
- 参与者在激发用例的动作前需要哪些信息？
- 参与者需要向系统提供什么信息？
- 系统需要向参与者提供什么信息？
- 所有输入/输出参数的平均值是多少？例如，管理员在会话期内一般处理多少个考勤卡，平均工时是多少？要给出粗略的估计，因为要用这些数据来优化图形用户界面。

举例：用于"支付账单"用例中的用户界面元素

对"支付账单"用例，这里要说明如何确定参与者需要用到的用户界面元素以及参与者在工作时需要哪类信息。

参与者一定会用到像"账单"（来自领域类或业务实体）这样的用户界面元素。因此，账单是一个用户界面元素，如图 8-17 所示。注意，账单包括预定日期、支付金额和目标账户等属性，都是支付账单的参与者所需要的。

参与者决定要支付哪些账单时，可能希望了解账户中的存款数量以避免透支，这就是参与者所需信息的例子。在账单支付期间，用户界面必须显示账单，并显示已确定支付的账单如何影响账户余额。因此，账户是另一个用户界面元素。账户余额以及随着账单的支付将如何变化，由图 8-17 可了解账户属性和"账户"到"账单"用户界面元素之间的支付关联表示。

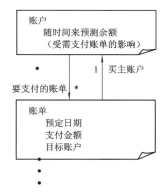

图 8-17   "账单"和"账户"类的用户界面元素及其属性

可以将用户界面元素表示为可粘贴便签(如图 8-17 所示)，粘贴在白板上，便于调整以说明用户界面的外观,用户界面设计人员描述参与者如何使用这些元素,便于参与者理解。使用可粘贴便签的优点在于可以展示所需要的数据量。而且,可粘贴便签不是固定的——很容易来回移动,甚至丢弃——这使得在用户提议修改时较为方便。

用户界面设计人员要保证用例可以通过用户界面元素进行访问,参与者使用用户界面完成工作,那么,实际的用户界面又是如何提供这些内容的呢?

2. 构造原型

确定了可粘贴便签之后,用户界面设计人员就可以绘制用户界面简图,之后,描绘组成完整用户界面所需要的附加元素。附加元素可能包括用户界面元素的容器(如文件夹)、窗口、工具和控件等,如图 8-18 所示。

举例:实际的用户界面设计和原型

用户界面设计人员绘制出实际设计的草图,来显示已确定支付时间的账单对账户余额的影响。账单显示为条形图,当决定支付时会减少账户余额。用户界面设计人员之所以选用条形图,是因为它可以表明收入和支出之间的关系,还可以表明事件发生的时间。确定了支付时间的账单,如房租账单,在预定日期会使账户余额减少,如图 8-18 所示。草图还表明了账户中的存款是如何增加的,例如当账户的户主得到薪金收入时。另外,图中还显示了如滚动条和缩放按钮等用户界面控件。

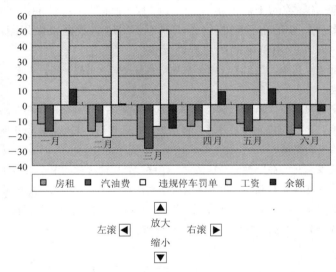

图 8-18 对界面元素"账户"和"账单"提出的用户界面

现在,可以用快速原型开发工具为最重要的用户界面元素集构造可执行的原型。可能会有多个原型,每个参与者对应一个原型,以验证每个参与者可以执行的用例。原型设计工作必须按预期的反馈进行调整,在获得足够的信息时(例如,为最重要的参与者构造原型),就可以建立可执行的 GUI 原型,在没有得到多少有用信息时,可使用纸上的草图。

客户和预期用户试用快速原型的同时,开发者观察并进行记录。用户基于自己的实践经历,告诉开发者快速原型如何才能满足其需要,重要的是,要指出需要改进的地方。开发者修改快速原型,直到双方都确信客户的需求已精确地封装在了快速原型内为止。

对原型和草图的早期评审可以确认用户界面,避免出现许多错误,因为,后期改正这些错误需要付出高昂的代价。原型还能揭示用例说明中的疏漏,以便在设计用例之前对其进行改正。

注意，实际用户界面的实现是与系统的其他部分并行构造的，在分析、设计和实现工作流期间构造。这里建立的用户界面原型将作为用户界面的规格说明，采用符合产品质量的构件来实现。

8.11　修订需求:考勤系统实例研究

完成了上面的工作，系统分析员已经确定了参与者和用例，对它们进行了描述，并从整体上说明了用例模型，得到了初步的用例模型，而且用例描述人员对每个用例都进行了详细说明。这时，系统分析员可以重新构造用例的完整集合，确定共享的行为，以使模型更易于理解和扩展(如图 8-19 所示)。

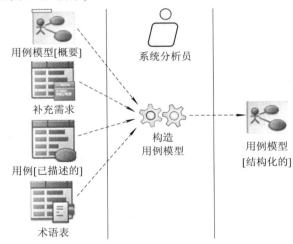

图 8-19　确定用例模型中泛化关系的输入及结果

1.　确定共享的功能——用例泛化

在确定并概括每个用例的动作时，还应该确定公用的或共享的动作。要想减少冗余，可以将共享的部分提取出来放到单独用例中进行描述，以便重用，可以用泛化表示这种重用关系。

举例:用例间的泛化

前面曾经介绍过，"支付账单"用例是由"执行事务"用例泛化得到的。因此，"支付账单"中描述的动作序列继承了"执行事务"用例中描述的动作序列，如图 8-20 所示。

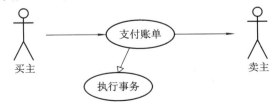

图 8-20　"支付账单"用例和"执行事务"用例之间的泛化关系

泛化可简化对用例模型的处理和理解，并在整理客户所要求的完整用例时重用"半成品"用例。完整用例称为具体用例,由参与者初始化,其实例执行系统完整的动作序列。"半成品"用例只是为了用例重用,被看作是抽象用例。抽象用例虽然本身不能实例化,但具体用例的实例可以引用抽象用例确定的行为,在参与者与系统交互时能感觉到,这就是"真实"用例。

举例:"真实"用例

在由"执行事务"用例泛化为"支付账单"用例时,可以将"真实"用例概念化,如图 8-21 所示。

图 8-21 由"支付账单"用例和"执行事务"用例形成的"真实"用例实例

"真实"用例是两个用例(一个具体用例和一个抽象用例)泛化后得到的结果,代表了与系统交互的参与者可感觉到的用例实例的行为。如果模型中包含更具体的由"执行事务"用例泛化而来的用例,就应该存在真实用例。这些真实用例的规格说明可能存在重叠,这些重叠是"执行事务"用例中确定的内容。

2. 确定扩展的功能——用例扩展

用例之间的另一种关系是扩展关系(Extend Relationship),可以对用例的动作序列进行补充,"表现为"补充的用例描述。

扩展关系包括扩展的条件和对目标用例中扩展点的引用,一旦目标用例的实例到达了扩展关系引用的扩展点,就可以对扩展关系的条件进行判定,如果满足条件,用例实例所执行的序列将包含扩展用例的序列。

举例:用例之间的扩展关系

回忆一下前面的例子,其中,"支付账单"用例通过"支付透支费"用例进行扩展。因此,如果出现透支(这是扩展的条件),在"支付透支费"用例(图 8-22)中描述的动作序列就会插入到"支付账单"用例描述的序列中。

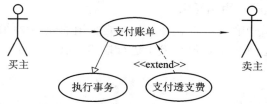

图 8-22 "支付账单"用例和"支付透支费"用例之间的扩展关系

通过扩展关系,可以进一步讨论参与者所能感觉到的真实用例。将扩展用例"支付透支费"的扩展关系应用到目标用例(即由"执行事务"用例泛化得到的"支付账单"用例),可以得到由三个用例合并成的真实用例(如图 8-23 所示)。

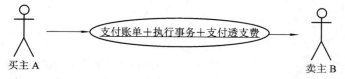

图 8-23 由参与者实例"买主 A"和"卖主 B"所感觉到的"真实"用例实例

真实用例本身就是用例，对用例应用泛化和扩展关系可以得到，真实用例是给用户带来价值的用例。前面提到的用例的准则只是针对真实用例而言的，因此，必须为好的具体用例、抽象用例和扩展用例确定单独的准则。

一旦确定具体的、抽象的和扩展的用例，就可以将其组合起来得到真实用例。开始对新系统建模时，一般从相反的方向进行处理，即从真实用例开始确定共享行为以便从抽象用例中区分出具体用例，并确定补充行为，把它看作用例的扩展。

3．确定用例间的其他关系——用例包含

用例之间还存在着其他关系，例如包含关系(include retattonship)。简单起见，可以将包含关系看作逆扩展关系，对用例提供明显的、无条件的扩展。另外，当包含一个用例时，将对所包含用例的行为序列和属性进行封装，并禁止改变或访问，只有包含用例的结果(或功能)可供利用，这与泛化关系不同。下面给出一些注意事项。

- 用例的结构及关系应尽量反映真实用例。结构偏离真实用例越多，就越难理解用例及其用途，不仅对外部的合作伙伴(如用户和客户)如此，对开发人员也如此；
- 将每个单独的用例视为单独的制品。用例描述人员对其进行说明，并在后续的工作流(分析和设计)中，用单独的用例实现来实现这些用例。为此，用例不能太小或太多，否则需要大量额外的管理开销；
- 避免从功能上分解用例模型中的用例。最好在分析模型中精化每个用例，这是因为，用例定义的功能会按照面向对象的方式分解为概念化分析对象之间的协作，这种分解会加深对需求的理解。

4．收集更多的需求

编写用例的详细事件流有助于理解问题域，在这个过程中会发现很多问题。从某种程度来说，已经为同客户召开的需求评审会议积累了足够的新问题。这个会议有下面两个目标。

- 验证和改进当前的用例模型，包括其中的事件流；
- 解决大多数突出的问题和未解决的问题。

要从客户的角度来理解系统，这一点十分关键；同时，还要集中在"系统如何为客户提供价值"的问题上。但是，当在较低的层次上描述系统细节时，就会去考虑一些可能的解决方案，所以，要严格控制，抵制在开始进行构架设计的诱惑。记住，要集中在客户对系统的需求上。

跟以前一样，会议的结果必须归档保存在会议记录中，并得到参与者的认可，在这些会议记录的基础上就可以形成对系统的共识。

举例：二次会议记录的例子

　　　开发者：现在从"设置收费代码"用例开始。这个主流程的意思表达得清楚吗？

　　　客　户：是的，我认为不会直接在某个客户下增加一个收费项目代码，如果是这样的话，就需要一个"通用"的项目。

　　　开发者：还有其他的与客户或项目相关的数据吗，比如订货单、联系信息？

　　　客　户：当然有这些信息了，但是，在这个系统中没必要考虑这些。

　　　开发者：对所有的项目是否存在一个默认的活动集？

　　　客　户：没有两个项目会有相同的活动，但是会有一些共同的活动。能不能让管理员从一个通

用的活动列表中先选择这些活动，然后再输入其他的活动呢？这样的话就可以节省很多时间，并且不用为相同的活动名称想一个不同的词汇。

开发者：我会把这个加进去。那么，是否允许一个雇员在没有指定活动的情况下给某个项目记账，或直接填写客户就行了呢？

客　户：如果雇员需要在没有活动和项目的情况下记账，...哦，这确实是个问题。

开发者：不同的活动、不同的客户的支付比率也不同吗？

客　户：不同的客户、项目、活动和雇员，他们的支付比率也不同。但是在考勤系统中，并不需要考虑这个问题。

开发者：太好了，这样，就可以知道系统该做到什么地步了。好，下面讨论一下"设置雇员"用例，你认为这个主流程怎么样？

客　户：我同意雇员按名字来组织。在这个应用程序中，按部门来组织是没有必要的。在密码或安全方面我们考虑得不多。就我个人来说，我很讨厌密码。人们经常是把它写在纸上，然后粘贴在显示器上。

开发者：这样的话，需不需要允许雇员更改他的密码？或让他们在第一次登录的时候设置密码呢？

客　户：这样也好。他们在其他系统中也习惯这么做。

开发者：好，我会增加这些功能。我们还需要跟踪哪一些信息，比如支付比率，联系信息等？

客　户：不，以后我们可能会将这些信息整合进去，但现在我们需要让它尽量简单。

开发者：好，那我们还需要其他的功能吗？

客　户：嗯...我不知道这个难度大不大，系统是否可以通过电子邮件通知新用户，告诉他们可以使用这个系统，以及他们的密码呢？

开发者：对这个用例还有其他的要求吗？

客　户：没有，我想已经够了。

开发者：那好，接下去讨论"记录工时"用例，你对这个主流程有什么看法？

客　户：这用例很有用。

开发者：雇员可不可以修改他以前的考勤卡？

客　户：这是一个令人头疼的问题。如果不允许他们这么做的话，那我就会不断地接到这样的电话："求求你，就这么一次，我需要增加三个钟头..."。如果他们不记录这个工时，我们就无法记账。我想我们应该让雇员浏览以前的考勤卡，在他们提交考勤卡的时候必须确认一下。

开发者：好的，你对提前填写考勤卡有什么意见？

客　户：嗯，我知道这个功能听起来很有用处，特别是在休假的时候。另一方面，我们要避免提前记账，绝对不能让他们填写下一周的考勤卡。而且，也不能让人填写第二天的考勤卡。这可能会比较不方便，但是，会有人来检查我们的记账工作，这样做比较好。

开发者：好，我会加入这个要求的。那么经理或管理员需要负责为生病的或休假的雇员填写条目吗？

客户：噢，我认为应该是这样的。如果雇员离开的时间超过一周，管理员就负责为他填写考勤卡。

开发者：那管理员是否可以操作任何用户的考勤卡？

客　户：当然，我认为越简单越好。

开发者：还有其他的功能或问题吗？

客　户：没有了，有意思的是，我本来认为这只是一些简单的用例，想不到却带来这么多问题。

开发者：不是吗？你认为这个"导出工时记录"用例怎么样？

客　户：我很喜欢它，这样为原始数据产生各种报告就容易多了。对每个客户按项目来过滤，这样做挺好的。

在这个对话中，开发者和客户共同提炼他们对系统的共识。特别是，他们发现了系统中遗漏的功能，排除了不必要的功能，并验证了用例模型的一些重要的部分。在这次会议之后将更新用例模型以反映对系统的新认识。

5．修订用例模型

在很多情况下，同客户进行一次有益的对话会完全改变开发人员对系统的理解。在对话时，必须注意如何从讨论一些基本术语转到挖掘一些相对微妙的细节。下面，将介绍每个用例的用例图及其细节是如何根据这次对话来更新的。

1）修订用例图

按照以前的模式为用例图增加新的信息。首先，从对话中挖掘新的用例和参与者；然后，依照集中和价值独立两个原则来验证候选用例；最后，寻找参与者和用例之间的新关系。

在考勤系统例子中，在对话中没有揭示任何新的参与者，所以接着考虑新用例。

(1) 寻找新用例。

如下的摘录表明有必要引入新的用例。

客　户：在密码或安全方面我们考虑得不多。就我个人来说，我很讨厌密码。人们经常是把它写在纸上，然后粘贴在显示器上。

开发者：这样的话，需不需要允许雇员更改他的密码？或让他们在第一次登录的时候设置他的密码呢？

客　户：这很好。他们在其他系统中也习惯这么做。

这个候选用例就是"登录"和"修改密码"。

(2) 评估候选用例。

"修改密码"是集中的，能独立提供价值，保护了雇员的隐私和安全。所以，在模型中加入"修改密码"用例。

"登录"就不是那么明确了。它是集中的，但本身没有提供什么价值。总的来说，雇员登录总是作为执行某种相关任务的前提，如记录工时等。另一方面，大多数人将它描述为一个独立的步骤，比如"先登录，然后登记我的工时"。许多开发团队和 UML 的高手都在"登录"是否可以作为一个用例的问题上争论不休。现在，认为它是一个独立的用例，并将它作为其他更有价值的用例的一部分来使用。

(3) 寻找新的关系。

如下的摘录可以了解到系统和参与者间的交互。

客　户：嗯...我不知道这个难度大不大，系统是否可以通过电子邮件通知新用户，告诉他们可以使用这个系统，以及他们的密码呢？

开发者：我们可以实现这个。我们现在就将它加到系统需求中去。

客　户：在密码或安全方面我们考虑得不多。就我个人来说，我很讨厌密码。人们经常是把它写在纸上，然后粘贴在显示器上。

开发者：这样的话，需不需要允许雇员更改他的密码？或让他们（雇员）在第一次登录的时候设置他的密码呢?

　　　　客　　户: 这很好。他们在其他系统中也习惯这么做。

　　第一个摘录表明,"设置雇员"用例通过发送电子邮件同"雇员"参与者交互。在图8-24中,通过从"设置雇员"用例指向"雇员"参与者的实线来表示,可以看作"'管理员'参与者触发'设置雇员'用例,作为这个用例的一部分,系统发送消息给'雇员'参与者"。

　　第二个摘录表明,"雇员"参与者触发"修改密码"用例,而且,在用户第一次登录的时候,"修改密码"用例总是包含在"登录"用例中,这个包含关系用从"Login"用例到"修改密码"的虚线来表示。记住,扩展关系表明从属用例是可选的,被包含用例始终会被执行,只要事件流到达包含点。

　　这样,就可以更新用例图来反映对系统的新认识。图8-24为更新后的高层用例图。

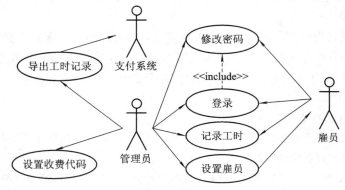

图 8-24　修订后的用例图(第 2 次迭代)

2) 修订用例文档

　　在很多时候,与初稿相比,用例的事件流会变得面目全非。奇怪的是,不会变短,更新事件流是一个相当机械的过程,包括重审会议记录以及合并新的变化。其中的关键是要有耐心。如果那些未解决的问题列表没有随时间而变短,那就表明仍然缺乏一个清楚稳定的系统愿景。

　　对于"设置收费代码"用例的讨论确定了系统的范围。客户显然将考勤系统看成是一个简单独立的系统。在需求收集的时候,明确地排除一些功能会让人感到很奇怪。毕竟,需求是描述系统应该做什么而不是不应该做什么才对。根据经验,记录已经发现的系统局限性是很有价值的工作。"设置收费代码"用例的事件流限制每个客户只能有一个名字以及一个项目列表,每个项目包括一个名字和一个收费项目代码,除此以外,没有其他的东西:没有订货单、没有联系信息。这种限制使开发人员和客户可以进行精确的思考。这个信息可以表达为"要么现在就说,要么就讨论进度延期"。

　　对事件流的评审可能会引入全新的需求。例如,"管理员"参与者现在可以从前面已定义的活动列表中选择收费项目代码,这必须增加到事件流中。

　　同用户进行的讨论将引起对已有的用例进行修订、增加新的用例、限制系统的功能以及增加全新的功能。下面的例子显示需求是如何演化的,将为考勤应用程序打下基础。

举例:"登录"的用例文档示例(新)

　　用例名称　登录(Login)

描述 "登录"用例允许雇员和管理员进入系统。

前置条件 无

部署约束

(1) 必须可以让雇员从家中、公司客户端、行程中的任何一台计算机登录,并可以通过防火墙进入系统。

正常事件流 管理员或雇员的姓名和密码是有效的。

(1) 管理员或雇员输入姓名和密码。

(2) 验证用户是管理员还是雇员。用户在登录的时候并没有选择身份,而是由系统根据用户名确定的。

可选事件流 第一次登录。

(1) 管理员或雇员输入姓名和密码。

(2) 验证用户是管理员还是雇员。用户在登录的时候并没有选择身份,而是由系统根据用户名确定的。

(3) 系统提示用户更改密码。

(4) 在这一入口点包含"修改密码"用例。

可选事件流 无效的验证信息。

(1) 管理员或雇员输入姓名和密码。

(2) 系统通知用户,输入的登录信息不正确。

(3) 系统在日志中记录登录失败。

(4) 用户可以无限次重试登录。

活动图 如图 8-25 所示。

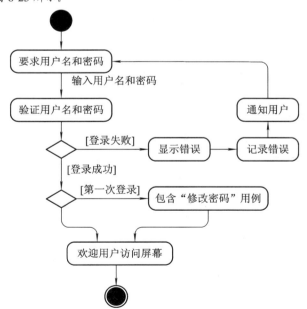

图 8-25 "登录"用例的活动图

非功能性需求:密码不能以明文显示。

未解决的问题 无

举例："记录工时"的用例文档示例(修订)

用例名称　记录工时(RecordTime)

描述　"记录工时"用例允许任何雇员记录自己的工时，管理员可以为雇员记录工时。

前置条件　用户必须已登录到系统中。

部署约束　用户可以从客户端或者雇员的家中访问"记录工时"用例，如果是从客户端访问，要考虑到客户端的防火墙。

正常事件流　雇员记录工时。

(1) 雇员查看当前时间段之前输入的数据。

(2) 雇员从已有的支付号码中选择一个，这些收费项目代码按客户和项目组织。

(3) 雇员从当前的时间段选择一个日期。

(4) 雇员输入以正整数表示的工时。

(5) 在视图中显示数据，在以后的视图中都可以看到该数据。

可选事件流　雇员修改工时。

(1) 雇员查看当前时间段之前输入的数据。

(2) 雇员选择一个已有的条目。

(3) 雇员改变工时和/或支付号码。

(4) 在视图中更新信息，在以后的视图中都可以看到更新后的信息。

可选事件流　雇员提交考勤卡作为结束。

(1) 雇员查看当前时间段之前输入的数据。

(2) 雇员选择提交考勤卡。

(3) 要求雇员确认其选择，并提醒他不能再修改相关的条目信息。

(4) 考勤卡已提交，无法再修改。

可选事件流　管理员编辑雇员的考勤卡。

(1) 管理员从雇员列表中选择一个雇员。

(2) 管理员查看当前时间段之前输入的数据。

(3) 管理员从已有的条目中选择一个条目。

(4) 管理员改变收费项目代码和/或工时。

(5) 系统在日志中将其登记为非正常活动。

(6) 在视图中显示数据，在以后的视图中都可以看到该数据。

可选事件流　管理员提交一个雇员的考勤卡作为结束。

(1) 管理员从雇员列表中选择一个雇员。

(2) 管理员查看当前时间段之前输入的数据。

(3) 管理员选择提交考勤卡。

(4) 要求管理员确认选择，并提醒他不能再修改相关的条目信息。

(5) 系统在日志中将其登记为非正常活动。

(6) 考勤卡已提交，无法再修改。

活动图　如图8-26所示。

非功能性需求　无

未解决的问题　无

说明

(1) 任何时刻，雇员只能为一个考勤卡输入数据。如果没有提交前一个考勤卡，就无法为当前的考勤卡输入数据。

(2) 考勤卡一旦提交就无法再修改。

(3) 雇员不能为还没有开始的日期输入工时。

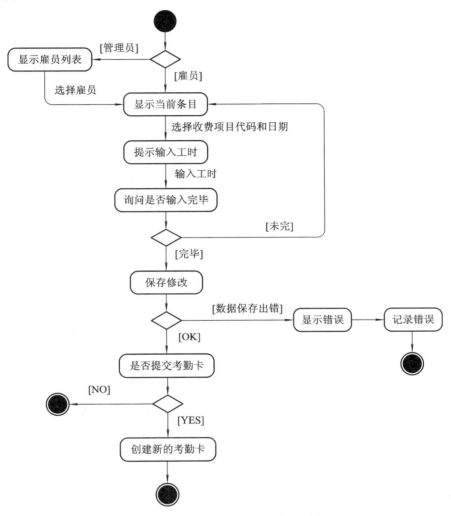

图 8-26 "记录工时"用例的活动图

8.12 测试工作流:考勤系统实例研究

一方面，没有"面向对象的需求"。需求工作流的目标是确定客户的需求，即目标系统的功能。需求工作流与如何制造产品无关，在需求工作流的范畴内提及面向对象范型就像提出一份面向对象的用户手册一样，是毫无意义的。需求工作流产生要做什么样的产品的规格说明，并不包含制造产品的方式。

另一方面，前面介绍的方法实质上是面向对象的，也是面向模型的。用例及用例描述形成了需求工作流的基础，建模是面向对象范型的精髓。

随着工作流的进展，模型也日益完善，但迭代和增量的生命周期模型有一个常见的副作用，就是会遗忘延期的、正确的细节，这也是持续测试至关重要的原因之一。

经过评审和测试，现在的需求看来是正确的。

- 首先，这些需求与客户所要求的相符；
- 其次，看起来没什么错误；
- 最后，从现阶段来看，客户想要的恰好就是客户需要的。

因此，就目前而言，需求工作流似乎是完成了。不过，在随后的工作流中，很有可能会出现额外的需求。同样，也可能把用例中的一个或多个用例细分为新的用例。到目前为止，一切都令人满意。

考勤系统实例研究需求工作流的描述到此为止。

8.13　需求规格说明书

需求工作流的一个主要目标是产生需求规格说明书，那么，规格说明文档在哪里呢？简单的回答是，统一过程是用例驱动的。详细地说，用例及相关模型包含了所有的在传统范型中以文本形式呈现在规格说明文档中的信息。

例如，考虑用例"记录工时"。当执行需求工作流时，"记录工时"用例的活动图(如图8-26所示)和"记录工时"的用例文档示例(修订)显示给客户，即考勤系统的用户。开发人员必须非常认真，以保证用户充分理解模型，并同意这些模型准确地对软件产品进行了建模。随后的工作流，会在此基础上，进一步演化模型。

列出的这组模型只与用例"记录工时"有关。如图8-26所示，总共有6个用例，每个用例的每个场景都产生一组相同类型的模型。结果是以一组模型的形式(有些是图表，有些是文本)传递给客户更多信息，并且这些信息比传统范型的纯文本规格说明文档更精确。

通常，传统的规格说明文档扮演合同的角色。也就是说，一旦开发人员和客户之间签署了合同，本质上就是一份具有法律效力的文件。如果开发人员开发的软件产品满足规格说明文档，客户必须为软件付钱。另一方面，如果产品不符合规格说明文档，可要求开发人员修改，否则可以不支付报酬。在统一过程里，所有用例的所有场景产生的模型集同样也构成一份合同。

统一过程是用例驱动的。当使用统一过程时，不是构造一个快速原型，而是把用例，更准确地说，是把反映那些实现用例的场景的类的交互图，呈现给客户。客户可以从交互图和文字描述的事件流(就如同从快速原型中一样)了解目标软件会做什么。场景和快速原型的每次执行一样，都是目标软件产品的一次特殊的执行序列。区别在于，快速原型一般要舍弃，而用例是逐步精化的，一步步添加更多的信息。

快速原型在用户界面构造方面要优于场景，这并不意味着应该建立一个快速原型，以使客户和用户可以检查示例屏幕和报告，可以使用CASE工具，例如，屏幕生成器和报告生成器，来建立用户界面原型，以帮助用户理解软件。

8.14 小　结

"如何执行需求工作流"图示总结了需求工作流的步骤。

```
如何执行需求工作流

· 迭代
     获得对应用域的理解
     建立业务模型
     确定需求
· 直到需求令人满意
```

　　本章从用例驱动开发开始，介绍了为什么使用用例，了解用例驱动的含义，用例驱动首先要确定客户需要什么，这是需求工作流的主要目标，通过领域模型、业务模型获取用户需求，并以考勤系统为例，涉及到确定参与者、确定用例、描述用例模型、区分优先级、详细描述用例、确定用例间的关系、修订用例模型等工作步骤，全面地展示了需求工作流的工作过程，还简单描述了考勤系统的测试工作流。最后，介绍了需求工作流的 CASE 工具和度量，并描述了需求工作流面临的挑战。

习　题　8

1. 用例驱动的原理是什么？利用用例驱动具有什么优势？
2. 为什么使用用例？"最好的用例"指的是什么？
3. 如何确定客户需要什么？
4. 用例模型是来干什么的？
5. 分析时，如何找出系统用例？请结合下述业务描述寻找用例并画出该业务的用例模型；
　　(1) 收款人在支票背后签名，写上身份证件号码，把支票和身份证件交给营业员(柜员)；
　　(2) 营业员核对印章正确且证件有效；
　　(3) 营业员操作营业受理系统，办理支票兑现手续；
　　(4) 营业员把现金和证件交给收款人。
6. 用例的实例指的是用例的一次具体执行过程(即场景)。请问，对用例的测试是否可以通过一个用例的实例来验证某用例的功能的正确性和有效性？
7. 什么是领域模型？如何建立领域模型？
8. 领域模型用什么图来表达？请结合下述业务描述给出该业务的领域模型。
　　业务描述：某医院由 1 到多个科室组成，每个科室包含 1 到多名医生，每名医生可以救治 0 到多个患者(属性和操作先不考虑)。
9. 什么是业务模型？如何建立业务模型？请根据第 8 题的业务描述来设计业务模型。
10. 如何确定客户的需求？捕获需求的首要任务是什么？
11. 如何区分用例的优先级？

12. 怎样描述用例？一个"好的用例模型"应该能够干什么？目的是什么？

13. 结合"ATM 系统"的业务，画出 ATM 系统的用例模型。请问，用例图(用例模型)能不能取代传统的软件功能结构图？

14. 用例与用例之间有哪些用例关系？如何确定？每种关系的图符如何表示？

15. 网络购物系统中，客户的用例"下订单"必须包含用例"提供客户信息"才能够完成下订单的处理工作，另外，在"支付订单"处理时，可选择"支付宝支付""微信支付"或"银行转账"等任意一种支付方式均可。请画出该业务描述的用例图。

16. 如果旅行时汽车的油不足以应付全部路程，那么为汽车加油的动作在旅行的每个场景(事件流)中必然都会出现，不加油就不会完成旅行。吃饭则可以由司机决定是否进行，不吃饭不会影响旅行的完成。用例图如何画？

17. 在图 8-27 所示的用例图中，哪些是系统的参与者？系统的用例有哪几个？

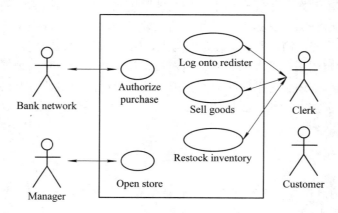

图 8-27　习题 17 用图

18. 系统中的"登录"用例没有登录次数的限制，现在登录重试的次数限制为 3 次，请修正该模型，以满足需求的变更。

19. (分析和设计项目)画出执行图书馆软件产品的需求工作流。

20. (分析和设计项目)画出执行网络购物的需求工作流。

21. (分析和设计项目)画出执行自动柜员机的需求工作流。

第 9 章　面向对象分析

📖　**知识点**

分析工作流，分析模型，功能模型，动态模型，建模技术。

📢　**难点**

如何将理论与实践结合。

✍　**基于工作过程的教学任务**

通过本章学习，了解分析工作流；理解分析模型，学习建立分析包、分析类；通过电梯问题实例研究，学习实体类的提取，理解如何提取实体类；掌握分析工作流，学会如何描述分析对象间的交互，如何测试用例；规划分析工作，进行面向对象分析；通过考勤系统实例研究，学习分析工作流，理解分析过程。

统一过程的分析工作流有两个目的。从需求工作流的角度来看，分析工作流的目的是更深刻地理解需求；从设计工作流和实现工作流的角度看，分析工作流的目的是进一步描述需求，使设计和实现更易于进行。在分析阶段，项目小组的成员共同努力，理解需求，建立分析模型。分析模型有助于精化需求，并探究系统的内部，包括内部的共享资源。而且，分析模型提供了更强的表达能力和形式化方法，例如交互图，还有助于组织需求，并能提供一种可维护性的结构，便于应对需求变更和重用。

9.1　分　析　工　作　流

捕获需求要使用客户的语言，用例提供了这样的基础。但是，即使与客户就系统功能达成了共识，也很可能存在着尚未解决的需求问题。这是由于在捕获需求过程中使用了直观但不精确的客户语言，要弄清楚可能遗漏哪些"未解决的问题"，再来了解一下与客户有效交流的方法。

(1) 用例必须尽量保持彼此独立。这样，就不会陷入到有关用例之间干扰、并发与冲突的细节中，在用例间竞争系统内部共享资源时，经常出现这类情况。例如，"存款"和"取款"用例要访问同一储户的账户。当一个参与者混合使用多个可能产生无法预测行为的用例时，就可能产生冲突。例如，当一个电话用户使用"预置唤醒呼叫"用例后，接着使用

"呼入改向"用例去对另一个电话用户进行电话唤醒呼叫。因此，在需求捕获阶段，用例之间的干扰、并发与冲突问题可能没有得到完全解决。

(2) 必须用客户语言描述用例。这样，在用例说明中就应该主要使用自然语言，但是，仅使用自然语言会大大削弱表达能力。在需求捕获阶段，许多本来可以用更形式化的图符来精确描述的细节问题，可能因此得不到解决，或只能模糊地描述。

(3) 每个用例的构造都是为了构成完整且直观的功能规格说明。这样，就需要对用例进行组织以便直观地反映系统"真实"用例。例如，不能为了消除冗余而将用例设计得太小、太抽象或太不直观，尽管能做到，还必须在用例说明的易理解性与可维护性之间进行权衡。因此，需求间的冗余问题可能无法在需求捕获期间解决。

由于存在着上述未解决的问题，分析的主要目的就是通过深入分析需求来使问题得以解决，与捕获需求相比，最主要的差别在于可以用开发者的语言来描述。

因此，在分析阶段更多地探究系统内部，从而解决用例间的干扰以及类似的问题(上述第 1 条)；还可以采用更形式化的语言对系统需求中的细节问题(上述第 2 条)进行描述，以"精化需求"；另外，可以以易于理解、易于组织、易于修改、易于重用和易于维护的方式来组织需求(上述第 3 条)。这样，可以按照不同的详细程度跟踪需求的不同描述，并保持彼此间的一致。实际上，在用例模型中的用例和分析模型中的用例实现之间可以互相跟踪，两类模型之间的区别如表 9-1 所示。

表 9-1　用例模型与分析模型的简单比较

用例模型	分析模型
使用客户的语言进行描述	使用开发人员的语言进行描述
系统的外部视图	系统的内部视图
通过用例来构造，提供外部视图的结构	通过类和包来构造，提供内部视图的结构
主要用于客户与开发人员之间签署合同时明确系统应该做什么，不应该做什么	主要为开发人员使用，以理解如何构造系统，即怎样设计和实现系统
需求中可能存在冗余和不一致等问题	需求中不应该存在冗余和不一致等问题
捕获系统的功能，包括对构架重要的功能	概述如何实现系统的功能，包括对构架层重要的功能，是设计阶段的切入点
定义在分析模型中进一步分析的用例	定义用例实现，每个用例实现代表对用例模型中一个用例的分析

那么，为什么不在设计和实现系统的同时进行需求分析呢？原因还在于：设计与实现远比分析(即精化和组织需求)复杂，需要分开来考虑。在设计与实现阶段，必须构造系统并确定其表现形式(包括构架)，必须对系统如何处理诸如性能和分布等需求做出决定，并回答诸如"如何优化使执行时间不超过 5 毫秒？"和"如何在网络上部署代码而不会加重网络的通信负载？"等问题，还有很多其他类似的问题需要处理，例如，如何有效地利用数据库和对象请求代理等已有的构件，如何将这些构件集成到系统构架中，以及如何使用程序设计语言等，这里不一一列举可能出现的问题。

最初的细化迭代重点在于分析，分析的焦点如图 8-5 所示，有助于建立稳定的构架，有利于深入理解需求。之后，在细化阶段的末期与构造阶段，构架已经稳定而且需求明确后，重点便应转移到设计与实现上。

在分析阶段，项目小组的成员共同努力，理解需求，建立分析模型，相关人员与结果如图 9-1 所示。分析模型有助于精化需求，并探究系统的内部结构，包括其内部的共享资源。而且，分析模型提供了更强的表达能力和形式化方法，例如交互图。分析模型还有助于组织需求，并提供一种可维护性的结构，例如具有对需求变化的柔性及重用，这种结构不仅益于需求的维护，而且还可以作为设计和实现活动的输入。但是，分析模型是一个抽象的过程，分析模型中提出的结构不可能一直维持下去，需要在设计与实现期间对其进行处理和折衷，因此，应避免去解决某些问题和处理某些需求，最好是推迟到设计和实现阶段去完成。

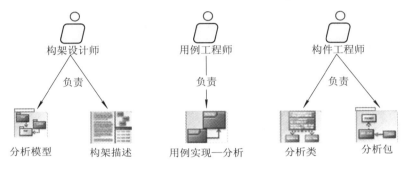

图 9-1　分析中涉及的工作人员与制品

9.2　分　析　模　型

分析模型由代表该模型顶层包的分析系统组成；使用分析包将分析模型组织为更易于管理的若干部分，这些部分代表了对子系统或某一层系统的抽象；分析类代表了对系统设计中的类或子系统的抽象；在分析模型中，用例是通过分析类及其对象实现的，由分析模型中的各种协作来表示，标记为用例实现—分析，如图 9-2 所示。

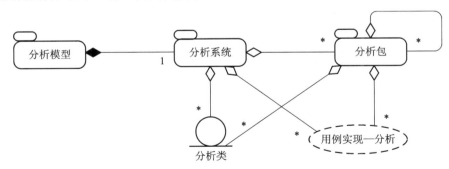

图 9-2　分析模型的组成结构

统一过程是用例驱动的。在分析工作流中，用类来描述用例。统一过程包含三种类型的类：实体类、边界类和控制类。

实体类(Entity Class)用来对持久信息进行建模。就银行软件产品来说，类 Account 是实体类，因为账户信息必须保留在软件产品中。

边界类(Boundary Class)用来对软件产品和参与者之间的交互进行建模。通常边界类与输入和输出相关联，例如，在银行软件产品中，需要打印用户账单。

控制类(Control Class)用来对复杂的计算和算法进行建模。在银行软件产品中，计算利息的算法就是一个控制类。

三种类的 UML 符号构造型(Stereotype)如图 9-3 所示，是属于 UML 的扩展。

图 9-3　表示实体类、边界类和控制类的 UML 构造型(UML 扩展机制)

下面，看一看分析工作流的活动，如图 9-4 所示。

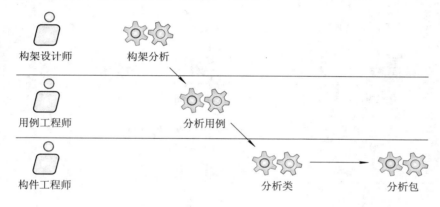

图 9-4　分析工作流，包括参与的工作人员及其活动

在分析期间，随着分析模型的演化，构架设计师不断确定新的分析包、类和公共需求，而构件工程师则负责对分析包进行精化和维护，如图 9-5 所示。

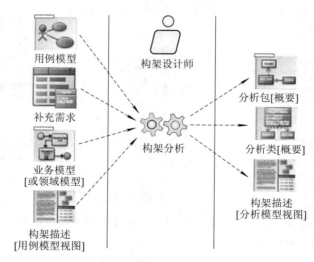

图 9-5　分析的输入及结果

9.3　确 定 分 析 包

分析包提供了将分析模型组织成更小、可管理的"块"的方式，可以一开始就确定划分分析任务的方法，或等到分析模型演化为一个需要分解的大型结构时再来确定。

最初一般基于功能需求和问题域来确定分析包。因为要将功能需求捕获为用例，所以确定分析包的简单方法是将一些主要的用例分配给一个具体包，然后在该包中实现相应的功能。下面是将用例分配给具体包的原则。

- 需要支持具体业务过程的用例；
- 需要支持系统的具体参与者的用例；
- 通过泛化和扩展关系建立用例的关联。在用例彼此间具有特化或"扩展"关系时，用例集具有强内聚性。

这样，包会将变化局限于一个业务过程、一个参与者行为或一个紧密相关的用例集合中，在早期有助于将用例分配到包中。但是，用例一般不局限于一个包内，而是跨越几个包。因此，随着分析工作的进行，当用例实现为类(可能存在于不同的包中)之间协作时，就会得到一个更加精化的包结构。

举例：确定分析包

在 Interbank 中，应该如何从用例模型中确定分析包呢？用例"支付账单"、"发送提醒通知单"和"给买主开单"都参与了同一个"销售：从订单到交货"的业务过程。因此，可以将它们放到一个分析包中。但是，Interbank 应能针对不同客户的需求提供不同的系统。有些客户只作为买主使用系统，另一些客户只作为卖主，还有一些客户既是买主又是卖主。因此，采取将卖主需要的用例实现与买主需要的用例实现分开的措施，可以将业务过程"销售：从订单到交货"作为一个分析包的设想进行调整来满足不同客户的需要，这样，根据客户的需要可以分为两个分析包："买主账单管理"和"卖主账单管理"，如图 9-6 所示。

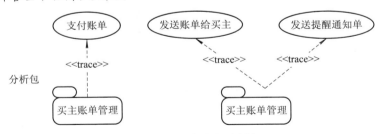

图 9-6　从用例中确定分析包

注意，其他用例也支持业务过程"销售：从订单到交货"，为了简化，这里忽略。

9.3.1　处理分析包之间的共性

在包间经常会存在共性的内容。例如，当两个或更多的分析包共享一个分析类时就会出现，处理的方法是找出共享类，把它放到一个单独的分析包中，或只是放到包的外面，然后让包依赖这个通用的包或类。

这种共性的共享类很像实体类，可以跟踪到领域或业务的实体类。因此，如果领域或业务的实体类是共享的，就值得研究，可以确定为通用分析包。

举例：确定通用分析包

下面看看 Interbank 如何从领域模型中确定通用分析包。领域类"储户"和"账户"都表示现实世界中重要而复杂的实体，这些类需要复杂信息系统的支持，而且可以与其他更为具体的分析包共享。因而 Interbank 为每个类创建单独的"账户管理"包和"储户管理"包，如图 9-7 所示。

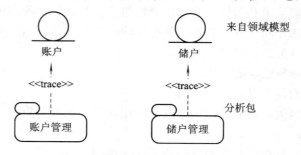

图 9-7　从领域类中确定通用分析包

注意，"账户管理"包和"储户管理"包可能会包含很多分析类，例如分别与账户管理和储户管理有关的控制类和边界类。所以，这些包不可能只包含一个或几个可跟踪到相应领域的实体类。

9.3.2　确定服务包

一般在分析工作的后期、对功能需求有了清晰的理解并且大多数分析类已经存在的时候才确定服务包，同一服务包中的分析类用于相同的服务。

通常按下面的步骤来确定服务包。

- 为每个可选的服务确定一个服务包，这种服务包是一个定制的单元。

举例：可选的服务包

大部分使用 Interbank 的卖主都希望系统具有发送提醒通知单的服务，这种服务在可选的用例"发送提醒通知单"中描述。有些卖主希望一旦存在过期账单就自动发送提醒通知单，而另一些卖主希望在有过期账单时先得到通知，而后再决定是否发送提醒通知单。这里，可以表示为两种可选的且彼此专用的服务包："自动发送提醒通知"用于系统自动发出提醒通知单，而"人工发送提醒通知"首先通知卖主，而后由他决定是否与买主联系，如图 9-8 所示。当卖主不需要提醒通知支持时，交付的系统中就不需要附带该服务包，这些服务包包含在"卖主账单管理"包中。

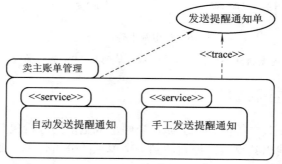

图 9-8　"卖主账单管理"包中的"自动发送提醒通知"和"人工发送提醒通知"服务包

- 为每个可能成为可选的服务确定一个服务包，即使每个客户都希望得到该服务。因为服务包中包含功能相关的类，所以会得到一种将大部分变化局限于个别服务包中的包结构。这种准则也可以描述为：为功能相关的类提供的每个服务确定一个服务包。例如，当出现下述情况时，类 A 和类 B 功能上是相关的。

① A 的变化很可能要求 B 有所变化；

② 删除 A，B 就是多余的；

③ A 的对象可能通过几个不同的消息与 B 的对象频繁地交互。

举例：确定封装功能相关的类的服务包

"账户管理"包包括"账户"服务包，当需要转账和提取事务历史等活动时可以访问账户。包中还包括"风险管理"服务包，用于估计与某个特定账户相关的风险。这些不同的服务包是公共的，由几个不同的用例实现使用，如图 9-9 所示。

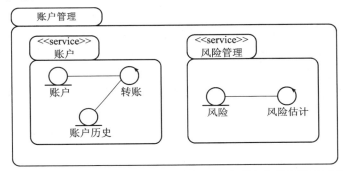

图 9-9   "账户"服务包和"风险管理"服务包，每个服务包均封装了功能相关的类

9.3.3   确定分析包间的依赖

如果分析包的内容间彼此关联，就应该定义分析包间的依赖。其目标是确定相对独立、低耦合和高内聚的包。高内聚、低耦合使包更易于维护，这是因为改变一个包中的某些类将主要影响该包中的类。例如，对以下各方面的限制或约束就是常见的特殊需求的例子。

- 持久性；
- 分布与并发；
- 安全性；
- 容错；
- 事务处理。

构架设计师负责确定特殊需求，以便开发人员能够使用它们来进行特殊的处理。在某些情况下，特殊需求不能预先确定，只能在对用例实现和分析类进行研究时才能确定。

为支持后续的设计和实现，应该确定每个特殊需求的关键特征。

举例：确定特殊需求的关键特征

一个持久性需求具有以下特征：

- 大小范围(Size Range)：保持持久性的对象的大小范围。
- 容量(Volume)：保持持久性的对象的数目。
- 持久性时间段(Persistency Period)：对象一般需要保持持久性的时间段。

- 更新频率(Update Frequency)：对象的更新频率。
- 可靠性(Reliability)：诸如对象在硬件或软件崩溃时是否能保存下来的可靠性问题。

因此，每个特殊需求的特征应该针对引用特殊需求的类和用例实现来加以限定。

9.4 提 取 实 体 类

9.4.1 实体类的提取

实体类的提取包括三个迭代和增量执行的步骤。

(1) 功能建模(Functional Modeling)：给出所有用例的场景，场景是用例的实例。

(2) 实体类建模(Entity Class Modeling)：也称对象模型。确定实体类及其属性，然后，确定实体类之间的联系和交互行为，并用类图表示这些信息。

(3) 动态建模(Dynamic Modeling)：确定每个实体类执行或对其执行的操作，用状态图、通信图或顺序图表示这些行为。

像所有迭代增量过程一样，这三个步骤不需要按顺序执行。一个模型的变化常常会引起其他两个模型相应的改变。

为了说明步骤是如何进行的，下面提取经典的电梯问题的实体类。

9.4.2 面向对象分析：电梯问题实例研究

电梯问题的逻辑原理是满足以下约束条件在 m 层楼之间移动 n 部电梯。

(1) 每部电梯内有 m 个按钮，每个按钮对应一个楼层。当有人按下按钮时，按钮变亮并指示电梯到相应的楼层；当电梯到达相应的楼层时，按钮变暗。

(2) 除了一楼和顶楼外，每层楼有两个按钮，一个向上，一个向下。按钮按下时变亮；当电梯到达楼层并往请求方向移动的时候，按钮变暗。

(3) 当电梯没有请求时，停留在当前楼层，电梯门关闭。

问题中有两组按钮。在 n 部电梯中，每部电梯内有 m 个按钮，每个按钮对应一层，称之为电梯按钮；而且，每个楼层有两个按钮，一个请求电梯向上，一个请求电梯向下，称之为楼层按钮；每个按钮处于两个状态：打开(按钮变亮)或关闭(按钮变暗)。最后，假设电梯门打开，超时后会自动关闭。

下面对电梯问题进行用例建模，如图 9-10 所示。用户和电梯之间的交互是，用户按下电梯按钮来命令电梯或用户按下楼层按钮来请求电梯停在某个楼层，所以有两个用例：按电梯按钮和按楼层按钮。

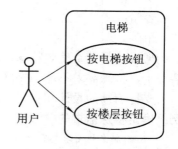

图 9-10　电梯问题案例研究用例图

9.4.3　功能建模：电梯问题实例研究

用例提供整体功能的一般描述，场景是用例的实例，就像对象是类的实例一样。一般来说，场景有很多，每个场景代表一组特定的交互。

下面，考虑图 9-11 的场景，这里包含了上面两个用例的实例。

1. 用户A在3楼按下向上的楼层按钮，请求电梯服务，用户A想上10楼。

2. 向上的楼层按钮打开。

3. 一部电梯到达3楼，电梯里面有用户B，是在1楼进入电梯的，并按下了去7楼的电梯按钮。

4. 电梯门打开。

5. 定时器开始计时。

// 用户A进入电梯

6. 用户A按下去10楼的电梯按钮。

7. 去10楼的电梯按钮打开。

8. 电梯门关闭（超时或按下关门按钮）。

9. 向上的楼层按钮关闭。

10. 电梯移动到7楼。

11. 去7楼的电梯按钮关闭。

12. 电梯门打开，让用户B离开电梯。

13. 定时器开始计时。

// 用户B离开电梯

14. 电梯门关闭（超时或按下关门按钮）。

15. 电梯与用户A移动到10楼。

16. 去10楼的电梯按钮关闭。

17. 电梯门打开，用户A离开电梯。

18. 定时器开始计时。

// 用户A离开电梯

19. 电梯门关闭（超时），电梯停在10楼。

图 9-11　一个正常场景的第一次迭代

图 9-11 描述了一个正常场景，根据对电梯的理解，发生在用户和电梯之间的正常的交互动作。

图 9-11 的场景是在仔细地观察不同用户与电梯之间的交互后，建立起来的，这需要了解业务。这 19 个事件详细描述了用户 A 和电梯系统的两次交互(事件 1 和事件 6)，还有电梯系统各组件执行的操作(事件 2～5 和事件 7～19)。三个事件即"用户 A 进入电梯"、"用户 B 离开电梯"和"用户 A 离开电梯"没有加标号。这里只是注释，因为，在用户 A、用户 B 进入或离开电梯时没有与电梯的任何组件发生交互。

下面，图 9-12 描述了一个异常场景，当用户在 3 楼按下向上的按钮，但他想去 1 楼时，所发生的一类情况。该场景同样是在观察了很多电梯里用户的行为构造出来的，因为使用电梯的人有时候会按错按钮。

图 9-11 和图 9-12 的场景，还有其他的场景，都是图 9-10 用例的特定实例。OOA 小组

应该研究足够多的场景，对要建模的系统行为有一个全面的理解。这些信息会用于实体类建模，以确定实体类。

1. 用户A在3楼按下向上的楼层按钮，请求电梯服务，用户A想要去1楼（出错了）。

2. 向上的楼层按钮打开。

3. 一部电梯到达3楼，电梯里面有用户B，是在1楼进入电梯的，并按下了去7楼的电梯按钮。

4. 电梯门打开。

5. 定时器开始计时。

// 用户A进入电梯

6. 用户A按下去1楼的电梯按钮。

7. 去1楼的电梯按钮打开。

8. 电梯门关闭（超时或按下关门按钮）。

9. 向上的楼层按钮关闭。

10. 电梯移动到7楼。

11. 去7楼的电梯按钮关闭。

12. 电梯门打开，让用户B离开电梯。

13. 定时器开始计时。

// 用户B离开电梯

14. 电梯门关闭（超时或按下关门按钮）。

15. 电梯与用户A移动到1楼。

16. 去1楼的电梯按钮关闭。

17. 电梯门打开，用户A离开电梯。

18. 定时器开始计时。

// 用户A离开电梯

19. 电梯门关闭（超时），电梯停在1楼。

图 9-12　一个异常场景

9.4.4　实体类建模：电梯问题实例研究

下面就要提取实体类及其属性，并用 UML 类图表示，这里只确定实体类的属性。

确定实体类的一种方法是从用例推导实体类，也就是说，开发人员仔细研究所有场景，包括正常的和异常的，以便找出在用例中起作用的组件。从图 9-11 和图 9-12 的场景可以看到，候选实体类是电梯按钮、楼层按钮、电梯、门和定时器等，这些候选实体类跟在实体类建模期间提取的实际的类是很接近的。一般来说，场景有很多，结果可能的类也很多，缺乏经验的开发人员可能倾向于从场景中推导太多的类，这不利于实体类建模，因为删除一个多余的实体类要比添加一个新的实体类要困难得多。

另一种确定实体类的方法是使用 CRC(Class Responsibility Collaboration, CRC)职责卡(类——责任——协作)，当开发人员具备特定领域专业知识时，该方法很有效。但是，如果开发人员在应用领域没有或只有很少经验，那么建议使用名词提取的方法。

1．名词提取

对于没有领域专业知识的开发人员，最好使用两阶段名词提取法，先提取候选实体类，然后进行筛选和细化。

阶段 1：用一段话描述软件产品。

举例：电梯问题描述

　　　电梯里和楼层的按钮控制一幢 m 层大楼里的 n 部电梯的移动。当按下请求电梯停在某一楼层的按钮时，按钮变亮；当满足请求时，按钮变暗。当一部电梯没有请求时，停留在当前层，电梯门关闭。

阶段 2：识别名词

先在上面的描述中识别出名词，它们就是候选实体类。

举例：电梯问题候选类

　　　电梯里和楼层的按钮控制一幢 m 层大楼里的 n 部电梯的移动。当按下请求电梯停在某一楼层的按钮时，按钮变亮；当满足请求时，按钮变暗。当一部电梯没有请求时，停留在当前层，电梯门关闭。

有 7 个不同名词：按钮、电梯、楼层、移动、大楼、请求和电梯门。其中 3 个名词(楼层、大楼和电梯门)在问题边界外，所以被剔除。剩下名词中的 2 个(移动和请求)是抽象名词。经验法则表明，抽象名词很少是类，往往是类的属性，例如，变亮是按钮的属性。因此剩下的两个名词则为候选实体类：电梯类(Elevator)和按钮类(Button)。

结果如图 9-13 所示。Button 类有布尔类型属性 illuminated(变亮)对图 9-11 和图 9-12 场景中的事件 2、7、9、11 和 16 进行建模。但是，这里有两种类型的按钮，所以 Button 类有两个子类：ElevatorButton 类和 FloorButton 类。ElevatorButton 类和 FloorButton 类的每个实例与 Elevator 类的实例关联。后者有布尔属性 doorOpen(电梯门打开)对两个场景的事件 4、8、12、14、17 和 19 进行建模。

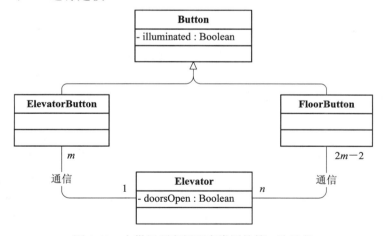

图 9-13　电梯问题案例研究类图的第一次迭代

实际上，在电梯中，按钮不直接与电梯发生作用。如果决定让某部电梯响应某个特定的请求，就需要电梯控制器。但是，问题描述中并没有提到电梯控制器，所以在名词提取过程中就没有该实体类。换句话说，这里介绍的技术为找出候选实体类提供了一个思路，但肯定不能依赖它。

把 ElevatorController 类添加到图 9-13 中，便产生了图 9-14。图 9-14 中现在只有一对多关系，对其建模要比对图 9-13 中的多对多关系建模要容易。在动态建模之前，先了解另一种实体类建模技术。

2．CRC 卡片——职责卡

类——责任——协作(CRC)卡片常应用于分析工作流。对每个类，软件开发小组填写一张卡片，包括该类的名称、功能(责任)和它调用的一组类以完成其功能(协作)。

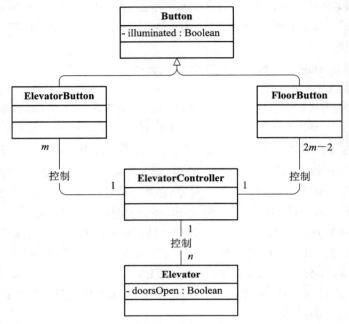

图 9-14　电梯问题案例研究类图的第二次迭代

该方法有多种形式的应用。首先，CRC 卡片常包含类的属性和方法，不是用自然语言所表达的"责任"。其次，该技术已经发生变化，很多组织不再使用卡片，而是把类名写在记事帖上，记事帖可以在白板上移动，用它们之间的连线表示协作关系。现在，整个过程能够自动化进行，诸如 Visual Paradigm 等 CASE 工具就包含了在屏幕上生成和更新 CRC 卡片的组件。

CRC 卡片的优点在于：通过小组成员之间的交互可以发现类中遗漏的或错误的字段，不管是属性还是方法。此外，使用 CRC 卡片可以描述类之间的关系。一种做法是在小组成员间分发卡片，然后小组成员扮演类的责任。一个成员可能会说"我是 Date 类，我的责任是创建新的日期对象。"另一个小组成员可能会接着说，"我需要 Date 类的额外功能，需要把日期转换为一个整数，就是距离 1900 年 1 月 1 日的天数，所以要得到两个日期之间的天数，然后把两个对应的整数相减。"因此，扮演 CRC 卡片的责任，是验证类图是否完整和正确的有效手段之一。

如前所述，CRC 卡片的不足之处在于：除非小组成员在应用领域有丰富的经验，否则通常达不到识别实体类的目的。另一方面，一旦开发人员已经确定了大多数的类，并知道了其责任和协作关系，那么 CRC 卡片是完成整个过程并确保其正确的好方法。

9.4.5　动态建模：电梯问题实例研究

动态建模的目的是描述目标产品的动态行为，可以生成每个类的状态图或顺序图。首先，考虑 ElevatorController 类，为了简便起见，只考虑一部电梯。ElevatorController 类的状态图如图 9-15 所示。

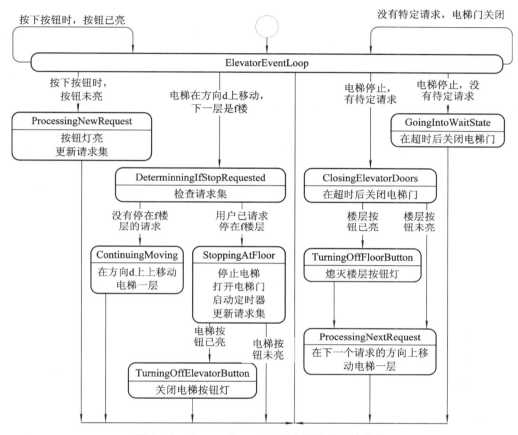

图 9-15　ElevatorController 状态图的第一次迭代

状态图包含了状态、事件和行为。类的属性有时称为状态变量，在多数面向对象实现中，产品状态是由不同组件对象属性的值决定的，一个事件的发生导致产品进入其他状态。

状态、事件和行为分布在状态图中。例如，如果当前状态是 ElevatorEventLoop 并且事件"电梯停止，没有待定请求"为真，则进入图 9-15 中的状态 GoingIntoWaitState。当进入状态 GoingIntoWaitState 时，执行"在超时后关闭电梯门"操作。

考虑图 9-11 场景的第一部分。事件 1 是"用户 A 在 2 楼按下向上的楼层按钮"。现在来研究状态图。实心圆表示初始状态，该状态将系统带入状态 ElevatorEventLoop。沿着最左边的垂线，如果按钮按下时是不亮的，则系统进入状态 ProcessingNewRequest，点亮按钮并更新请求集，然后进入状态 ElevatorEventLoop。

在图 9-11 场景中的事件 3 是电梯到达 3 楼。回到状态图，考虑电梯接近 3 楼时将会发生什么。因为电梯是处在运动中的，所以，进入状态 DeterminingIfStopRequested，执行请求集检查,因为用户 A 已经请求电梯停在该楼,当电梯到达时,就进入状态 StoppingAtFloor。电梯停在 3 楼,打开电梯门,启动定时器开始计时。去 3 楼的电梯按钮没有按下,接着,进入状态 ElevatorEventLoop。

用户 A 进入电梯,按下去 10 楼的电梯按钮。因此,进入状态 ProcessingNewRequest,接着,又进入状态 ElevatorEventLoop。此时电梯已经停止,有两个待定请求,所以下一个状态是 ClosingElevatorDoorss,电梯门在超时后关闭。3 楼的楼层按钮已由用户 A 按下,所以接下来进入的状态是 TurningOffFloorButton,关闭楼层按钮。接着进入状态 ProcessingNextRequest,电梯开始向 4 楼移动。

在讨论中,可以发现,上面的状态图是从场景中构造出来的,确切地说,场景中的特定事件一般化了。例如,考虑正常场景中的第一个事件"用户 A 在 3 楼按下向上的楼层按钮"。这个特定事件一般化为按下任意一个按钮(楼层按钮或电梯按钮),这时,有两种可能,按钮已经是亮的(在这种情况下没有什么事件发生),或按钮是不亮的。

为了对这种事件建模,在图 9-15 中给出了 ElevatorEventLoop 状态。通过状态图左上角的事件"按下按钮时,按钮已亮"执行空操作,对按钮已亮的情况进行建模。另一种情况,通过标有事件"按下按钮时,按钮未亮"的箭头指向的状态 ProcessingNewRequest,对按钮未亮的情况进行建模。

现在考虑场景中的事件 3 "一部电梯到达 3 楼",可推广到电梯在任意楼层间移动的情形。其他的状态图相对比较简单,留作练习。

9.4.6 测试工作流:电梯问题案例研究

现在,功能、实体类和动态模型都已经建好了,下面要进行测试工作流,以检查之前完成的分析工作流,可以使用 CRC 卡片。

相应地,为每个实体类编写 CRC 卡片:Button 类、ElevatorButton 类、FloorButton 类、Elevator 类和 ElevatorController 类。图 9-16 所描述的 ElevatorController 类的 CRC 卡片是从图 9-13 的类图和图 9-15 的状态图推导出来的。

确切地说,ElevatorController 类的责任是通过列举出 ElevatorController 类状态图(图 9-15)中的所有操作而得到的。通过分析图 9-14 的类图,可以确定 ElevatorController 类的协作类,也可看到 ElevatorButton 类、FloorButton 类和 Elevator 类与 ElevatorController 类之间的交互关系。

该 CRC 卡片反映了面向对象分析第一次迭代中的两个主要问题。

(1) 修改发现的问题。考虑责任"打开电梯按钮",在面向对象范型里,该命令是不合适的。从责任驱动设计的观点看,ElevatorButton 类的对象(实例)负责将自己打开或关闭。从信息隐藏的观点来看,ElevatorController 类不知道 ElevatorButton 类如何打开一个按钮。正确的责任应该是:发送一条消息给 ElevatorButton 类,让其自己打开。图 9-16 的责任 2~6 需要进行类似的调整。这些调整反映在图 9-17 的 ElevatorController 类的 CRC 卡片的第二次迭代中。

(2) 忽略某个类。回到图 9-17,考虑责任 7 "打开电梯门并启动定时器",状态的概念有助于确定某个组件是否需要建模成类。如果要考虑的组件包含某个在实现过程中发生变化的状态，那么就很有可能建模成类。很显然，电梯门包含一个状态(开或关)，所以 ElevatorDoors 应该是一个类。

类 ElevatorController
责任
1. 打开电梯按钮 2. 关闭电梯按钮 3. 打开楼层按钮 4. 关闭楼层按钮 5. 向上移动电梯一层 6. 向下移动电梯一层 7. 打开电梯门并启动定时器 8. 在超时后关闭电梯门 9. 检查请求集 10.更新请求集
协作
1. ElevatorButton 2. FloorButton 3. Elevator

图 9-16　对 ElevatorController 的 CRC 卡片的第一次迭代

类 ElevatorController
责任
1. 发送消息给ElevatorButton类，打开电梯按钮 2. 发送消息给ElevatorButton类，关闭电梯按钮 3. 发送消息给FloorButton类，打开楼层按钮 4. 发送消息给FloorButton类，关闭楼层按钮 5. 发送消息给Elevator类，向上移动电梯一层 6. 发送消息给Elevator类，向下移动电梯一层 7. 发送消息给ElevatorDoors类，打开电梯门 8. 启动定时器 9. 在超时后发送消息给ElevatorDoors类，关闭电梯门 10. 检查请求集 11.更新请求集
协作
1. ElevatorButton(子类) 2. FloorButton(子类) 3. ElevatorDoors 4. Elevator

图 9-17　对 ElevatorController 类的 CRC 卡片的第二次迭代

为什么 ElevatorDoors 应该是一个类，还有另一个原因，面向对象范型允许状态隐藏在对象里以防止非法改变。如果存在某个 ElevatorDoors 类的对象，打开或关闭电梯门的唯一的方法是发送一条消息给 ElevatorDoors 类的对象。在错误的时间打开或关闭电梯门，可能会导致严重的事故。

增加 ElevatorDoors 类意味着图 9-17 的责任 7 和责任 8 需要调整，同样，从责任 1 到责任 6 也需要调整。即需要发送消息给 ElevatorDoors 类的实例，使其打开或关闭。

还有一个问题，责任 7 是"打开电梯门并启动定时器"，该责任必须分解成两个单独的责任。当然，必须发送一条消息给 ElevatorDoors 类来打开门。但是，定时器是 ElevatorController 类的一部分，因此启动定时器是 ElevatorController 类的责任。ElevatorController 类的 CRC 卡片的第二次迭代(如图 9-18 所示)表明该责任的分离已圆满完成。

除了图 9-17 的 CRC 卡片反映的两个主要问题外，ElevatorController 类的责任"检查请求集"和"更新请求集"需要增加属性 requests(请求)到 ElevatorController 类中。这里，只是简单地定义 requests 的类型为 requestType，requests 的数据结构将在设计工作流中确定。

修改过的类图如图 9-18 所示。由于对类图进行了调整，用例图和状态图也应重新检查，看其是否需要进行修改。用例图显然不用修改。但是，必须重新调整图 9-15 的状态图中的操作以反映图 9-18 中的责任(CRC 卡片第二次迭代)，而非图 9-17 中的责任(第一次迭代)。

另外，状态图必须扩展以包含新增的类。图 9-19 显示了图 9-11 场景的第二次迭代。

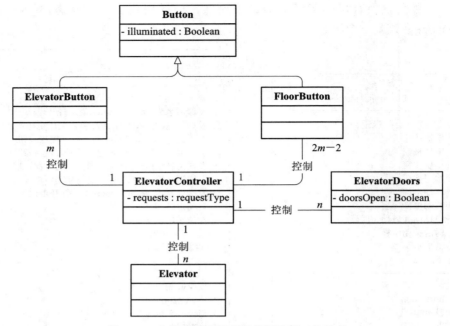

图 9-18　电梯问题案例研究类图的第三次迭代

1. 用户A在3楼按下向上的楼层按钮，请求一部电梯。用户A想要到10楼。
2. 楼层按钮通知电梯控制器该楼层按钮已被按下。
3. 电梯控制器发送一条消息给向上的楼层按钮，让它打开。
4. 电梯控制器发送一串消息给电梯，使其向上移动到3楼。电梯里已有用户B，用户B之前
   在1楼进入电梯并按下去7楼的电梯按钮。
5. 电梯控制器发送一条消息给电梯门，使其打开。
6. 电梯控制器启动定时器。
// 用户A进入电梯
7. 用户A按下去10楼的电梯按钮。
8. 电梯按钮通知电梯控制器该电梯按钮已被按下。
9. 电梯控制器发送一条消息给去10楼的楼层按钮，使其打开。
10.电梯控制器发送一条消息给电梯门，使其在按下关门按钮或超时后关闭。
11.电梯控制器发送一条消息给向上的楼层按钮，使其关闭。
12.电梯控制器发送一串消息给电梯，使其向上移动到7楼。
13.电梯控制器发送一串消息给去7楼的电梯按钮，使其关闭。
14.电梯控制器发送一条消息给电梯门，使其打开以让用户B离开电梯。
15.电梯控制器启动定时器。
// 用户B离开电梯
16.电梯控制器发送一条消息给电梯门，使其在按下关门按钮或超时后关闭。
17.电梯控制器发送一串消息给电梯，使其向上移动到10楼。
18.电梯控制器发送一串消息给去10楼的电梯按钮，使其关闭。
19.电梯控制器发送一条消息给电梯门，使其打开以让用户A离开电梯。
20.电梯控制器启动定时器。
// 用户A离开电梯
21.电梯控制器发送一条消息给电梯门，使其超时后关闭。电梯停在10楼。

图 9-19　电梯问题案例研究的正常场景的第二次迭代

9.5 提取边界类和控制类

与实体类不同，边界类通常比较容易提取。一般来说，每个输入屏幕、输出屏幕和打印报告都可以建模成边界类。例如，对打印报告建模的边界类包括所有可能包含在报告里的不同数据项和打印报告所需执行的不同操作。

通常，控制类同样很容易提取，每个重要的计算都可以建模成一个控制类。

下面通过提取考勤系统实例研究中的类来说明实体类、边界类和控制类的提取。图 9-20 的用例图是上一章获取的需求。

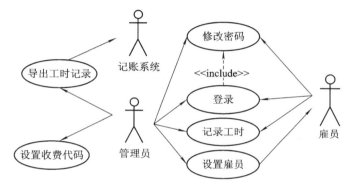

图 9-20 考勤系统案例研究用例图的第 2 次迭代

9.6 初始功能模型：考勤系统实例研究

下面，通过考勤系统来实践分析过程。前面，已经完成了考勤应用程序的需求收集，下一步就是分析需求，将其转换成开发人员可以理解的语言。这个阶段，还不用去考虑特殊的技术，关心的是该模型的内部是如何工作的。

这里，从用例分级开始经历一系列步骤，接着寻找候选的对象以及它们之间的交互，最后详细地描述这些类。

9.6.1 划分用例等级

每个用例都要根据其风险、对用户和构架的重要性、对团队是否有能力开发等方面划分等级。一旦用例按这些类别来分类，就可以确定哪个用例的子集是最重要的，并适合在第一个迭代中实现。该过程包括一系列权衡和妥协的综合考虑。例如，一个用例的风险可能很高，就想在第一次迭代中实现它，但是，如果开发团队对实现该用例完全没有把握，那么，作为妥协，就应该选择一个风险较低、容易实现的用例。

1. 分级系统

通常，可以将用例的风险、重要性、适用性分成 1～5 个数字表示的等级。级别越高，该用例就越适合在第一次或者下一次迭代中实现。

前面，考勤应用系统中找到了 6 个用例，图 9-21 显示了其用例图，与图 9-20 没有什么不同，只是将名称用英文标识了而已。可以从风险、重要性以及对当前开发团队的合适性等方面来描述每个用例。

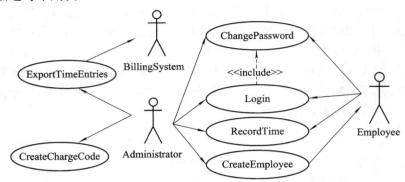

图 9-21　考勤应用系统的顶层用例图

1）风险

在考虑用例的风险之前，需要先列出项目的风险清单。以下的风险，对多数的项目来说都是存在的，可以作为考虑项目风险的出发点。

- 无法接受的系统性能；
- 无法接受的用户界面；
- 不确定的进度以及开发周期；
- 无法应付新的需求。

经过考虑，该系统的用户界面相对简单，但也意识到，系统性能很关键，最终用户可能很忙，不希望由于考勤系统的原因而造成延迟。根据在以往项目中的经验，过一段时间，相关人员总是不可避免地要增加系统的规模，让一些新的特性无缝地添加到系统中。这样，将系统风险按如下顺序排列，并决定按照这个顺序来考虑每个用例。

- 无法接受的系统性能；
- 无法应付新的需求；
- 不确定的进度以及开发周期；
- 无法接受的用户界面。

在按风险分级用例之前，需要有一个描述用例级别的简单方法。可询问开发人员这样的问题：他是否有把握在第一次尝试中解决某个问题，然后让他从下面的答案中选择一个。

- 当然可以，项目团队以前解决过这种问题；
- 没问题，组织以前解决过这种问题；
- 可以采用第三方提供的产品、培训、书籍或其他的技术资源，但团队内部没有任何经验；
- 可能吧，听说过类似的可以解决的问题；
- 希望可以，但需要做一些开创性的工作。

在评估用例的时候可以发现，这个简单的风险"谱"将有助于识别出在下一次迭代中必须考虑的高风险用例。

2) 重要性

如果一个用例差不多就是系统的愿景，那它对用户及构架就很重要，一个重要的用例应该能够体现系统的特性和目标。其他的用例也可能会很重要，但只是扮演支持的角色。例如，如果没有"AddEmployee"用例，那么考勤系统将无法运行。另一方面，"RecordTime"和"ExportTimeEntries"用例则完全体现了系统的目的。

那么，是否可以这样衡量用例的重要性：可以询问开发人员，如果该用例在本次迭代中忽略掉，或用其他的用例来取代，用户会怎样？让其从下面的答案中选择一个。

- 几乎不会注意到该用例不存在，在没有它的情况下使用系统不会有什么影响；
- 会注意到该用例不存在，但是，稍加想象，系统仍然可以很好的使用；
- 系统的大部分可以独立于该用例；
- 系统的一部分可以独立于该用例；
- 没有它，就不可能使用系统。

3) 合适性

如果项目组可以只经过最少的培训以及相对短的学习就可以开始开发某个用例，那么该用例就比较合适。当在机构中引入新的技术、语言和开发方法时，这两个标准就特别重要。

但是，在第一次迭代选择用例的时候并没有考虑到技术选择，因此很难判断开发某个用例时需要学习多少东西。实际上，项目组一般都知道是否需要采用一种新技术，例如，面向对象开发。而且，一般也知道要采用的语言。因此，可以要求开发人员描述对方法和技术的把握有多大，让其从下面的答案中做出选择。

- 团队绝对需要一段培训时间才能开发该用例；
- 对于该用例来说，团队可能有足够的能力，但是，在一次迭代之后，团队的能力需要有本质的提高；
- 团队可能有足够的能力，但是，在一次迭代之后，团队的能力不需要怎么提高；
- 不需要很多的培训，要么是团队的能力已经绰绰有余，要么是该用例相当简单；
- 不需要很多的培训，团队有足够的经验，用例也很简单，手到擒来。

在例子中，假设开发团队经验丰富，绝大多数的开发人员至少有一年的面向对象开发经验，几乎人人都有至少一年的 Java 和关系数据库的开发经验。

下面，按风险、重要性、合适性来评估用例，找出那些应该在第一次迭代中实现的用例。

2. 评估"ExportTimeEntries"用例

"ExportTimeEntries"用例允许管理员导出指定工时条目到格式化的 XML 文件中。

1) 风险

当然，这里包括性能方面的风险。随着时间的流逝和新用户的加入，系统的数据不断增多，从中抽取数据块所需的时间也越多，但该任务可以在非高峰时间执行。

- 该用例必须是可扩展的。因为抽取考勤卡条目的标准将会随着时间而演化并变得更复杂；
- 该用例比较容易估计，仅仅是找到考勤卡条目，然后将数据写到一个文件中；

- 用户界面比较简单，所以，没有提交复杂用户界面的真正风险。

总之，该用例的风险看起来比较低，评为第 2 级——"没问题，组织以前解决过这类问题"看起来比较合适。

2) 重要性

这是一个非常重要的用例，整个考勤系统的功能就是为各种不同的目标收集并获取考勤卡条目，评为第 5 级——"没有它，系统就不可能使用"比较合适。

3) 合适性

该用例相对简单，团队可以解决，评为第 4 级——"不需要很多的经验，要么是团队的能力已经绰绰有余，要么是该用例相当简单"比较合适。

4) 结论

考虑到重要性，该用例显然应该在第一次迭代中实现。这有助于同用户建立信任，并提供重要的构架功能。

3．评估"Login"用例

作为执行其他更有意义的用例的先决条件，"Login"用例执行用户身份验证。

1) 风险

这里会有性能上的风险，因为，可能会有大量的用户同时登录系统。但是，登录是一个相当简单的过程，并不涉及很多的数据或计算，性能风险较低。

- 登录是很容易理解的用例，可扩展性的风险很低；
- 登录用例没有什么进度风险，它很小而且集中；
- 不存在无法接受的用户界面风险。

评为第 1 级——"当然可以，项目组以前解决过这种问题"完全适合该用例的情况。

2) 重要性

在最终系统中，如果没有该用例，系统就完全无法接受。但是，最终用户完全可以在没有该用例的情况下评估系统。然而，即使该用例不包括在第一次迭代中，开发人员还是需要确保其构架支持该用例。

评为第 2 级——"用户会注意到没有该用例，但是，稍加想象，系统仍然可以很好地使用"看起来比较合适。

3) 合适性

评为第 4 级——"不需要很多的培训，要么是团队的能力已经足以应付，要么是该用例相当简单"看起来相当合适。

4) 结论

尽管该用例在构架上的重要性仍然有所保留，但是，"Login"在第一次迭代时不是特别重要。

4．评估"RecordTime"用例

"RecordTime"用例允许用户在当前的时间段中输入工时。

1) 风险

性能上的风险是很明显的，因为在每个时间段的最后几个小时会有大量的用户要登记工时。而且，用户在执行这些任务的时候，糟糕的系统性能表现往往会让他们受不了。例

如，雇员可能会心甘情愿地花上 15 分钟以等待和下载一个有趣的视频剪辑，但是，在杂货店中排上 3 分钟的队，就会感到很恼火。填写考勤卡一般来说是属于那类不受欢迎的工作类别，所以必须避免性能问题。

- 该用例看起来很容易理解，可扩展性的风险很低；
- 考虑到复杂性和性能需求，对该用例的估计是很复杂的；
- 用户界面相当复杂，需要有收费项目代码选项、条目说明以及一个可编辑的时间条目矩阵。

由于性能需求和用户界面的复杂性，"RecordTime"用例有很大的风险，评为第 3 级——"可以采用第三方提供的产品、培训、书籍或其他的技术资源，但内部没有任何经验"比较合适。

2) 重要性

"RecordTime"用例很重要，体现了考勤系统的意图。一个不包含该用例的迭代根本让人无法想象，可以评为第 5 级——"没有它，系统就不可能使用"。

3) 合适性

复杂性和风险要求在第一次迭代中包含该用例，同时也需要认真评估，看其是否适合开发团队，评为第 2 级——"对该用例来说，团队可能有足够的能力，但是，在一次迭代之后，团队的能力需要有本质的提高"看起来比较合适。

4) 结论

显然，诸多因素使得必须在第一次迭代中包含"RecordTime"用例。但是，由于复杂性，需要在头两次迭代中来完成该用例的开发以满足相关人员的需求。例如，在第一次迭代中可以完成用户界面，而将性能留到下一次迭代。

5．选择第一次迭代的用例

对于一个有开发经验的团队，就可以在风险和重要性的基础上确定第一次迭代的用例，上面只是分析了关键用例，其他的省略了。"RecordTime"和"ExportTimeEntries"肯定应该属于第一次迭代，"CreateEmployee"、"CreateChargeCode"和"ChangePassword"可以推迟实现，"Login"也可以推迟，但是可以将它包含进来，使第一次迭代更真实。

将所有对构架重要的用例都放在第一次迭代中，在这次迭代完成后，相关人员就可以得到关于系统的清晰的印象，而且开发者可以通过这几个关键用例来确保解决方案的完整性。

在选定了第一次迭代的用例之后，下面要完成剩下的分析步骤。

9.6.2　寻找候选对象

这一步，开发人员要找出提供用例功能的对象，可以将对象划分为三种类型：实体类、边界类和控制类，这样，可以大大简化该过程。

在寻找对象的时候，很重要的一点，就是要限制每个对象的责任，并为每个对象以及对象的每个方法采用一致的命名。

由于刚刚开始进行分析，所以不会花很多的时间来确定对象之间的关系。在后面的步骤中，这些关系将会得到澄清。因此，要尽量保持简单，不要试图去完成一个完美的草图。

1. 寻找实体对象

对每个用例，搜索每个事件流来寻找名词、数据和行为。名词将会成为实体对象，数据则可能会是对象的属性，而行为将分配给一个或多个对象。每个用例中的名词先单独考虑，然后再综合考虑。

1) "RecordTime"用例

浏览一下该用例的正常事件流，关注下面的对象和数据。

- 雇员查看当前时间段之前输入的数据；
- 雇员从已有的支付号码中选择一个，这些收费代码按客户和项目组织；
- 雇员为当前的时间段选择日期；
- 雇员输入以正整数表示的时间数；
- 在视图中显示数据，在以后的视图中可以看到该数据。

下面是在第一个可选事件流——雇员编辑已有的数据中需要强调的部分。

- 雇员看到当前时间段之前输入的数据；
- 雇员选择一个已有的条目；
- 雇员修改工时和/或支付号码；
- 在视图中更新信息，在以后的视图中可以看到。

以下则是在第二个可选事件流——提交考勤卡作为结束中需要强调的部分。

- 雇员看到当前时间段之前输入的数据；
- 雇员选择提交考勤卡；
- 系统要求雇员确认提交，提醒雇员将不能再编辑这些条目；
- 提交考勤卡，不能再进行编辑。

在剩下的事件流中没有再引入新的信息，下面，列出名词列表，然后逐个判断，剔除那些不需要的和重复的实体对象，同时，识别那些不适合作为一个独立的对象、而应该是其他对象属性的名词。

- 收费代码。
- 支付号码。显然，这两个词是同义词，由于在其他文档中，收费代码使用更普遍，所以丢弃支付号码，选择收费代码作为一类实体对象。
- 客户。客户看起来是一类实体对象。
- 日期。日期似乎不是一个独立的对象类型，相反，更像是对象中的数据。
- 雇员。雇员应该是一个独立的实体对象。
- 已有的条目。考勤卡中的一个条目可能是一个保存日期的对象，姑且认为它是一类实体对象。
- 时间数。
- 工时。这两个是同义词，但是，工时更有意义，所以丢弃时间数。工时成为一个刚发现的条目对象的数据。
- 以前输入的数据。与条目对象相同，所以丢弃掉。
- 项目。项目是一类实体对象。
- 考勤卡。考勤卡是一类实体对象。
- 时间段。时间段描述一个考勤卡，所以是考勤卡对象的数据。

- 视图。视图是边界对象，所以排除掉。

这样，"RecordTime"用例就分析完毕，实体对象有：收费项目代码、客户、雇员、已有的条目、工时、项目和考勤卡。

2) "ExportTimeEntries"用例

浏览一下"ExportTimeEntries"用例的正常事件流，关注下面的候选对象和数据。

- 管理员选择一段日期；
- 管理员选择一些或所有的客户；
- 管理员选择一些或所有的雇员；
- 管理员选择目标文件；
- 数据以 XML 格式导出到文件中，过程结束后通知管理员。

下一步，列出名词列表，然后逐个判断。

- 管理员。管理员应该是一个实体对象。
- 客户。客户已经识别为一类实体对象了。
- XML 格式。这个是对输出文件的描述而不是实体对象。
- 数据。这里的数据指的是一组考勤卡中的一组条目，已经是实体对象了，没有必要再增加新对象。
- 雇员。雇员是已经识别出来的对象。
- 一段日期。一段日期是在另一个对象中的数据。增加一个新的实体对象——输出请求，虽然它并没有在事件流中出现。
- 目标文件。这个显然是作为输出请求的一个数据。

这样，在该用例中，得到两个新对象：管理员和输出请求。接下来看看下一个用例。

3) "Login"用例

浏览一下"Login"用例的正常事件流，关注下面的候选对象和数据。

- 管理员或雇员输入用户名和密码。
- 验证用户是管理员还是雇员，用户在登录的时候并没有选择身份，是由系统根据用户名确定的。

现在列出名词列表，然后逐个判断。

- 管理员。管理员已经识别为一类实体对象了。
- 雇员。雇员已经识别为一类实体对象了。
- 密码。密码应该是管理员对象或雇员对象的数据。
- 用户。用户应该是管理员或雇员的一个更通用的类别。
- 用户名。用户名应该是管理员对象或雇员对象的数据。

评估完该用例，没有得到新的对象。

4) 合并实体对象

得到下面的实体对象表。

管理员、收费代码、客户、雇员、已有的条目、工时、项目、考勤卡。

这里只有两个实体对象看起来比较相似，即管理员和雇员，都是用户类，一个有管理员权限而另一个没有，所以可以删除这两个类并增加用户类。

图 9-22 所示的类图显示了这些实体对象。

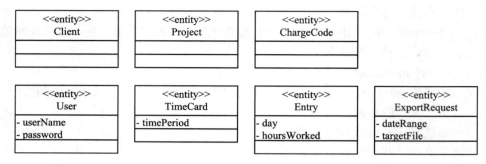

图 9-22　实体类

2. 寻找边界对象

下一步是识别边界对象。在分析阶段，寻找边界对象的规则是：每一对参与者、用例对应一个边界对象。

对"ExportTimeEntries"用例，有一个作为管理员和系统接口的边界对象，就得到了一个作为系统和外部支付系统接口的边界对象。

对"RecordTime"用例，根据这个规则可以找到两个边界对象：一个是作为管理员和系统的接口，另一个是普通雇员和系统的接口。尽管前面将管理员和雇员合并为一个实体对象，但是，边界对象是由人们或外部系统如何使用系统来决定的，而不是由它们在系统中是如何表示来确定。

对"Login"用例，根据这个规则可以找到两个边界对象：一个是作为管理员和系统的接口，而另一个是普通雇员和系统的接口。

用标准的命名规范可以简化该过程，可以用 UI 作为用户界面对象的后缀，用 SystemInterface 作为系统接口的后缀。如果有多个参与者触发一个用例，边界对象就得分别命名。应用这些规则，就得到如图 9-23 所示的边界类。

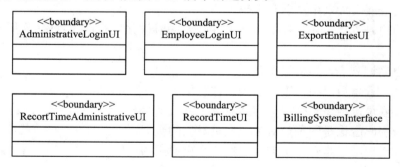

图 9-23　边界类

3. 寻找控制类

在分析过程中，寻找控制类的规则是每个用例分配类控制对象。每个控制对象为一个用例封装工作流，这样实体对象就可以保持集中，而由控制对象向边界对象提供简单的接口。

在为控制对象命名时，要保持简洁，可以选择一个合理的后缀，如 Workflow，这样做有利于系统的理解。在很多时候，只要在用例名后加一个 Workflow 就可以了。在命名风格上，并没有什么限制，简单和一致才是最重要的。

- 对"ExportTimeEntries"用例，根据规则可以得到一个叫做"ExportTimeEntries
Workflow"的控制类；
- 对"RecordTime"用例，根据规则可以得到一个叫做"RecordTimeWorkflow"的控
制类；
- 对"Login"用例，根据规则可以得到一个叫做"LoginWorkflow"的控制类。
图 9-24 显示这些控制类。

图 9-24   控制类

在很多情况下，了解实体对象如何使用更有意义，因此，进入下一步，描述对象交互。

9.7   分 析 类

下面是分析一个类的目的(如图 9-25 所示)。

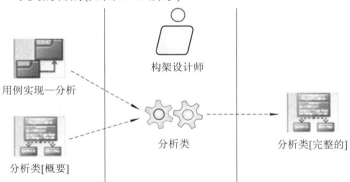

图 9-25   分析类的输入和结果

- 依据分析类在用例实现中的角色来确定和维护它的职责；
- 确定和维护分析类的属性及其关系；
- 捕获分析类实现的特殊需求。

9.7.1   确定职责

组合一个类在不同用例实现中充当的角色可以汇集该类的职责，研究类图和交互图可以确定类参与的用例实现。还要记住，对于类的每个用例实现的需求，有时是在用例实现的事件流分析中用文本进行描述的。

举例：类的角色

"账单"对象是在用例"给买主开单"中创建的。卖主执行该用例来请求买主支付订单(订单是在用例"订购货物或服务"中创建的)。在这个用例期间，账单传递给买主，随后由他决定支付账单。

"支付"在"支付账单"用例中实现，此时"支付调度程序"对象调度"账单"对象来确定支

付日期。之后，支付账单，并关闭"账单"对象。

　　需要注意，参与用例"给买主开单"和用例"支付账单"的是"账单"对象的同一个实例。

　　有多种方式可以汇集类的职责。一种简单的方法是每次从一个角色中抽取出职责，再附加上每次基于一个用例实现得到的补充职责或修改现有的职责。

举例：类的职责

　　"支付调度程序"类有以下职责：

- 创建一个支付请求；
- 跟踪已确定支付时间的支付，当实施支付或取消支付时发送一条通知；
- 在规定的支付日期启动金额的转账；
- 当账单已确定了支付日期和已经支付(即关闭)时，通知"账单"对象。

9.7.2　确定属性

　　属性详细说明了分析类的特性，一般由类的职责直接或间接决定。在确定属性时，应记住下面常识性的指南。

- 属性的名称应是一个名词；
- 记住，属性的类型在分析阶段应该是概念上的，如果可能的话，不应受到实现环境的限制。例如，分析阶段中"数量"可能是一种合适的类型，但在设计阶段，它所对应的类型应为"整型"；
- 在选择一种属性类型时，尽量重用已存在的类型；
- 一个简单的属性实例不能由多个分析对象共享。如果需要这样，属性要在自己的类中进行定义；
- 如果一个分析类由于自己的属性变得过于复杂而难以理解，可以将其中的一些属性分成它们自己的类；
- 实体类的属性通常很明显。如果一个实体类可以跟踪到一个领域类或一个业务实体类，这些类的属性可作为重要的输入；
- 与由人充当的参与者进行交互的边界类，其属性经常表示由该参与者所操作的信息项，例如带标记的文本域；
- 与由系统充当的参与者进行交互的边界类，其属性经常表示通信接口的特性；
- 控制类由于其生命周期短暂，因此很少具有属性。然而在用例实现期间，控制类可能会有代表聚集或派生价值的属性；
- 有时并不需要形式化的属性。相反，对由分析类处理的特性进行简单说明就足够了，而且还可以放到该类的责任描述中；
- 如果一个类具有很多属性或复杂属性时，可以在一个只显示属性栏的单独的类图中加以说明。

9.7.3　确定关联和聚合

　　分析对象通过通信图中的链进行交互，这些链一般是分析对象的相应类之间关联的实例。因此，构件工程师应该研究通信图中的链以便确定需要哪些关联，这些链表明对象间的引用和聚合。

　　类之间关系的数量应尽量少。它主要不是指现实世界中那种能作为聚合或关联来建模的关系，而是指为了响应各种用例实现的需求而必须存在的关系。分析阶段的重点不在于通过聚合或关联来对最佳搜索路径建模，这项工作最好放在设计和实现阶段处理。

　　构件工程师还要定义关联的多重性、角色名称、自关联、关联类、有序角色、限定角色和 n 元关联。

举例：分析类间的关联

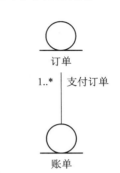

　　　账单是对一张或多张订单的支付请求(如图 9-26 所示)，可以表示为一个带有 "1..*" 多重性的关联(一般至少有一张订单与账单关联)和角色名称 "支付订单"。

当对象表示下面的事物时应该使用聚合。

● 实际中相互包容的概念，如汽车包含驾驶员和乘客；

● 相互间存在组成关系的概念，如汽车由发动机和车轮等部件组成；

图 9-26　账单与订单之间的一对多关联

● 构成对象的概念性集合的概念，如家庭由父亲、母亲和孩子组成。

9.7.4　确定泛化

　　在分析阶段，从几个不同的分析类中抽取共享和公用的行为时应该使用泛化，泛化应处于较高的概念层，以使分析模型易于理解。

举例：确定泛化

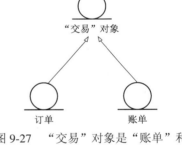

　　　"账单" 类和 "订单" 类具有相似的职责，二者都是对象 "交易" 的特化，如图 9-27 所示。

在设计阶段，应该对泛化关系进行调整，以便更好

图 9-27　"交易" 对象是 "账单" 和
"订单" 的泛化

地适应所选的实现环境，如程序设计语言泛化有可能消失，而变为由其他关系(如关联)来实现。

9.7.5　捕获特殊需求

　　现在，将捕获在分析阶段中确定的、但应该在设计和实现阶段中进行处理的分析类的所有需求(如非功能性需求)。在捕获这些需求时，务必要研究用例实现的特殊需求，因为它们可能包含了与分析类有关的补充(非功能性的)需求。

举例：捕获与分析类有关的特殊需求

　　下面是对 "账单" 类的持久性需求的特征限定。

● 大小范围(Size Range)：每个对象 2 K 至 1024 K 字节。

● 容量(Volume)：最大为 100 000。

● 更新频率(Update Frequency)。

● 创建/删除：1000 次/天。

● 更新：30 次/小时。

● 读取：访问 1 次/小时。

在捕获这些需求时，应该尽可能参照已由构架设计师确定的、公用的特殊需求。

9.8 初始类图：考勤系统实例研究

现在，要确定类之间的关系，这些关系是支持事件流中对象交互所必需的，可以通过类图来完成。这意味着，同一个用例的几个顺序图会共享一个类图。

通过简单的工作，就可以确定一个关系是否必要。从一个对象发往另一个对象的每条消息都需要一个从发送对象类到接收对象类之间的关系。

如果一个发送对象创建一个接收对象，使用它，然后抛弃；或从方法的参数中获取接收对象、使用它但不保存，就是一种依赖关系。在分析阶段，这个关系可能比较难确定，因为这里没有方法参数。因此，这种关系的确定在分析阶段并不重要。

9.8.1 寻找"Login"中的关系

在"Login"用例的正常事件流的顺序图中按顺序寻找关系。EmployeeLoginUI 对象调用 LoginWorkflow 对象中的 validateLogin()方法，这意味着从 EmployeeLoginUI 类到 LoginWorkflow 类之间存在关系。从 LoginWorkflow 类到 User 类和 UserLocator 类之间也存在关系。返回值并不表明关系，因为对象并不需要通过引用来返回消息。

在确定关系的方向之后，来考虑每个关系的类型。首先，对 EmployeeLoginUI 对象，保存对 LoginWorkflow 对象的引用似乎是没必要的，然而，看一下"Login"用例的活动图，可以看到，EmployeeLoginUI 允许用户重新输入姓名和密码。这使得 EmployeeLoginUI 对象有必要保存对 LoginWorkflow 对象的引用。所以，这是一个关联关系。

同样的逻辑存在于 LoginWorkflow 对象和 UserLocator 对象之间的关系。LoginWorkflow 对象需要保存一个引用来处理后续用户的登录，所以这是一个关联关系。

LoginWorkflow 对象不需要保存对 User 对象的引用，因为 LoginWorkflow 每一次都要重新寻找 User 对象，所以这是一个依赖关系。图 9-28 显示了这些关系。

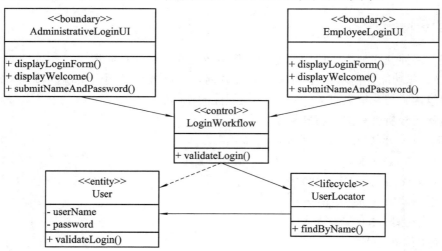

图 9-28 参与"Login"用例的类

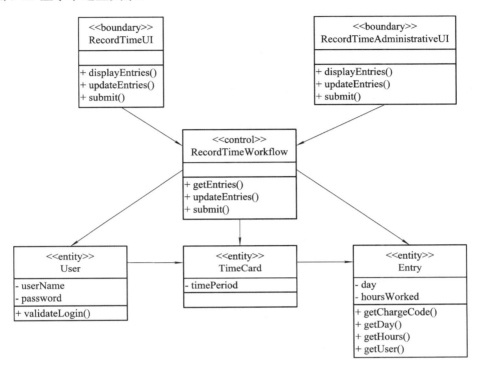

9.8.2　寻找"RecordTime"中的关系

图 9-29 显示了这些关系。

图 9-29　参与"RecordTime"用例的类

RecordTimeUI 对象使用 RecordTimeWorkflow 对象，后者又使用了 User 对象以及 TimeCard 对象。RecordTimeUI 对象保存对 RecodTimeWorkflow 对象的引用，用它来更新条目，所以这是一个关联关系。

RecordTimeWorkflow 对象保存对 User 对象的引用，在 RecordTimeWorkflow 对象提交一个旧的考勤卡并使用新的考勤卡来替换时要使用到 User 对象，所以这是一个关联关系。

RecordTimeWorkflow 对象保存对 TimeCard 对象的引用。在 RecordTimeWorkflow 对象为 TimeCard 对象设置条目的时候要用到 TimeCard 对象，所以这是一个关联关系。

9.8.3　寻找"ExportTimeEntries"中的关系

ExportEntriesUI 对象要用到 ClientLocator 对象和 UserLocator 对象，也要用到 ExportEntriesWorkflow 对象。ExportEntriesWorkflow 对象使用 EntryLocator 对象，BillingSystemInterface 对象以及大量的 Entry 对象。没有对象重用，所以，这里所有的关系都可以当做依赖关系。

需要注意的一点是，ExportEntriesUI 对象直接与 ClientLocator 和 UserLocator 对象交互，而不是通过控制对象。图 9-30 显示了这些关系。

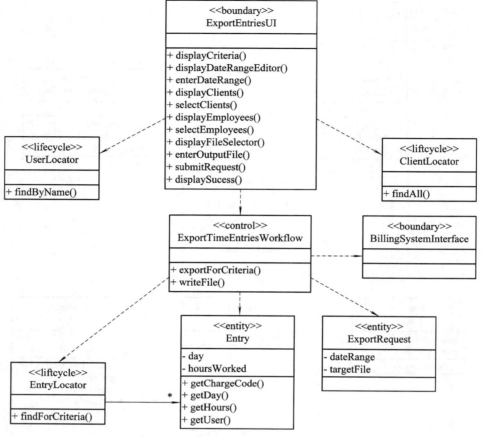

图 9-30　参与"ExportTimeEntries"用例的类

9.9　描述分析对象间的交互

　　当有了实现用例所需要的分析类的框架之后，就需要描述分析对象间如何进行交互，可以使用顺序图、通信图或活动图来实现。顺序图将交互关系表示为一个二维图。纵向是时间轴，时间沿竖线向下延伸。横向代表了协作中各独立对象的类元角色，类元角色用生命线表示。当对象存在时，角色用一条虚线表示，当对象的过程处于激活状态时，生命线是一条双道线。通信图包含了参与的参与者实例、分析对象以及它们的链接。如果该用例具有不同的或独特的流或子流，通常值得为每个流创建一幅通信图，这使用例实现更清晰，而且也能够提取出表示通用和可重用的交互关系的通信图。顺序图和通信图在语义上是等价的，可以互相转换，但两者的侧重点不同，顺序图关注交互的时间次序，通信图关注对象间的交互和连接。

　　顺序图详细而直观地表现了一组相互协作的对象在执行一个(或几个)用例时的行为依赖关系，以及服务和消息的时序关系。类图对对象之间的消息(交互情况)表达得不够详细，详细说明对消息的表达虽然详细，但不够直观。顺序图既详细又直观，但一般只能表示少数几个对象之间的交互。

顺序图可以帮助分析员对照检查每个用例中描述的用户需求，是否已经落实到一些对象中去实现；可以提醒分析员去补充遗漏的对象类或服务；可以帮助分析员发现哪些对象是主动对象；通过对一个特定的对象群体的动态建模，深刻地理解对象之间的交互。

创建交互图是从用例流的初期开始的，然后一次一步地通过用例流并决定实现该步需要哪些分析对象与参与者实例进行交互。通常可以很自然地确定对象在用例实现的交互序列中所处的位置。对于交互图应注意下面几点。

- 可以从一个参与者实例向一个边界对象发送一个消息来引入用例；
- 每个在先前步骤中确定的分析类应至少有一个分析对象参与某个交互。否则，由于该分析类不参加任何用例实现，就是多余的；
- 不要将消息指定给操作，因为并没有为分析类确定操作。消息应该表示出引用对象在与被引用对象交互时的意图。这种"意图"是接收对象的职责的根据，甚至可能成为该职责的名称；
- 通信图中链接一般应是分析类间关联的实例，顺序图不关注链接。这可以概括出所有显见的关联并反映在与用例实现有关的类图中；
- 通信图中的次序不应作为主要的关注点，而且当它难以维护或造成图的混乱时，可以考虑将其去掉。相反，对象和每个特定对象的需求(对消息的捕获)间的关系(链)应该是主要的关注点。顺序图更关注对象间消息发送的先后次序；
- 通信图应处理所实现的用例中的所有关系。例如，如果用例 A 通过泛化关系特化出用例 B，则实现用例 A 的通信图需要引用用例 B 的实现(如引用其通信图)。顺序图通常只能表示少数几个对象之间的交互。

某些情况下，可以用文字描述对交互图进行补充，尤其是当用很多图实现同一个用例或用若干图来表示若干很复杂的流时就可以这么做，这些文字描述应该在用例实现的事件流分析中捕获。

9.10　用例实现：考勤系统实例研究

用顺序图来实现对用例对象间的交互和协作建模。每个事件流都需要建立一个顺序图，每个用例都需要建立一个类图。对于顺序图中的所有对象，都要在类图中定义对象类。

在这一步，将使用用例的事件流和活动图，以及在上一步所找到的实体类、边界类和控制类，进行交互建模。

在顺序图开始之前，可以先确定每个类的部分行为，这样做有助于整理顺序图，而且如果不合适，也可以移动或删除，对刚刚从面向过程开发转到面向对象开发的开发人员来说会更有帮助。面向对象开发的新手经常会将对象转化为动词，将方法当成数据，就像在数据流图中的那样。因此，用不同的步骤来寻找对象和方法有助于阻止这种趋势。

9.10.1　为"Login"添加假设的行为

看一下活动图中的正常事件流，就会看到系统要求用户输入用户名和密码。显然，这必须由 LoginUI 对象来执行，因为它处理与外部参与者的所有交互，所以，在这两个用户界面类中增加 displayLoginForm()方法。

　　下一步，参与者输入用户名和密码。参与者需要某种方式来表明已经输入完毕，所以，在用户界面类中增加一个 submitNameAndPassword()方法。

　　在下个活动中，系统验证用户名和密码。显然，该业务逻辑不属于边界类，将该责任分配给 LoginWorkflow 对象，在 LoginWorkflow 类中增加一个 validateLogin()方法。但是，LoginWorkflow 对象并不知道某个特定的用户名和密码是否有效。既然 User 对象知道这些信息，就让 LoginWorkflow 对象去寻找正确的 User 对象，并要求它来进行登录验证，所以，在 User 类中增加一个 validateLogin()方法。为了让 LoginWorkflow 对象找到正确的用户，需要一个生命周期对象来根据用户名搜索用户。这样，就需要创建一个 UserLocator 类以及它的 findByName()方法，在正常事件流的最后一个活动中，系统显示欢迎信息，所以，在用户界面类中增加一个 displayWelcome()方法。

　　浏览活动图有助于寻找行为和为已识别的类分配方法。图 9-31 显示了这些结果。

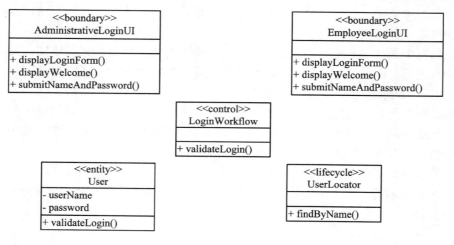

图 9-31　参与"Login"的类

9.10.2　为"Login"构建顺序图

　　现在，已经识别出了几类对象，而且也分配了职责，接下来，就必须说明它们是如何协作的。首先，在顺序图中安排好起始的参与者和对象。由于是参与者触发了交互序列，所以将参与者放在左上方。由于参与者是通过边界类和系统交互的，所以将边界类放在紧靠参与者的右方。控制类是边界类和实体类交互的一个中介，所以，将控制类放在它们的中间。

　　对于正常事件流和一些可选事件流，也重复该过程。从某种程度上讲，这些顺序图有些重复，所以就不再绘制了。决定什么时候停止是一个微妙的平衡行为：如果画得少了就会遗漏一些行为，画多了又浪费工作。在分析和设计阶段，每个顺序图都需要不断地更新和改进。

1.　"Login"的正常事件流

参与者请求边界类 EmployeeLoginUI 对象显示登录窗口(LoginForm)，然后，输入用户名和密码并提交给系统。EmployeeLoginUI 对象请求 LoginWorkflow 控制对象来验证登录。为了满足这个请求，LoginWorkflow 对象请求 UserLocator 对象来寻找用户名代表的 User 对象，一旦 LoginWorkflow 找到正确的 User 对象，就请求它来验证密码。LoginWorkflow 收到验证结果之后，立即将它传回给 EmployeeLoginUI 对象，如果该对象收到了一个验证通过的结果，就显示欢迎信息，工作流结束。图 9-32 表明了这个过程。

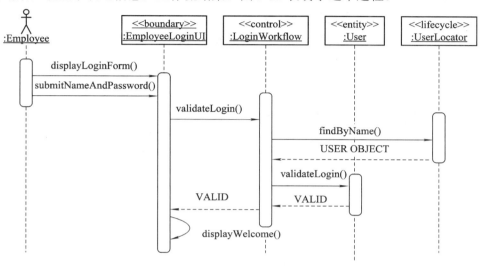

图 9-32 "Login"正常事件流的顺序图

2. 无效密码的可选事件流

在 User 对象对 validateLogin()方法返回 INVALID 响应之前，该顺序图与正常事件流的序列图是一样的，该响应传到 EmployeeLoginUI，向参与者显示一个密码无效的信息。由于在 EmployeeLoginUI 中没有对应的方法，就需要将 displayErrorMessage()加进来。图 9-33 显示了完整的顺序图。

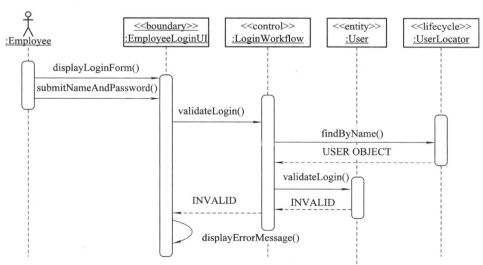

图 9-33 无效密码的可选事件流

3. 未知用户的可选事件流

在 UserLocator 对通过名字定位用户的请求返回 NULL 之前，该顺序图和正常事件流的顺序图是一样的。显然，LoginWorkflow 不可能要求一个未知的 User 对象验证密码，所以，它返回一个 INVALID 给 EmployeeLoginUI 对象。跟密码无效的顺序图一样，EmployeeLoginUI 调用 displayErrorMessage()方法，显示相关的错误信息。图 9-34 显示了该顺序图。

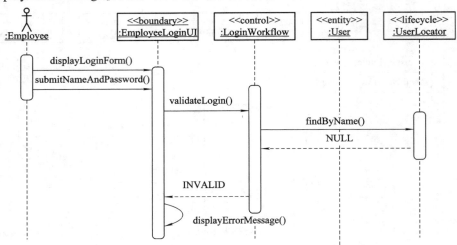

图 9-34　未知用户的可选事件流

"RecordTime"和"ExportTimeEntries"用例的顺序图和类图，没有引入任何新技术或问题，这里不再说明。

9.11　分　析　包

如图 9-35 所示，下面是分析一个包的目的。
- 确保该分析包尽可能与其他分析包无关；
- 确保该分析包能够达到实现一些领域类或用例的目的；
- 描述依赖以便能够对未来变化的影响进行估计。

下面是分析包活动的通用指南。
- 定义和维护该包与其他包(含有与该包相关联的类)的依赖；
- 确保包中包含恰当的类。通过只包含功能相关的对象来设法增强包的内聚性；
- 限制对其他包的依赖。如果包中包含了过于依赖其他包的类，应考虑对这些类进行重新定位。

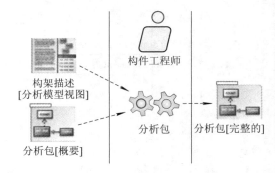

图 9-35　分析包的输入和结果

举例：包的依赖

"卖主账单管理"包中包含"账单处理"类，与"账户管理"包中的"账户"类相互关联。这表明两个包之间具有对应的依赖关系(如图 9-36 所示)。

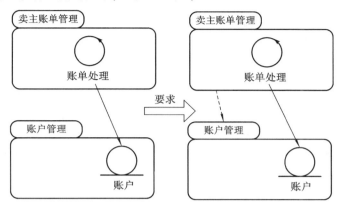

图 9-36　所要求的包的依赖关系

9.12　类图递增：考勤系统实例研究

从 9.6.2 节提取候选类，产生了图 9-22～图 9-24 显示实体类、边界类、控制类的类图。通过类的分析，找到参与"Login"用例的类(如图 9-28 所示)，参与"ExportTimeEntries"用例的类(如图 9-29 所示)，参与"RecordTime"用例的类(如图 9-30 所示)。图 9-37 将图 9-28～图 9-30 的类图进行了合并。

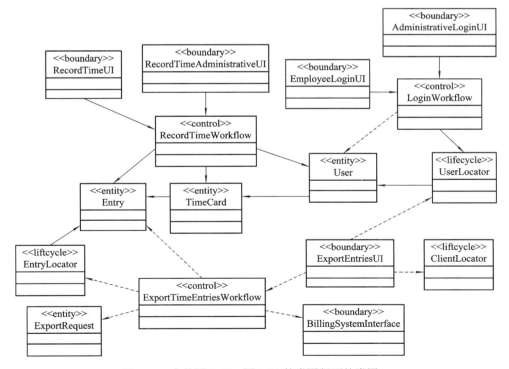

图 9-37　合并图 9-28～图 9-30 的类图得到的类图

进一步通过顺序图，使得很多类之间的相互联系变得更清楚，还可以查漏补缺，这些交互反映在图 9-32～9-34，其他的省略了，结果如图 9-38 所示，类图的第 3 次迭代，是结束分析工作流时的类图。

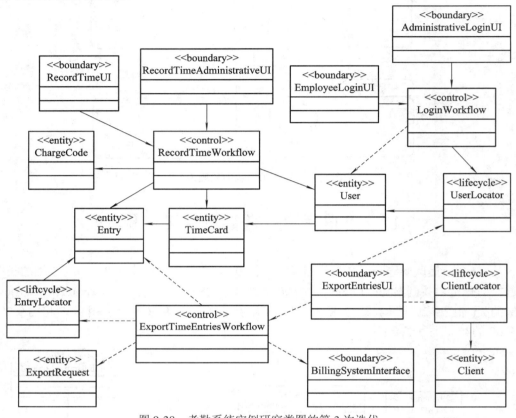

图 9-38　考勤系统实例研究类图的第 3 次迭代

9.13　测试流与分析工作流中的规格说明文档

1. 测试流：考勤系统实例研究

在前面的顺序图中，按照事件流的流程来寻找行为。现在，要对每个顺序图从相反的方向来进行验证。在每一步，都要确定对象是否拥有响应请求所需的信息。下面通过"Login"的正常事件流，来验证"Login"的交互。

最后一个方法调用是 EmployeeLoginUI 调用自己的 displayWelcome()。当然，EmployeeLoginUI 可以用用户名来显示欢迎信息。

前一个方法是来自 LoginWorkflow 对象的，它请求 User 对象来验证登录信息。LoginWorkflow 对象知道 User 对象，刚刚请求 UserLocator 对象来找到的。由于每个 User 对象都有一个名字和密码，所以很容易确定密码是否匹配。

再前一个方法是 LoginWorkflow 请求 UserLocator 对象来寻找用户名代表的 User 对象。虽然现在还不清楚 LoginWorkflow 对象是怎么知道 UserLocator 对象的，但是可以假设任何对象都可以使用专用的 UserLocator 对象，其中的细节将在设计的时候考虑。当然，UserLocator 对象必须能够定位任何 User 对象，这是它的本职工作。

再前一个方法是 EmployeeLoginUI 对象请求 LoginWorkflow 对象来验证登录信息。虽然不清楚 EmployeeLoginUI 对象是怎么知道 LoginWorkflow 对象的，可以认为这两个对象是相互协作的一对，或是 EmployeeLoginUI 创建了 LoginWorkflow，或它们都是由同一个应用级的对象创建的，其中的细节将在设计的时候考虑。虽然 LoginWorkflow 对象本身不执行该任务，但它知道从什么地方得到这个信息。这是控制对象的本性。

当然，EmployeeLoginUI 对象知道如何显示登录窗口并接受用户输入。现在，还不清楚参与者和 EmployeeLoginUI 是如何连接在一起的，这取决于实现的策略，因而可以等到设计阶段再决定。

其他的交互也需要按同样的方法进行验证，这样就完成了分析工作流的验证。

另外，还可以创建 CRC 卡片，以验证分析工作流。

2．分析工作流中的规格说明文档

分析工作流的一个主要目标是产生规格说明文档，那么，规格说明文档在哪里呢？简短地说，统一过程是用例驱动的。详细地说，用例以及相关模型包含了所有的传统范型中以文本形式呈现在规格说明文档中的信息。

例如，考虑用例"RecordTime"。当执行需求工作流时，"记录工时"用例的活动图(如图 9-30 所示)和"记录工时"的用例文档示例(修订)显示给客户，即考勤系统的用户；开发人员必须要非常认真，以保证用户能充分理解模型，并同意这些模型准确地对所需的软件产品进行了建模；随后，在分析工作流中，给用户出示参与"RecordTime"用例的类的类图(如图 9-30 所示)、参与"RecordTime"的类(如图 9-38 所示)。

列出的这组模型只与用例"RecordTime"有关。如图 9-21 所示共有 6 个用例，每个用例的每个场景都产生一组相同类型的模型。结果是以一组模型的形式(有些是图表，有些是文本)传递给客户更多信息，而且这些信息比传统范型的纯文本规格说明文档更精确。

9.14　小　　结

"如何执行分析工作流"图示概括了分析工作流的执行步骤。

```
┌─────────────────────────────┐
│      如何执行分析工作流        │
├─────────────────────────────┤
│  • 迭代                      │
│       建立功能模型            │
│       构建实体类              │
│       建立动态模型            │
│  • 直到实体类提取完成          │
│  • 提取边界类和控制类          │
│  • 精化用例                  │
│  • 执行用例实现               │
└─────────────────────────────┘
```

通过分析工作流，建立分析模型，确定分析包，掌握实体类提取的方法，通过电梯问题实例研究来进行面向对象的分析，通过功能建模、实体类建模、动态建模、测试流等过程来构造电梯问题的分析模型，介绍了抽取边界类和控制类的方法和技术，通过考勤系统实例研究，学习划分用例等级、寻找候选对象、分析类、构建初始类图、描述分析对象间的交互、用例实现等方法，来掌握分析工作流的工作过程。最后，介绍了分析工作流中的规格说明文档，了解面向对象分析流的 CASE 工具和面临的挑战。

习 题 9

1. 为什么需要分析工作流？分析工作流的工作主要是在 RUP 统一过程中哪个阶段完成？在这个阶段中"迭代的重点"是干什么？它主要起什么作用？

2. 简述用例模型与分析模型的异同。

3. 分析模型由哪些部分组成？请手工绘制分析模型的组成结构。

4. 分析包的目的是什么？分析类的目的是什么？

5. 如何描述分析类？什么是实体类、边界类和控制类？利用图形符号或构造型如何分别表示实体类、边界类和控制类？

6. 如何抽取实体类？

7. 实体类建模主要做什么工作？对实体类建模可采用 UML 建模语言的什么图来表示？并给出该图的图形符号表示。

8. 用例分包时应该采用哪三个分包原则？分包时，包与包之间的关系只能是"依赖关系"。请问，定义依赖关系的目标是什么？

9. 为什么要划分用例等级？怎样划分？

10. 请根据图9-39给出的用例模型，确定该用例模型中有几个控制类？有几个边界类？有几个实体类(提示：实体类需要从业务中抽象出来)？请给出你确定的边界类、控制类和实体类的名称及图形符号表示。

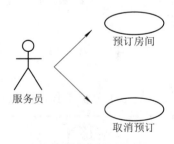

图9-39　习题10用图

11. 如何确定类的关系？

12. 什么样的用例级别必须在第一次迭代中进行实现？请根据你所熟悉的业务系统进行举例说明。

13. 普通聚集和共享聚集有什么区别？QQ 群和微信群应该是哪一种聚集关系？请画出微信群对应的类图表示。

14. 在一个客户服务系统中，需要管理的用户包括客户管理人员、维护人员、部门领导，他们都具有用户 ID、姓名、性别、年龄、联系电话、部门、职位、密码、登录名。其中，维护人员具有三个操作，即接受派工任务、填写维护报告、查询派工任务；部门领导具有五个操作，即安排派工任务、修改派工任务、删除派工任务、查询派工任务、处理投诉；客户管理人员具有四个操作，即增加客户、删除客户、修改客户和查找客户。根据这些描述信息，画出客户管理人员、维护人员、部门领导这三类用户的类的定义。

在上述描述中，客户管理人员、维护人员、部门领导都具有一些共同的属性，所以可以抽象出一个单独的抽象系统用户类，客户管理人员、维护人员、部门领导分别是从系统用户类进行继承(泛化)得到的，根据这些信息，创建包括类关系的类图。

15. 在客户服务系统中，可将客户业务处理的功能单独地作为一个包，在该包中嵌套两个子包，分别是客户咨询管理和派工管理。请根据该描述画出该客户服务系统的包图。

16. 根据上题画出的包图对下述业务细化包图：

在客服咨询管理中嵌套三个子包，分别是咨询、投诉、保修；在派工管理中嵌套两个子包，即维护安排和回访安排。请画出细化后的包图。

17. 对客户服务系统中的客服人员修改客户信息的用例进行动态建模，该交互操作的动态建模由客服人员、客户信息界面类、客户信息控制类、客户信息实体类组成，请在顺序图中创建这些对象。在创建的顺序图对象中，根据修改客户信息的用例，添加信息和脚本信息完成完整的顺序图建模。

18. (分析和设计项目)画出执行图书馆软件产品的分析工作流。

19. (分析和设计项目)画出执行网络购物的分析工作流。

20. (分析和设计项目)画出执行自动柜员机的分析工作流。不需要考虑组成硬件部分，像读卡机、打印机和自动提款机的细节，假设，当 ATM 发送命令给这些组件时，都能够正确执行。

第10章 构架为中心

 知识点

构架，用例和构架的关系，建立构架的步骤，构架描述。

难点

如何将理论与实践结合。

基于工作过程的教学任务

通过本章学习，领会为什么需要构架，掌握构架的基本概念；理解用例和构架的关系，掌握建立构架的步骤；学习构架描述，理解用例模型、设计模型、实施模型、实现模型的构架视图；以考勤系统实例研究为例，了解建立软件构架的过程。

开发软件系统只靠用例是不够的，要得到一个可用的系统还需要考虑——构架。可以把系统构架看作是所有工作人员(即开发人员和其他项目相关人员)必须达成或至少能够接受的共同目标，构架提供了整个系统的、清晰的视点，可以很好地控制系统的开发。

把开发一个软件项目和建造一座能停放一辆汽车的车库进行比较。首先，施工人员需要考虑用户希望怎样使用车库，其中需要能遮蔽汽车的用例，即要能把车驶入、停放在里面，然后又能把车开出来。用户是否还想把车库用作其他用途呢？假如还希望把车库用作一个家用工作间，那么施工人员就得考虑采光要求——要设计几扇窗户和几盏电灯；许多工具都需要用电，因此，还要设计几个电源插座并提供足够的电量。从某种意义上讲，施工人员是在创建一个简单的构架。

要建造一所具有10个房间的房子、一座教堂、一家购物中心或一幢摩天大楼，情况就很不一样。现在有许多建造大型建筑的方法，需要建筑设计师来设计；设计组成员需要相互了解构架的进度，也就是说他们需要把自己的工作用其他组员能够明白的形式记录下来；还要用一种非专业人员(业主、用户和其他项目相关人员)可以理解的方式表示出来；最后，还得通过施工图纸将构架告知建筑商和建材供应商。

开发构架需要大量的时间。经验表明：有一个好的构架作指导，后面的阶段会大大缩短整个开发周期，对大型项目尤其重要。因此，在开发工作的初期阶段就得到一个稳定的构架是至关重要的。

10.1　构　架　概　述

构架很重要，那么，"软件系统构架"到底是指什么呢？当人们探究软件构架的概念时，不禁会想起盲人摸象的寓言故事。大象只是每个盲人偶然间摸到的一条大蛇(大象鼻子)、一根粗绳(大象尾巴)或一棵小树(大象腿)。与此类似，构架的概念，就像寓言中所说的一样。

如果仍把软件构架比作房屋建筑。在客户看来，一座建筑通常是一个单一的单元；建筑设计师发现制作一座建筑的比例模型，加上几幅不同视角的建筑图纸会更有用处，这些图纸一般都是简图，却能让客户看懂。

但是，建筑物的修建在施工阶段还需要其他工种的工作者，如木工、小工、泥瓦匠、吊顶工、水管工、电工等。他们需要更详细和专门的建筑施工图纸，而且在这些图纸之间必须保持一致。例如，通风管和水管就不能标定在同一位置。建筑设计师的职责就是创建整个建筑物设计中最重要的方面。因此，建筑设计师绘制出一套描述建筑物方方面面的建筑图纸，如挖掘的地基。结构工程师决定支撑柱子的尺寸，地基承受墙、地面和房顶的重量，这种结构包括电梯、水、电、空调、卫生等系统。但是，这些建筑图纸对建筑工人的工作来说还不够详尽。为此，很多专业领域的建筑制图人员绘制能够反映有关材料选择、通风子系统、电力子系统、供水子系统等细节的图纸和详细说明。建筑设计师对工程全面负责，而其他各类设计人员负责补充细节问题。一般情况下，建筑设计师是把建筑的各个方面集成为一个整体的专家，但不是每个领域的专家。当绘制完所有图纸以后，建筑图纸只包括了建筑物最重要的部分。建筑图纸是其他图纸的不同视图，和其他图纸是一致的。

在施工过程中，不同的工作者使用建筑图纸(详细图纸的不同视图)，以获得对建筑物的全面了解，但他们要靠详细的施工图纸才能完成其工作。

像建筑物一样，软件系统是一个单一的实体，但软件构架设计师和开发人员发现从不同视角展示系统有助于更好地理解设计。这些视角可以建立不同的系统模型视图，将视图合在一起展示了构架。

软件构架包括对下面 4 个方面所作的决策：

- 软件系统的组织；
- 构成系统的结构元素和各元素之间的接口，以及由元素间协作所规定的各元素的行为；
- 结构元素和行为元素合成为逐渐增大的子系统；
- 指导组织的构架风格：元素及其接口、协作和组合。

但是，软件构架不只涉及结构和行为，还涉及到使用、功能、性能、柔性、重用、可理解性、经济性和技术约束以及折衷方案、美学等。

构架可以描述为多种模型视图：用例模型视图、分析模型视图、设计模型视图等，像是带有所有系统模型的一个完整的系统描述，但比较小。一个模型视图是对该模型的一种抽取或是对它的一个切片，例如，用例模型视图看起来就像是用例模型本身，它包括对构架重要的参与者和用例。同样，设计模型的构架视图看起来就像是设计模型，但它只包含用来实现构架的重要用例的设计元素。

10.2 为什么需要构架

大型、复杂的软件系统需要构架设计师,以便开发人员可以向着共同的目标努力。而软件系统很难想象,它并不存在于真实世界。从某些方面来讲,一般是无先例可循的、独一无二的,经常采用未经证实的技术或各种技术的创新组合,并把现有的技术推向极至。而且,在构造时还必须要能适应将来一系列的巨大变化。随着系统的日益复杂,"设计问题超过了算法和数据结构,设计和确定整个系统的结构成了新的问题"。

另外,经常存在用现有系统来实现规划系统某些功能的情况。在没有文档或文档极少的情况下,要弄清楚现有系统能做什么以及开发人员可以重用哪些遗留代码,更增加了开发的难度和复杂性。

因此,需要构架的原因主要为理解系统、组织开发、鼓励重用、演化系统四个方面。

1. 理解系统

对于从事系统开发的组织,所有相关人员必须理解系统,主要有下面的原因。

- 系统包含复杂的行为;
- 系统在复杂的环境中运行;
- 系统使用复杂的技术;
- 系统经常把分布式计算、商用产品和平台(例如操作系统和数据库管理系统)以及可重用构件和框架集成在一起;
- 系统必须满足个人和组织的需求;
- 在某些情况下,系统过于庞大,管理层不得不把开发工作分为在地理上经常处于不同地点的多个项目,增加了协调的难度。

以构架为中心进行开发,可以防止出现这种无法理解的现象。因此,对于构架的第一个需求就是:必须使开发人员、管理人员、客户以及其他项目相关人员能够详细理解要做的工作,以利于系统的开发。

2. 组织开发

软件项目组织越庞大,开发人员协调工作所付出的开销也就越大。当项目分散在不同地点时,交流的开销也会增加。将系统划分为明确定义接口的子系统,并让一个开发组或个人负责每个子系统,无论他们是在同一幢大楼里还是在不同的地域,构架设计师都可以减少负责不同子系统的开发组之间的交流工作量。"好的"构架应该明确定义接口,尽可能减少子系统间的通信。一个良好定义的接口,可以有效地向开发人员双方"传达"对方小组正在进行的工作。

3. 鼓励重用

下面来了解构架对重用的重要性。例如,管线产业很早就已经标准化,管线承包商从标准化的零部件"获益匪浅"。管道工只需选取标准化零部件,而不必去搭配来自于各地的不同尺寸的"新型"零部件。就像在管线产业中推行标准化用了几个世纪的时间一样,软件构件标准化也需要积累经验,还有很长的一段路要走。

软件产业要达到硬件领域已经达到的标准化水平，好的构架和明确的接口是实现这一目标的关键。好的构架为开发人员提供了可以在其上开展工作的稳定的骨架，构架设计师的任务就是定义该骨架和开发人员使用的可重用子系统，通过精心设计得到可重用的子系统，使它们可以装配起来使用，一个好的构架有助于开发人员知道在哪里能有效地寻找到可重用的元素以及发现合适的可重用构件。UML 可以加速构件化产品的进程，标准建模语言是构造特定领域可重用构件的先决条件。

4．演化系统

有一件事情很确定，那就是任何相当规模的系统都要不断演化，甚至在开发过程中就需要这种演化，在投入使用后，变化的环境也会要求对其进一步完善。在这两个过程中，系统应该易于变更；也就是说，开发人员应该可以改变部分设计和实现，而不必担心这种改变会对整个系统产生非期望的效果。多数情况下，开发人员应该可以在系统中实现新功能(即用例)，而不会对现有的设计和实现造成太大的影响；换句话说，系统本身应该对变化具有一定的柔性。也就是说，系统应该能够适度地演化。相反，构架拙劣的系统经常会随着时间的推移和很多补丁程序的使用而出现功能退化，直至最后无法有效地更新。

10.3　用例和构架

如果系统提供了适当的用例，用户就可以使用该系统来完成自己的任务。但如何实现这一目标呢？这就需要构造一个允许无论是现在还是将来都能有效实现用例的构架。

首先来看一下什么会影响构架(如图 10-1 所示)，然后再看看什么会影响用例，以便了解这种相互作用是如何产生的。

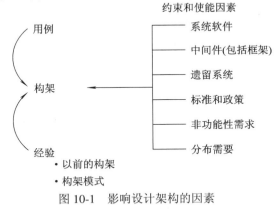

图 10-1　影响设计架构的因素

如图 10-1 所示，不同种类的需求和产品影响构架，而不仅仅是用例影响构架。先前工作中的经验和确认为构架模式的结构也有助于设计构架。

构架受用例的影响，用例是构架的驱动力。构架不仅会受到对构架重要的用例的影响，还会受到下列因素的影响：

- 软件产品要构造在哪些系统上，如操作系统或具体的关系数据库管理系统等；
- 要使用哪些中间件产品，例如，需要选择一个对象请求代理(ORB)来创建图形用户界面，或是一个与平台无关的框架；

- 要在系统中使用哪些遗留系统。在构架中使用遗留系统，如现有的银行系统，可以重用许多现有的功能，但需要调整构架来与"遗留"产品相互配合；
- 需要适应哪些政策和公司标准，例如，可选择 OMG 的接口定义语言(IDL)来确定类的所有接口，或选择远程通信规范 TMN 来说明系统中的对象；
- 通用的非功能性需求，如可用性、恢复时间或内存使用等方面的需求；
- 需要说明系统是如何分布的，也许可以通过客户机/服务器构架来分布系统。

可以把图 10-1 中右侧的几项看作是以某种方式来建立构架的约束和使能因素。

构架在细化阶段的迭代过程中创建。下面是一个简化的思维模型，开始先确定构架的高层设计，例如一个分层构架，然后，在第一次迭代的几次构造中逐步确立构架。

在第一次构造中处理的是通用部分，对所讨论的领域是通用的，而不是专用于计划开发的系统，即并非专用于选择使用的系统软件、中间件、遗留系统、标准和政策。在实施模型中，需要决定包括哪些节点以及这些节点应该如何进行交互，还要决定如何处理一般的非功能性需求，如可用性需求等。在第一次构造中，对应用有一个大致的了解就足够了。

在第二次构造中，处理构架中的专用应用部分。首先选取一个与构架相关的用例集，捕获需求，并对它们进行分析、设计、实现和测试，最后，得到一个新的、用构架实现的子系统，来支持所选择的用例。在第一次构造中实现的对构架至关重要的构件可能也要进行某些改变(当时没有从用例的角度考虑)，为了实现用例，需要对变化的构件和新的构件进行开发，使构架更适合于所选择的用例。然后，再进行下一次构造，依次下去，直到完成这次迭代过程。如果这次终结刚好出现在细化阶段的最后，构架也就应该稳定了。

在建立了稳定的构架后，就可以在构造阶段实现其余的用例以实现系统的全部功能。在开发构造阶段中，实现的用例主要是以客户和用户需求作为输入，这些用例也会受到细化阶段所确定的构架的影响，如图 10-2 所示。

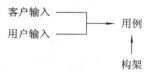

图 10-2 用例的实现与已存架构的关系

在捕获新的用例时，可以使用已存在构架的知识来更好地完成工作。在评估每个选择用例的价值和成本时，也是根据现存的构架进行的。一些用例很容易实现，而另一些用例实现起来则较为困难。

举例：使用例适应已存在的构架

客户希望获得一种监控处理器负载的功能，可以将这个要求说明为测量计算机高优先级负载的用例。要实现该用例，需要对现在所用的实时操作系统进行一些改动。开发组则建议，通过一个独立的外部设备呼叫系统并测量应答时间来实现所需的功能。这样，客户得到了一种更可靠的方法，而开发组也避免了对关键的底层构架进行改动。

通过与客户协商，来确定是否可以改变用例，以使用例和设计结果与已有的构架更加一致，从而使实现更简洁。这种一致性意味着必须考虑现有的子系统、接口、用例、用例实现、类等，通过使用例与构架保持一致，便可以利用现有的资源，有效地创建新的用例、子系统和类。

所以，一方面构架受到系统支持的用例的影响，用例驱动构架；另一方面，将需求捕获为用例时，可以利用构架的知识来更好地完成任务，构架指导用例(如图 10-3 所示)。

图 10-3　用例驱动构架的开发，构架指导用例的实现

用例和构架哪一个先出现呢？这是一个典型的"鸡与蛋"的问题，这种问题最好通过迭代来解决。首先，在很好地了解领域范围的基础上建立一个临时的构架，而不考虑具体的用例。接着，选取几个重要的用例，进一步使构架支持这些用例。然后，再选取更多的用例并建立更加完善的构架，依此类推。在每次迭代中，都选取并实现一组用例来确认构架。如果必要，对构架进行改进。随着每次迭代的进行，还在所选用例的基础上进一步实现构架的专用应用部分。因此，在通过迭代实现整个系统时，用例有助于逐渐完善构架，这就是用例驱动开发的一种好处。

总之，一个好的构架无论是现在还是将来，都能有效地补充适当的用例。

10.4　建立构架的步骤

构架主要是在细化阶段的迭代过程中开发的。每次迭代的进行都从需求开始，然后是分析、设计、实现和测试，但侧重于与构架相关的用例和其他需求。细化阶段的最终结果是构架基线(一个只有很少软件"肌肉"的系统骨架)。

哪些用例对构架更重要呢？对构架重要的用例就是那些有助于降低最重大风险的用例，那些对用户最重要的用例，那些有助于实现所有重要功能而不遗留任何问题的用例。实现、集成和测试构架基线使构架设计师及其他工作人员确信，构架必须是可操作的，这是无法通过"纸上"的分析和设计来实验的，可操作的构架基线向那些提出反馈的工作人员展示了系统能工作的证据。

10.4.1　构架基线是一个"小的、皮包骨的"系统

在细化阶段最后，要从构架的角度开发出代表最重要的用例及其实现的系统模型，例如，用例模型、分析模型、设计模型以及其他模型等，这些模型的集合就是构架基线，是一个"小的、皮包骨的"系统。它包含构造阶段末期性能完善的系统中所有模型的各种版本，包括与最终系统相同的子系统骨架、构件和节点，不是所有的"肌肉部分"都存在。但是，它们确实具有行为，而且是可执行的代码，"皮包骨的"系统逐渐演化为性能完善的系统，有可能对结构和行为做一些细微的改变。改变较小的原因是：在细化阶段最后已经定义了一个稳定的构架。如果没有达到这个目标，细化阶段必须进行下去，直到达到该目

标为止。

在图 10-4 中，每种模型的阴影部分表示在细化阶段最后已经开发出的模型版本，即属于构架基线的模型版本。

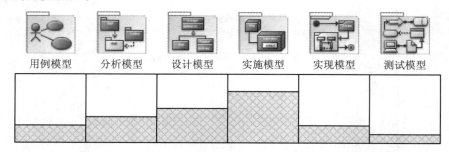

用例模型　　分析模型　　设计模型　　实施模型　　实现模型　　测试模型

图 10-4　构架基线是以描述构架为主的系统内部发布的版本

整个矩形(带阴影和不带阴影的部分)表示在移交阶段末期开发出的模型版本，即代表客户版本基线(不要从图 10-4 中显示的阴影部分的大小而得出诸多结论，这里只是用作解释之用)。在构架基线和客户版本基线中间还有几个代表模型新版本的内部版本基线，可以把这些新版本解释为以构架基线为起点逐渐累加增量的结果，每个模型的新版本都是由上一个版本演化得到的。当然，图 10-4 中的不同模型不是相互独立地开发。例如，用例模型的每个用例都对应着分析模型和设计模型中的某个用例实现，或测试模型中的测试用例。

但是，构架基线(即细化阶段末期系统的内部版本)不仅仅靠模型制品来表示，还包括构架描述，它们是同时建立的，甚至经常比构架基线中产生模型版本的活动更早。构架描述的作用是在系统的整个生命周期内指导整个开发组——不只是用于当前周期的各次迭代，还用于所有以后的周期，是开发人员目前和将来都要遵循的标准，既然构架已经稳定了，那么标准也就是稳定的。

构架描述可以有不同的形式，可以是对组成构架基线的模型的抽取，也可以是以一种便于阅读的形式进行描述。在以后的阶段中，随着系统的进化和模型的增大，还会包括模型新版本的视图。

10.4.2　使用构架模式

建筑设计大师 Christopher Alexander 关于如何用"模式语言"对建筑和社区设计中重要的原则进行系统化和实用化的观点，启发了很多面向对象领域的专业人士定义、收集和测试各种软件模式。

构架模式主要是针对粗粒度的子系统甚至系统的结构和交互，存在很多种构架模式，这里简单讨论一些值得关注的模式。

代理模式是一种管理对象分布的通用机制，允许对象通过一个代理调用其他的远程对象，代理将调用请求转发到目标对象节点。这种转发是透明的，就是说调用者无需知道被调用的对象是否为远程的。代理模式经常利用委托方式，提供一个与远程对象接口相同的本地代理对象，使分布式的通信形式和细节透明化。

还有其他一些模式有助于了解所构造系统的硬件，有助于基于此硬件来设计系统，如客户机/服务器模式、三层模式和端对端模式。这些模式定义了实施模型的结构，并建议构件应该如何分布到节点上。例如，对 ATM 系统，使用客户机／服务器模式，客户机节点将执行所有的用户界面代码和针对实际 ATM 的业务逻辑(控制类)代码，而服务器节点则包含了实际的账户和每个事务需要得到验证的业务规则。

层次模式适用于很多系统。该模式定义了如何分层组织设计内容，就是说一层的构件只能参与恰好处于其下层中的构件。这种模式很重要，它简化了理解和组织开发复杂系统的工作。层次模式降低了依赖，因为低层不必关心高层的细节和接口。它有助于确定什么可以重用，提出了一个有助于决定买什么或构造什么的结构。

具有分层构架的系统在顶层具有单独的应用子系统，是在低层子系统的基础上(如框架和类库)构造的，如图 10-5 所示。通用应用层包含的子系统不是专用于一个单独的应用，而是在相同的领域或业务内能被很多不同的应用重用。

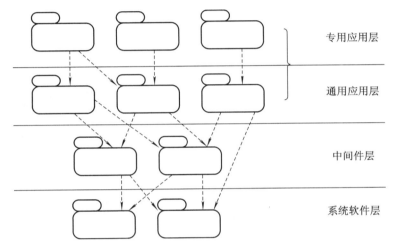

图 10-5　分层构架通过多层子系统来组织系统

层次是具有相同程度的通用性和接口易变性的子系统集合。低层通常用于多个应用，必须具有较稳定的接口；高层更适用于具体应用，接口稳定性较差。既然低层提供的接口一般很少改变，那么高层的开发人员可以基于稳定的低层来构造。不同层次中的子系统可重用用例、其他低层子系统、类、接口、协作和低层的构件。许多构架模式可用于单独的系统中。构成实施模型的模式(例如，客户机/服务器模式、三层模式或端对端模式)可以与层次模式相结合，其中层次模式可以辅助构成设计模型。用来处理不同模型中结构的模式彼此间通常是正交的，甚至处理同一模型的各种模式之间通常也能很好地结合。代理模式处理如何解决对象透明分布的问题，层次模式用来显示如何组织整个设计。实际上，一般将代理模式实现为中间件层的一个子系统。

注意，有时候一种模式占主导地位。例如，在分层系统中，层次模式定义了整个构架和任务分解(将层分配给不同组)，管道和过滤可用于一个或多个层次内部。反之，在管道和过滤系统中，整个构架就表示为过滤模式间的流，而分层则用于一些过滤程序。

10.4.3　描述构架

细化阶段开发的构架基线以构架描述的形式保存下来,产生不同模型的版本,如图 10-6

所示。构架描述是一种抽象，或者说是构架基线中模型的视图集合，视图包括对构架重要的元素。当然，许多组成构架基线的模型元素会出现在构架描述中，但是，并不是所有的元素都是如此，因为要得到一个可操作的基线，可能需要开发一些对构架不重要但对生成可执行代码必要的模型元素，所以，构架基线不只是用于开发构架，也在一定程度上用于说明系统需求，以便制定出详细的计划。

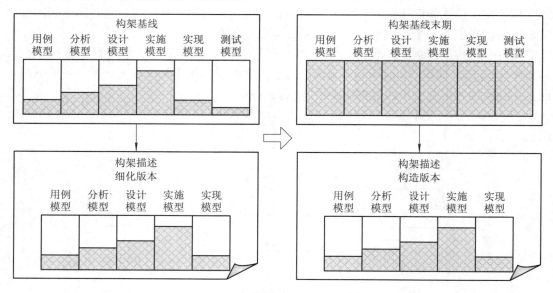

图 10-6　系统构造阶段架构描述的变化

如图 10-6 所示，在构造阶段，各种模型趋于完成(右上角填充阴影的图形)。因为大多数构架在细化阶段定义，所以构架描述没有明显变化(右下图)。构架的细微变化确实发生(由不同的填充图案表示)。

在整个系统生命周期内，构架描述会不断更新，以反映与构架有关的变化和补充。这些变化通常很小，大致包括下面内容：

- 发现了新的抽象类和接口；
- 为现有的子系统添加新功能；
- 升级到可重用构件的新版本；
- 重新安排处理结构。

构架描述本身可能需要修改，但不必增加规模，只是对有关内容进行更新。

构架描述用于展示模型的视图，包括用例、子系统、接口、一些类和构件、节点以及协作。构架描述还包括用例没有描述的对构架有意义的需求，这些需求是非功能性的，作为补充需求来说明，例如，关于分布和并发涉及到的安全及重点约束等需求。构架描述还应包括对平台、遗留系统和将使用的业务软件的简单说明，例如，Java 中用于对象分布的远程方法调用(Remote Method Invocation，RMI)。当然，说明实现通用机制的框架也很重要，例如，在关系数据库中存储或检索对象。这些机制可在多个用例实现中得到重用，因为它们就是为实现可重用的协作而设计的。构架描述还应该对所有使用过的构架模式进行归档。

构架描述强调了最重要的设计问题，将它们明确表示出来供他人探讨和提出反馈。然后，需要对这些问题进行讨论、分析，最终加以解决。例如，这些分析可能包括评估负载性能或内存需要，以及设想将来可能会危及到构架的需求。

尽管构架描述考虑得很周全，但是，它终究是一种顶层视图。一方面，不要指望它阐明一切，而且也不应该把参与者淹没在太多的细节中，它是一张行车路线图，而不是整个系统的详细说明。另一方面，它必须体现出每个参与者的需要，所以即使有 100 多页也不算多。如果把人们的所有需求以易于理解的方式纳入其中，可能需要使用一个巨大的文档。构架描述应该做到：它应该包括开发人员为了完成其工作所需要的内容。

构架描述不包括那些只是为了确认或验证构架所需要的信息。因此，它不包括测试用例和测试规程，也不包括测试模型的构架视图，它们不属于构架范畴。但是，构架基线包含所有模型的版本，其中也有测试模型的版本。这样，作为构架描述基础的基线便会经历测试——所有的基线都这样。

10.4.4　构架设计师创建构架

构架是由构架设计师和其他开发人员共同创建的。他们致力于实现一个高性能、高质量的系统，而且要功能强大、可测试、对用户友好、可靠、高可用、精度高、可扩展、可变更、健壮、可维护、易携带、安全、可靠而且经济。他们很清楚自己需要在这些约束范围内求生存，还要从中找到折衷方案——这就是需要构架设计师的原因，构架设计师对此承担最主要的技术责任，他们选取构架模式和现存产品，规划子系统的依赖，使其从不同侧面分别考察问题，当其中某个子系统发生变化时不会对其他子系统造成影响。

构架的根本目标是以当前的技术状况和该应用可承受的成本、用最佳的方式来满足应用的需要，换句话说，也就是能够在现在和将来有效地实现应用功能(即用例)。这里，UML 具有强有力的结构来系统地阐明构架，统一过程详细地介绍了构造良好构架的原则。即使如此，所选定的构架最终仍然是基于技术和经验进行判断的，构架设计师负责做出决策。细化阶段末期，当构架设计师将构架描述提交给项目经理时，就意味着，"现在已经清楚了，可以构造出系统而不会遇到太大的技术难题。"

合格的构架设计师需要具备两种能力。一种是他所从事的领域知识，因为他必须与所有项目相关人员配合，不只是开发人员。另一种就是软件开发知识，甚至是最基本的编码能力，因为他必须向开发人员说明构架，协调他们的工作，了解他们的反馈。

开发构架需要大量的时间。将这段时间安排在开发日程的最前面，可能会令那些已经习惯于把大部分时间用于实现和测试的项目经理感到不安。但是，经验表明，有一个好的构架作指导，后面的各阶段会大大缩短整个开发周期，对大型项目尤其重要。

10.4.5　构架师

软件构架师和其他高级开发人员一起，决定系统构架，包括技术选择和子系统设计。构架上的各种机制，诸如错误处理和缓冲策略等，必须在实际开发之前确定。接下来的任务包括针对构架的一致性，对详细设计进行评估，修订构架，以及鼓励开发人员使用好的 OO 原则和软件工程方法，包括 UML、经过验证的 OO 设计原则、设计模式、迭代式开发，以及对设计和代码组织评审等。

软件构架师需要具备丰富的面向对象系统的开发经验，应该具有担任技术"门将"的背景。编程语言以及技术上的专业知识也是必需的，如果没有亲自深入到细节中去，没有切实的体验和认识，根本不可能选择出正确的技术，并将一个解决方案正确地分解为多个组成部分。

良好的交流和沟通技巧也同样重要。构架师必须立场坚定，能容忍其他意见，明辨是非，否则项目就会缺乏技术前瞻性。另一方面，构架师必须协调团队达成一致意见，指导开发人员。构架师有责任拒绝过分的、具有破坏性的进度要求，必须和项目经理紧密合作，控制风险并保证项目如期成功完成。

一个好的构架师能够从众多参加者那里接收信息"输入"，之后，在高级技术人员中建立一致的意见和认识，但是，最终的责任是不能共同承担的，一致的解决方案从来都不是由委员会提出的。一旦整体方案建立起来，每个单独的部分就能够分派给各个设计人员，但整个团队必须对系统持一致的观点，并且有一个人全权负责。

10.4.6　建立构架的过程

建立坚实、可靠的构架需要经过确定目标、将类分组、展示技术、抽取子系统、应用原则和目标对构架进行评估等 5 个步骤。

1. 确定目标

系统可能面临着可扩展性、可维护性、可靠性和可伸缩性等方面的目标。无论哪种情况，最重要的是必须确定目标，对其相对重要性做到心中有数。

为众多目标设立清晰的优先级是进行风险管理的有力武器。风险管理跟踪所有想避免的问题。从某种意义上讲，目标只是希望培育出的结果。无论从哪方面讲，确立优先级并不需要无一遗漏。绝大多数的系统需要的只是 1～2 页非正式的文档，即便如此，也使其受益匪浅。

2. 将类分组

可以把相互协作的类放在一起而将它们归到同一个包内，也可以从职责相似的角度对类进行分组。要对类进行分组，就必须在考虑可变性和可用性的同时充分考虑耦合性和内聚性的因素。

一般来说，可以在不同环境下重用的类应该按照职责将其组织到相同的包中，按照职责而不是协作关系进行分组有助于使用，专门针对一个协作的那些类应该与支持类位于同一个包内。

当然，也可以从职责的角度对分析类分组。例如，如果每个实体类，都有多个控制类对其进行访问，那么所有的实体类应该属于一个层次，对控制类来说同样如此，因为，每个控制类都能和同一边界类的不同版本进行交互。

3. 展示技术

对于技术选择，其步骤相对的机械、呆板，每使用一项技术都必须将其添加到包依赖关系图中。

4. 抽取子系统

子系统有助于提高开发效率，对系统的可配置性提供支持，使系统的各个部分能够按照需求的变化相对独立地演化。可以通过寻找有清晰定义的接口，与系统的其他部分松散耦合的包来确定候选子系统。在候选对象中，进一步寻找能够独立开发且/或封装了易发生变化的需求的包。

5．应用原则和目标对构架进行评估

必须针对系统目标，以高内聚和低耦合的原则定期地对构架进行评估。UML 和建模工具不但有助于评审和修订系统模型，而且还能将废弃部分减到最小，UML 还便于与其他开发人员进行高效的交流。

10.5　构　架　描　述

构架描述是对构架的表达，构架描述的第一个版本就是对第一个生命周期中细化阶段末期的模型版本的抽取。如果不想将这些抽取改写为更易读的形式，构架描述看起来与系统的一般模型非常相似，这种外部特征意味着用例模型的构架视图看起来就像一般的用例模型。唯一的区别就是用例模型的构架视图只包括对构架重要的用例，最终的用例模型则包含所有用例。

构架描述包括五个部分，每部分说明一个模型：用例模型视图、分析模型视图(不一定总有)、设计模型视图、实施模型视图和实现模型视图。构架描述不包括测试模型视图，因为它对描述构架不起作用，它只是用来验证构架基线。

1．用例模型的构架视图

用例模型的构架视图展示了最重要的参与者和用例。ATM 系统用例模型如图 8-3 所示。
举例：ATM 系统中用例模型的构架视图

　　在 ATM 的例子中，"取款"是最重要的用例。没有它，也就没有实际的 ATM 系统。"存款"和"转账"用例对一般的银行储户来讲不太重要。

　　所以在定义构架时，构架设计师认为"取款"用例要在细化阶段完全实现，而其他用例(或用例中的一部分)对于构架的目标意义不大(实际操作中，做出这样的决定还为时过早，这里只是为了讨论方便)。

　　因此，用例模型的构架视图应该显示出"取款"用例的完整描述。

2．设计模型的构架视图

设计模型的构架视图展示了设计模型中对构架最重要的类元：最重要的子系统和接口，还有一些很重要的类(主要是主动类，是指具有主动发起动作的类，是行为的发起者，非主动类不会主动发起动作，只是被动的被触发或调用)。它还展示了最重要的用例是如何按照这些类元实现的，即如何实现用例的。
举例：ATM 系统中设计模型的构架视图

　　在 ATM 系统中，有三个主动类："客户管理"、"事务管理"和"账户管理"(如图 10-7 所示，这是一个描述主动类的类图)，都应该包含在设计模型的构架视图中。

图 10-7　ATM 系统中设计模型的构架视图的静态结构

对于三个子系统("ATM 接口"、"事务管理"和"账户管理")之间的关系应该清楚,如图 10-8 所示,这是描述子系统及其接口的类图。这些子系统用于实现"取款"用例,对构架很重要。设计模型还包括很多其他的子系统,这里不做讨论。

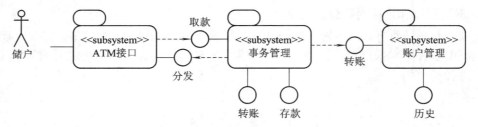

图 10-8　ATM 系统中设计模型的构架视图的静态结构

"ATM 接口"子系统处理储户的所有输入和输出,如打印收据和接受银行储户的指令。"账户管理"子系统中保存所有长期账户的信息,用于处理所有账户事务。"事务管理"子系统包含用例专用行为的类,如"取款"用例的专用行为。用例专用的类通常包含在不同的服务子系统中,例如在"事务管理"子系统中,就有"取款"类、"转账"类和"存款"类的服务子系统(图 10-8 中未表示出来)。实际上,每个服务子系统通常包括几个类,这里进行了简化。

图 10-8 中的子系统通过接口彼此提供一定的行为,如由"账户管理"提供的"转账"接口。还有"转账"、"存款"和"历史"接口,这些接口没有包括在所涉及的用例中,所以不对其进行解释。

只有静态结构是不够的,还需要说明设计模型中对构架重要的用例是如何通过子系统实现的。因此,这里从子系统和参与者相交互的角度再次说明"取款"用例,如图 10-9 中的协作图所示。子系统所属类的对象相互之间进行交互来执行一个用例实例。对象间相互传递消息如图所示,消息携带有指明子系统接口所属操作的名称,由"::"符号表示。如"取款:: 执行(数额,账户)",这里"取款"是"事务管理"子系统中的类所提供的接口。

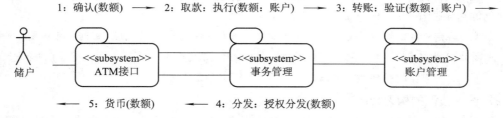

图 10-9　执行"取款"用例的子系统间的协作

下面内容简要说明了用例实现中的流。前提条件是储户有一个可以用于 ATM 的银行账户。

(1) 参与者"储户"选择取款并向"ATM 接口"表明身份,可以通过使用具有编号的磁卡和 PIN(个人身份号码)来实现。储户还要说明取多少现金并从哪个账户中提取。这里假定"ATM 接口"子系统能够确认身份。

(2) "ATM 接口"请求"事务管理"子系统取款。"事务管理"子系统负责将提取现金的整个动作序列作为一个原子事务来执行,以便从账户中扣除取款金额,并将现金分发给储户。

(3) "事务管理"请求"账户管理"子系统取款。"账户管理"子系统决定能否取出现金,如果能,就从账户中扣除取款的金额并返回一个应答,表明可以执行取款动作。

(4) "事务管理"授权"ATM 接口"子系统分发货币。

(5)　"ATM 接口"将现金分发给"储户"。

3.　实施模型的构架视图

实施模型根据相互连接的节点定义实际的系统构架，这些节点是软件构件能够在其上运行的硬件单元。通常实际系统构架看起来就像着手开发系统之前的样子，这样，便可以在需求工作流期间尽早将节点和连接在实施模型中进行模型化。

在设计期间，需要确定哪些类是主动的，即确定线程或过程；还要确定每个主动对象应该做什么，这些主动对象的生命周期应该怎样，以及主动对象如何通信、同步和共享信息；需要将主动对象分配到实施模型的节点上，在将主动对象分配给节点时，需要考虑节点的性能(如处理能力和内存大小等)以及连接的特点(如带宽和可用性等)。

实施模型的节点和连接以及分配给节点的主动对象可以在实施图中表示出来，这些图还可以表明如何将可运行的构件分配给节点。

举例：ATM 系统中实施模型的构架视图

"储户"通过"ATM 客户机"节点访问系统，该节点通过访问"ATM 应用服务器"来执行事务(如图 10-10 所示)，"ATM 应用服务器"又利用"ATM 数据服务器"对账户执行具体的事务。不仅对"取款"用例(对构架重要的用例)是这样，对其他用例(如"存款"和"转账"用例)也是如此。

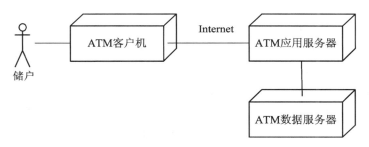

图 10-10　实施模型定义的三个节点

定义这些节点，就可以将功能部署到节点上。为简单起见，将每个子系统(如图 10-8 所示)作为一个整体部署在一个节点上。"ATM 接口"子系统部署在"ATM 客户机"节点上，"事务管理"子系统部署在"ATM 应用服务器"上，"账户管理"子系统部署在"ATM 数据服务器"上。因此，这些子系统中的每个主动类(如图 10-7 所示)都部署在相应的节点上，具体表现为运行于该节点上的一个进程。主动对象的部署如图 10-11 所示。ATM 系统的主动类分布到几个节点上，主动类用粗边框的矩形表示。

图 10-11　实施模型的构架视图

这是系统分布的一个简单例子。在实际的系统中，分布必然更复杂。对分布问题的另一种方案是使用某些用于对象分布的中间件，如对象请求代理(ORB)。

4.　实现模型的构架视图

实现模型是从设计模型和实施模型直接映射得到的，每个设计服务子系统通常会为它所安装的节点类型产生一个构件(但并不总是如此)。有时候，同一个构件(如缓冲区管理构件)可能会在几个节点上实例化并运行,一些语言(如 JavaBeans)提供了封装构件的结构。否则,就要将类组织到所选构件集合的代码中。

在 ATM 中,"取款管理"服务子系统有可能实现为两个构件:"在服务器端取款"和"在客户机端取款"。"在服务器端取款"构件可以实现为"取款"类,而"在客户机端取款"构件可以实现为"取款代理"类。这里进行了简化,每个构件只实现一个类。在实际的系统中,每个服务子系统应该有更多的类,所以一个构件通常要实现多个类。

5. 清晰地理解创建构架拟采用的技术

建立一个坚实、可靠的构架需要针对项目付出专门的努力。在建立构架过程中,严格遵循一个合理且严格定义的过程会在整个项目的生命周期内都受益。

在创建构架之前,必须对问题以及将要采用的技术有一个清晰的理解。

(1) 清晰准确地理解问题。

对于用例模型中具有代表性的子集,需要可靠的需求、各种分析类以及多个交互图。这样的系统模型构成了对要解决的问题的理解。如果不能从用户的角度理解问题,就会导致在第一次大规模演示程序时,面对用户提出的要求,只能做出"那很好,但是…"的反应;如果不能从开发人员的角度理解问题,往往会孕育出一个脆弱的、不能满足系统功能需求的构架。

(2) 清晰准确地理解候选技术。

要清晰准确地理解各种候选技术,包括它们的优势、不足、兼容性和合适性,这些信息对组织出合理的解决方案简直就是无价之宝。在某些情况下,各种技术之间可能并不直接互相兼容。例如,为了能在系统中使用某个可用的商业类库,就必须实现额外的一部分系统以与之适配。在另一些情况下,要采用的技术可能不支持某种希望的结果。项目前期花费在技术理解上的时间避免了大量的问题,能够显著地减小失败的风险,

在将系统划分为多个部分时,还应该考虑到采用某项技术的困难程度。毕竟,在现实中,负责实现系统每个部分的开发人员不可能通晓所有的技术。因此,必须确保系统每个部分的技术需求都落在要采用的技术能力范围之内,这样用组织中相当小的一部分开发人员就能掌握要求的技术。

10.6　建立软件构架:考勤系统实例研究

下面就以考勤系统为例,建立系统的软件构架。考勤系统的技术选择工作在此不做阐述,这里为考勤系统选择的实现技术是 EJB,因此,下面的设计决策是在此前提下做出的。

10.6.1　确立目标

第一步,确立系统目标。在某些情况下,系统目标是由外在的需求确立的。例如,在补充需求中,经常会明确地提出可靠性和可伸缩性等方面的需求,可维护性和可扩展性往往由开发人员决定,因为只有开发人员才知道系统是如何开发的,能够估计出需求的稳定性。

- 可扩展性。所有的系统都会发生变化，但是，考勤应用程序的目标看起来已经相当集中了——从用户那里获取考勤卡数据，不分析这些数据，也不给用户开账单，也不计算每位雇员应得的薪酬。因此，可扩展性不是问题，所以，优先级不高。

- 可维护性。考勤系统必须易于理解和维护。公司有不同的团队负责系统维护和新项目开发，所以该系统会移交给新的团队负责。

- 可靠性。作为公司基础设施的一部分，考勤系统必须高度可靠。它毕竟不是为处理信用卡或支持生命系统而建造的，所以限制范围内的停机时间是可以接受的，但是，不可预测的停机时间是不应该出现的。

- 可伸缩性。因为公司计划快速发展，所以考勤系统必须能够扩大以适应更多的数据和更多的用户。

明确定义的目标以及合理界定的优先级对构架的建立和设计方面的重大决策意义重大，在这里，如果条件允许，可以在一定程度上牺牲可扩展性来提高可伸缩性。

10.6.2 将类分组并评估每个类

下一步就是将这些类划分为候选包，对其内聚性进行评估。为了完成此任务，需要再次识别分析模型中的一组类，检查其职责。要想每组类的关系都清晰明确，包就必须具有清晰的、严格定义的目的和职责。

1．将类分组

通过分析(第 9 章)，识别出了五组分析类。

- 实体类；
- 用户界面类；
- 控制类；
- 系统接口类；
- 定位器类。

下面，以这些组为候选包，对其内聚进行评估。如果一个包的内聚很高，就使用分析时建立的类图来进一步评估其耦合度。在某些情况下，这种过分简化了的分层方法会失败，因为不同类型的类之间的协作甚至强于相同类型的类之间的协作，这就是最简单的方法。

下面，逐一分析每个候选包。

实体类是第一组类，如图 9-22 所示。这些类大部分描述了一组紧密相关的业务概念，对理解考勤系统至关重要。唯一一个不太恰当的类就是 ExportRequest，与考勤本身毫无关系，因此，将 ExportRequest 移出包外以便放到一个更合适的包中。

另外，还需要为包重新命名，因为实体类过于简单，而且含糊不清。由于所有的类都是考勤模型的一部分，所以称之为 TimeCardDomain 很合适。图 10-12 显示了该包及其中的类。

用户界面类是第二组类，如图 9-23 所示。这一组类完全封装了数据显示和系统与用户就工时条目进行交互的逻辑。如果用 Servlet 技术来处理用户界面，就没有理由将 AdministrativeLoginUI 和 RccordTimeAdministrativeUI 划分为单独的类。

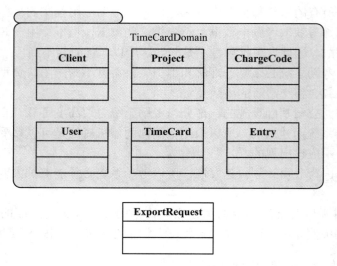

图 10-12　TimeCardDomain 包

　　包 的 名 称 应 该 反 映 出 应 用 程 序 的 功 能 和 所 使 用 的 技 术， 因 而 可 将 其 命 名 为 TimeCardUI，图 10-13 显 示 了 包 中 的 类。

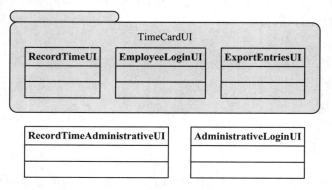

图 10-13　TimeCardUI 包

　　控制类是第三组类，如图 9-24 所示。所有这些类封装了考勤卡条目或考勤处理工作流，所有的工作流看起来都使用了相同的实体类且关系密切。由于每个类都包含了考勤系统的一个工作流程，所以包的名称就是 TimeCardWorkflow。图 10-14 显示了包中的类。

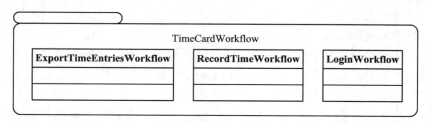

图 10-14　TimeCardWorkflow 包

　　支付系统接口 BillingSystemInterface 类是第四组类，如图 9-23 所示。看起来，这个包也应是 ExportRequest 类的所在，就是刚才从 TimeCardDomain 包中移出来的。该包封装了生成输出数据的逻辑，包含了输出请求，其内聚性看起来足够了。由于该类是支付系统的一个接口，所以此包命名为 BillingSystemInterface 是很恰当的。图 10-15 显示了该包中的类。

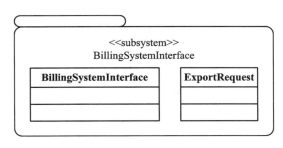

图 10-15　BillingSystemInterface 包

定位器类是因为用 EJB 技术来实现实体类，所以不需要任何单独的定位器类。Home 接口为每个实体类提供了此项功能。

正像上面所描述的，每个包都有一个明确的目的，并且包内的各个类强内聚。下面来看一看包之间的耦合程度。

2. 描述包之间的耦合程度

下面，用包依赖关系图来评估包之间的耦合程度。如果包 A 中的某个类与包 B 中的某个类之间存在关系，那么包 A 就依赖于包 B。图 9-28～图 9-30 显示了每个用例的各个类间的依赖关系。现在，将这三个类图合并为一个，然后将这个图概括为一个包依赖关系图。

图 10-16～图 10-18 重现了它们在第 9 章中的样子。

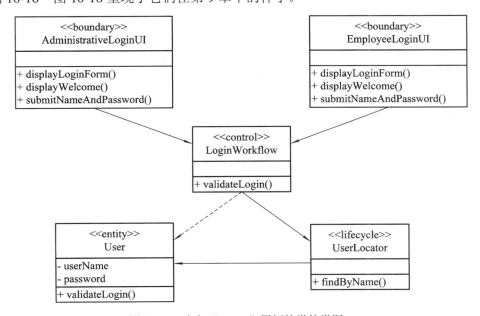

图 10-16　参与"Login"用例的类的类图

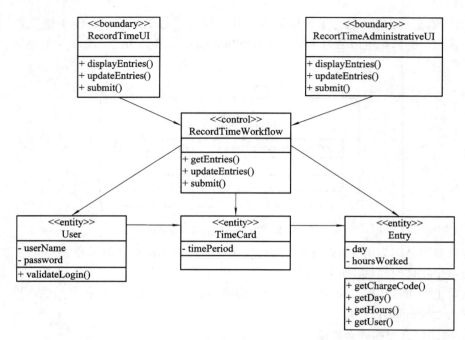

图 10-17 参与"RecordTime"用例的类的类图

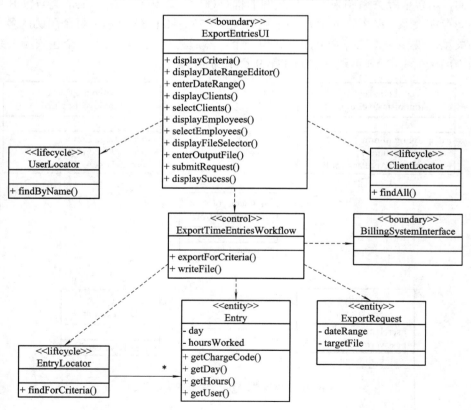

图 10-18 参与"ExportTimeEntries"用例的类的类图

　　从这些类图出发，可以生成一个显示所有类之间依赖关系的类图，这是非常机械、繁琐的过程，要将每个类图中的每个关系添加到一个类图中。

　　图 10-19 为所有类以及其关系。在生成该图的过程中，ExportEntriesUI 直接依赖来自 TimeCardDomain 包中的类，看起来有点怪，因为其他的用户界面类都依赖 TimeCardWorkflow 包中的类，后者又依赖 TimeCardDomain 包。

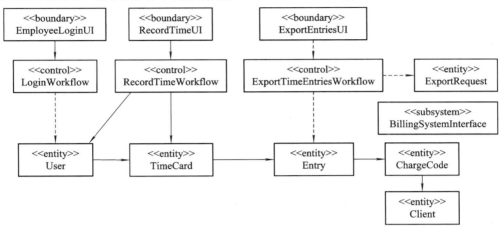

图 10-19　参与考勤系统的类及相互间的关系简图

　　下面就需要从类之间的关系生成包依赖关系图。从一个类到另一个位于不同包中的类之间的关系都引起包依赖，例如，从 RecordTimeUI 类（在 TimeCardUI 包中）到 RecordTimeWorkflow 类（在 TimeCardWorkflow 包中）的关系就引起了从 TimeCardUI 包到 TimeCardWorkflow 包的依赖，如图 10-20 所示。与前面的工作一样，最好交给工具来完成。

　　因为不存在循环依赖，所以包之间的依赖关系相当合理。此外，那些想要可重用的包，如 TimeCardDomain 和 BillingSystermInterface

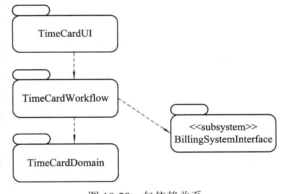

图 10-20　包依赖关系

之间不存在依赖关系。每个包中的各个类之间是强内聚，而包之间是松耦合，这样，系统已经有了一个初步的结构。

10.6.3　展示技术

　　实体类和控制类将采用 EJB 来实现，用户界面类将采用 Servlet 来实现，图 10-21 显示了更新后的依赖关系图。

　　此外，对于 BillingSystermInterface 类，选择 XML 技术。现在需要做的就是在包依赖关系图中添加这些技术包。用一条从源包到技术包的依赖线来表示使用了某种技术。例如，TimeCardUI 包依赖于 Servlets 包。

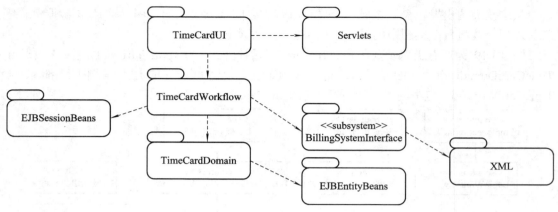

图 10-21　包含所采用技术的包之间依赖关系

10.6.4　抽取子系统

下一步是识别子系统。目标可以在具有定义清晰的接口,同时又与系统的其他部分松散耦合的包中寻找。有了候选的子系统,进一步在其中寻找能够独立开发或封装了易发生变化的需求的包。

最可能成为候选子系统的包是 BillingSystemInterface,它为系统的其他部分提供了非常简单的服务,并且将这些功能完全封装起来。另外,支付系统是一个独立的系统,所以接口发生改变的可能性始终存在。

因此,将 BillingSystemInterface 转变为一个 Java 的接口,再让 ExportTimeEntriesWorkflow 对象通过此接口与之发生关系。注意,在整个开发过程中,很容易做出这样的调整。比较而言,做出这个决定比用 UML 建模工具完成修改要更费时间。

图 10-22 显示了 BillingSystemInterface 作为一个子系统,它实现了 IBillingSystemInterface 接口。注意,TimeCardWorkflow 现在依赖这个接口,而非直接依赖于子系统本身。

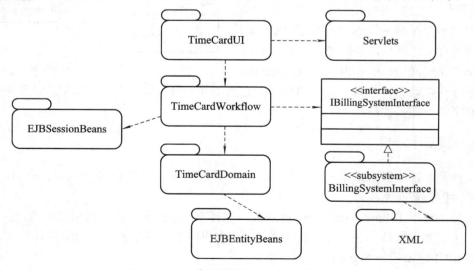

图 10-22　包含子系统的包之间依赖关系

10.6.5　应用原则和目标对构架进行评估

现在已经有了一个较合理的构架草图，就必须应用原则和系统目标对其进行评估。

考勤系统的目标所强调的是可维护性、可靠性和可伸缩性。可扩展性方面的要求不甚明显，因为对该系统的远景比较有把握。

1. 可维护性和可扩展性

每个包都有严格定义的职责，而且每个包都被很好地封装。对易于理解且易于维护的系统来说，这无疑是令人满意的。另外，系统是基于一些标准的技术，将来的开发人员能够从系统文档之外得到大量的资源支持。

还有一个需要注意的情况：用户界面类会实现为 Servlets，而 Servlets 的技术描述可以随意地产生 HTML。基于 Servlet 的用户界面可能退化为一系列毫不相关的页面、窗口，没有任何两个遵循相同的格式或以相同的方式产生 HTML。构架师能够减少这种情况的出现，建立一组可重用的 HTML 生成类，用其来生成所有的组件：从表格到树，再到框架，甚至是整个容纳其他元素的页面，这就使开发人员能够通过改变可重用的 HTML 生成类轻松地改变整个应用程序的外观。如果采用其他途径，就有可能仅仅为了一个小问题，比如改变背景颜色或按钮间距，开发人员就不得不费时费力地逐个页面进行修改。

因此，根据这些建议，向构架中添加一个 HTMLProduction 包。

2. 可靠性和可伸缩性

对系统来说，决定可靠性和可伸缩性方面的大多数因素都集中在 TimeCardDomain 和 TimeCardWorkflow 两个包内，而且要使用 EJB 来实现。如果能够选择正确的服务器，为设计分配充足的时间，在实际的应用服务器上建立原型系统，应该能够解决这方面的问题。

更新后的包依赖关系图显示在图 10-23 中，可以看到 TimeCardUI 包在使用 TimeCardWorkflow 包的同时也使用了 HTMLProduction 包。

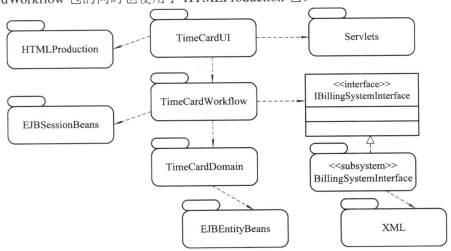

图 10-23　包含 HTMLProduction 包的包之间依赖关系图

现在，已经明确了系统目标，确立了系统的结构，还定义了包之间的关系。为进一步设计奠定了坚实的基础。当在后续的设计过程中做出决定后，就能够以已经建立好的包依赖关系为标准对其进行评估。

10.7 小　　结

"如何执行构架设计"图示概括了构架设计的执行步骤。

```
如何执行构架设计

 · 迭代
    确立目标
    确定构架模式
    将类分组
    抽取子系统
    构架描述
 · 直到得到构架
 · 评估，直到确定构架基线
```

　　首先介绍了构架的基本概念，以构架为中心进行开发，便于理解系统、组织开发、鼓励重用、演化系统，构架受用例的影响，用例是构架的驱动力，因此，在实现用例时需要一个合适的构架，一个好的构架无论现在还是将来都能有效地补充适当的用例。构架主要是在细化阶段的迭代过程中发展起来的，最终结果是一条构架基线——一个只有很少软件"肌肉"的系统骨架。细化阶段开发的构架基线以构架描述的形式保留下来，以便制定出详细的计划，该基线的用例模型可以包含更多的不只是对构架视图有意义的用例。构架是由构架设计师和其他开发人员共同创建的，构架设计师在软件组织中处于非常重要的职位。对于庞大的系统，一个构架设计师是不够的，成立一个构架设计小组来开发和维护构架可能更为合理。通过考勤系统实例研究，详细描述了建立软件构架的过程。最后，再次强调了三个应该关注的概念：什么是构架？如何获得构架？如何描述构架？

习　题　10

1. 什么是构架？
2. 为什么需要构架？
3. 简述用例和构架之间的关系。
4. 如何建立构架？
5. 有哪些构架模式？除了书上介绍的之外，还有更多吗？
6. 如何描述构架？
7. 构架基线是什么？你对构架基线是如何理解的？
8. 开发软件时，如果有一个好的构架作指导，会带来哪些好处？
9. RUP 中采用的"4+1"视图指的是什么视图？
10. 实施模型的构架视图(部署视图)是干什么用的？
11. 构架设计师有什么作用？应该如何成为其中的一员？

12. 如何对构架进行评估？

13. 在客户服务系统中，可以确定系统业务实体类，包括客户人员、维护人员、部门经理、产品项目、来电咨询、客户资料和派工单。请将这些逻辑单元映射到构件中，并画出每个构件的构件图符表示。

14. 从图 10-24 所示的的构件图中判断此构件所设计的软件系统名称是什么？根据图示说明图中有哪些是构件？图中有哪几种关系？

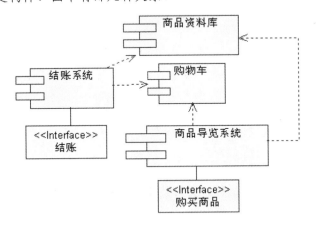

图 10-24　习题 14 用图

15. (分析和设计项目)描述图书馆软件产品的构架设计。

16. (分析和设计项目)描述网络购物的构架设计。

17. (分析和设计项目)描述自动柜员机的构架设计。

第11章　设计和模式

知识点

设计工作流，设计模式，规划设计。

难点

如何将理论与实践结合。

基于工作过程的教学任务

通过本章学习，了解什么是设计；搞清楚设计在软件生命周期中的作用；了解设计模式的好处和作用；掌握设计工作流，进行相关的构架设计，学习设计用例、类、子系统等；规划设计工作，进行面向对象设计；通过考勤系统实例研究，学习设计工作流，理解设计过程。

在过去的几十年间，人们提出了数以百计的设计技术，其中一些是对已有技术的改进，另一些则与原有的完全不同，只有少部分的设计技术被成千上万的软件工程师所使用，而大部分仅仅是那些作者自己使用。一些设计策略，特别是那些由理论专家提出的，有着坚实理论基础的，或者更实用的，之所以提出来是因为那些作者发现它们在实际工作中效果很好。大部分设计技术都是人工的，但是自动化正渐渐成为设计的一个重要方面，特别是有助于文档管理。

在如此多的设计技术中，一个确定的基本模式渐渐形成。一个软件产品的两个必需元素是操作和用于操作的数据，所以，设计一个产品的两种基本方式是面向操作的设计和面向数据的设计。在面向操作的设计中，强调的是操作，例如，数据流程分析，其目标是设计高内聚的模块。在面向数据的设计中，数据是优先考虑的，例如，在 Jackson 方法中，首先确定数据结构，然后将操作分配到数据结构上。

面向操作的设计的缺点在于它集中于操作，而忽略了数据的重要性。面向数据的设计同样过分强调数据，而忽略了操作的重要性。解决方案是运用面向对象设计技术，它同等地对待操作和数据。

11.1　设计在软件生命周期中的作用

1. 什么是设计

面向对象的设计是对系统对象的详细描述，这些对象通过相互协作满足系统需求。设计所描述的仍然是解决方案，只不过在更细的层面上，描述了实例变量、方法参数、返回类型以及各种技术的细节。

因为设计和分析具有共同的目标，所以设计建模所使用的图与分析阶段一样。顺序图描述了对象之间的交互，类图描述了结构、行为以及特定类型的对象之间所共有的关系。在添加了这么多的细节之后，设计阶段的图会变得更庞大，也更复杂。

在设计阶段，将构造系统，并获得实现所有需求(包括非功能性需求和其他约束)的系统组织(包括系统构架)。需求分析结果(即分析模型)是设计的基本输入(参见表 11-1)。分析模型提供了对需求的详细理解。更重要的是，分析模型提供了一个在构造系统时需要尽可能保持的系统结构。尤其是，设计的目的在于：

- 深入理解与非功能性需求和约束相联系的编程语言、构件重用、操作系统、分布与并发技术、数据库技术、用户界面技术、事务管理技术等相关问题；
- 通过对单个子系统、接口和类的需求捕获，为后续的实现活动创建适当的输入和出发点；
- 能够把实现工作划分成更易于管理的各个部分，而且尽可能并发地由不同的开发组去开发。这一点在无法基于需求获取(包括用例模型)或分析(包括分析模型)的结果来划分实现工作时是很有用的。例如，当不易获取需求和分析结果时就是如此；
- 在软件生命周期的早期捕获子系统之间的主要接口。这一点在理解系统构架和使用接口作为保持不同开发组之间同步的手段时都是很有用的；
- 通过使用通用的符号，可以可视化地刻画和思考设计；
- 建立对系统实现的无缝抽象，把实现看成是设计的直接精化。它不改变结构，只填入"血肉"。这使得应用代码生成以及在设计和实现之间的双向工程等技术成为可能。

表 11-1　分析模型和设计模型的简要比较

分析模型	设计模型
概念模型，因为它是系统的一个抽象并回避了实现问题；	物理模型，因为它是实现的蓝图；
对设计是通用的(适用于多种设计)；	对设计不是通用的，针对特定的实现；
对类型有三种(概念性的)构造型：	对类型有任意数量(物理的)构造型，依赖于实现语言；
控制类<<control>>、实体类<<entity>>、边界类<<boundary>>；	比较形式化；
不太形式化；	开发费用较高(是分析费用的 5 倍)；
开发费用较低(是设计费用的 1/5)；	层数多；
层数少；	动态的(特别关注时序)；
动态的(但并不特别关注时序)；	进行系统的设计，包括系统的构架(其中的一个视图)；
勾画系统的设计轮廓，包括系统的构架；	主要是在双向工程环境中通过"可视化程序设计"来创建；设计模型和实现模型需要开发成"双向工程"的；
主要通过研讨会等方式创建；	在整个软件生命周期中都应该维护；
可能不需要在整个软件生命周期中都做维护；	在尽可能保持需求模型所定义结构的前提下构造系统
定义作为构造系统基本输入的构架，包括创建设计模型	

下面来讨论设计工作流(如图 11-1 所示)。

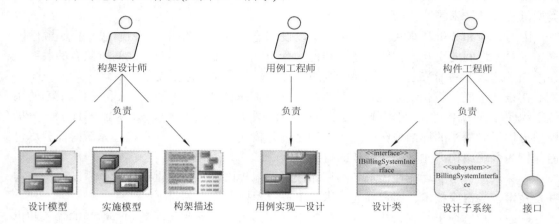

图 11-1　包含在设计中的工作人员和制品

2．设计在软件生命周期中的作用

设计工作集中在细化阶段的末期到构造阶段的初期(如图 11-2 所示)，将产生合理且稳定的构架，并创建实现模型的蓝图。在随后的构造阶段，当系统构架已经稳定并且需求已经很好地理解后，重点将转向系统的实现。

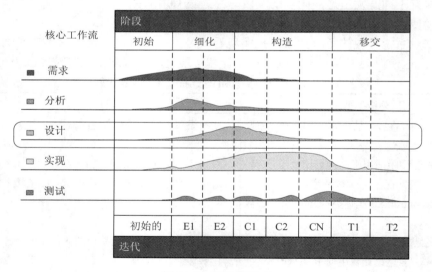

图 11-2　设计的焦点

设计模型非常接近实际的系统，在整个软件生命周期里很自然地要保持并维护好设计模型，尤其在双向工程中，设计模型可用来可视化地刻画系统实现并支持图形化编程技术。

11.2　设　计　工　作　流

用活动图来说明设计工作流，如图 11-3 所示。设计模型和实施模型的创建是由构架设计师启动的,他们勾画出实施模型的节点、设计模型中的主要子系统及其接口、包括主动类在内的重要的设计类以及通用的设计机制等。然后,用例工程师通过构件工程师参与的设计类或子系统及其接口来实现每个用例。用例实现的结果规定了参与用例实现的每个类和子系统的行为需求,并由构件工程师进行说明。通过创建每个类的一致的操作、属性和关系,或通过创建每个子系统所提供的接口的一致的操作,把这些需求集成到每个类中。

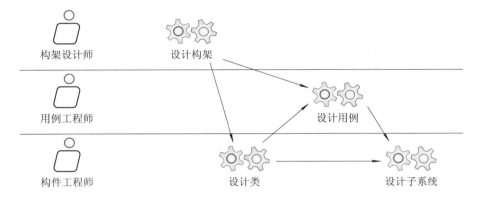

图 11-3 设计中包括参与的工作人员及其活动的工作流

在设计工作流的整个过程中,随着设计模型的演化,开发人员要识别新的子系统、接口、类和通用的设计机制的候选方案,负责子系统的构件工程师要精化和维护这些子系统。

1. 设计构架

设计构架的目的是通过对如下内容的识别来勾画设计和实施模型及其构架:

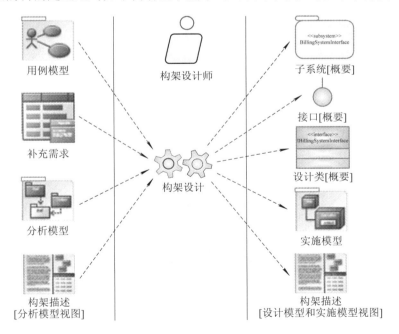

图 11-4 设计构架的输入和结果

- 节点及其网络配置；
- 子系统及其接口；
- 对构架有重要意义的设计类，如主动类；
- 处理共性需求的通用设计机制，如在对分析类和用例实现——分析的分析过程中捕获的系统持久性、分布特征、性能等方面的特殊需求。

如图 11-4 所示，构架设计师要考虑各种重用的可能性，比如可重用相似系统的一部分或通用的软件产品。要把所设计的子系统、接口和其他设计要素都合并到设计模型中。构架设计师还要维护、精化和更新构架描述以及设计模型和实施模型的构架视图。

2．设计用例

设计用例的目的是为了：

- 识别设计类或子系统，其实例需要去执行用例的事件流；
- 把用例的行为分布到有交互作用的设计对象或所参与的子系统；
- 定义对设计对象或子系统及其接口的操作需求；
- 为用例捕获实现性需求。

3．设计类

设计类的目的是为了创建一个设计类；该设计类能够实现其在用例实现中以及非功能性需求中所扮演的角色，如图 11-5 所示。这包括维护该设计类自身及以下方面的内容。

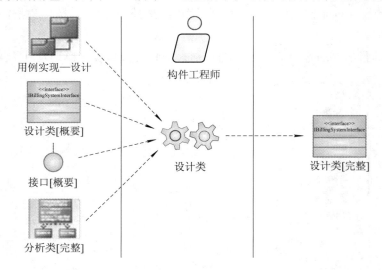

图 11-5　设计类的输入和结果

- 操作；
- 属性；
- 所参与的关系；
- 实现操作的方法；
- 强制状态；
- 对任何通用设计机制的依赖；
- 与实现相关的需求；

- 需要提供的接口的正确实现。

4. 设计子系统

设计子系统的目的如下：

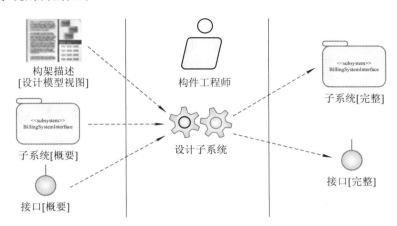

图 11-6　设计子系统的输入和结果

- 确保该子系统尽可能地独立于别的子系统或它们的接口；
- 确保该子系统提供正确的接口；
- 确保该子系统实现其目标，即提供其接口所定义操作的正确实现；
- 设计的主要结果是设计模型，设计模型受分析模型的影响，它要极力保持系统的结构，并作为实现的蓝图。

设计模型包括如下一些元素：

- 设计子系统和服务子系统以及它们的依赖关系、接口和内容；
- 设计类，包括主动类以及它们的操作、属性、关系和实现性需求；
- 用例实现——设计，描述如何用设计模型内的协作关系来设计用例；
- 设计模型的构架视图，包括对构架有重要意义的元素；
- 设计还产生实施模型，以描述系统分布应具备的网络配置。

实施模型包括：

- 节点以及它们的特征和连接关系；
- 主动类到节点的初步映射；
- 实施模型的构架视图，包括对构架有重要意义的元素；

设计模型和实施模型被看成是后续的实现和测试活动的主要输入，特别要注意的是：

- 设计子系统和服务子系统将由包含实际构件(例如源代码文件、脚本、二进制代码、可执行程序等)的实现子系统来实现。这些实现子系统将一对一地(同构地)对应到设计子系统。
- 设计类将由包含源代码的文件构件来实现。在单个的文件构件中实现多个设计类是常见的(虽然这要依赖于所采用的编程语言)。同样地，在创建可执行构件时，承担繁重处理任务的主动类将作为一个输入。
- 当按很小的、可管理的步骤来规划和实施实现工作时，将使用用例实现——设计来产生一系列的"构造"。每个构造主要实现一组用例实现或其中的一部分。

- 当采用把可执行构件实施到节点上的方法来对系统进行分布时，将用到实施模型和网络配置。

11.3 设 计 模 式

设计模式是对软件设计中普遍出现的一类问题的解决方案，这种解决方案定义明确，文档充分，经历时间考验。每种模式都由以下几部分组成：名称、问题描述、解决方案、结果讨论、示例实现、以及相关模式列表。

11.3.1 设计原则

为什么要提倡设计模式呢？根本原因是为了代码复用，增加可维护性。那么，怎么才能实现代码复用呢？在封装变化、针对接口编程而不是实现编程、多用组合少用继承等基本原则的基础上，面向对象提出了一些设计原则：开放-封闭原则(Open Closed Principle, OCP)、LisKov 替换原则(Liskov Substitution Principle, LSP)、依赖倒置原则(Dependency Inversion Principle, DIP)、接口隔离原则(Interface Segregation Principle, ISP)、合成/聚合复用原则(Composite/Aggregate Reuse Principle, CARP)、最小知识原则(Principle of Least Knowledge, PLK，也叫迪米特法则)、单一职责原则(Single Responsibility Principle, SRP)等。其中，开放-封闭原则具有理想主义的色彩，它是面向对象设计的终极目标。其他几条，可以看做是开放-封闭原则的实现方法。

1. 开放-封闭原则(OCP 原则)

开放-封闭原则是指"模块应对扩展开放，而对修改关闭。"

对扩展是开放的(Open for Extension)，这意味着模块的行为是可以扩展的。当应用的需求改变时，可以对模块进行扩展，使其具有满足那些改变的新行为，也就是说，可以改变模块的功能。

对修改是关闭的(Closed for Modification)。对模块行为进行扩展时，不必改动模块的源代码或二进制代码。模块的二进制可执行版本，无论是可链接的库、DLL 或.EXE 文件，都无需改动。模块应尽量在不修改原代码的情况下进行扩展。

2. LisKov 替换原则(LSP 原则)

LisKov 替换原则是指"子类必须能够替换基类。"

如果调用的是父类的话，那么换成子类也完全可以运行。基类可以出现的地方，子类一定可以出现。原则上子类对象是可以赋给父类对象的，也就是说子类可以替换父类，并且出现在父类能够出现的任何地方。反过来，父类对象是不能替换子类的，这种特性称为里氏代换原则，里氏代换原则是继承复用的一个基础，是多态性的典型表现。

3. 依赖倒置原则(DIP 原则)

依赖倒置原则是指"高层模块不应该依赖于底层模块，二者都应该依赖于抽象。抽象不应该依赖于细节，细节应当依赖于抽象。"

　　通过依赖倒置原则，因为有抽象类，就可以针对接口编程，而不是针对实现编程；在构造对象时可以动态地创建各种具体对象；传递参数，或在组合聚合关系中，尽量引用层次高的类。

4．接口隔离原则(ISP 原则)

　　接口隔离原则是指"不应该强迫客户程序依赖它们不需要使用的方法。"

　　每一个接口应该是一种角色，不多不少，不干不该干的事，该干的事都要干。使用多个专门的接口比使用单一的总接口要好。一个类对另外一个类的依赖性应当是建立在最小的接口上的。一个接口代表一个角色，不应当将不同的角色都交给一个接口。没有关系的接口合并在一起，形成一个臃肿的大接口，这是对角色和接口的污染。

　　"不应该强迫客户依赖于他们不用的方法。接口属于客户，不属于它所在的类层次结构。"通俗地说，不要强迫客户使用他们不使用的方法，如果强迫用户使用他们不使用的方法，那么这些客户就会面临由于这些不使用的方法的改变所带来的改变。

5．合成/聚合复用原则(CARP 原则)

　　合成/聚合复用原则是指"要尽量使用合成/聚合，尽量不要使用继承。"

　　在一个新的对象里面使用一些已有的对象，使之成为新对象的一部分：新的对象通过对这些对象的委派达到复用已有功能的目的。继承之间的依赖关系限制了灵活性，并最终限制了复用性，因此，在设计时要多用组合，少用继承。

6．最小知识原则(PLK 原则)

　　最小知识原则是指"不要和陌生人说话。"

　　一个对象应当对其他对象有尽可能少的了解。体现在类的设计上就是要优先考虑将一个类设置成不变类，尽量降低一个类的访问权限，谨慎使用 Serializable，尽量降低成员的访问权限。

7．单一职责原则(SRP 原则)

　　单一职责原则是指"应该只有一个职责。"

　　一个类，只有一个引起变化的原因，应该只有一个职责。每个职责都是变化的一个轴线，如果一个类有一个以上的职责，这些职责就耦合在了一起，这会导致脆弱的设计。当一个职责发生变化时，可能会影响其他职责。另外，多个职责耦合在一起，会影响复用性。

　　设计模式就是应用了这些原则，从而达到了代码复用、增加可维护性的目的。

11.3.2　模式简介

　　设计模式在粒度与抽象层次上各不相同，存在众多的设计模式，根据应用目的的不同可分为创建型模式、结构型模式和行为型模式三种类型，根据使用范围不同可分为类模式和对象模式两种类型，如表 11-2 所示。

表 11-2　设计模式的分类

目的 范围	创建型模式	结构型模式	行为型模式
类	工厂方法模式	适配器模式(类)	解释器模式 模版方法模式
对象	单例模式 抽象工厂模式 建造者模式 原型模式	适配器模式(对象) 桥接模式 装饰模式 组合模式 外观模式 享元模式 代理模式	命令模式 迭代器模式 观察者模式 中介者模式 备忘录模式 状态模式 策略模式 职责链模式 访问者模式

　　创建型模式是对类的实例化过程的抽象化,分为类的创建型模式和对象的创建型模式。类的创建型模式使用继承关系把类的创建过程延迟到子类,从而封装了客户端将得到哪些具体类的信息,并且隐藏了这些类的实例是如何创建和组合在一起的。对象的创建型模式把对象的创建过程动态的委派给另一个对象,从而动态的决定客户端将得到哪些具体类的实例,以及这些类的实例是如何创建和组合在一起的。创建型模式包括单例模式、抽象工厂模式、建造者模式、工厂方法模式、原型模式。

　　结构型模式描述如何将类或类的对象结合在一起形成更大的结构。结构型模式描述两种不同的东西:类与类的实例。结构型模式可以分为:类的结构型模式和对象的结构型模式两种。类的结构型模式使用继承来把类、接口等组合在一起,以形成更大的结构。类的结构型模式是静态的,比如类形式的适配器模式。对象的结构型模式描述如何把不同类型的对象组合在一起,以实现新的功能的方法。对象的结构型模式是动态的,比如代理模式。结构型模式包括适配器模式、桥接模式、装饰模式、组合模式、外观模式、享元模式、代理模式。

　　行为型模式主要是责任和算法的抽象化。行为型模式不仅仅是关于类和对象的,而且是关于它们之间的相互作用的。行为型模式分为类的行为型模式和对象的行为型模式两种。类的行为型模式使用继承关系在几个类之间分配行为。对象的行为型模式则使用对象的聚合来分配行为。行为型模式包括模版方法模式、命令模式、迭代器模式、观察者模式、中介者模式、备忘录模式、解释器模式、状态模式、策略模式、职责链模式、访问者模式。

　　这些设计模式之间是互相关联的,其关系如图 11-7 所示。

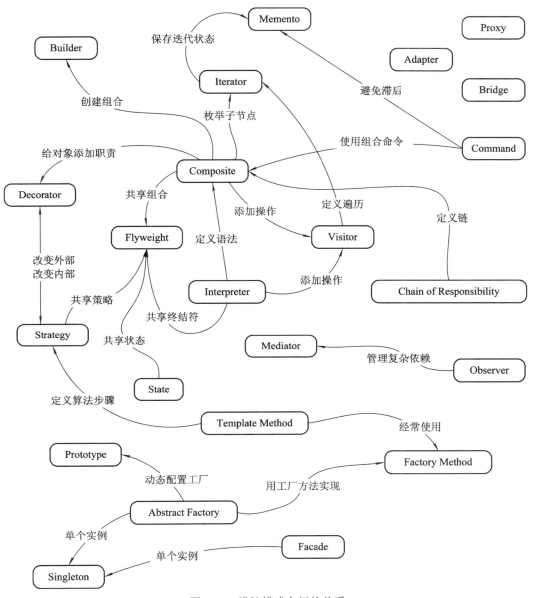

图 11-7　设计模式之间的关系

下面按字母顺序简单介绍各种设计模式。

* Abstract Factory(抽象工厂模式)：提供一个创建一系列相关或相互依赖对象的接口，而无需指定它们具体的类；

* Adapter(适配器模式)：将一个类的接口转换成客户希望的另外一个接口。Adapter 模式使得原本由于接口不兼容而不能一起工作的那些类可以一起工作；

* Bridge(桥接模式)：将抽象部分与它的实现部分分离，使它们都可独立地变化；

* Builder(建造者模式)：将一个复杂对象的构建与它的表示分离，使得同样的构建过程可以创建不同的表示；

- Chain of Responsibility(职责链模式)：为解除请求的发送者和接收者之间耦合，而使多个对象都有机会处理这个请求。将这些对象连成一条链，并沿着这条链传递该请求，直到有一个对象处理它；
- Command(命令模式)：将一个请求封装为一个对象，从而使你可用不同的请求对客户进行参数化；对请求排队或记录请求日志，以及支持可取消的操作；
- Composite(组合模式)：将对象组合成树形结构以表示"整体—部分"的层次结构。它使得客户对单个对象和复合对象的使用具有一致性；
- Decorator(装饰模式)：动态地给一个对象添加一些额外的职责。就扩展功能而言，它比生成子类方式更灵活；
- Facade(外观模式)：为子系统中的一组接口提供一个一致的界面，外观模式定义了一个高层接口，这个接口使得该子系统更容易使用；
- Factory Method(工厂方法模式)：定义一个用于创建对象的接口，让子类决定将哪一个类实例化。工厂方法模式将类的实例化延迟到其子类；
- Flyweight(享元模式)：运用共享技术有效地支持大量细粒度的对象；
- Interpreter(解释器模式)：给定一个语言，定义它的文法的一种表示，并定义一个解释器，该解释器使用该表示来解释语言中的句子；
- Iterator(迭代器模式)：提供一种方法顺序访问一个聚合对象中各个元素，而又不需暴露该对象的内部表示；
- Mediator(中介模式)：用一个中介对象来封装一系列的对象交互。中介者使各对象不需要显式地相互引用，从而使其耦合松散，而且可以独立地改变它们之间的交互；
- Memento(备忘录模式)：在不破坏封装性的前提下，捕获一个对象的内部状态，并在该对象之外保存该状态。这样以后就可将该对象恢复到保存的状态；
- Observer(观察者模式)：定义对象间的一种一对多的依赖关系，以便当一个对象的状态发生改变时，所有依赖于它的对象都得到通知并自动刷新；
- Prototype(原型模式)：用原型实例指定创建对象的种类，并且通过拷贝该原型来创建新的对象；
- Proxy(代理模式)：为对象提供一个代理以控制对该对象的访问；
- Singleton(单例模式)：保证一个类仅有一个实例，并提供一个访问它的全局访问点；
- State(状态模式)：允许一个对象在其内部状态改变时改变其行为。对象看起来似乎修改了它所属的类；
- Strategy(策略模式)：定义一系列的算法，把它们一个个封装起来，并且使它们可互相替换。策略模式使得算法的变化可以独立于使用它的客户；
- Template Method(模板方法模式)：定义一个操作中的算法的骨架，但将一些步骤延迟到子类中。模板方法模式使得子类可以不改变一个算法的结构即可重新定义该算法的某些特定步骤；
- Visitor(访问者模式)：表示一个作用于某对象结构中的各元素的操作。访问者模式可以在不改变各元素的类的前提下定义作用于这些元素的新操作。

11.3.3　设计模式的优势与应用

学习和使用设计模式可以改变设计软件的方式，加深对面向对象理论的理解。设计模式在以下两个方面帮助开发人员设计出更好的软件：

- 设计模式为协作和文档提供了通用语言；
- 设计模式深化了面向对象的理论。

1. 通用语言

学习设计模式必须有耐心和毅力。首先，有许多种模式要学习；其次，每一种模式都需要时间来消化、理解。但是，一旦了解到坐在桌子对面的开发人员使用通用语言，原本需要三个小时的设计讨论，因为使用设计模式作为交流的基础，甚至可以压缩到短短的 15 分钟，就会投入设计模式的学习和使用当中。一群理解设计模式的开发人员能够使用通用语言进行交流，这种方式既富有表达能力又非常简洁。

设计模式能够帮助开发人员高效且快速地进行交流。任何置疑都可以通过查询已被广泛认可的资料来加以澄清，这种做法在设计会议、设计文档以及代码注释中都行之有效。

2. 深化面向对象理论

对大多数的开发人员来说，面向对象的理论和实践都不是凭直觉就能够得到的，它要求以抽象的、分析的、有创造力的方式进行思考——而且要同时做到这三者。设计模式将面向对象的实践应用于各种清晰定义的问题上，是学习面向对象设计的最佳案例，仔细研究不同的决定所产生的各种结果，以及相同的技术如何以完全不同的方式使用有助于掌握面向对象的理论。

3. 应用

现在，可以找到大量设计模式有关的资料。开发人员为修改和扩充一大批设计模式投入了大量的时间、精力和专业知识。

设计模式能够很好地应用于严格定义的问题上。在分析和构架的建立过程中，已经识别出大量问题等待解决。在许多情况下，能够将一系列的设计模式应用于一个包或一组包上，每种模式都能帮助提供一些功能或实现一个设计目标。

11.4　规 划 设 计 工 作

要想取得成功，设计是一个一致且统一的努力过程。但是，设计从本质上来说是一个间断的、不断推进的过程。为了完成设计，开发人员分为多个小团队，甚至是相互隔离的。然后，每个团队或个人就专心于新技术的细节和面向对象设计的挑战。因为设计人员必须努力奋斗才能在复杂的情况中理出头绪，所以全神贯注于自己所负责的一部分而将其他事情排除在外是非常自然的。

一旦开始设计，每个设计工作都会持续一段时间。如果没有认识到这一点，就会造成进展缓慢并为此痛苦不堪。为保证自己的工作与他人的工作相吻合，开发人员要不断地查看整个系统的全貌。为模拟一致且统一的工作过程，在将开发人员分工并允许其投入到自己的那部分工作之前，应该先建立起整个设计的目标。设计过程的步骤如下：

- 建立整个设计目标；
- 建立设计准则；
- 寻找独立的设计工作。

11.4.1　建立整个设计目标

每个大型系统的建立都经历上百万次决策，其中许许多多的决策与其说是才气迸发、灵光闪现时发现的完美真理，不如说是对各种设计因素反复权衡、折衷所得到的结果。因为设计是针对需求和构架进行的，所以对设计来说，在做出决定之前，首先建立起清晰的设计目标将有助于保持系统的一致性，并且能够使决策更加轻松。

1．清晰度

对任何一个设计来说，清晰度和可理解性都是至关重要的，开发人员无法评审并实现无法理解的设计方案。面对一个晦涩难懂的设计，绝大多数的开发人员通常会采取两种态度：努力遵循设计，最终写出一堆令人迷惑的代码；或直接将设计置之一旁。与此相反，清晰而无二义性的设计通常能够带来易于维护和扩展的代码。

保持类中的方法以及包中的类的强内聚能够提高清晰度。包之间的松耦合能够使包之间的接口简洁并易于理解，封装提高可读性，这样，要使用一个类只需了解和掌握有限的内容即可。

2．性能和可靠性

许多系统在性能和可靠性方面有明确的需求。在大多数情况下，性能和可靠性方面的目标通过采用正确的技术、针对技术优势来设计就可以满足性能和可靠性。开发人员必须理解该技术如何在系统的不同层次之间实现数据交换，以及该技术如何保证数据的完整性。如果在设计过程的早期就建立了性能和可靠性方面的目标，就能鼓励开发人员早早考虑这些问题，这比拖延或者梦想奇迹出现要好得多。

3．可扩展性

由于机构的需求不断变化，系统必须能够适应新的环境。所以，可扩展性几乎永远是需要优先考虑的，即使在客户没有意识到这一点的时候也是一样。

通常强内聚和松耦合使那些将来有可能需要改动的类被归到同一个包中，而且这样的包与系统的其他部分保持松耦合更有可能，这样就能够有效地限制每个改动对系统的影响。

如果能够确定哪些部分非常有可能发生变化，那么可以将变化封装到可交换的子系统中，或将系统设计为使用可配置的数据来处理这些变化，就能够将可变性设计进系统中。当然，这要求非常准确地把握系统的未来愿景，或者说，就是要有先见之明。如果估计错了，那不但浪费时间，而且会增加系统的复杂度。

4．重用潜力

类的复用——既包括在项目内的也包括在项目间的，是面向对象技术的一个巨大卖点。可重用的类必须具有通用性的抽象和封装良好的数据。当以重用为目标时，要保持类的体积小巧且定义明确而集中。另外，想想那些要使用或修改类的开发人员，要想减轻其负担，必须将依赖关系降至最小，而且要使抽象易于理解和使用。

11.4.2　建立设计准则

在设计过程中，建立整个项目的设计准则，就能够统一不同设计人员或者团队的工作。各项设计工作都应该使用相同的图表，在相同的细节层次上描述解决方案，并且遵循相同的命名约定，对大多数的项目来说，下面列出的准则可以作为一个合理的起点。

1. 用例的图

用几个顺序图来描述每个用例，对每个重要的事件流都用一个顺序图来描述。此外，应该用一个类图来描述不同顺序图中出现的各个类之间的关系。在某些情况下，可以使用状态图来描述特定类的状态的相关行为。

2. 细节层次

与分析阶段相比，设计阶段所描述的细节层次要深入得多。每个方法都必须明确声明，包括返回值类型和完整的参数列表等。

对于任何在顺序图中出现的对象，都必须明确其来龙去脉：定位或生成。这些对象也许出现在同一个顺序图中，也许出现在其他起支撑作用的顺序图中。在分析阶段，顺序图通常是一些不显眼的支撑序列，所有的对象在需要的时候自动出现。在设计阶段，必须生成每个对象，保存下来以做将来之用，最终要销毁掉。

3. 命名约定

用精心选择的动词或动词与名词的组合来为方法命名，Java 类库中有许多优秀的命名范例，例如 paint 和 open 等。如果有返回类型，方法的名称必须与之相符合。例如，某个方法返回一个指向 TimeCard 对象的引用，就可以叫做 getTimeCard 或 getCurrentTimeCard。

应当用名词、名词的组合、或形容词与名词的组合来命名类。String、MenuItem 以及 OutputStream 都是 Java 类库中的范例。

对其他开发人员来说，每个类、方法的目的都应当是明确且无二义性的。

4. 内聚性

类中的一组方法都应该内聚成为一个整体，这就要求它们有共同的目的或职责。同样的，每个包中的类都必须有一个统一的目标，不能仅仅为了方便，随意地或简单地将类或方法进行分组。

11.4.3　寻找独立的设计工作

为了合理地分配整个设计工作，必须找出与其他部分松耦合的若干包或一组包，这样才能使负责不同任务的开发人员在开始独立的设计活动之前，在接口定义上达成一致。

紧耦合的包必须放在一起进行设计，松耦合并封装良好的包就可以考虑独立开发。子系统非常适合独立开发，因为子系统的定义就是封装良好的独立体。

进行工作分配时要注意匹配问题，即：每个独立的设计工作都必须与承担该设计工作的团队的技术能力相适应。有时候需要将一部分设计工作进一步划分为多个更小的工作，以匹配已有团队的技术能力，否则，就需要重新调整团队的成员组织，或对其进行培训以提高技能。

11.5 设计包或子系统

包或子系统的设计是建立在分析模型上的，包括类图和顺序图。虽然每个包都设计和实现为能够单独交付使用的，但是所有的包都是相互协作来实现用例的。在开始包设计工作之前，开发人员首先必须找出哪些用例包含了该包。通过这个过程，开发人员更加明确该包与用例中的其他包进行的交互，从这个意义上讲，开发人员必须和其他所有涉及到的包的开发人员相互合作，才能最终确定各个包之间的接口。

包或子系统的设计同样也受到系统构架和系统总体目标的约束。也就是说，系统构架决定了包之间的关系，每当包中的类使用了包外的类，就产生了这些包之间的依赖关系，必须对这些新的关系进行评估以确认它们是否与系统构架相兼容。

每个包或子系统都有自己的目标。例如，由用户界面类组成的包必须具有高度的灵活性和可扩展性，由实体类组成的包就必须封装良好且能够满足苛刻的性能方面的需求。

每个设计方面的工作都必须遵守下面的步骤。

(1) 确立工作目标和优先级。虽然整个系统的设计目标已经确定，但不是每个设计工作都会影响到目标。每项设计工作都必须确定要达到的目标和优先级，以及它无法实现的任务。从涉及到的技术和包或子系统的目标来看，问题就比较清晰。例如，TimeCardDomain包和 TimeCardWorkflow 包的设计工作无疑对性能有极大的作用，因为它们控制着持久存储和数据流；而 HTMLProduction 框架以及 TimeCardUI 包的设计工作对系统的可扩展性有极大的影响，因为用户界面在需求变更面前是非常脆弱的，极易受到需求变更的影响。

(2) 对前一步工作进行评审。前面的步骤产生了分析模型，选择了技术，而且建立了考勤系统的结构约束。每部分的设计工作都必须经过评审，然后以此为基础，遵循各种约束进行设计。分析模型从开发人员的角度对问题进行了描述，是设计包和子系统时最好的资源。在许多情况下，类或包的职责能够直接从分析类的职责演化出来。

(3) 针对目标进行设计。在某些情况下，高层设计方案几乎完全由所采用的技术决定，例如，采用 EJB 进行开发将决定设计方案中很大的一部分。要想实现每个用例的目标，必须做出一系列决定，实际上在各种限制条件下，开发人员无需也没有机会做出大量决定，在某些情况下，完全由开发人员来设计包或子系统，以最终实现系统目标。对这种需要高度创造性和反复迭代的设计工作，设计模式绝对是一个非常有价值的技术。

(4) 将设计应用于用例。将高层设计应用到用例上，不但能够验证设计方案，而且会改进设计。在这个过程中，逐步将前一步建立起来的高层设计方案应用到各个用例上，直到充实整个设计方案的细节，而且满足所有可应用的用例，或证明是失败的。

11.6 设计工作流：考勤系统实例研究

考勤系统的设计工作可以自然地分为四个部分：

- TimeCardDomain 包和 TimeCardWorkflow 包；
- HtmlProduction 框架；
- TimeCardUI 包；
- BillingSystemInterface 子系统。

因为 TimeCardDomain 包和 TimeCardWorkflow 包紧密相关，所以应当放在一起设计，它们依赖相同的技术，且紧密耦合。

HTMLProduction 框架的设计应当独立于 TimeCardUI 包进行，在整个系统范围内，是惟一实际生成 HTML 页面的包，TimeCardUI 包使用它，因此，该框架应该能够独立地演化、扩展。实现该目的一种方法就是在进行 TimeCardUI 包的设计和实现之前，先建立 HTMLProduction 框架的一个最小功能集，可作为构架设计的骨架。一旦建立了这个最小的功能集，HTMLProduction 就能够在设计和实现 TimeCardUI 包的同时不断扩展、完善，下面将着重介绍这两部分的设计。

很显然，BillingSystemInterface 子系统的设计是一个独立的工作，系统的其他部分不依赖于它，因而该包的开发工作可以并发进行，也可以推迟到有空余的开发资源时再进行。

11.7 HTMLProduction 框 架

要设计一个漂亮的 HTML 生成框架的解决方案，必须确定设计目标。如果没有一个定义好的目标，工作是难以开展的。可以考虑对一个子系统或框架的目标写一份面向技术的内部需求文档，系统的其他部分如何和该框架交互，框架能够提供什么功能，都是要考虑的细节。

11.7.1 设计目标

在开始设计之前，必须要给出对应于前面定义的目标的具体例子以及非常明确的标准，清晰的、可量化的目标能够驱动设计并提供一个有价值的度量标准。定义得模模糊糊的目标不仅不能为设计提供一个正确的方向，还会挫败开发人员的积极性。例如，两个这样的标准：一是要求框架必须支持新版本 IE，另一个则要求框架具有广泛的可扩展性，第一个标准显然更具体，要有用得多。

目标 1：支持视图的模块化结构

如果能够在一个 HTML 组件中嵌入另一个 HTML 组件，就可以轻松地得到更复杂的页面。一个页面中可能会包含表格，输入表单以及文字。表格中的一个单元格可能会包含一个图像，而另一个单元格可能会包含另一个完整的表格。组件的嵌套可以让那些有耐心的开发人员利用少量的相对简单的构件就能得到相当复杂的页面。底层的 HTML 生成类应该能实现这样的效果，允许表示层开发人员方便地进行结构之间的嵌套和合并。

考虑这样一个页面，页面中包含一个表格，表格中又包含图像和文字，这个稍微复杂的页面是由三个简单的元素组合而成的。下面是该表格的伪代码表示：

- 从框架中得到一个新表格；

- 从框架中得到一个新图像，设置其源地址；
- 将图像添加到表格中；
- 将文字添加到表格中；
- 从框架中得到一个新页面；
- 将表添加到这个页面中。

GUI 程序员使用这种"自底向上"的组装方法才能在生成复杂界面的同时保持思路清晰、从容不迫。就算是最复杂的界面，同样是由一些相对较小的组件组合而成，要设计的框架必须提供相似的功能。

目标 2：简化 HTML 的生成

设计的目标是，要让开发人员能够将精力集中在复杂的业务逻辑上，而不是花费时间来考虑如何生成实际的 HTML 页面的细节。表示层开发人员应该能够轻松地将数据添加到视图上，而不需要知道对应于不同的浏览器在显示上有哪些不同，也不用了解某个 HTML 标签具体表示什么意思。

简言之，就是要简化 HTML 的生成。这样，就必须遵循以下三个准则：

- 把实际的标记和选项隐藏起来　除了开发框架的团队，其他的开发人员根本不需要了解 HTML 语法的任何细节。
- 隐藏所有浏览器相关的行为　使用 HTML 生成框架的应用程序和表示逻辑必须能完全忽略浏览器相关的一些行为。开发人员要相信，底层的生成框架能够根据用户浏览器的不同生成特定的 HTML 页面。
- 支持用户界面的自然开发　从用户界面开发人员的角度来说，添加内容或添加数据都应该是非常自然的事，不需要了解生成的 HTML 页面的结构。

下面，看一看如何使用一个视图，它从应用域中抽取数据，并显示在表格中。抽取过程如下：

- 从领域中获取原始数据；
- 将获得的数据格式化成为二维的字符串数组；
- 从请求中获取用户的上下文信息，包括浏览器类型；
- 从框架中得到一个新页面；
- 设置页面的标题；
- 在页面中添加一些指示性的文字；
- 从框架中得到一个新表格；
- 设置表格的列标题；
- 将第 2 步得到的格式化数据设置为表格数据；
- 将表格添加到页面中；
- 请求获取 HTML 页面。

注意，视图并不知道 HTML 页面是如何生成的，它仅仅把数据连接到由框架提供的元素中。

通过封装 HTML 生成器的细节，可以定义开发团队自己的规范。表示层页面开发人员可以保持数据操作的业务逻辑不受实际 HTML 复杂度的影响，这样就可以保证更小的代码库且更易于理解。

目标 3：支持可选项

可选项让用户可以按照自己的喜好对系统的显示风格进行修改。例如，用户希望改变颜色方案，或给表格的每个单元格加上边框。这可以通过修改配置文件，然后重启动系统来实现，不应该通过修改源代码来实现，大多数用户都希望能够在系统运行中可以通过可选项设置来改变系统的显示风格。

这里有多种类型的界面元素，每种元素有不同的选项。对页面来说，应该允许自定义背景颜色和文字颜色；对表格来说，应该允许自定义颜色、边框的宽度及不同的对齐方式。使用选项，系统可以得到数十种甚至数百种不同的屏幕特性。

可选项也有很多细节，可以为不同的系统提供不同级别的定制。例如，面向匿名用户的系统可能只有一个显示风格，由系统管理员来定制；而复杂的企业内部网系统，应该允许每个用户使用自己的可选项参数覆盖系统的默认参数，得到自己喜爱的显示风格；而有些系统甚至提供一些复杂的可选项方案供用户选择，来覆盖系统默认的显示风格。

要想实现系统的简单性和可重用性，底层的 HTML 生成框架不应该关注可选项的创建、编辑及实现等细节。框架允许视图对象为某个元素进行可选项设置，至于如何根据指定的环境创建正确的选项，则由视图负责。如果某个元素没有设置可选项，就使用上一级元素的可选项设置。对可选项、框架说明如下：

- 仅负责应用可选项，不负责根据环境正确设置可选项；
- 允许在任何级别上设置可选项；
- 要使可选项扩展更容易，并能持新的可选项类型。

这样，框架将在不失去独立性和重用潜力的情况下支持可选项的使用。

目标 4：可扩展性和封装

类库使用人员应该能够轻松地扩展该框架而不影响已有的视图，表示逻辑不会因为 IE 或 Netscape 的不同版本而有什么改变，变化必须和框架分离。

框架开发人员可以自由地改变框架以利用新版本浏览器提供的功能，或修改显示异常，或修改系统的显示风格，这些改变不应该影响表示层开发人员所依赖的接口。因此，框架必须能适应下面这些改变而不影响已有的客户代码或已有的框架代码。

- 新的浏览器。
- 改变某个元素的 HTML 规范。
- 改变某个 HTML 元素的默认显示。

表示层应该和 HTML 生成类的变化分离，也就是说，要把 HTML 生成类保护起来，不受应用层或表示层变化的影响。要想保证这一点，HTML 生成类只能依赖于基本的和标准的 java 类。例如，框架不允许知道关于考勤卡和雇员的任何细节，用户界面开发人员从领域类中抽取所需的数据，然后才使用数据来填充 HTML 生成类。

只有满足了这些特殊的设计目标，框架开发人员才能让表示层开发人员感到满意。另外，封装使得其他项目重用整个框架变得更加简单。

11.7.2 按目标进行设计

一旦定义好了具体的目标，下一步就是要进行高层设计。要想同时满足所有的目标通常很难做到，因此，可以分步设计，一次只瞄准一个目标，然后定期检查以确保没有出现偏差。

1. 按目标 1 进行设计：支持视图的模块化结构

支持视图的模块化结构，是 HTML 生成类的核心，这些类库的目的就是要让开发人员可以从简单的基本类型构造出完善的结构。

1) 组合设计模式

目标 1 实际上和一个已有设计模式非常吻合。Gamma 和其同事这样描述组合模式的目的："将对象组合成树形结构来表示整体–部分的层次结构，组合使用户可以以统一的方式来对待单个对象和组合对象"。这样，可以用下面树形结构来表示整体–部分的层次结构。

- 页面
    - 表格
        - 图像
        - 文字

Gamma 和其同事用组合图形来表示该设计模式，如线、矩形和图，这些元素可以组合成复杂的图。

2) 应用组合模式

现在，就考虑如何把组合模式应用到 HTML 生成类库中，用组合模式将一些相对简单的 HTML 生成器组合起来以构造复杂的 HTML 页面。例如，一个表格中可能包括文字、图像、表单以及其他表格，一个页面中可能包含表格、表单、图像和文字，表单中可能会有输入区域、说明文字以及提交按钮。需要注意的是，有些元素，像表单和表格，都可以包含其他元素；而另一些元素，像文字，就不能包含其他元素。

要得到这些元素，必须要有一个组合对象以及单个对象都能够实现的通用接口，这里把接口命名为 IHtmlProducer，每个组合对象都实现 IHtmlProducer 接口定义的方法。图 11-8 表示了组合页面是怎样由简单的元素组合而来的。注意，其中每一个组合对都可以接收 IHtmlProducer。

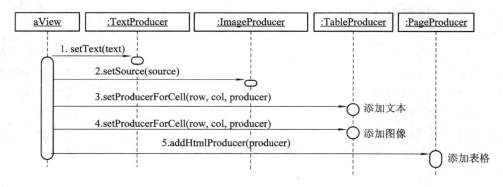

图 11-8　使用组合模式来构造 HTML 页面

为了保证命名的一致性，为每个实现了该接口的类加上 Producer 后缀。例如，有 PageProducer、TextProducer、ImagePrducer 和 TableProducer，每个类都会格式化自己的 HTML 页面。除了 TextProducer 之外，所有的类都可以包含任何其他 IHtmlProducer。因此，生成一个 PageProducer 对象就可以得到一个 HTML 页面，然后就可以添加一个 TableProducer，接下来，就可以给 TableProducer 添加 ImageProducer 和 TextProducer。

每种类型的生成器添加新的生成器的方法都各不相同，PageProducer 是一个一个地添加生成器，而 TableProducer 允许把不同的生成器添加到不同的单元格上，这样，可以对其位置进行安排。

尽管每种类型的元素添加数据的方法都各不相同，但它们都支持同一种得到格式化 HTML 页面的方式。一旦构造了 page 对象，得到相应的 HTML 页面就变得简单了。如图 11-9 所示，整体根本不需要了解其部分的详细情况。

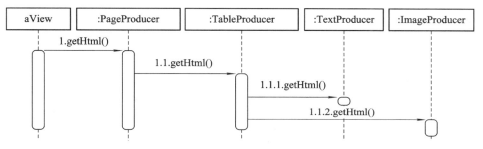

图 11-9 从组合中获取 HTML

图 11-10 表明了这些生成器类及其通用的 IHtmlProducer 接口。注意，TableProducer 和 PageProducer 可能会有很多的 IHtmlProducer，完全不必关心是什么类型的生成器。

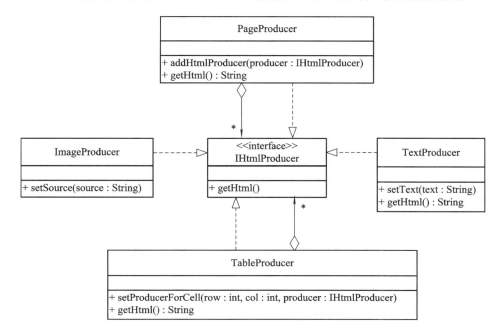

图 11-10 简单组合的参与类

3) 设计评估

下面，用组合模式来描述设计，并对有效性进行评估。因为 PageProducer 和 TableProducer 实现了 IHtmlProducer 接口且包含了实现 IHtmlProducer 接口的对象，所以它们都是组合模式中的组合对象。这样，就能够通过组合各个 IHtmlProducer 非常轻松地生成复杂的 HTML 页面。而且，添加新的 HTML 生成器，已有的 HTML 生成器也丝毫不受影响。这里，使用组合模式构造了一个模块化非常好的类库。

2．按目标 2 进行设计：简化 HTML 的生成

HTML 生成框架的第一个目标是使视图开发人员不受 HTML 的细节和浏览器特有的行为的困扰，到目前为止，已经在 HTML 之上提供了足够的抽象，即使对 HTML 一无所知，用户界面开发人员也能顺利地生成表格并放到页面当中。

1) 浏览器特有的 HTML

虽然已经支持模块化的组合构造，但是却没有提供任何浏览器特有的 HTML 生成功能。如果对每个元素，都为每款浏览器特有的版本开发一个单独的类，就非常简单了，但却是相当冗长、乏味的工作。

如果为每种浏览器都单独生成一个 HTML 表格类，那么会得到类似如图 11-11 所示的层次结构。如果存在任何浏览器特有的行为，都可以在 TableProducer 子类中将其覆盖。就浏览器而言，HTML 表格已经标准化了，一般的 TableProducer 就能完成绝大部分的工作，但是，有些元素在 Netscape 中的实现和 IE 中的实现有很大的差别。

实现类封装了特定浏览器的行为。一旦视图得到了正确的实现，就可以通过基类定义的接口与之交互。但是，每个视图需要知道有哪些实现可用，以及在某个特定的环境下，选用哪一个最合适。这就意味着，添加任何对新型浏览器的支持都必须在每个视图中进行修改，这绝对不能接受。

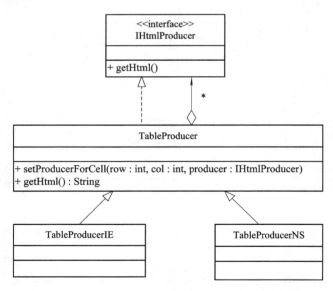

图 11-11　特定浏览器的 HTML 生成器

2) 抽象工厂模式

抽象工厂模式提供了将变动的实现隐藏到公共接口之后的途径。其意图是：在无需指定具体类的情况下，为生成一簇相关的或相互依赖的对象提供接口。下面，看一看抽象工厂模式，然后再看看如何将它应用到例子中。

首先，对某种特定的产品而言，存在一个所有实现类共享的公共接口：AbstracProduct。在例子中，TableProducer 就是 AbstractProduct。对某个特定的产品族而言，由 ConcreteFactory 生成 AbstractProduct 产品族内的产品。例如，对 Netscape 和 IE 来说，可以存在两个单独的 ConcreteFactory 类。任何一个实现，例如 TableProducerIE，都是 AbstractProduct 产品族的 ConcreteProduct。

图 11-12 显示了抽象工厂模式应用到例子中的情形。

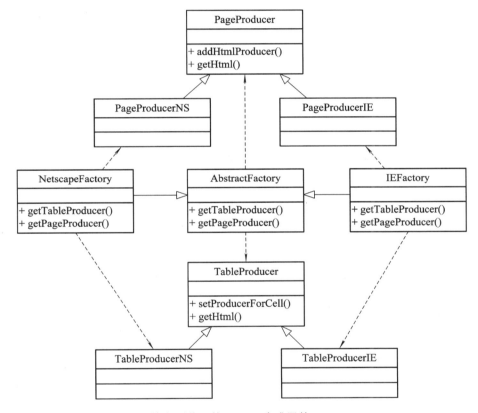

图 11-12　特定浏览器的 HTML 生成器的 AbstractFactory

NetscapeFactory 通过建立 Netscape 特有的对象来覆盖 AbstractFactory 接口中的方法，Netscape 对象用于扩展 TableProducer、或 PageProducer。当客户请求某个产品时，AbstractFactory 识别出正确的 ConcreteFactory，并要求它生产 ConcreteProduct。记住，客户根本不会看到 ConcreteFactory 或 ConcreteProduct。表示代码拥有一个特殊引用，它指向 AbstractFactory 的任意实现。当表示代码请求某个特定类型的生成器时，ConcreteFactory 就生成所请求类型的生成器，但是，它只将生成器的引用返回给此生成器的抽象基类，例如 PageProducer 或 TableProducer。

3) 设计评估

使用抽象工厂模式会有一个缺点：可能存在多个产品族和多种产品，对每种这两者的组合，必须有不同的 ConcreteProduct。在例子中，某些 HTML 元素在所有的浏览器上都标准化了，并且在厂商提供的范围内已经完全标准化了，这是理想的情况。例如，因为页眉的 HTML 已经标准化了，所以可以生成一个通用的 PageProducer。

4) 生成器工厂(原型模式)

现在对设计方案进行修订，以使其中只存在一个 ProducerFactory，由它来负责为给定的浏览器和生成器类型找到合适的实现，这样做更高效。

现在面对最困难的部分：ProducerFactory 如何为某个组合确定最佳的、具体的生成器？图 11-13 表明 ProducerFactory 拥有一个具体的生成器列表。这样，就必须向每个具体生成器提出一系列的问题："你是某某类型的生成器吗？"然后："你支持某某浏览器吗？"如果是，接着问："你和某某版本有多接近？"基于这些问题的回答，能够找到最恰当的那个生成器并要求它拷贝自己，这种方法称为"原型模式"。

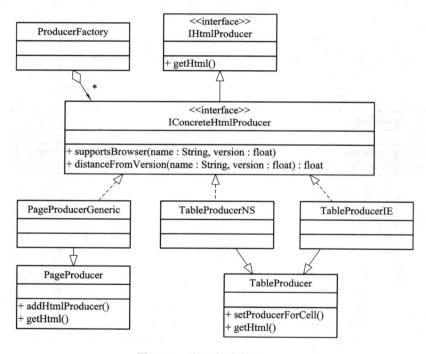

图 11-13 基于标准的 Factory

这里，ProducerFactory 不依赖任何具体实现。它用的是更高明的做法：它拥有一个对象列表，列表对象的每个类都实现了 IConcreteHtmlProducer 接口。

重新考虑一下前面的向页面添加表格的例子。如图 11-14 所示的顺序图情形。

这里，假设该 HTML 是针对 IE 浏览器的。视图对象使用 ProducerFactory 得到 TextProducer、ImageProducer、TableProducer 和 PageProducer。像以前一样，文本和图像生成器加入到表格中，表格又加入到页面里。视图对象不直接构造生成器，而是委派给 ProducerFactory 来完成。

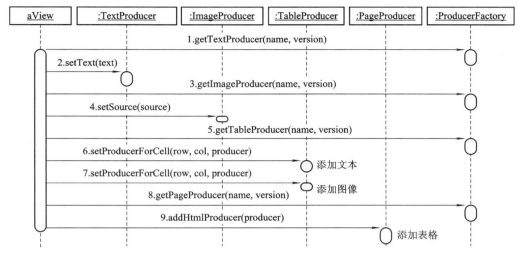

图 11-14　使用 ProducerFactory 产生类的示例

　　所有的逻辑都交给 ProducerFactory，包括：确定合适的具体的生成器，并返回该具体生成器的一个实例。当视图向 ProducerFactory 请求一个 TextProducer 时，ProducerFactory 就利用已有的浏览器信息来寻找相匹配的对象。由于在例子中只存在一个 TextProducer，所以这个决定很简单。注意，从视图的角度来看，返回的对象是 TextProducer，而不是 TextProducerGeneric，视图不需要了解具体的实现。接下来，视图请求一个 TableProducer。ProducerFactory 知道有两个候选对象，所以它会询问是否支持该浏览器。因为只能有一个候选者回答是，所以就生成一个新的拷贝并将其返回。视图就使用 PageProducer 接口和 TableProducer 接口来填充视图。图 11-15 表明了这个过程。

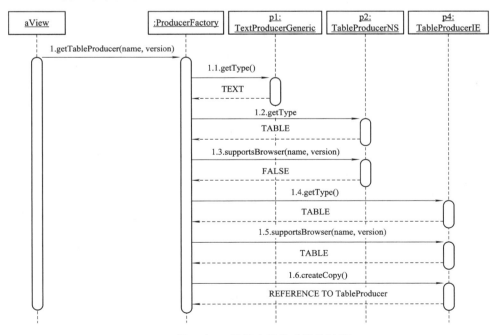

图 11-15　寻找合适生成器的过程

5) 重新评估

已经实现了设计目标了吗？界面开发人员能够在对 HTML 一无所知的情况下生成 HTML 页面，因为寻找最适合的、具体的生成器的逻辑已经封装在 ProducerFactory 内。当前的设计方案保持了 HTML 生成过程的简单化，实现了这一目标。

在继续之前，需要确认一下：目前对设计方案的修改有没有损害先前已经实现了的目标。从用户界面开发人员的角度来看，只是简单地将生成器直接实例化变为对 ProducerFactory 的请求，获取 HTML 的流程并没有改变，在没有任何损失的情况下实现了第 2 个目标。

3. 按目标 3 进行设计：支持可选项

为了实现第 3 个目标——支持可选项，首先需要考察如何获取可选项，以及如何将可选项应用到不同的元素上。

1) 实现可选项的不同途径

有两种方式来获取可选项。第一，可以为每种可选项都单独设计一个类。表格方面的可选项可以封装在 TablePreference 内，可以在类中定义一系列的方法来设置颜色、单元格边框和间距。这样，每个元素都会有一个对应的可选项类，且每个可选项类都有对应的访问方法。例如，框架也许会使用下面的代码来得到页面的背景颜色：

String colorName = pagePreference.getBackgroundColor();

另一种设计方案是包含一个以 java.util.Properties 对象为元素的简单列表，每个元素保存"名称与值"的组合。例如，page.backgroundColor = LightGray 将背景色设置为淡灰。要想获得可选项，框架可以使用下面的代码来访问各个属性对象：

String colorName = theProperties.getProperty("page.backgroundColor");

2) 权衡

第一种方式利用编译器来避免键入错误。例如，编译器会捕捉到类似 pagePreference.getBackgroundColor 这样的错误。如果以第二种方式实现，会遇到相同错误：

String colorName = theProperties.getProperty("page.backgroundColor");

编译器运行很良好。但是，代码可能会返回 null，而不是"LightGray"。

第一种实现方式实在是太麻烦了，该方案潜在的要求就是实现数百个极其简单的可选项访问方法。因为每个可选项都有自己的访问方法，所以载入或编辑可选项对象将会非常复杂。如果使用标准的 Properties 类，就能够很轻松地从文件中载入可选项。

如果采用第一种方案，想添加一种新的可选项类型，或在已有的类型中添加一个新的可选项，都必须修改可选项类，即代码先载入可选项类，对其进行修改后框架代码再读取这些可选项。在第二种方式中想要实现类似的修改只要改动可选项数据，然后在框架代码中使用该可选项就行了。

在权衡利弊后，决定采用第二种方式。虽然采用这种方式会引入一些潜在的错误，但是它简单明了，且可以使用标准的 Java 处理方法。如图 11-16 所示，可以在 IHtmlProducer 中添加一个新方法，使用 Properties 对象来保存可选项。至于如何正确地使用这些可选项就是每个接口具体实现的任

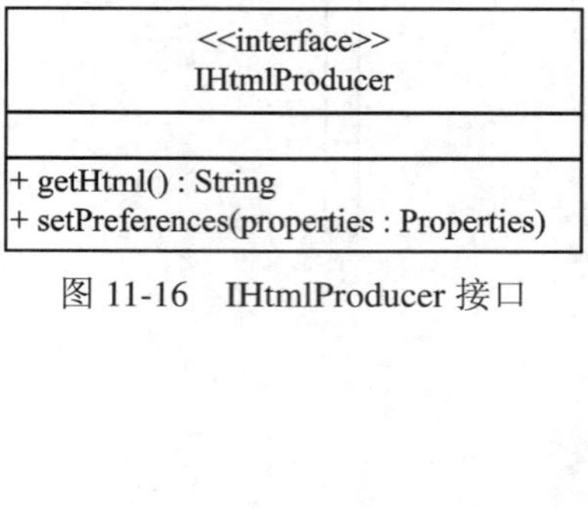

<<interface>> IHtmlProducer
+ getHtml() : String + setPreferences(properties : Properties)

图 11-16　IHtmlProducer 接口

务了，组合对象应该将 Properties 对象传播给它的所有 IHtmlProducer 对象。

注意，在可选项比较简单或中等复杂度的情况下，将可选项保存在属性文件中能够很好地工作。但是，如果要保存的可选项非常复杂：不同类型的生成器的同一个可选项都有多个不同的值，属性就会变得非常难以阅读。另一种解决方案就是使用 XML 文件来保存可选项。

4．按目标 4 进行设计：可扩展性和封装

除了前面的三个目标，还必须保证设计方案能够经受住时间的考验。需求将不可避免地发生变化，一个有弹性的系统必须能够适应新的需求。

1）封装

除了公共接口外，框架内的任何修改都不允许传播到依赖于该框架的表示层。视图包依赖于通用的 HtmlProduction 包中的通用 HTML 生成器，但是不依赖于任何实现。

要想真正地实现封装，通用的 HTML 生成器也不应当依赖具体实现。这样，就能够添加新的具体实现，或修改已有的具体实现，而不用担心会出现连锁反应。记住，对一个给定的用户和元素，HtmlProduction 包中的 ProducerFactory 必须挑选出正确的具体实现。那么这是不是就意味着 HtmlProduction 包依赖具体实现呢？不是的，因为每个具体实现都实现了 IConcreteProducer 接口，所以 ProducerFactory 就能够使用此接口定义的方法来确定它是否是最适合的，这是多态的一种典型应用。这里，只需要提供一种将具体的生成器注册到工厂中的方法即可。为了完成这一点，在 ProducerFactory 中添加一个方法，如图 11-17 所示。注意，addConcreteProducer 方法并没有引入对任何具体实现的依赖。惟一的依赖是针对 IConcreteProducer 接口的。

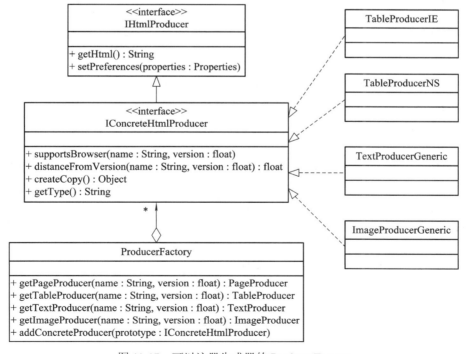

图 11-17　可以注册生成器的 ProducerFactory

这里以生成表格为例,来看一看类之间的依赖关系,如图 11-18 所示。

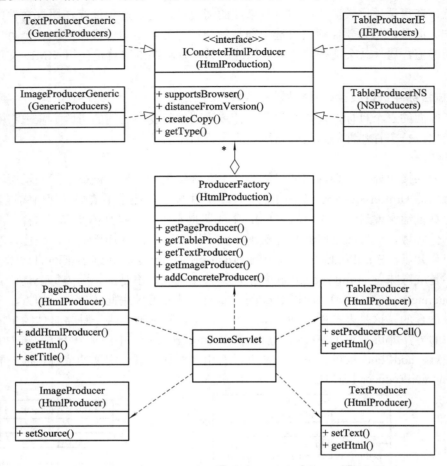

图 11-18　类之间的关系

从图 11-13 中,可以发现,每个具体生成器类都实现了 IConcreteHtmlProducer 接口且继承了一个抽象生成器类。

2) 评估包之间的依赖关系

图 11-19 表明了 HtmlProduction 框架包之间的相互依赖关系。类之间的依赖关系能够合并为包之间的依赖关系。因为针对 IE 和 Netscape 具体实现的包中的类都实现了 HtmlProduction 包中的接口,所以这两者都依赖 HtmlProduction 包。因为具体实现类使用 IConcreteHtmlProducer 进行注册,并继承了通用生成器的 IConcreteHtmlPtoducer 接口,所

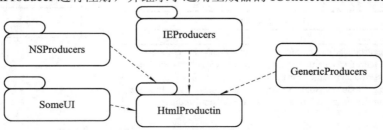

图 11-19　HtmlProduction 框架包之间的依赖关系

以 HtmlProduction 包不依赖任何具体实现。注意，对通用类和接口的改动将要求具体实现做出相应的改变以适应这些修改，如果情况反过来却不需要任何修改，具体实现能够生成、销毁以及修改而不会对 HtmlProduction 包中其他的类和接口有任何影响。因此，实现了最后一个目标：可扩展性和封装。

11.7.3 填充细节

现在已经完成了高层设计并一一实现了设计目标，就可以填充细节了，为用户界面原型中的一些界面完成详细的顺序图和类图。

1．登录界面

从登录界面看，很明显，需要迅速生成一个非常简单的文本输入表单，这个表单由两个输入框和一个提交按钮组成，每个输入框都有一个标签、名称和初始的默认值，提交按钮需要一个标签。图 11-20 显示了一个 Login 表单和一个通用的输入表单生成器类。

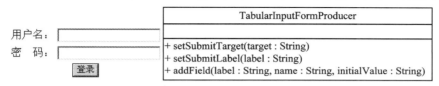

图 11-20 Login 表单和 TabularInputFormProducer 类

图 11-21 中的顺序图显示了 LoginServlet 对象如何生成此 HTML 页面。LoginServlet 对象从 ProducerFactory 处获得 TabularInputFormProducer 对象，然后，用正确的提交目标和提交标记来配置它。接下来，向其中加入用户名和密码域，还使用相似的步骤来生成和配置页面。TabularInputFormProducer 被加入到 PageProducer 中，并使用可选项对 PageProducer 进行设置。

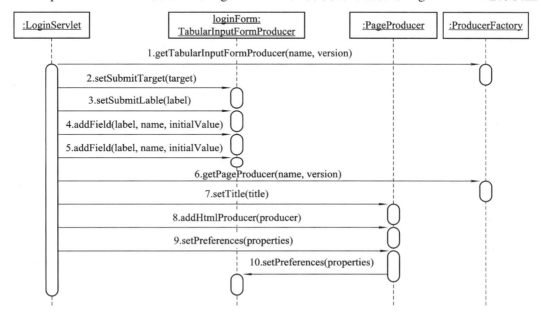

图 11-21 为 Login 表单生成 HTML

需要注意的是：视图需要知道的是少之又少。不需要任何 HTML 方面的知识，不需要知道浏览器的版本或 Servlet 中的任何细节。

尽管如此，仍需要回答几个问题：一个实际的具体 TabularInputiFormProducer 是如何完成其工作的？它是独立地生成 HTML，还是使用内部的 FormProducer 对象和 TableProducer 对象呢？图 11-22 表明了 TabularInputFormProducer 是如何构造的。

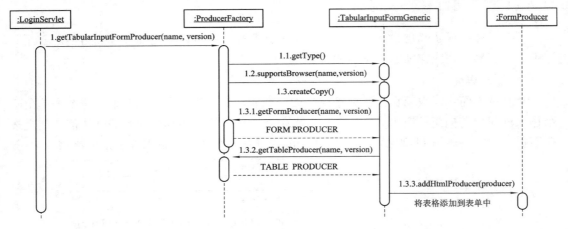

图 11-22 生成一个 TabularInputForm

对这个例子而言，假设具体生成器就是 TabularInputFormGeneric。工厂生成一个原型对象的拷贝(参见原型模式)。在构造拷贝的过程中，一个表格生成器被添加到表单生成器中。TabularInputFormProducerGeneric 包含一个 FormProducer 并将一个 TableProducer 添加到 FormProducer 中。需要注意的是，像其他对象一样，TabularInputFormProducerGeneric 使用相同的方式——从 ProducerFactory 处获得具体生成器。

视图向 TabularInputFormProducer 发出了大量的消息，这些消息又发往其他对象。当视图添加一个域时，TabularInputFormProducer 就会向 TableProducer 添加一个相应的文本标签和文本域。此外，请注意图 11-23 中，setPreferences()消息和 getHtml()消息是如何从 TabularInputFormProducer 层层传递到 FormProducer 和 TableProducer 的(因为 TableProducer 是 FormProducer 的一部分)，接下来，消息从 TableProducer 继续层层传递到 TextProducer 和 TextFieldProducer(它们是 TableProducer 的一部分)。这种消息的层层向下传递正是组合模式的特征。

随着顺序图逐渐复杂化，使用注释对其进行说明。例如，某个方法可能因为两个不同的目的而被调用，就可以使用注释将低级的方法调用连接起来。在许多情况下，注释的作用与伪码非常类似——描述一系列方法调用的意图。

图 11-24 表明了每个 TabularInputFormProducer 对象是如何与 FormProducer 对象以及 TableProducer 对象关联的，另外，还强调了 TabularInputFormProducer 依赖其他生成器的方式，这里并没有跟踪这些生成器。有一点是非常清楚的，就是众多对象，包括视图和 TabularInputFormProducer 对象都需要指向 ProducerFactory 对象的引用，而且，系统中存在一个工厂就足够了。这样，就可以使用单件模式来实现，向 ProducerFactory 类添加一个新的静态 gerFactorySingleton()方法。

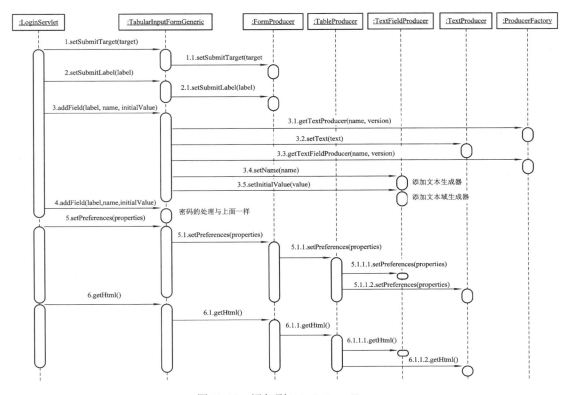

图 11-23 添加到 TabularInputForm

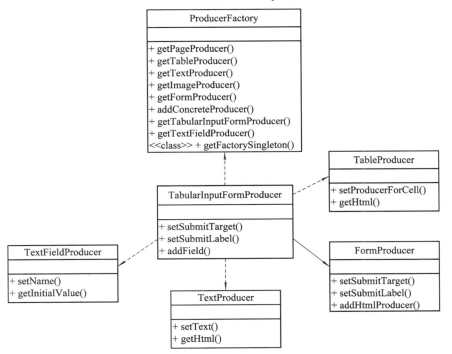

图 11-24 参与 TabularInputFormProducer 的类

评估：让 TabularInputFormProducer 使用 TableProducer 看起来是合乎逻辑的。但是，这样做存在一个缺点：普通的表格可能与简单的输入表单大不相同。例如，界面是一个简单的输入表单，不希望用边框或不同的背景色吸引对表格的注意力；而数据表格就应该清晰地区分行和列。这里使用表格来得到合理的安排布局，因此可能就需要为内部的TableProducer 设置不同的可选项，所以，在将可选项传递给 TableProducer 之前，应当能对其进行修改。

2．工时条目

下一个挑战来自考勤卡表单。正如在图 11-25 中所看到的，这个表单由文本和表格中的文本输入域组成。

收费代码	星期日 2012年9月2日 23:19:07	星期一 2012年9月3日 23:19:07	星期二 2012年9月4日 23:19:07	星期三 2012年9月5日 23:19:07	星期四 2012年9月6日 23:19:07	星期五 2012年9月7日 23:19:07	星期六 2012年9月8日 23:19:07
code0	4.0	1.0	2.0	3.0	2.0	5.0	6.0
code1	3.0	8.0	6.0	7.0	1.0	2.0	3.0
code2	4.0	5.0	6.0	7.0	4.0	3.0	3.0
code3	1.0	4.0	3.0	4.0	7.0	6.0	7.0

提交

图 11-25　考勤卡表单

现在，已经有了进行外围封装的表格和文本生成器，将 TextProducer 和 TextFieldProducer 添加到 TableProducer 不费什么力气。因为框架中不存在什么新的行为，并且在后面会详细介绍这种情形下如何使用该框架，所以，这儿就省略了顺序图和类图。

11.7.4　实现工作流

接下来就是实现工作流，将实现设计中的每一个类。基于设计目标，完成了设计工作，并且在支持各个用例的同时又实现了这些目标。通过指明每个类的职责以及各个类之间的关系，设计为实现提供了基础。虽然在实现过程中还需要做出许多决定，但是设计已经为实现提供了一致的结构。

1．Producer 接口

1）IHtmlProducer.java

对于 IHtmlProducer，实现阶段的接口和真正的设计应该没有什么区别。

2）IConcreteProducer.java

IConcreteProducer 是一个简单的接口，其目的是使 ProducerFactory 能够将所有已注册的具体生成器都视为同一类型。它使具体生成器能够说明自己与某个特定浏览器的匹配程度，还包含了用来识别不同类型生成器的参数。

2．抽象 Producer 类

1）ComboBoxProducer.java

ComboBoxProducer 是一个抽象类，提供了一些具体的不可改变的行为，包含公有的 final 方法，客户可以用来设置生成器的可选项，如设置组合框的名称，以及向组合框中添加值，这些数据的访问方法的修饰符都是 protected 和 final。这就意味着，任何客户都可以使用设置和添加方法来配置生成器。因为这些方法是 final 的，而实际的实例变量都是私有的，所以 ComboBoxProducer 的子类就不能改变底层的数据或它们的存储方式。子类只能覆盖 getHtml()方法。

2) FormProducer.java

与 ComboBoxProducer 一样，FormProducer 也是一个抽象类，提供了一些具体的不可改变的行为，final 方法和私有数据封装了组合框的配置行为和信息。该类的子类必须覆盖 getHtml()方法以提供特定浏览器的行为。

客户对象能够调用 addHtmlProducer()方法向 FormProducer 的生成器列表中添加任何实现了 IHtmlProducer 接口的对象。因此，FormProducer 就是组合对象。

3) PageProducer.java

同样，该类的子类只能覆盖 getHtml()方法。就像 FormProducer 一样，PageProducer 也是一个组合对象，可以调用 addHtmlProducer()方法添加生成器。

程序对生成器的数量没有限制，另外，生成器以添加的顺序保存。

4) SubmitButtonProducer

像上面几个类一样，这个类的子类也只能覆盖 getHtml()方法。SubmitButtonProducer 为存储实际的具体生成器的标签和可选项提供了方法和属性。注意，这些属性都是私有的，所以子类必须通过公有方法才能访问。SubmitButtonProducer 不是组合对象。

5) TableProducer.java

TableProducer 同样限制了子类只能覆盖 getHtml()方法。TableProducer 是一个组合式 HTML 生成器，各个 HTML 生成器通过 setHtmlProducerForCell()方法添加到 TableProducer 中，这个方法的参数指明了实现 IHtmlProducer 接口的类和其在表格中的具体位置。所有的生成器保存在 SortedMap 中，每行一个 SortedMap，这样就能够以列索引顺序保存生成器。每一行的 SortedMap 又保存在另一个 SortedMap 中，这样就能够保持行索引顺序。

子类按照行和列的索引来检索生成器。这样的界面有一个缺点：子类能够随意请求某个单元格的生成器，但是，该单元格可能根本就不存在。因此，就必须准备好在响应中接受到 null。

6) TabularInputFormProducer.java

TabularInputFormProducer 与其他的几个生成器完全不同，是一个组合对象，但是更大程度上，它构造了自己。它的构造器从 ProducerFactory 处获取 FormProducer、TableProducer 和 SubmitButtonProducer，这些构造器被连接起来构成了 TabularInputFormProducer。不像其他的生成器类，它的 getHtml()方法不是抽象的，子类不能覆盖 getHtml()方法。相反，TabularInputFormProducer 的 getHtml()方法生成格式化的 HTML——部分是通过调用 FormProducer 中的 getHtml()方法。

7) TextFieldProducer.java

该类的子类只能覆盖 getHtml()方法。TextFieldProducer 包含了用来设置文本域、可选项的名称和初始值所需的方法和属性。因为这些属性是私有的，所以，子类必须通过公有方法才能访问。

8) TextProducer.java

像上面几个类一样，该类的子类同样只能覆盖 getHtml()方法。TextProducer 包含了用来设置文本和可选项所需的方法和属性。因为这些属性是私有的，所以，子类必须通过公有方法才能访问。记住：TextProducer 不是组合对象。

3. Factory 类

ProducerFactory.java

ProducerFactory 使客户对象能够针对特定的浏览器获得最合适的具体生成器。既为了效率，也为了方便，它实现为一个单件，通过静态的方法对外提供服务，静态的 getFactorySingleton()方法保证 ProducerFactory 的实例一定存在且仅存在一个，向调用者返回指向该实例的引用。注意，类的构造器是私有的，这样，单件模式保证不会被破坏。

具体生成器通过 addConcreteProducer()方法向工厂注册自己，任何实现了 IConcreteProducer 接口的类都可以注册。因为经常需要配置具体生成器，所以，不同的客户之间不能共享。当一个客户请求某个特定类型的生成器时，ProducerFactory 确定最合适的一个，然后要求它拷贝自己，接着，将新生成的拷贝返回给客户。

通过询问所有已注册的具体生成器一系列问题，ProducerFactory 可以确定最合适的一个。首先，具体生成器必须是相同类型且支持该浏览器，所以，ProducerFactory 就询问具体生成器是否支持某种浏览器。一旦其候选列表找到兼容的生成器，ProducerFactory 就询问每个生成器与指定版本的符合程度来确定最合适的一个。

对于所有类型的生成器都使用相同的匹配逻辑。特定的 getter 方法仅仅简单地将返回的生成器强制类型转换为一个具体的特定类型，然后返回。

4. 具体 Producer 类

1) FormProducerGeneric.java

FormProducerGeneric 生成浏览器独立的 HTML 表单，生成能够工作于浏览器上的具有"最小公分母"性质("最小公分母"性质可以理解为：那些所有系统都支持的功能)的 HTML。

如预料的那样，FormProducerGeneric 覆盖了 getHtml() 方法和所有来自于 IConcreteProducer 接口的方法。在 getHtml()方法中，FormProducerGeneric 使用 protected 的方法来访问 FormProducer 的公共的、可配置属性，这些属性用来生成实际的 HTML。

2) PageProducerGeneric.java

PageProducerGeneric 与 FormProducerGeneric 非常类似，同样覆盖了 getHtml 方法来生成"最小公分母"性质的 HTML。除了超类中保存的可配置属性外，PageProducer、PageProducerGeneric 都用了可选项数据。

3) TableProducerGeneric.java

像 PageProducer 一样，有意义的代码都包含在 getHtml()方法中，通过调用超类中定义的 getHtmlProducer()方法来逐行遍历表格。每个生成器按照行和列的索引取出，和以前一样，TableProducer 封装了一部分严格定义、颇为复杂的逻辑。

4) TabularInputFormProducerGeneric.java

TabularInputFormProducerGeneric 非常有趣，它并不覆盖 getHtml()方法。TabularInput FormProducer 是一个组合对象，它通过其他的各个生成器来构造，它使用的每个生成器都有 getHtml()方法的具体实现。TabularInputFormProducer 的 getHtml()方法只是简单地从内部的 FormProducer 中获取 HTML，不需要覆盖。

注意，它覆盖了超类中定义的抽象方法 getBrowserName()和 getBrowserVersion()。

现在，确定了 HTML 生成类库的设计目标，并针对目标进行了设计，最终以 Java 语言来实现设计。这里的设计和实现将作为考勤系统的基础，基于 Servlet 的 TimeCardUI 包的用户界面，遵循相同的设计和实现过程。

11.8　TimeCardUI 包

11.8.1　评审

和分析模型中一样，在进行下一步工作之前，必须评审构架约束。

1. 评审构架约束

在分析模型中，TimeCardUI 包直接依赖于 HtmlProduction 包和 TimeCardWorkflow 包，除此之外，TimeCardUI 包不依赖于系统中任何其他的包。具体来说，TimeCardUI 包依赖于 ProducerFactory 类及其抽象的生成器类，而不是依赖于 HtmlProduction 包中的其他内容。同样，TimeCardUI 也不直接读取实体 Bean。另外，也没有包依赖于 TimeCardUI 包。这些约束一起使系统的扩展性更强，更易于理解及维护。例如，在数据存储方式或在验证考勤卡的业务逻辑方面的任何变化都不会影响到 Servlet，只要它们没有影响到 TimeCardWorkflow 会话 Bean 的公共接口即可。图 11-26 给出了系统构架中影响到 TimeCardUI 包的那些部分。

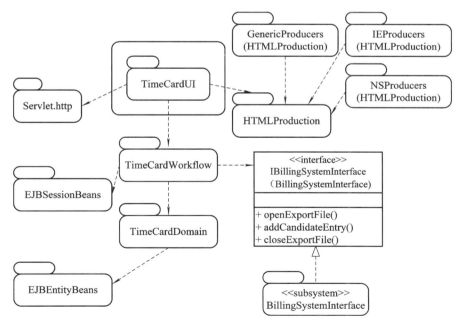

图 11-26　构架约束

每个用例都动态地创建一个或几个 HTML 页面，且处理来自一个或多个 HTML 的表单。从 HTML 生成器框架可以知道，页面生成和表单处理是紧密联系在一起的，因此，从逻辑上看，每个用例的任务是封装在一个 Servlet 中的，这会涉及两个 Servlet：LoginServlet 和 RecordTimeServlet。

2. 评审分析模型

现在，要对"RecordTime"用例的分析模型进行评审。"RecordTime"用例包含了两个事件流，首先是正常事件流，然后是提交考勤卡的可选事件流。

1) 正常事件流(分析模型)

"RecordTime"用例的正常事件流开始于参与者请求当前的条目，如图 11-27 所示。

RecordTimeUI 对象调用 RecordTimeWorkflow 对象的 getEntries()方法，该方法拥有指向 User 对象的引用。有了 User 对象，RecordTimeWorkflow 对象向它要求当前的 TimeCard 对象。接下来 RecordTimeWorkflow 对象就能够向 TimeCard 对象要求其所有的条目，并将它们返回给 RecordTimeUI。在 Employee 参与者完成对工时条目的更新后，RecordTimeUI 对象使用 RecordTimeWorkflow 对象上的 updateEntries 方法将更新传播到整个系统，最后 RecordTimeWorkflow 对象调用指向 TimeCard 对象引用上的 setEntries()方法。

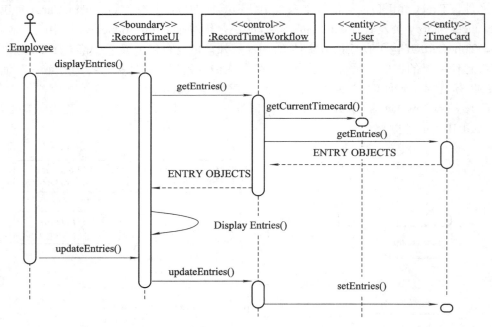

图 11-27 "RecordTime"用例的正常事件流(分析模型)

2) 提交考勤卡(分析模型)

提交考勤卡事件流描述了参与者如何将当前的考勤卡标记为已提交的，并产生一个新的当前考勤卡，如图 11-28 所示。一旦参与者决定提交当前考勤卡，RecordTimeUI 对象调用 RecordTimeWorkflow 对象的 submit()方法，下面的工作由 RecordTimeWorkflow 对象通过访问 User 对象和 TimeCard 对象来完成。RecordTimeWorkflow 对象生成新的 TimeCard 对象，并将其设置为用户当前的 TimeCard 对象。旧的 TimeCard 对象依然存在，但它不再是当前的，所以，用户不能再进行编辑了。

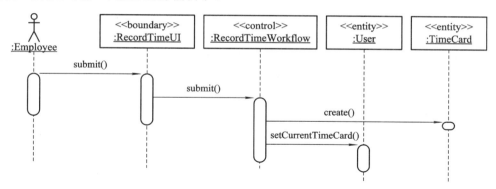

图 11-28　提交考勤卡的正常事件流(分析模型)

3) 参与用例的类(分析模型)

顺序图中每出现一次方法调用，都表示调用对象和被调用对象之间建立了一定的关系。每个 RecordTimeUI 对象都与未确定数目的 RecordTimeWorkflow 对象相关联。未确定具体数目的多重性表明：在分析阶段，并不知道 RecordTimeUI 对象是拥有专用的 RecordTimeWorkflow 对象还是与其他对象共享。每个 RecordTimeWorkflow 对象都与一个 User 对象和一个 TimeCard 对象相关联。这些关系如图 11-29 所示。

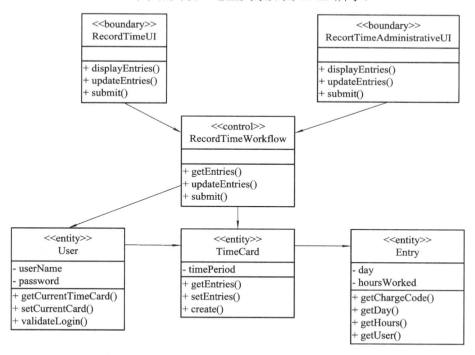

图 11-29　参与"RecordTime"用例的类(分析模型)

11.8.2　针对目标进行设计

设计已经有约束了，在设计中会用到 Servlet 和 HTML 生成类，但是，仍然需要考虑两个目标：可扩展性和可测试性。

通过下面做法可以保证可扩展性：保证每个 Servlet 实现一个功能，且依赖于 HTML 生成类来处理显示。如果需要的功能在 HTML 生成类库中无法实现，可以创建新的 HTML 生成器，并放到 HTML 生成类库中或等待相关的开发人员来开发。在 Servlet 中定制自己的 HTML 生成代码是不能接受的，如果这样做，设计就会逐渐偏离设计准则，无法重用 HTML 生成代码。

对可测试性的强调决定了编写每个 Servlet 的方式。首先，要保证 doPost()方法尽可能的小，它只调用某些私有方法在执行某些业务逻辑前取出所需的参数和会话数据，这样，就可以从一个静态的 main()入口，甚至从选择的调试器来测试 Servlet 的功能，对大多数 Servlet 引擎来说，编码、编译、部署和测试的循环比在集成开发环境中要麻烦得多。按上面的原则做，可以减少测试部署 Servlet 代码的时间消耗。

11.8.3　用例设计

通过创建 RecordTime 表单和更新考勤卡顺序图进行"RecordTime"用例用户界面的设计。

1．创建 RecordTime 表单

该顺序图从 Employee 要求 RecordTimeServlet 创建工时条目表单开始。RecordTimeServlet 从 HttpSession 抽取用户，用它来创建 RecordTimeWorkflow 对象。RecordTimeServlet 从 RecordTimeWorkflow 得到当前考勤卡的收费项目代码、日期和工时。在得到这些原始数据之后，RecordTimeServlet 从 ProducerFactory 处获得 FormProducer 和 TableProducer，后者保存数据和输入文本域，必须添加到 FormProducer 中。每个保存收费项目代码和日期的 TextProducer 都必须从 ProducerFactory 中得到，并且配置正确的文字内容，然后将其添加到 TableProducer 中对应的单元格中。对应于工时的 TextFieldProducer 也经过类似的操作将其填充到表格中。最后，对 FormProducer 进行配置并将其添加到 PageProducer 中，如图 11-30 所示。

2．更新考勤卡

更新考勤卡顺序图从 Employee 更新其工时条目开始，将表单提交给 Servlet。RecordTimeServlet 从 HttpServletRequest 中抽取 HttpSession，从会话中得到对应的用户，用它来得到一个指向对应的 RecordTimeWorkflow 的远程引用。接着，RecordTimeServlet 从请求中一一提取参数如工时、收费项目代码和日期等，然后使用工时来更新对应的 RecordTimeWorkflow。顺序图如图 11-31 所示。

3．参与"RecordTime"用例的类

很多类参与了"RecordTime"用例的实现过程，大多数是各自独立的，和"Login"用例中一样，Servlet 将这些分散的对象联系在一起。再次强调：RecordTimeServlet 并没有进行什么实际的工作，没有从数据库中获取数据，没有格式化 HTML，也没有处理业务逻辑，但是，它知道到哪里去调用这些操作。图 11-32 所示即为对应的类图。

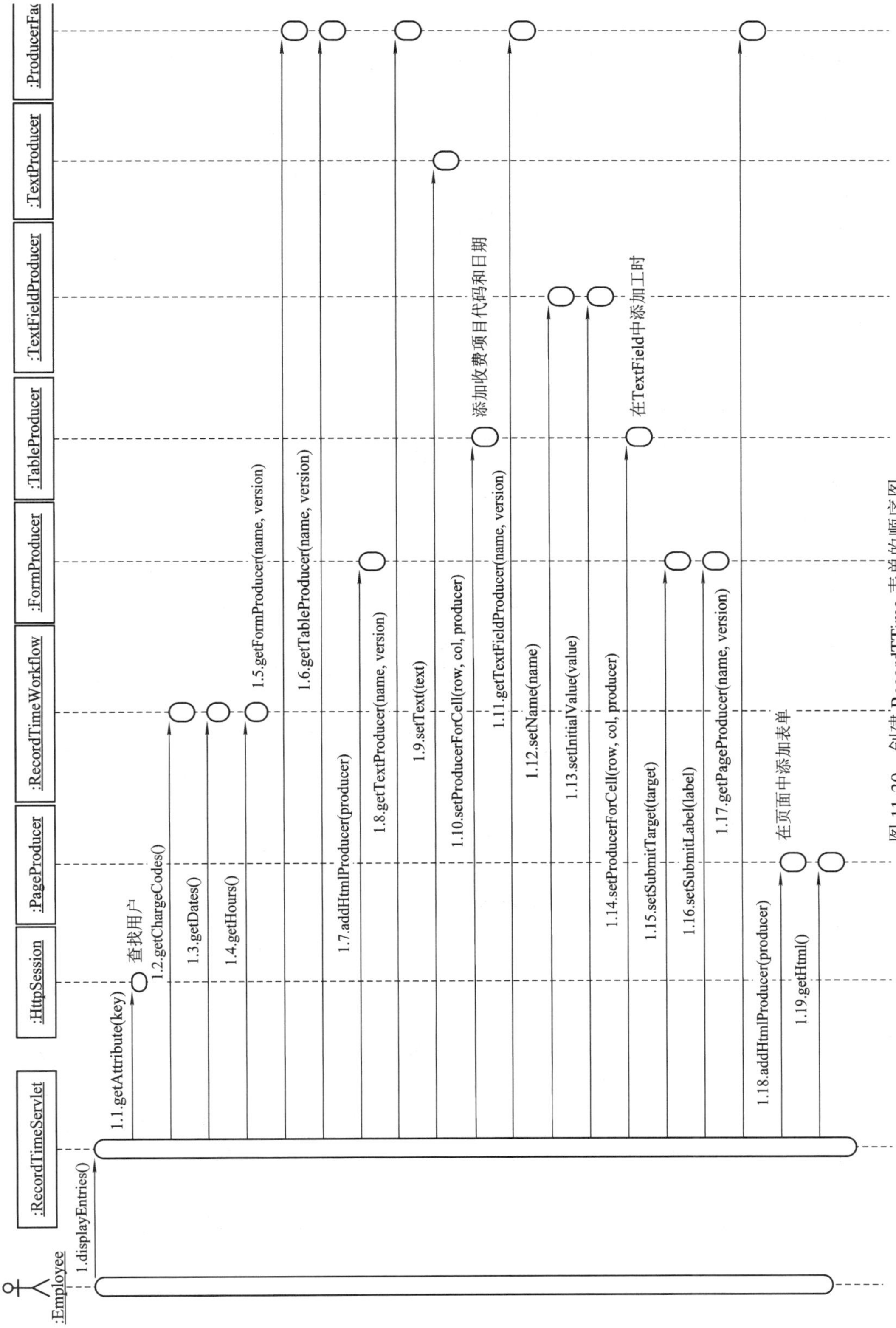

图 11-30　创建 RecordTTime 表单的顺序图

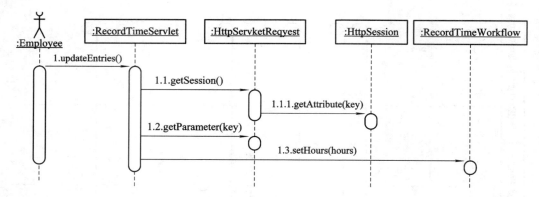

图 11-31　更新考勤卡的顺序图

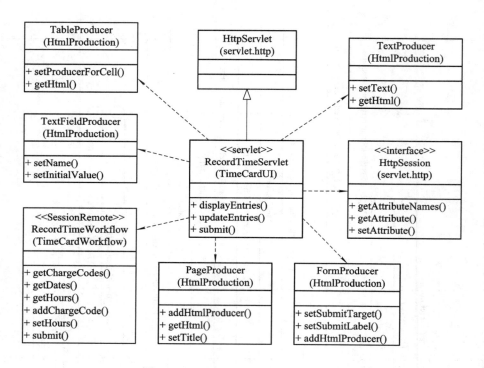

图 11-32　"RecordTime"用例中的类

RecordTimeServlet 类依赖于很多类，但它与这些类中的任何一个又没有持久的关系。例如，在 RecordTimeServlet 类和 RecordTimeWorkflow 类之间，并不存在一对一或一对多的关联。记住，Servlet 要做的所有工作就是在 Servlet 引擎调用 doPost()方法和 doGet()方法前进行初始化。因此，HttpRequest 中已经包含了 RecordTimeServlet 需要的所有的信息，包括表单数据以及嵌入到 HttpSession 中的 RecordTimeWorkflow。

现在，对于"Login"用例和"RecordTime"用例的 Servlet，已经有了可靠的设计方案，接下来，就可以用 Java 来实现了。

11.8.4 实现工作流

接下来将进行 LoginServlet 类、RecordTimeServlet 类以及 BasicServlet 类的实现，BasicServlet 类是前面两个类的基类。

1. LoginServlet.java

LoginServlet 不直接格式化 HTML，相反，它从 LoginWorkflow 类中获取需要的信息，并使用 HtmlPoduction 包来格式化 HTML。

如果参数 useName 没有设置，则说明 LoginServlet 知道用户需要在一个 HTML 表单中输入信息。另外，在代码中加入的静态 main()方法可用来测试 Servlet 的功能。

2. RecordTimeServlet.java

RecordTimeServlet 不直接格式化 HTML，它从 RecordTimeWorkflow 类中获取需要的信息，并使用 HtmlPoduction 包来格式化 HTML。如果参数 hours 没有设置，则说明 RecordTimeServlet 只需要创建一个用于显示的 HTML 表单就可以了，表单显示当前数据并允许用户进行修改。如果在请求的参数中 hours 有值的话，RecordTimeServlet 就从表单中抽取数据并将其传递给 RecordTimeWorkflow 以供处理。然后创建新的工时条目表单，这样，用户就可以看见所做的改动，并在此基础上进行进一步的修改。

3. BasicServlet.java

系统中的所有的 Servlet 都可以调用 BasicServlet 中的功能，其中包括：填充 ProducerFactory、初始化选项以及格式化错误消息等。

现在，已经使用 HTML 生成类，为考勤系统生成所需的动态 HTML 页面，完成了考勤系统的核心功能。

11.9 设计度量与用于设计的 CASE 工具

1. 设计度量

有许多度量方法用来刻画设计的各个方面。例如，方法和类的数量是目标产品规模大小的粗略量度；内聚和耦合和错误数量可用于衡量设计质量。在任何设计审查中，记录发现的设计错误数量和类型是至关重要的，这些信息可用于产品代码的审查以及后继产品的设计审查。

详细设计的环形复杂度 M 是设计中判定数加 1，也可以是代码中的分支数。环形复杂度是设计质量的一种度量，M 值越小，设计就越好。它的优点是易于计算，但是，它有一个内在的问题，环形复杂度只是控制复杂度的度量，忽略了数据复杂度。也就是说环形复杂度无法度量用于数据驱动的代码的复杂度，例如表格中的值。举个例子，假设一个设计师不知道 C++的库函数 toascii()，打算设计一段代码用于读取用户输入的一个字符并返回其 ASCII 代码(一个 0～127 之间的整数)。一种实现方法是用一个有 128 个分支的 switch 语句，另一种方法是按 ASCII 码顺序将 128 个 ASCII 代码存入一个数组，并利用循环将用户输入的字符和数组中的值比较，当相等时退出循环，循环变量的当前值就是正确的 ASCII 码值。

这两种设计的功能是完全一样的，却有不同的环形复杂度 128 和 2。

另一个问题是类的环形复杂度通常都很低，因为大部分类包括很多小而简单的方法。更进一步，如前面所指出的，环形复杂度忽略了数据复杂度。由于数据和操作是面向对象范型中同样重要的两个部分，环形复杂度忽略了对象复杂度的一个重要组成部分。因此，与环形复杂度相关的衡量类的复杂度的方法一般没有什么意义。

还有一种度量类的方法是基于由设计转换成的有向图，图中的节点代表类，节点间的连线(边)代表类之间的流(将消息发送给方法)。一个类的扇入定义为指向该类的边的数量与该类访问的全局数据结构的数量之和，同样，一个类的扇出定义为从该类发出的边的数量与该类更新的全局数据结构的数量之和。类的复杂度就可以用 $length \times (扇入 \times 扇出)^2$ 来定义，其中 length 是类的大小的度量(功能点或代码行)。因为扇入和扇出的定义涉及全局数据，所以，这种度量有数据相关的部分。但是，实验表明这种复杂度的度量方法并不比环形复杂度之类的简单度量方法好。

事实上，没有太好的度量方法，更多的是基于统计数据的定性分析和对比分析。

2. 用于设计的 CASE 工具

设计的一个重要方面是测试设计结果是否符合分析的各个方面，因此需要一个能够同时用于分析结果和设计结果的 CASE 工具，也就是所谓的前端工具或高端 CASE 工具(用于实现制品的工具称为后端工具或低端 CASE 工具)。

市场上已经有一些高端 CASE 工具，通常是基于数据字典实现的。CASE 工具整合了一致性检查工具，能确定是否所有数据字典中的条目都在设计结果中提到过，以及是否所有设计结果都能反映在分析结果中。更进一步，有些高端 CASE 工具还整合了屏幕和报告生成器，也就是说，客户可以定制显示或输出，即：哪些项目出现在报告中，或输出到屏幕上，以及位置和方式。因为每个项目的所有细节都保存在数据字典中，CASE 工具就能够根据用户的需求很容易地生成打印报告或显示在屏幕上。有的高端 CASE 工具还整合了用于估算和计划的管理工具。

对于设计工作流，像 Visual Paradigm 和 IBM Rational Rose 等 CASE 工具就能够在面向对象的生命周期中给设计工作流提供支持。开源的 CASE 工具有 ArgoUML。

11.10 小 结

首先介绍了什么是设计，阐述了设计在软件生命周期中的作用，介绍了设计模式的好处和作用，更多的设计模式的内容请阅读 Gamma 的著作。接着，详细描述了设计工作流，讲述了关于构架设计，设计用例、类、子系统等方面的知识。然后，通过考勤系统实例研究，详细描述了建立设计工作流的过程，从 TimeCardDomain 包和 TimeCardWorkflow 包、HTMLProduction 框架、TimeCardUI 包、BillingSystemInterface 子系统四个方面，逐级演化，展示了如何随着项目的进展，做出相关的设计决策，通过 UML 模型贯穿于整个开发过程，清晰地表现了设计的演化过程。最后，介绍了用于设计的 CASE 工具、设计的度量、设计工作流面临的挑战。

"如何执行设计工作流"概括了设计工作流的执行步骤。

```
┌─────────────────────────────────────┐
│  如何执行设计工作流                     │
│                                       │
│     ·迭代                             │
│        评审分析模型                     │
│        评审构架约束                     │
│        设计用例                         │
│        设计类                          │
│        设计子系统                       │
│     ·直到设计完成                       │
│     ·评估                             │
└─────────────────────────────────────┘
```

习 题 11

1. 什么是设计?

2. 简述分析模型和设计模型的区别。

3. 简述设计在软件生命周期中的作用。

4. 什么是设计模式? 有什么好处? 如何使用设计模式?

5. 简述设计工作流。如何规划设计工作?

6. 设计用例的目的是什么? 设计类的目的是什么? 设计子系统的目的是什么?

7. 如何设计包或子系统?

8. 包或子系统的设计是建立在什么模型之上的? 它主要包括哪些内容?

9. 设计的系统如果要与其他外部子系统打交道,外部子系统必须提供什么? 图符如何表示?

10. 如何对系统构架约束进行评审?

11. 如何评估设计方案?

12. 设计目标对设计起什么作用? 如何达成这些目标?

13. 设计架构的目的是什么?

14. 设计模型和实施模型被看成是后续的实现和测试工作流活动的主要来源,需要注意哪四个方面的工作?

15. 实现工作流在设计工作流中起什么作用?

16. 根据下面的描述,找出所有的对象(为名词的都是),画出该描述的设计类类图(必须标注类间关系和重数,属性和方法可以省略)。

业务描述:某公司销售多种物品,物品具有物品特征、类别等详细信息;每个物品特征属于每个类别特征。每个类别有 0 到多个类别特征组成;物品存放到几个仓库中、物品在仓库中存放会有库存;客户可以同时下订单购买一种或多种物品。

17. (分析和设计项目)画出执行图书馆软件产品的设计工作流。

18. (分析和设计项目)画出执行网络购物的设计工作流。

19. (分析和设计项目)画出执行自动柜员机的设计工作流。

第 12 章　面向对象实现

　知识点

需求工作流，领域模型，业务模型，建模技术。

　难点

如何将理论与实践结合。

基于工作过程的教学任务

通过本章学习，了解什么是实现；搞清楚实现在软件生命周期中的作用；了解黑盒测试、白盒测试和基于非执行的单元测试；掌握集成测试、验收测试策略；掌握实现工作流、实现类、子系统，进行相关的构架实现。通过考勤系统实例研究，学习实现工作流，理解实现过程；认识到良好的编程实践和编程标准的必要性。

实现是将详细设计变成代码的过程。如果只有一个人来做，该过程比较容易理解，但是，现实生活中的产品多数都很庞大，以至于不可能由一个程序员在给定的时限内完成。实现产品的通常是一个团队，团队成员同时实现不同的组件，这种方式称为多方编程。

在编码实现阶段，开发者根据设计模型中对数据结构、算法分析和模块实现等方面的设计要求，编写具体的程序，分别实现各模块的功能，从而实现对目标系统的功能、性能、接口、界面等方面的要求。设计过程完成得好，编码效率就会极大提高，编码时不同模块之间的进度协调和协作是最需要小心的，也许一个小模块的问题就可能影响了整体进度，让很多程序员因此被迫停下工作等待，这种问题在很多研发过程中都出现过。编码时的相互沟通和应急的解决手段都是相当重要的，对于程序员而言，bug 永远存在，你必须永远面对这个问题，大名鼎鼎的微软，可曾有连续三个月不发补丁的时候吗？从来没有！

12.1　实现在软件生命周期中的作用

在实现阶段，基于设计的结果，研究如何用源代码、脚本、二进制代码、可执行体等构件来实现系统。

系统构架的绝大部分都是在设计过程中捕获完成的，实现的主要目的是从总体上充实构架和系统。实现的明确目标主要有以下几点：

- 规划每次迭代中所要求的系统集成。采用增量式开发方法，即采取一系列细小且易于管理的步骤来实现一个系统。

- 通过把可执行构件映射到实施模型中的节点的方式来分布系统。主要基于设计过程中发现的主动类。
- 实现设计过程中发现的设计类和子系统。特别是要将设计类实现为包含源代码的文件构件。
- 对构件进行单元测试，然后通过编译和连接把它们集成为一个或多个可执行程序，之后再进行集成和系统测试。

如图 12-1 所示，阐明了如何开展实现工作以及有哪些工作人员和制品会参与其中。

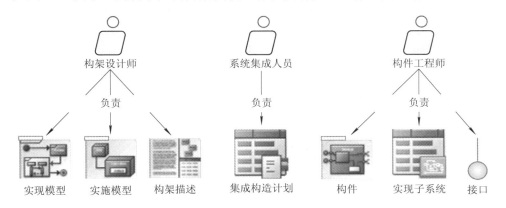

图 12-1　实现阶段中的工作人员和制品

实现主要集中在构造迭代阶段。细化阶段也要进行实现活动，目的是创建可执行的构架基线；而移交阶段的实现活动是处理那些在系统 beta 版发布时发现的最新缺陷(如图 12-2 所示，处于移交区域中的尖峰)。

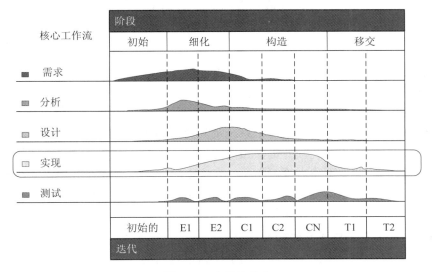

图 12-2　实现的焦点

实现模型阐述了如何用构件和子系统来表示系统的实际实现，因此在整个软件生命周期中很自然地要维护实现模型。

12.2　实 现 工 作 流

实现阶段的主要目标是实现系统，由构架设计师通过勾画实现模型的关键构件启动。然后，系统集成人员规划当前作为一个构造序列的迭代所需的系统集成。对每次构造，系统集成人员描述要实现的功能和将影响到实现模型的哪些部分(如子系统和构件)。接着，由构件工程师来实现构造中要求的子系统和构件；得到的构件经过单元测试，提交给集成人员进行集成。然后，系统集成人员将新的构件集成到某个构造中，并交给集成测试人员人进行集成测试。之后，开发人员开始启动后续构造的实现，并考虑以前构造中的缺陷。现在，用活动图来说明实现活动和工作过程，如图 12-3 所示。

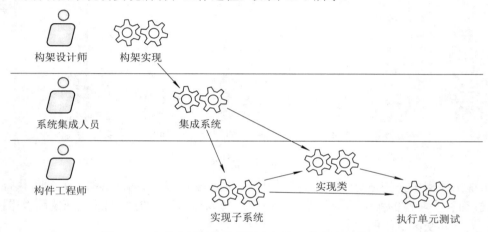

图 12-3　实现中的工作流包括参与的工作人员及其活动

12.2.1　构架实现

构架实现的目的是通过如下途径勾画实现模型及其构架：
- 识别对构架有重要意义的构件，例如可执行构件；
- 在相关的网络配置中将构件映射到节点上。

在构架设计过程中，要勾画设计子系统及其内容和接口。在实现过程中，使用与设计子系统一一对应的实现子系统，并提供相同的接口。因此，对实现子系统及其接口的识别就显得价值不大，在此就不作讨论。相反，在实现阶段，主要的任务是在实现子系统范围内创建实现相应的设计子系统的构件。在该活动中，构架设计师维护、精化并更新构架描述以及实现模型和实施模型的构架视图。

1．确定对构架有重要意义的构件

通常的实际做法是在软件生命周期的早期确定对构架有重要意义的构件，以便启动实现工作(如图 12-4 所示)。

然而，在实现类时，许多构件(特别是文件构件)的初始创建工作相当琐碎，这些构件基本上只是提供将实现类包装成源代码文件的一种方法。由于这个原因，开发人员必须注意在这一阶段不能确定太多的构件或作过分详细的设计。否则，在实现类时，许多工作不得不重做。事实上，只要勾画出一个对构架有重要意义的构件的初始的轮廓就足够了。

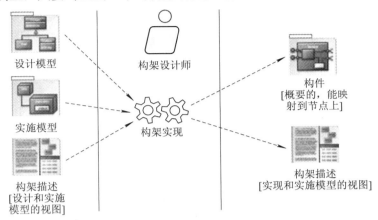

图 12-4　构架实现的输入和结果

2．确定可执行构件并把它们映射到节点上

为了识别能够部署到节点上的可执行构件，要考虑在设计阶段得到的主动类，为每个主动类分配一个可执行构件，并将它标记为一个任务繁重的进程，也许还要确定为创建该可执行构件所需的其他文件或二进制构件。

接着考虑设计模型和实施模型，检查是否存在可分配给节点的主动对象。如果有，那么对应于该主动类的相应构件必须实施到相同的节点上。

构件到节点的映射对于构架来说非常重要，应该在实施模型的构架视图中加以描述。

12.2.2　系统集成

如图 12-5 所示，系统集成的目的是为了：

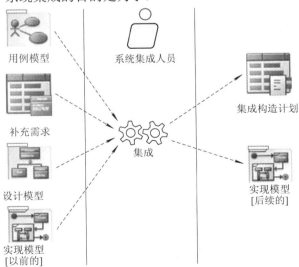

图 12-5　系统集成的输入和结果

- 创建集成构造计划，描述迭代中所需的构造和对每个构造的需求；
- 在进行集成测试前集成每个构造。

如图 12-5 所示，设计模型中"用例实现—设计"是该活动的基本输入。

1．规划后续的构造

下面是用于后续构造的一些原则：

- 后续的构造应该通过实现完整的用例或场景来向以前的构造添加功能。构造的集成测试要基于这些用例，测试完整的用例比测试其片段要容易；

- 构造不能包括太多新增的或精化的构件。否则，很难集成这样的构造并执行集成测试。如果必要，可以采用构造中介绍的方法，即可以用桩来实现一些构件，从而将新构件的数量最少化；

- 构造应该以先前的构造为基础，向上扩展到子系统层次结构的边界。就是说，初始的构造应该在较低层次开始(例如中间件层和系统软件层)。然后，后续的构造向上扩展到通用应用层和专用应用层。因为，在较低层次上的构件已经存在且具有正确的功能之前，很难实现更高层次上的构件，这是典型的分层系统的特征。

牢记这些原则，就可以评估要实现的需求，比如要实现的用例(或场景)。注意，在按照一种方法并遵循这些原则的过程中，很可能需要一定的折衷。例如，实现一个完整的用例可能需要很多新的构件，但是如果该用例对当前的构造来说很重要，则无论如何也要实现。

对于每个要实现的潜在用例，要按照以下步骤去做：

(1) 通过识别设计模型中相应的用例实现——设计来考虑该用例的设计。通过跟踪依赖关系，用例实现——设计可以跟踪到用例；

(2) 识别参与用例实现——设计中的设计子系统和类；

(3) 识别出实现模型中可跟踪到设计子系统和类的实现子系统和构件，这就是在实现用例时所需要的实现子系统和构件；

(4) 要考虑实现这些需求对当前构造顶层的实现子系统和构件所带来的影响。注意，这些需求是从设计子系统和类的角度进行描述的。按照前面描述的原则来评估这样的影响是否可以接受。如果可以，就把这个用例的实现安排到下一个构造中；否则，就把它遗留给将来的某个构造。

这些结果应该在制定集成构造计划时捕获，并与具体负责的构件工程师保持良好的沟通。然后，构件工程师就可在当前的构造中着手实现这些子系统和构件，并进行单元测试。之后，将实现子系统和构件移交给系统集成人员进行集成。

2．集成

如上所述，如果对构造做了仔细的规划，构造集成就相当容易。通过汇集合适版本的实现子系统和构件，进行编译，然后连接，就可得到一个构造。注意，在层次结构的系统里，编译工作可能需要自下而上地进行，因为较高层次和较低层次之间可能存在编译依赖关系。

得到的构造如果通过了集成测试，而且是一个迭代最后创建的构造时，就可以进行产品测试和系统测试了。

12.2.3　实现子系统

实现子系统的目的是确保一个子系统履行它在每个构造中的角色，这意味着要保证在构造中要实现的需求(如场景或用例)以及那些影响子系统的需求能通过子系统内部的构件和其他子系统正确地加以实现，如图 12-6 所示。

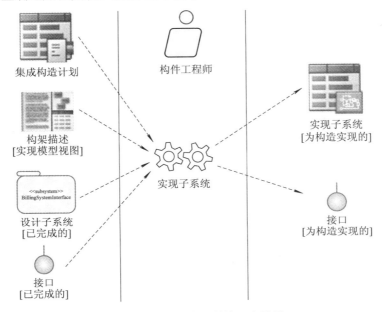

图 12-6　子系统实现的输入和结果

当子系统内部的构件和其他子系统正确地实现了当前构造中要实现的需求以及那些影响子系统的需求时，一个子系统就实现了其目标。

即使子系统的内容(例如构件)是由构架设计师勾画的，随着实现模型的进一步完善，仍然需要由构件工程师来精化。精化包括下面两个方面。

- 如图 12-7 所示，设计子系统内的每个类应该由实现子系统中的构件来实现。

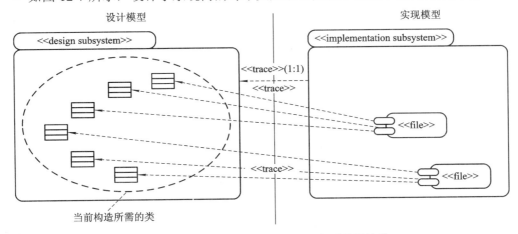

图 12-7　通过构件实现某个构造中所需的设计类

- 当前构造所需的设计子系统所提供的每个接口也应该由实现子系统提供。因此，实现子系统必须包含提供该接口的构件或实现子系统，如图 12-8 所示。

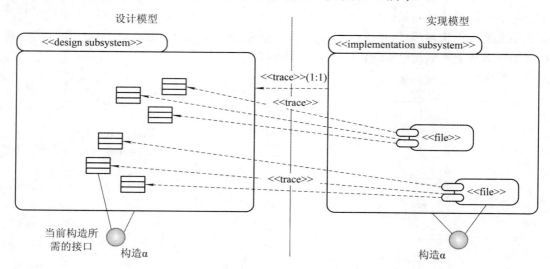

图 12-8 在某个构造(α)中所需的接口也应该由实现子系统提供

现在，构件工程师就可以开始实现子系统内所需要的构件，并对它们进行单元测试。然后，将所得到的子系统交由系统集成人员进行集成。

12.2.4 实现类

实现类的目的是为了在文件构件中实现设计类，如图 12-9 所示，它主要完成勾画出包含源代码的文件构件，从设计类及其所参与的关系中生成源代码，按照方法实现设计类的操作，确保构件提供与设计类相同的接口 4 项任务。

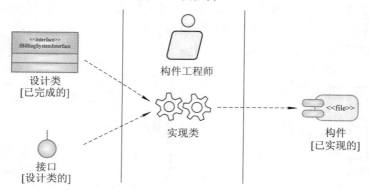

图 12-9 实现类的输入和结果

实现活动还应包括处理已实现类的各方面的维护问题，例如对类进行测试后要进行缺陷修复。

1. 勾画文件构件

实现设计类的源代码存放在文件构件中，因此必须勾画出文件构件并考虑其作用域。

在一个文件中实现几个设计类是很常见的，但是，注意，正在使用的文件模块化方法和编程语言约定将对如何勾画文件构件产生限制。例如，当使用 Java 时，要为每个类的实现创建一个".java"格式的文件构件。通常，文件构件应该支持系统的编译、安装和维护。

2．从设计类中生成源代码

在设计过程中，设计类及其关系的许多细节都是用编程语言的语法描述的，这就可以生成部分源代码，从而使实现类的工作简单明了，尤其是，这种方法还支持类的操作和属性以及类所参与的关系的实现。但是，通常只能生成操作的特征标记，而操作本身仍须由程序员来实现。

注意，可以从关联和聚合中产生代码，其实现方法在很大程度上取决于所用的编程语言。例如，具有单向导航特性的关联可用对象间的"引用"来实现，这个引用将作为引用对象的一个属性，而属性名就是关联另一端的角色名；关联另一端的多重性决定属性类型应该是一个简单指针(如果多重性小于等于1)或是一个指针集合(如果多重性大于1)。

3．实现操作

在设计类中定义的每个操作都必须实现，除非该操作是"抽象的"(或"虚拟的")且由该类的子类实现，这里用"方法"来表示操作的实现。在实际存在的文件构件中，方法的实例有 Java 中的方法、Visual Basic 的方法和 C++中的成员函数。

实现一个操作包括选择合适的算法和支持的数据结构，然后对算法所需的动作进行编码。在设计类的过程中，方法可能已经用自然语言或伪代码描述(这很少见，经常浪费时间)，但是，任何"设计方法"都应该作为这里的输入。同时，任何为设计类描述的状态会影响到实现操作的方式，因为在收到消息时，设计类的状态决定其行为。

4．使构件提供正确的接口

所得到的构件应该提供和设计类相同的接口。

12.2.5　执行单元测试

执行单元测试的目的是为了把已实现的构件作为个体单元进行测试，如图 12-10 所示。主要有下面几类单元测试。

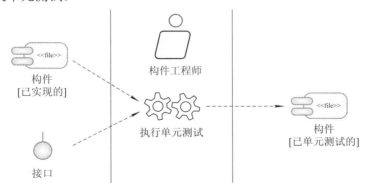

图 12-10　单元测试的输入和结果

规格说明测试或"黑盒测试"(或功能测试)为验证单元外观上可观察的行为，结构测试或"白盒测试"(或逻辑测试)为验证单元的内部实现。

注意，对于某些单元，可能还要执行许多其他类型的测试，比如性能、内存使用情况、负载和容量等方面的测试。同时，还必须执行集成和系统测试，以保证将几个构件集成在一起后可以正确地工作。

1．执行规格说明测试

规格说明测试是在不考虑构件内部如何实现的情况下验证构件的行为。因此，规格说明测试是某个构件处在特定状态下，给定输入，观察返回结果(输出)。可能的输入、初始状态和输出的组合范围通常很大，要测试所有的组合是不可能的，因此，可将输入、输出和状态划分为等价类。一个等价类是一组输入、状态和输出值，可以推测要测试的对象在等价类上具有相似的行为。通过测试构件的每个等价类组合的输入、输出和状态，几乎可以取得与测试所有独立值组合时相同的和有效的测试覆盖，从而极大地减少了测试工作量。

举例：等价类

一个账户的状态有三个等价类：余额为零、余额为负(或许是透支)、余额为正。同样地，输入变量可以分为两个等价类：零和正数。输出变量也可分为两个等价类：取款额为正或取款额为零。

构件工程师可以基于试探法选择出下列的测试值：

- 每个等价类允许的范围内的正常值，例如，从账户中支出4、3.14、5923元；
- 等价类的边界值，例如，取款为0、最小正值(如0.000 000 01)和最大的可能值；
- 等价类合法边界之外的值，例如，取出比合法值更大或更小的数目；
- 非法值，例如，取款值为-14和A。

选择测试时，构件工程师应该力求覆盖输入状态和输出的所有组合，例如从下列状况中提取14元：

- 账户中有-234.13元，结果为取出0元；
- 账户中有0元，结果为取出0元；
- 账户中有12.125元，结果为取出0元；
- 账户中有15元，结果为取出14元。

这四个测试用例的结果是在所有合法的状态(余额为正和余额为负)和输出(取款额为正和取款额为零)等价类组合中，从每个等价类中取出一个值进行测试。然后，构件工程师应该选择具有类似状态(可能是-234.13、0、13.125和15元)和输出值(0和14元)，但从同一个输入等价类中取出不同值(如3.14元)的组合所组成的测试用例进行测试。

然后，构件工程师准备从输入值的其他等价类取值，组成类似值域的测试用例进行测试。例如，可以试图从输入值域中取出0、4、3.14、5923、0.000 000 01、37 000 000 000 000 000 000 000(如果这是最大的可能值)、37 000 000 000 000 000 000 001、-14和A元等值进行测试。

2．执行结构测试

结构测试是有意识地验证构件的内部工作。在结构测试过程中，构件工程师一定要测试所有代码，这意味着每条语句至少要执行一次。构件工程师还应保证测试代码中绝大部分感兴趣的路径，包括最常执行的路径、最关键的路径、某算法中最少了解的路径以及高风险的路径等。

举例：一个方法的 Java 源代码

图 12-11 是一个为"账户"类编写的取款方法的简单实现。

```
public class Account {
1    // In this example the Account has a balance only
2    private Money balance = new Money (0);
3    public Money withdraw(Money amount) {
4        // First we must ensure that the balance is at least
5        // as big as the amount to withdraw
6        if (balance >= amount)
7        //Then we check that we will not withdraw negative amount
8        { if (amount >= 0)
9            {
10               try {
11                   balance = balance - amount;
12                   return amount;
13               }
14               catch (Exception exc) {
15                   // Deal with failures reducing the balance
16                   // ... to be defined ...
17               }
18           }
19           else {return 0}
20       }
21       else {return 0}
22   }
     }
```

图 12-11 为"账户"类定义的一个简单的取款方法

当测试这些代码时，必须确保所有 if 语句的 true 和 false 分支都判断过，并且所有代码都执行过。

例如，可以执行如下测试：

- 从余额为 100 元的账户中取款 50 元时，系统执行第 10—13 行；
- 从余额为 10 元的账户中取款–50 元时，系统执行第 19 行；
- 从余额为 10 元的账户中取款 50 元时，系统执行第 21 行；
- 当系统执行语句 balance = balance - amount 触发异常时，系统执行第 14—17 行。

综上所述，实现阶段的主要结果是实现包含以下元素的实现模型：

- 实现子系统及其依赖关系、接口和内容；
- 构件(包括文件构件和可执行构件)以及它们之间的依赖，构件经过了单元测试；
- 实现模型的构架视图，包括对构架有重要意义的元素。

当可执行构件被映射到节点时，实现还对实施模型的构架视图进行了细致的精化和改进。实现模型对于以后的测试活动来说是主要的输入，在测试期间，每个特定的来自实现的构造都需要进行集成测试，也有可能需要系统测试。

12.3 集　　成

考虑图 12-12 中描绘的产品，产品集成的一种方法是单独编写和测试每个代码制品，然后连接 13 个代码制品，最后对产品的整体进行测试。

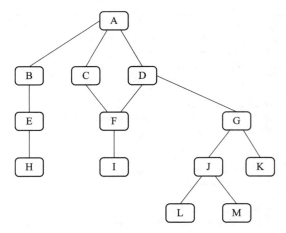

图 12-12　一种反映模块间调用关系的典型系统集成结构

这样的集成方法，有两个困难。

首先，模块 A 不能依靠自身进行测试，它调用了模块 B、C 和 D，要测试模块 A，模块 B、C、D 必须有存根程序。最简单的存根就是一个空模块，有效的存根是打印一条消息，例如"这里是模块 B。"，最好的存根返回与预先计划好的测试用例相吻合的值。要测试模块 H，就需要一个能调用模块 H 一次或多次的代码，即驱动程序，如果可能，要检查被测试代码的返回值。类似的，测试模块 D 需要一个驱动与两个存根。因此，随着实现和集成，第一个问题出现了：需要花大量的精力在构建存根与驱动上，但是，这些程序在单元测试完成后都会被抛弃。

在实现完成之后，集成工作开始之前，出现的第二个更大的困难是缺乏错误隔离的手段。如果产品作为整体测试，在某个特定的测试用例下产品失败了，该错误可能存在于 13 个代码模块或 13 个接口的任何地方，在有 103 个代码模块和 108 个接口的大型软件中，可能隐藏错误的地方不会少于 211 个。

解决这两个困难的方案是将单元测试与集成测试结合起来。

1．自顶向下的集成

在自顶向下集成中，有宽度和深度优先集成。假设图 12-12 中的产品是自顶向下实现与集成的，自顶向下的一种可能顺序是 A、B、C、D、E、F、G、H、I、J、K、L 和 M。首先，编写存根 B、C、D 来测试 A，接下来存根 B 扩展为代码 B，与代码 A 连接，同时用存根 E 对 B 进行测试，实现与集成按照这种方式进行下去，直到所有代码都集成到产品中。自顶向下的另一种可能顺序是 A、B、E、H、C、D、F、I、G、J、K、L 和 M。在这种顺序下，集成的部分工作可以并行进行，方式如下：在 A 编码和测试结束后，一个程序员可以利用代码 A 来实现与集成 B、E、H，而另一个程序员可以利用代码 A 并行地工作于 C、D、F 和 I，一旦 D 与 F 完成，第三个程序员可以开始对 G、J、K、L 和 M 进行集成。

假定代码制品 A 在某个特定的测试用例上执行是正确的，而当 B 编码完成并集成后，提交同样的测试数据时，测试结果失败了。错误可能在两个地方之一：代码制品 B 或代码制品 A 与 B 之间的接口。这样，自顶向下集成支持错误隔离。

自顶向下集成的另一个优势是设计错误的早期显现。软件的代码制品可以分为两组：

逻辑制品和操作制品。逻辑制品本质上表现为软件产品控制方面的决策流,例如,在图 12-12 中,认为代码制品 A、B、C、D 或许还有 G、J 是逻辑制品是合理的。另一方面是软件产品中进行实际操作的操作制品,操作制品一般位于图的较低层,例如,在图 12-12 中,制品 E、F、H、I、K、L 和 M 是操作制品。

在对操作制品进行编码和测试前,对逻辑制品的编码与测试通常是非常重要的,这可以确保主要的设计错误较早显现。如果整个产品完成后才发现一个严重错误,那么产品的大部分代码都要重写,特别是包含控制流程的逻辑制品。许多操作制品在产品的重构过程中可以复用,不管产品如何重构,操作制品与其他代码制品之间的连接方式可能需要发生变化。因此,设计错误越早发现,修正产品错误并使软件开发回到计划中的花费就越小,而且时间也就越短。采用自顶向下的策略进行制品实现与集成,确保了逻辑制品在操作制品之前实现与集成,因为在模块关系图中,逻辑制品几乎总是操作制品的祖先,这是自顶向下集成的一个主要优势。

但是,自顶向下集成的也有一个缺点:可复用代码制品可能测试不充分。复用那些误认为已经经过充分测试的代码制品,很可能比重写代码更没效率,因为当产品失败时,那些复用代码制品正确的假象会造成错误的结论。测试者可能不会怀疑复用代码没有经过充分的测试,而是认为错误隐藏在其他的地方,这样就会造成精力的浪费。

2. 自底向上的集成

在自底向上集成中,先对低层制品进行实现和集成,然后,实现和集成高层的制品。在图 12-12 中,一种可能的自底向上的顺序是 L、M、H、I、J、K、E、F、G、B、C、D、A。从团队角度出发,下面的自底向上的顺序更好:H、E、B 交给一个程序员,I、F、C 交给另一个,第 3 个程序员从 L、M、J、K、G 开始,然后实现 D,并将他的工作和第 2 个程序员集成,最后,B、C、D 成功的集成以后,就可以实现和集成 A 了。

当采用自底向上策略时,操作制品可以得到充分的测试。另外,测试通过驱动的协助完成,而不是通过错误保护、保守编程的制品来完成。尽管自底向上的集成解决了自顶向下集成的主要难题,并且与自顶向下的集成一样具有错误隔离的优势,但是,还是有自己的难题。特别是重大设计错误要到实现工作流后期才发现,逻辑制品最后集成,因此,如果有重大设计错误,将需要花费巨大的精力来重新设计和编写大部分的产品代码。

因此,自顶向下与自底向上的集成各有优劣。产品开发的解决方案通常结合这两种策略,扬长避短,于是就有了三明治集成。

3. 三明治集成(也称混合集成)

考虑图 12-13 所示的模块关系图。逻辑制品是 A、B、C、D、G、J 这 6 个代码制品,因此采用自顶向下集成。操作制品是 E、F、H、I、K、L、M 这 7 个代码制品,应该采用自底向上集成。如前所述,无论是自顶向下还是自底向上集成都不能满足所有的制品,所以将它们分开处理。6 个逻辑制品采用自顶向下集成,那么,重大设计错误就能够及早发现。7 个操作制品采用自底向上集成,得不到保守编程制品的保护,从而得到充分的测试,因此可以在其他产品中放心复用。所有制品都正确的集成后,再一个个的测试两组制品之间的接口,整个过程都有错误隔离,称为三明治集成或混合集成。

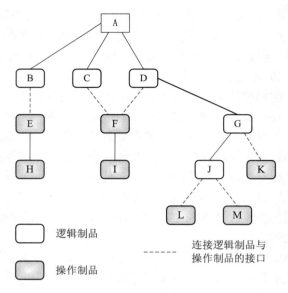

逻辑制品

操作制品

------- 连接逻辑制品与
操作制品的接口

图 12-13　采用三明治集成策略集成图 12-12 的产品

图 12-14 总结了三明治集成的优缺点，以及前面讨论的集成技术。

方法	优点	缺点
实现，然后再集成		没有错误隔离，主要设计错误发现较迟，复用代码制品测试不充分
自顶向下集成	错误隔离 主要设计错误发现较早	复用代码制品测试不充分
自底向上集成	错误隔离 复用代码制品测试充分	主要设计错误发现较迟
三明治集成	错误隔离 主要设计错误发现较早 复用代码制品测试充分	

图 12-14　集成方法汇总

"如何实现三明治集成"总结了三明治集成的方法，如图 12-15 所示。

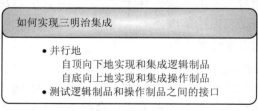

如何实现三明治集成

• 并行地
　自顶向下地实现和集成逻辑制品
　自底向上地实现和集成操作制品
• 测试逻辑制品和操作制品之间的接口

图 12-15　如何实现三明治集成

4．集成技术

对象既可以自底向上集成，也可以自顶向下集成。如果选用自顶向下的集成方法，每个方法都可以使用存根。如果用自底向上的集成，那些不发送消息给其他对象的对象首先实现和集成，然后实现和集成那些发送消息的对象。如此下去，直到实现和集成完产品中的所有对象。

因为同时支持自顶向下和自底向上，所以三明治集成也可以使用。如果产品是用 C++ 这样的混合型面向对象语言实现的，通常类都是操作制品，因此自底向上集成。许多不是类的制品都是逻辑制品，因此自顶向下的实现与集成。剩下的制品都是操作性的，可以自底向上的实现与集成。最后，所有的非对象制品都集成到对象中。

采用 Java 语言来实现，类方法(有时也称为静态方法)，如 main 以及实用程序方法通常与逻辑模块在结构上相似。因此，类方法也是自顶向下的实现，然后集成到其他对象中去。换句话说，实现和集成面向对象产品，也会用到三明治集成的变种。

5．集成管理

集成阶段发现的管理问题是，代码制品不能简单的连接在一起。

举例：沟通不及时可能造成接口问题

　　程序员 1 编写了对象 o1，程序员 2 编写了对象 o2。在程序员 1 使用的设计文档中，对象 o1 发送消息给对象 o2，传递 4 个变量，但是程序员 2 使用的设计文档却只有 3 个变量传给 o2。如果没有通知开发小组的全体成员，仅仅对设计文档的一份拷贝进行修改，就会出现这样的问题。两个程序员都认为自己是正确的，谁也不愿意妥协，因为做出让步的程序员必须重写产品的大部分代码。

要解决这类不兼容问题，整个集成过程必须由 SQA 小组实行，并且在其他阶段的测试中，如果集成测试执行不成功，那么 SQA 小组要负主要责任。因此，SQA 小组会确保测试彻底的执行。SQA 小组负责人要对集成测试的各方面负责，他决定哪些制品采用自顶向下的实现和集成，哪些制品采用自底向上的实现和集成，并把集成测试任务分配给正确的人选。SQA 小组在软件项目管理计划中制定了集成测试计划，同样要负责执行该计划。

集成过程的最后阶段是，所有的代码制品都已经经过测试并集成为单一的产品。

12.4　测　试　工　作　流

实现工作流要执行许多不同种类的测试，包括单元测试、集成测试、产品测试和验收测试等。这些类型的测试前面已有详细的介绍。

代码要经历两种类型的测试：程序员在开发代码段时进行非正规的单元测试，当程序员认为代码段的功能正常以后，由 SQA 小组进行系统的单元测试。有两类基本的测试方法：基于非执行的测试，代码段由一个小组评审，主要用于编码之前所得到的制品；基于执行的测试，对照测试用例运行代码段，主要用于编码时得到的代码。

在测试工作流中，通过测试每个构造(包括内部构造、中间构造以及将要向外部发布的系统最终版本)来验证实现的结果。明确地讲，测试的目的如下：

● 规划每次迭代需要的测试工作，包括集成测试和系统测试。迭代中的每个构造都需要进行集成测试，而系统测试仅需在迭代结束时进行；

● 设计和实现测试，采取的方法是创建用来详细说明要测试什么的测试用例，并创建用来详细说明如何执行测试的测试规程，若可能，还要创建测试自动化可执行的测试构件；

● 执行各种测试并系统地处理每个测试的结果。发现有缺陷的构造要重新测试，甚至可能要送回给其他核心工作流(如设计和实现)，这样才能修复严重的缺陷。

下面将阐明如何开展测试工作以及哪些工作人员和制品会参与到其中，如图 12-16 所示，测试工作流与实现工作流几乎相同。

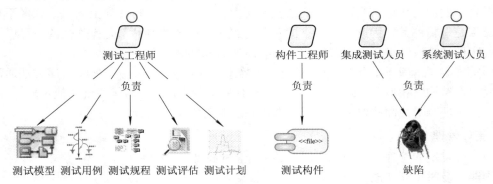

图 12-16　参与测试的工作人员和制品

1．测试在软件生命周期中的作用

当确定系统范围后，就可在初始阶段制定初始的测试计划，但是，测试主要应用在对每个构造(作为实现结果)进行集成测试和系统测试时，这意味着测试既是细化阶段(测试可执行的构架基线)的焦点，也是构造阶段(实现了系统的绝大部分)的焦点。在移交阶段，焦点转向修复在早期使用中发现的缺陷，并进行回归测试，如图 12-17 所示。

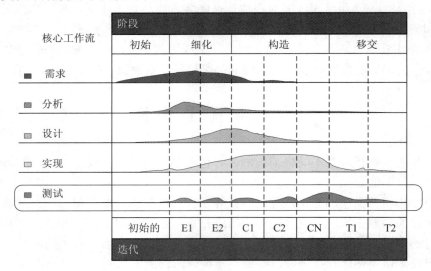

图 12-17　测试的焦点

由于开发工作的迭代性，一些说明如何测试早期构造的测试用例也可用作说明如何测试后续构造的回归测试用例。在迭代中对回归测试的需要逐步增长，这意味着后期迭代将包括大量的回归测试。所以，虽然测试模型会不断演化，但是，在整个软件生命周期中仍然需要维护测试模型。测试模型的演化方式包括以下几种：

- 移走过期的测试用例(以及相应的测试规程和测试构件)；
- 把一些测试用例改造成回归测试用例；
- 为每个后续构造创建新的测试用例。

2．测试工作流

现在用活动图来说明测试工作的行为，如图 12-18 所示。

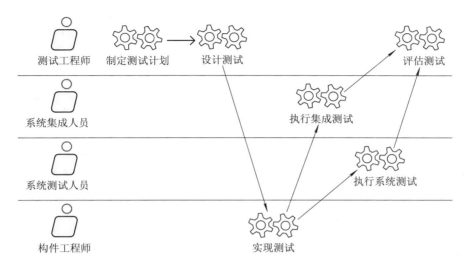

图 12-18　测试期间的工作流

测试的主要目的是为了执行并评估测试模型所描述的测试，由在每次迭代中规划测试事宜的测试工程师发起；接着，测试工程师描述所需的测试用例以及执行这些测试用例的测试规程；然后，如果可能，构件工程师要建立起使某些测试规程自动化的测试构件。当每个构件从实现工作流中发布时，就会按上面的步骤进行测试。

用这些测试用例、测试规程及测试构件作为输入，集成测试人员和系统测试人员测试每个构件并捕获发现的所有缺陷，然后，将这些缺陷反馈给其他工作流(如设计和实现)，还要反馈给测试工程师，以对测试结果进行系统的评估。

3．测试用例的选择

使用随意的测试数据测试代码制品是最差的方法。测试者坐在键盘前，只要制品要求输入，测试者以任意数据响应。将会看到，这样只能测试所有可能的测试用例的极小部分，时间不允许测试更多的数据，因为数据组合轻易就可以达到比 10^{100} 还多。能够运行的少数测试用例(可能在 1000 这个量级上)非常宝贵，不能浪费在随意的数据上。更糟糕的是，如果机器对同样的输入数据响应多次，就会浪费更多的测试用例，显然，测试用例选择必须系统化进行，具体的技术不再赘述。

4．黑盒单元测试技术

彻底的黑盒测试一般要求数 10 亿的测试用例，测试的艺术在于设计一个较小的容易管理的测试用例集，使发现错误的概率最大化，同时使多个测试用例发现同一个错误而浪费测试用例的概率最小化，所选的每个测试用例必须能发现前面没有找到的错误。通常采用的黑盒测试技术是等价类划分结合边界值分析，这里不再赘述。

5．白盒单元测试技术

在白盒测试技术中，测试用例的选择是基于对代码而不是规格说明的检查。有许多不同形式的白盒测试，包括语句、分支和路径覆盖等，请参考具体的白盒测试技术。

6. 代码走查和审查

代码审查是由若干程序员和测试员组成一个审查小组，通过阅读、讨论和争论，对程序进行静态分析的过程。代码审查分两步。第一步，小组负责人提前把设计规格说明书、控制流程图、程序文本及有关要求、规范等分发给小组成员，作为审查的依据。小组成员在充分阅读这些材料后，进入审查的第二步，召开程序审查会。

走查与代码审查基本相同，其过程分为两步。第一步把材料先发给走查小组每个成员，让他们认真研究程序，然后再开会。开会的程序与代码审查不同，不是简单地读程序和对照错误检查表进行检查，而是让与会者"充当计算机"，即首先由测试组成员为被测程序准备一批有代表性的测试用例，提交给走查小组。走查小组开会，集体扮演计算机角色，让测试用例沿程序的逻辑运行一遍，随时记录程序的踪迹，供分析和讨论用。

代码走查和代码审查的观点是一致的，这两项静态技术的错误发现能力将错误检测引向快速、彻底和提前。这样，由于在集成阶段出现的错误较少而提高了生产率，用于代码走查和审查的额外时间得到了巨大的回报，而且，代码审查可降低高达95%的改正性维护成本。

进行代码审查的另一个原因是，基于执行的测试(测试用例)在以下两个方面代价非常大。第一，耗费时间。第二，与基于执行的测试相比，审查可使错误在软件生命周期的更早期得到检测和纠正。经验表明，越早发现和纠正一个错误，花费的成本就越少。

7. 何时重写而不是调试代码制品

当 SQA 小组的成员发现故障(错误的输出)时，代码制品必须返回给原来的程序员进行调试，即检测错误，改正代码。在有些情况下，扔掉该代码段从头开始重新设计和重新编写可能更可取，可以由最初的程序员完成，也可以由另一个更资深的小组成员来完成。

为什么要这样？图 12-19 展示了一个与直觉相反的概念，代码制品中存在更多错误的概率与代码制品中目前发现的错误数成正比。

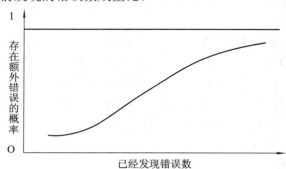

图 12-19　发现错误的可能性与已检测出的错误数成正比

现在，有两个代码制品 a1 和 a2。假定这两个代码制品长度相近，经过相同时间的测试。进一步假设在 a1 中只发现 2 个错误，而在 a2 中发现 48 个错误，那么在 a2 中比 a1 中很可能仍然存在更多的错误，并且对 a2 进行额外的测试和调试的过程可能更长，甚至会怀疑 a2 仍不完善。无论短期还是长期来看，最好的办法是放弃 a2，重新设计和编写。

举例：错误分布的不均匀性

错误在模块中的分布是不均匀的。Myers 引用了用户在 OS/370 中发现的错误的例子，结果表明

47%的错误只与 4%的模块有关。更早一些，Endres 在德国 Boblingen 的 IBM 实验室所做的关于 DOS/VS（28 版）的内部测试显示了类似的不均匀性。202 个模块总共发现 512 个错误，有 112 个模块只发现 1 个错误；另一方面，某些模块分别发现了 14、15、19 和 28 个错误。Endres 指出，后 3 个模块是产品中最大的 3 个模块，每个都由超过 3000 行的 DOS 宏汇编语言组成，而发现 14 个错误的模块是一个已知的、非常不稳定的小模块，这类模块可以考虑丢弃或重写。

管理者处理这种情况的办法是，预先确定一个给定代码制品在开发期间所允许的最大错误数，一旦达到该值，就必须丢弃，然后由有经验的软件设计人员重新设计和编写。最大值会随着应用领域的不同而不同，还会随着代码制品的不同而不同。确定允许的最大错误数可以参考某个类似的已得到纠错性维护的代码制品的错误情况。但是，不管采用什么估计技术，一旦超出预定的错误数，管理者必须保证放弃该代码制品。

8．集成测试

每个新的代码制品在加入到已集成的模块中时都必须进行集成测试。关键是首先采用单元测试技术测试新的代码制品，然后采用自顶向下或自底向上或三明治的集成策略来进行集成并完成测试。

集成过程完成后，软件产品作为整体进行测试，叫产品测试。当开发者对软件产品各方面的正确性都能保证时，就把它交给客户进行验收测试。

9．验收测试

客户进行验收测试的目的是确定产品是否确实满足规格说明。验收测试可以由客户组织实施，也可以在有客户代表在场的情况下由 SQA 小组实施，或由客户雇用的独立 SQA 小组实施。验收测试包括正确性测试，但除此之外，还需要进行性能和健壮性测试。验收测试的 4 个主要组成部分，即正确性测试、健壮性测试、性能测试、文档测试。

验收测试的关键在于必须在真实数据上而不是在测试数据上实施测试。产品通过验收测试后，开发者的任务就完成了，现在起对产品所做的任何更改都属于交付后维护。

10．测试工作流：考勤系统案例研究

考勤系统的 Java 实现必须经过白盒和黑盒测试，由于每次迭代都要实现系统的一部分，测试工作流在每次迭代都要执行，这里就不再详细介绍。

12.5　用于实现的 CASE 工具

在 CASE 工具中，支持代码制品实现的 CASE 工具是最成熟的，也是最早出现的，现在通常有集成版本控制工具、创建工具和配置管理工具。

1．软件开发全过程的 CASE 工具

CASE 工具本身有个自然发展的过程。最简单的 CASE 是个单独的工具，比如在线接口检查器或创建工具。接下来，可以对工具进行组合，由此产生支持一个或两个软件开发过程活动的工作平台，比如配置控制或编码。但是，这样的工作平台甚至不能为软件开发过程提供有用的管理信息，更不用说为整个项目了。最终，形成了为开发过程提供大部分(即使不是全部)计算机辅助支持环境的 CASE 工具。

理想状态下，每个软件开发组织应当使用一种环境。使用环境的成本可能会非常大，不仅仅是软件包本身，还包括该软件运行的硬件设备。对于小公司来说，一个工作平台或一套工具也就足够了。但如果可能的话，应该采用集成开发环境来进行软件开发和维护。

2. 集成开发环境

集成在 CASE 环境中的最普遍的含义是用户接口集成，即所有工具在环境中共享通用的用户接口，这句话的内在含义是，如果所有工具都有一样的可视界面，那么使用环境中某个工具的用户可以没有任何困难地学习和使用其中的另一种工具。这种思想在 Macintosh 中获得了成功，Macintosh 中的大部分应用软件都有相似的"外观和感受"。当然这只是通常的含义，也有其他类型的集成。

工具集成是指所有的工具采用相同的数据格式进行通信。这样，一个工具的输出流指向另一工具的输入流就可以实现两个工具的组合。Eclipse 是用于工具集成的开源环境。

过程集成指支持一个特定软件过程的环境。基于技术的环境是这类环境的子集，这类环境只支持开发软件的某一特定技术，而不是全过程。这些环境采用图形化界面为分析和设计提供支持，并集成了数据字典，此外，还提供了一致性检验，环境中往往还集成了对开发过程管理的支持。目前有许多商业环境，包括支持状态图的 Rhapsody 和支持统一过程的 IBM Rational Rose。

3. 商业应用环境

另一类环境是用于开发面向商业产品的重要环境，强调易用性，采用多种方法实现。特别是里面包括一些标准界面，通过友好的 GUI 用户可以对其进行各种修改。代码生成器是这种环境的一个普遍特征，产品的最底层抽象为详细的设计。详细设计作为代码生成器的输入，代码生成器则会自动生成某种编程语言的代码，例如，C++、Java 等。只需编译这些自动生成的代码，无需执行任何形式的"编程"工作。

目前有多种商业应用环境，例如，Oracle Developer Suite。

4. 环境的潜在问题

对所有产品和所有组织都是最理想的环境是不存在的，也没有任何一种编程语言是"最好的"。每种环境都有其优势和缺点，选用不合适的环境可能比不使用环境的情况还要糟。如果一个开发组织选用了一种强制其采用某种技术的环境，而这种技术从整体上对该组织并不合适，或对正在开发的软件产品是不合适的，则使用该 CASE 环境将达不到预期的目的。

当然，每个组织都应该使用 CASE 工具，使用工作平台一般不会带来损害。但是，在使用环境时，它将自动化的软件过程施加于使用它的组织。如果该组织正在使用一个良好的过程，也就是说，该组织为 CMM3 级或更高，通过过程的自动化，环境可以在软件生产的各个方面起到帮助。如果组织处于危机驱动的 CMM1 级或 CMM2 级，则不存在这样的过程。对不存在的过程进行自动化，即采用 CASE 环境(与 CASE 工具或 CASE 工作平台相对)，只可能会带来混乱。

5. 用于测试的 CASE 工具

在实现工作流期间有许多 CASE 工具可以支持不同类型的测试。对单元测试，XUnit 测试框架包括用于 Java 的 JUnit 和用于 C++的 CppUnit，是一组开源的用于单元测试的自动化工具，它可用来依次测试每个类。当然，也有许多供应商提供类似的商业工具，例如，Parasoft。

对集成测试，商业的支持自动集成测试(还有单元测试)的工具包括 SilkTest、IBM Rational Functional Tester 等，这类工具通常汇集单元测试用例并用得到的测试用例集来进行集成测试和回归测试。

在测试流期间，最重要的是管理人员要知道所有缺陷的状态，特别是要知道哪些缺陷已经检测出来但还没有纠正。最常用的开源缺陷跟踪工具是 Bugzilla。

12.6　小　　结

"如何执行实现工作流"图示概括了实现工作流的执行步骤。

```
┌────────────────────────────────────┐
│  如何执行实现工作流                  │
├────────────────────────────────────┤
│  • 迭代                              │
│      规划实现工作流                  │
│      实现类                          │
│      单元测试                        │
│      集成测试                        │
│  • 直到实现工作流完成                │
│      系统测试                        │
│      验收测试                        │
│  • 评估                              │
└────────────────────────────────────┘
```

本章首先介绍了什么是软件实现，阐述了实现在软件生命周期中的作用，详细描述了实现工作流，讲述了关于构架实现、实现类、子系统等方面的知识。然后，介绍了如何选择编程语言，以及如何养成良好的编程习惯。接着，简述了几种集成策略，通常采用三明治集成策略来进行开发实践。通过考勤系统实例研究，详细描述了实现工作流的工作，从 TimeCardDomain 包和 TimeCardWorkflow 包、HTMLProduction 框架、TimeCardUI 包、BillingSystemInterface 子系统四个方面，展示了软件实现的细节；接着，介绍了相关的测试技术。最后，简单介绍了用于实现和测试的 CASE 工具。

习　题　12

1. 什么是软件实现？简述实现在软件生命周期中的作用。
2. 实现的明确目标主要指哪四个方面？
3. 如何执行实现工作流？
4. 实现工作流中的各类人员分别主要完成哪些工作？
5. 实现工作主要集中在核心工作流中的什么阶段？在这些阶段中是采用什么思想进行实现的？
6. 如何实现构架？如何实现子系统？如何实现类？

7. 从设计类中生成源代码框架时，通常采用 UML 建模工具的什么技术？

8. 状态机图中的事件信息、状态信息分别用类的什么来表示？

9. 实现工作流的实现模型主要包含哪些具体实现的工作？

10. 如何执行单元测试？

11. 如何选择编程语言？

12. 如何养成良好的编程实践？

13. 有哪几种集成方式，各有什么特点？

14. 如何选择测试用例？

15. 什么是代码走查和审查？

16. 何时重写而不是调试代码制品？

17. 当你的程序遇到 BUG 的时候，你选择怎样处理？

18. (分析和设计项目)画出执行图书馆软件产品的实现工作流和测试工作流。

19. (分析和设计项目)画出执行网络购物的实现工作流和测试工作流。

20. (分析和设计项目)画出执行自动柜员机的实现工作流和测试工作流。

第13章　软件复用和构件技术

　知识点

软件复用，对象和复用，构件及构件技术，构件模型，复用及互联网。

🔊　难点

如何将理论与实践结合。

✎　基于工作过程的教学任务

通过本章学习，领会如何进行软件复用，掌握软件复用的技术；理解什么是软件复用，了解软件复用面临哪些困难；理解什么是构件，了解有哪些主流的构件模型，明确构件是软件复用的关键；了解设计和实现的复用，了解软件体系结构、框架、基于构件的软件工程；了解互联网对软件复用的影响。

据统计，开发一个新的应用系统，40%～60%的代码是重复以前类似系统的成分，重复比例有时甚至更高。因此，软件复用能节约软件开发成本，真正有效地提高软件生产效率。使用软件复用技术可以减少软件开发活动中大量的重复性工作，提高软件生产率，降低开发成本，缩短开发周期。同时，由于软构件大都经过严格的质量认证，并在实际运行环境中得到校验，因此，复用软构件有助于改善软件质量。此外，大量使用软构件，软件的灵活性和标准化程度也有望得到提高。

13.1　复用的概念

软件复用(Software Reuse，又称软件重用或软件再用)的概念对于大家来说并不陌生。软件复用的观念起源于制造业和土木工程领域，通过配件组装汽车、砖瓦搭建房屋就是很好的例子，基于配件的产品在市场上已取得了很大的成功。软件配件叫做构件，一般认为可复用的二进制代码即为构件，构件观念和面向对象编程的对象思想很相似。

软件复用包含以下两层意思：

(1) 系统地开发可复用的软部件。这些软部件可以是代码，但不局限在代码，必须从更广泛和更高层次来理解，这样才会带来更大的复用收益。比如软部件还可以是分析、设计、测试数据、原型、计划、文档、模板、框架等。

(2) 系统地使用这些软部件作为构筑模块，建立新的系统。

软件复用可带来很多好处，软部件也有不同的粒度，软件复用可分为以下三个层次：

(1) 知识复用(例如，软件工程知识的复用)；

(2) 方法和标准的复用(例如，面向对象方法或国家制定的软件开发规范的复用)；

(3) 软件成分的复用。

软件复用还涉及如何剪裁和修改可复用部件以适应新的要求。有下面四种剪裁方法：

(1) 根本不剪裁。如程序设计语言所带的库函数；

(2) 手工剪裁法。即手工修改可复用部件的内部细节，要求用户了解可复用部件的内部详细情况；

(3) 模板修改法。按模板修改比手工剪裁方便且安全，同手工剪裁一样，有可能因修改可复用部件而使其出错。

(4) 类属参数化方法。能保证修改不会使原可复用部件出错，但对设计和编码有一定要求，可复用技术中一般都采用此方法。

那么，怎样才能复用软件呢？可复用软件应满足下面的条件。

(1) 软件系统应是模块化结构。只有在模块化结构中，模块内部的修改和局部系统的重构(部分模块的替换、部分接口的改动)才不至于影响系统的功能和总体面貌。

(2) 软件系统应不依赖于具体的运行环境。在这种结构的系统中，依赖于具体运行环境的部分可以集中在少数模块。一旦系统环境发生变化，就可以用其他模块加以替换。

(3) 软件系统应建立在标准的、统一的数据接口上。即软件系统在建立数据模块进行数据操作时，都要求以标准的数据模式为依据。这样可以减少系统中模块之间的数据交换和相互依赖关系，并将数据模块的操作集中在少数几个模块进行统一管理。

(4) 软件系统应有知识的帮助。这一要求不是必须的，但在软件系统进行重构、扩充时，知识库系统可以提供并学习系统组合、生成及复用方面的知识，从而提高工作效率、改进工作质量。

13.2 复用的障碍与复用技巧

1. 复用的障碍

软件复用面临各方面的困难，无论是技术问题还是非技术问题，都影响着软件复用的广泛实施。

(1) 技术因素。一些开发者开发的构件，要做到在另一些人开发的系统中使用时正好合适，从内容到接口都恰好相符，或做很少的修改，不是一件简单的事。构件要达到一定的数量，才能支持有效的复用，而大量构件的获得需要有很高的投入和长期的积累。当构件达到较大的数量时，使用者要从中找到一个自己想要的构件，并断定它确实是自己需要的，不是一件轻而易举的事。基于复用的软件开发方法和软件过程是一个新的研究实践领域，需要一些新的理论、技术及支持环境，这方面的研究成果和实践经验还不够充分。

(2) 人的因素。软件开发是一种创造性工作，长期从事这个行业的人们形成了一种职业习惯：喜欢自己创造而不喜欢使用别人的东西，特别是当要对别人开发的软件做一些修改再使用时，常常喜欢自己重新写一个。

(3) 管理因素。在软件生产的管理中，延续了一些与复用的目标很不协调的制度与政策，如计算工作量时，对复用部分大打折扣，甚至不算工作量。另外，不是在项目开始时自觉地向着打造可复用构件的方向努力，而是在它完成之后，看看是否能从中找到一些可复用构件。这些弊端妨碍了复用水平的提高和复用规模的扩大，甚至会挫伤致力于复用的人员的积极性。

(4) 教育因素。在软件科学技术的教育与培训中，缺乏关于软件复用的内容，很少有这方面的专门教材及课程，即使在其他教材及课程中提到软件复用，其篇幅及内容也相当薄弱。

(5) 法律因素。在法律上还存在一些问题，例如，一个可复用构件在某个应用系统中出现了错误，而构件的开发者和应用系统的开发者不是一个厂商，那么应该由谁负责？此外，在版权、政府政策等方面也存在一些悬而未决的问题。

(6) 逻辑产品。软件产品是一种逻辑产品、精神产品，它的产生几乎完全是人脑思维的结果，它的价值也几乎完全在于其中所凝结的思想，它的物质载体的制造过程与价值含量都是微不足道的。物质产品的生产受到人类制造能力的限制，现有的一切物质产品的复杂性都没有超过这种限度，软件却没有这种限制，只要人的大脑能想到的问题，都可能要求软件去解决，人脑所能思考的问题的复杂性，远远超出了人类能制造的物质产品的复杂性，因而使软件的复用更为困难。

2．复用技巧

软件复用有很多技巧，通常有下面的一些方法。

(1) 使用软件开发最佳实践。从以前已实现的内容进行学习，例如，使用配置管理工具来跟踪代码版本，从而可以跟踪更改和保持度量。

(2) 避免捷径和权宜之计。这也是为了保证一次性正确完成相应工作，例如，当在代码中进行更改时，确保进行回归测试，从而确保不会破坏程序中的任何代码。

(3) 持续对代码和解决方案进行记录。"趁热打铁"形成代码的相关文档更为容易，在项目最后进行此工作将困难得多，且很可能不会进行，例如，记录到其他构件的接口以及对其他构件的依赖关系等。

(4) 不要在代码中使用客户名称或引用。在代码中使用客户名称或引用，实际就是让代码立即变得落伍，限制了其用途，不要在代码中包含仅适用于一个项目的引用，例如，不要在数据库模式或类名称中使用客户名称。

(5) 外部化字符串和文本。通过将字符串和文本外部化，可以更方便地对其进行更改或翻译。如果要开发国际化的应用程序，务必对程序所显示的文本进行外部化。通过外部化字符串，可以在不重新构建应用程序的前提下针对不同国家(地区)和语言翻译相应的文本。

另外，在使用外部化字符串和文本的同时，考虑为特定配置信息(如 URL 或数据库)使用 XML 配置或属性文件，如：

```
<init-param>
<name>www.lut.cn</name>
<value>http://202.201.32.9</value>
```

</init-param>

（6）使用标准协议和方法在软件模块之间进行通信。这就允许其他人在复用时根据需要方便地更新或修改代码，例如，不要使用自定义消息传递格式，而使用 XML。XML 提供了基于标准且独立于平台的方式来表示结构化数据，允许使用标准解析例程。

（7）创建通用代码模板。通用代码模板允许对代码进行复用，例如，考虑使用独立于类型的函数模板，或使用特殊行为可扩展其他类型的适配器类模板。

（8）遵循行业标准和规范。各种标准组织花费了大量的时间，通过参考来自开发领域的各种信息，才制订出这些标准。使用标准可确保互操作性和可移植性，当必须与其他服务进行通信，以产生所需的输出时，这就变得越来越重要。

（9）使用公司的标准模板。如果公司内的所有人都使用相同的模板，在组中交换信息就会变得容易得多。标准模板可确保每个开发人员都能获得其项目的相同信息。

如图 13-1 所示，可了解软件构件如何创建、编录和复用。首先，客户需求开发人员创建满足需求的服务或解决方案。开发人员以构件化方式创建软构件，并将其放入到构件库中。在独立的客户事务中，将请求一个解决方案或服务，开发人员查询构件库，以确定是否有可复用的合适构件。找到了此构件后，会将其合并到客户解决方案中。

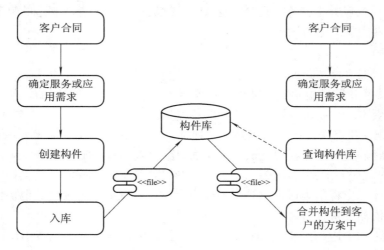

图 13-1　构件复用的过程

举例：一个软件构件复用的示例

一家服装店需要开发一个与支付处理和产品配送中心集成的 Web 店面解决方案。为了允许该店的客户在线购物，公司开发了完整的解决方案。在开发期间，将其构件化为多个部分，例如，添加到购物车、处理订单、库存管理、购物或财务处理等，将每个构件化的构件放入到公司的构件库，将成为下一个项目的基础。

两个月后，一家珠宝店需要一个类似的解决方案，能进行网上商业活动，需要一个允许进行在线事务的应用程序。通过搜索构件库，查找相关的构件，找到了"添加到购物车"代码，提取该构件，并将其放置到客户解决方案的当前体系结构中，从而节省了共 160 个人时的开发时间、设计时间和测试时间。

在此示例中，可复用构件为这家珠宝店和公司提供了很大的帮助，为客户提供了经过测试的成熟解决方案，并同时节省了公司的资金。

13.3　对象和复用

支持软件复用是人们对面向对象方法寄托的主要希望之一，也是这种方法受到广泛重视的主要原因之一。面向对象方法之所以特别有利于软件复用，是由于它的主要概念及原则与软件复用的要求十分吻合。

13.3.1　OO 方法对软件复用的支持

与其他软件工程方法相比，面向对象方法的一个重要优点是，可以在整个软件生命周期达到概念、原则、术语及表示法的高度一致。这种一致性使得各个系统成分尽管在不同的开发与演化阶段有不同的形态，但可具有贯穿整个软件生命周期的良好映射。这一优点使 OO 方法不但能在各个级别支持软件复用，而且能对各个级别的复用形成统一的、高效的支持，达到良好的全局效果。做到这一点的必要条件是，从面向对象软件开发的前期阶段——OOA 就把支持软件复用作为一个重点问题来考虑。运用 OOA 方法所定义的对象类具有适合作为可复用构件的许多特征，OOA 结果对问题域的良好映射，使同类系统的开发者容易从问题出发，在已有的 OOA 结果中发现不同粒度的可复用构件。

(1) OOA 模型。OOA 方法建立的系统模型分为基本模型(类图)和补充模型(场景图与交互图)，强调在 OOA 基本模型中只表示最重要的系统建模信息，较为细节的信息则在详细说明中给出。这种表示策略使 OOA 基本模型体现了更高的抽象，更容易成为一个可复用的系统构架。当这个构架在不同的应用系统中复用时，在很多情况下可通过不同的详细说明体现系统之间的差异，因此对系统构件的改动较少。

(2) OOA 与 OOD 的分工。OOA 只注重与问题域及系统责任有关的信息，OOD 考虑与实现条件有关的因素。这种分工使 OOA 模型独立于具体的实现条件，从而使分析结果可以在问题域及系统责任相同而实现条件互异的多个系统中复用，并为从同一领域的多个系统的分析模型提炼领域模型创造了有利条件。

(3) 对象的表示。所有的对象都用类来描述。对象的一组信息，包括对象的属性、行为及其对外关系等都是通过对象类来表示的。类作为一种可复用构件，在用于不同系统时，不会出现因该类对象实例不同而使系统模型有所不同的情况。

(4) 一般—特殊结构。引入对一般—特殊结构中多态性的表示法，从而增强了类的可复用性。通过对多态性的表示，可以在需求相似而未必完全相同的系统中复用一个类。

(5) 整体—部分结构。把部分类作为可复用构件在整个类中使用，这种策略的原理与在特殊类中使用一般类是一致的，但在某些情况下，对问题域的映射比通过继承实现复用显得更为自然。另外，还可通过整体—部分结构支持领域复用的策略——从整体对象中分离出一组可在领域范围内复用的属性与服务，定义为部分对象，使之成为领域复用构件。

(6) 实例连接。建议用简单的二元关系表示各种复杂关系和多元关系。这一策略使构成系统的基本成分(对象类)以及它们之间的关系在表示形式和实现技术上都是规范和一致的，这种规范性和一致性对于可复用构件的组织、管理和使用，都是很有益的。

(7) 类描述模板。作为 OOA 详细说明主要成分的类描述模板，对于对象之间关系的描述注意到使用者与被使用者的区别，仅在使用者一端给出类之间关系的描述信息。这说明可复用构件之间的依赖关系不是对等的。因此，在继承、聚合、实例连接及消息连接等关系的使用者一端描述这些关系，有利于这些关系信息和由它们指出的被依赖成分的同时复用。在被用者一端不描述这些关系，则避免了因复用场合的不同所引起的修改。

(8) 用例。由于用例是对用户需求的一种规范化描述，因此比普通形式的需求文档具有更强的可复用性。每个用例是对一个参与者使用系统的一项功能时的交互活动的描述，具有完整性和一定的独立性，因此很适于作为可复用构件。

13.3.2 复用技术对 OO 方法的支持

面向对象的软件开发和软件复用之间的关系是相辅相成的。一方面，OO 方法的基本概念、原则与技术提供了实现软件复用的有利条件；另一方面，软件复用技术也对面向对象的软件开发提供了有力的支持。

(1) 类库。在面向对象的软件开发中，类库是实现对象类复用的基本条件。人们已经开发了许多基于各种 OOPL 的编程类库，有力地支持了源程序级的软件复用，但要在更高的级别上实现软件复用，仅有编程类库是不够的。实现 OOA 结果和 OOD 结果的复用，必须有分析类库和设计类库的支持。为了更好地支持多个级别的软件复用，可以在 OOA 类库、OOD 类库和 OOP 类库之间建立各个类在不同开发阶段的对应与演化关系。即建立一种线索，表明每个 OOA 的类对应着哪个(或哪些)OOD 类，以及每个 OOD 类对应着各种 OO 编程语言类库中的哪个 OOP 类。

(2) 构件库。类库可以看作一种特殊的可复用构件库，为在面向对象的软件开发中实现软件复用提供了一种基本的支持。但是，类库只能存储和管理以类为单位的可复用构件，不能保存其他形式的构件；但是它可以更多地保持类构件之间的结构与连接关系。构件库中的可复用构件，既可以是类，也可以是其它系统单位；其组织方式，可以不考虑对象类特有的各种关系，只按一般的构件描述、分类及检索方法进行组织。在面向对象的软件开发中，可以提炼比对象类粒度更大的可复用构件，例如，把某些结构或某些主题作为可复用构件；也可以提炼其他形式的构件，例如，用例或交互图。这些构件库中，构件的形式及内容比类库更丰富，可为面向对象的软件开发提供更强的支持。

(3) 构架库。如果在某个应用领域中已经运用 OOA 技术建立过一个或几个系统的 OOA 模型，则每个 OOA 模型都应该保存起来，为该领域新系统的开发提供参考。当一个领域已有多个 OOA 模型时，可以通过进一步抽象而产生一个可复用的软件构架。形成这种可复用软件构架的更正规的途径是开展领域分析。通过正规的领域分析获得的软件构架将更准确地反映一个领域中各个应用系统的共性，具有更强的可复用价值。

(4) 工具。有效的实行软件复用需要有一些支持复用的软件工具，包括类库或构件/构架库的管理、维护与浏览工具，构件提取及描述工具，以及构件检索工具等。以支持复用为背景的 OOA 工具和 OOD 工具在设计上也有相应的要求。工具对 OOA/OOD 过程的支持功能应包括：从类库或构件/构架库中寻找可复用构件；对构件进行修改，并加入当前的系统模型；把当前系统开发中新定义的类(或其他构件)提交到类库(或构件库)。

(5) OOA 过程。在复用技术支持下的 OOA 过程，可以按两种策略进行组织。第一种策略是在原有的 OOA 过程基础上增加复用技术的支持，应补充说明的一点是，复用技术支持下的 OOA 过程应增加一个提交新构件的活动。即在一个具体应用系统的开发中，如果定义了一些有希望被其它系统复用的构件，则应该把它提交到可复用构件库中。第二种策略的前提是：在对一个系统进行面向对象的分析之前，已经用面向对象方法对该系统所属的领域进行过领域分析，得到了一个用面向对象方法表示的领域构架和一批类构件，并且具有构件/构架库、类库及相应工具的支持。在这种条件下，重新考虑 OOA 过程中各个活动的内容及活动之间的关系，力求以组装的方式产生 OOA 模型，将使 OOA 过程更为合理，并达到更高的开发效率。

13.4　构件及构件技术

面向构件技术对一组类的组合进行封装，并代表完成一个或多个功能的特定服务，也为用户提供了多个接口。整个构件隐藏了具体的实现，只用接口提供服务。这样，在不同层次上，构件均可以将底层的多个逻辑组合成高层次上的粒度更大的新构件，甚至直接封装到一个系统，使模块的复用从代码级、对象级、构架级到系统级都可能实现，从而使软件像硬件一样，能让人装配定制而成的梦想得以实现。

13.4.1　构件

构件是指模块化的、可部署、可替换的软件系统组成部分，它封装了内部的具体实现并对外提供一组接口。它由以下三大要素构成。

(1) 接口(Interface)：接口告诉我们构件能完成什么功能。

(2) 实现(Implementation)：是让构件得以运作的代码。一个构件可以有多个实现，如一个构件可以同时处理 XML 文件的实现和处理关系型数据库文件的实现。

(3) 部署(Deployment)：是构件的存在形式，一般即为二进制代码和可执行文件。

构件的功能均由标准接口定义，通过接口调用完成。这样不仅可以容易地重用构件，而且由于标准接口的存在，不同操作系统，不同语言，不同结构的构件之间既可以完成互操作又保证了构件之间相互独立，最大限度降低耦合。

构件解决三个重要问题：一是复用性，二是互操作性，三是封装性。

(1) 构件的最重要的特性是可复用性。构件的提出就是为了解决软件中的功能模块的可复用，提高开发效率，增强系统的可维护性、可扩展性和可升级性。

(2) 构件还具有互操作性。由于标准接口的存在，如 CORB、ACOM、EJB 等，使得构件具有很好的互操作性，让系统的开发人员拥有更大的选择空间。

(3) 构件还具有封装性。构件对外提供标准的访问接口，具有良好的封装性，即内部功能模块的实现发生变化，不影响外界对它的调用。这样有利于 bug 的定位，版本的升级。

随着对软件复用理解的深入，构件的概念已不再局限于源代码构件，而是延伸到需求、系统和软件的需求规约、系统和软件的构架、文档、测试计划、测试案例和数据以及其他对开发活动有用的信息。这些信息都可以称为可复用软件构件。其应具备以下属性：

- 有用性(Usefulness)：构件必须提供有用的功能；
- 可用性(Usability)：构件必须易于理解和使用；
- 质量(Quality)：构件及其变形必须能正确工作；
- 适应性(Adaptability)：构件应该易于通过参数化等方式在不同语境中进行配置；
- 可移植性(Portability)：构件应能在不同的硬件运行平台和软件环境中工作。

13.4.2 构件技术模型

软件构件技术是支持软件复用的核心技术，是近几年来迅速发展并受到高度重视的一个学科分支。其主要研究内容包括：

(1) 构件获取：有目的的构件生产和从已有系统中挖掘提取构件；

(2) 构件模型：研究构件的本质特征及构件间的关系；

(3) 构件描述语言：以构件模型为基础，解决构件的精确描述、理解及组装问题；

(4) 构件分类与检索：研究构件分类策略、组织模式及检索策略，建立构件库系统，支持构件的有效管理；

(5) 构件复合组装：在构件模型的基础上研究构件组装机制，包括源代码级的组装和基于构件对象互操作性的运行及组装；

(6) 标准化：构件模型的标准化和构件库系统的标准化。

构件是一种不透明的功能实现，要通过构件模型进行构造，要能够与第三方进行合成，这样就存在构件模型标准化的问题。构件模型的标准化要能同时满足构件生产者和构件消费者的需求，学术界普遍接受的是"3C"(Concept，Content，Context)模型，即构件=(概念，内容，上下文)，在这个模型中：

- 概念：描述软件完成什么功能。
- 内容：描述如何实现这个构件，一般情况下，构件的内容信息对临时用户是隐藏的，只有需要对构件作修改的用户才是可知的。
- 上下文：构件在其适用领域内的配置。通过对概念、操作和实现特征的详细说明，上下文能够使软件寻找到满足应用需求的构件。

独立开发的可复用构件满足不同的应用需求，并对运行上下文做出了某些假设。系统的软件体系结构定义了系统中所有构件的设计规则、连接模式和交互模式。

如果被复用的构件不符合目标系统的软件体系结构就可能导致该构件无法正常工作，甚至影响整个系统的运行，这种情形称为失配。调整构件使之满足体系结构要求的行为就是构件适配。构件适配可通过白盒、灰盒或黑盒的方式对构件进行修改或配置。白盒方式允许直接修改构件源代码；灰盒方式不允许直接修改构件源代码，但提供了可修改构件行为的扩展语言或编程接口；黑盒方式是指调整那些只有可执行代码且没有任何扩展机制的构件。如果构件无法适配，就不得不寻找其它适合的构件。

13.4.3 当前主流构件模型

近年来构件技术迅速发展，国内外对构件技术的研究已取得了一定成果。当前主流构件模型主要有：美国 OMG(Object Management Group，对象管理组织)的 CORBA 技术、

SUN(Oracle)的 JavaBeans/EJB 及微软的 DCOM/COM/COM+。我国自主研发的"和欣"操作系统(英文名 Elastos)就是使用构件技术开发的典型，创新性地实现了 CAR(Component Assembly Runtime)构件技术，即一种完全面向下一代的网络服务。

1. CORBA

CORBA 是 OMG 组织在众多开放系统平台厂商提交的分布对象互操作内容的基础上制定的公共对象请求代理体系规范。CORBA 分布计算技术是由绝大多数分布计算平台厂商所支持和遵循的系统规范技术，具有模型完整、先进，独立于系统平台和开发语言、被支持程度广泛的特点，已逐渐成为分布计算技术的标准。CORBA 标准主要分为对象请求代理、公共对象服务和公共设施三个层次。最底层是对象请求代理 ORB，它是关系模型的核心。规定了分布对象的定义(接口)和语言映射，实现对象间的通讯和互操作，是分布对象系统中的"软总线"；中间层公共对象服务可提供如并发服务、名字服务、事务服务、安全服务等各种服务；最上层的公共设施则定义了构件框架，提供可直接为业务对象使用的服务，规定业务对象有效协作所需的协定规则。

2. JavaEE/JavaBeans/EJB

SUN 在 1999 年底推出了 Java2 技术及相关的 J2EE(现在称为 JavaEE)规范，JavaEE 着力于推动基于 Java 的服务器端应用开发，其目标是提供与平台无关的、可移植的、支持访问和安全的、完全基于 Java 的开发服务器端构件的标准。在 JavaEE 中，SUN 给出了完整的基于 Java 语言开发面向企业分布应用规范。其中，在分布式互操作协议上，它同时支持 RMI 和 IIOP，而在服务器端分布式应用的构造形式则包括了 Java Servlet、JSP、EJB 等多种形式，以支持不同的业务需求。JavaEE 不仅规范支持跨平台的开发，而且简化了构件服务器端应用的复杂度，使它在分布计算领域得到了快速发展。

EJB 是 SUN 推出的基于 Java 的服务器端构件规范 JavaEE 的一部分，目前已取得较广泛的发展，已成为应用服务器端的标准技术。EJB 定义了一个用于开发基于构件的企业多重应用程序的标准，它是 SUN 在服务器平台上推出的 Java 技术族的成员，很大程度上增强了 Java 的能力，并推动了 Java 在企业级应用程序的应用。从软件构件的角度来看，EJB 是 Java 技术中服务器端软件构件的技术规范和平台支持。

3. DCOM/COM/COM+

DCOM 起源于动态数据交换(DDE)技术，通过剪切/粘贴实现两个应用程序之间共享数据的动态交换。对象连接与嵌入 OLE 就是从 DDE 引申而来的。随后，Microsoft 引入了构件对象模型 COM，形成了 COM 对象之间实现互操作的二进制标准。

COM(Component Object Model)是由 Microsoft 公司推出的构件接口标准，允许任意两个构件互相通信。COM 最初作为 Microsoft 桌面系统的构件技术，主要为本地的 OLE 应用服务，但是随着 Microsoft 服务器操作系统 NT 和 DCOM 的发布，COM 通过底层的远程支持使得构件技术延伸到了分布应用领域。基于 COM，微软进一步将 OLE 技术发展到 OLE2。其中 COM 实现 OLE 对象之间的底层通信工作，其作用类似于 CORBA/ORB。

通过 COM+的相关服务设施，如负载均衡、内存数据库、对象池、构件管理与配置等，Microsoft 的 DCOM/COM/COM+将 COM、DCOM、MTS 的功能有机地统一在一起，形成了一个功能强大的构件应用体系结构。

4. 商业构件

当前的软件已不再是一个简单的系统，规模越来越大，通常是一个复杂的"系统中的系统"。大型软件尤其如此，从头开始做每一件事情来建造系统几乎是不可能的，于是出现了 COTS(Commercial Off The Shelf)技术。

使用 COTS 构件突出的优点是能降低软件开发的成本。购买现有的软件比自己开发所需的成本低，软件的健壮性要高，因为市场上提供的 COTS 软件使用的是成熟的技术，使用这样的构件往往比自己开发的构件的可靠性要高。但是，COTS 构件的缺点是以"黑盒"提供给用户，没有源代码，维护困难，版本易于变化。

13.4.4　构件的开发与复用

构件的开发技术有多种。其中比较有代表性的是基于构件的软件开发(CBSD)技术，CBSD 是 CMU／SEI 提出的构件设计参考模式。这种设计模式的特征是：构件具有扩充独立性；构件模型必须给出一些标准以保证独立开发的构件能够配置到公共的环境中，而不会出现不可预知的问题；开发时间短，这样会减少整个开发和维护费用；提高可预知性。

建立在构件复用基础上的软件复用将会带来极大的价值，《Software Reuse》指出很多公司通过复用取得的成就使他们坚信，管理层可以期待获得如下优势。

- 投放市场时间：减少为原来的 1/2 到 1/5。
- 缺陷密度：降低为原来的 1/5 到 1/10。
- 维护成本：降低为原来的 1/5 到 1/10。

举例：软件企业要实施软件复用战略，下面是一个有效的软件开发实践

要进行软件复用，构件的开发应该遵循下面的原则。

(1) 构件是可复用的、能二次开发的，主体可以是源代码形式，也可以是二进制形式，配套相应的文档。

(2) 各项目使用的构件（包括原创构件和第三方构件）是受管理的，都是来自于构件库中，如果不在构件库中，要先申请入库，然后才能使用。

(3) 各项目的代码库不存放构件，统一到指定的构件库中提取，在项目编译说明书中详细列出项目所用到的构件以及如何使用的步骤。

(4) 通常，不同项目组使用相同构件的版本是相同的。如果有不同，也是受控的。

(5) 对一个构件任何时候只推荐一个版本，项目组应选用构件库当前推荐的版本。

(6) 如果构件库中构件升级，请此构件的联系人判断，使用老版本构件的项目是否也需要升级，通常尽量升级到最新版本。

(7) 工程改进小组（EPG, Engineering Process Group）负责构件库管理。已经入库的构件，不能随意地删除或改变目录结构。如需改变，需要取得所有使用该构件的项目组的同意。

采用基于构件的开发方法，在设计阶段的构架工作（基本设计工作阶段）或更早要考虑设计方案时，必须遵循下面的程序。

(1) 查询构件库，选择需要的构件并列出清单。

(2) 对构件库中完全满足需求的构件，在设计资料中注明，并提取相应的技术文档，作为开发支持。

（3）对构件库中满足部分需求的构件，应当对不满足的部分进行分析和抽象，如果经过大组长会议确认是通用功能，可以由负责构件库相关工作的人员修改或派生出新的构件，并及时提供依赖关系和变化影响报告。

（4）对构件库中不存在的构件，首先由项目组进行抽象，提出构件的属性和对外提供的服务，并确定该构件的类型；如果属于基础构件库、通用构件，应当交给大组长会议确认，并将该部分开发工作从项目组中划出，由专门人员进行开发和专门测试，并进入相应的构件库；如果属于领域构件，应当通知有关组，开发工作由项目组承担；完工并经过测试组测试后进构件库。

（5）在工作中，各项目组如果积累了成熟稳定的构件，要积极地向大组长申报，再由大组长进行会议讨论确认，如有必要，要安排专项测试，最终纳入构件库中。

要进行构件复用，必须制定并遵循入库/升级认定过程。

（1）有需要的项目组或个人填写构件入库认定表，表中除其他角色审批处不要填写之外，其余各处都要填写。

（2）审批。

（3）如果需要，须经领导审批。

（4）经手人审批归档。

（5）如果构件升级，构件联系人判断老版本是否需要升级，并发布通知。

当然，还需处理构件的后续管理和可持续化问题，可采取对构件贡献者给以奖励等措施来鼓励员工积极参与。

总之，构件的开发是与企业的软件开发策略密切相关，需要遵循严格的规程，是一个需要长期奋斗的目标，这样才能享受到构件复用的好处。

开发过程可参考第 14 章的 14.3 节面向领域工程的软件工程所述。

13.5 设计和实现期间的复用

构建软件的每个人都会告诉你，实现软件复用极具挑战性，大规模、系统级的复用更是如此。开发人员要在最后期限内满足需求、交付功能，同时还要优先保证复用就非常难了。作为团队领导，这个处境只会变本加厉——必须满足客户的需求，在预算内按时交付功能，还要管理开发团队。抑制复用的一个关键因素是，从组织的政治、文化背景来说缺乏领导力和远见，而且没有与业务需要的内容相结合。有些复用的尝试以失败而告终，是因为他们太过雄心勃勃了，为了设计完美的内容而花费大量精力去做大规模的先行设计。还有其他一些失败的原因，比如缺乏灵活的设计、规划不充分，或是资金问题。沟通效率和对现有可复用软件资源的了解也是一个关键因素，除了设计模式，下面再介绍几种流行的设计复用技术。

1. 软件体系结构

自从软件系统首次被分成许多模块，模块之间有相互作用，组合起来有整体的属性起，其就具有了体系结构。事实上，软件总是有体系结构的，不存在没有体系结构的软件。软件体系结构是设计抽象的进一步发展，满足了更好地理解软件系统，更方便地开发更大、更复杂的软件系统的需要。

在 20 世纪 80 年代中期出现了 Client/Server(C/S)分布式计算结构，应用程序的处理在客户(PC 机)和服务器(Server)之间分担。但对于大型软件系统而言，这种结构在系统的部署和扩展性方面还是存在着不足。

Internet 的发展给传统应用软件的开发带来了深刻的影响。基于 Internet 和 Web 的软件和应用系统无疑需要更为开放和灵活的体系结构。随着越来越多的商业系统被搬上Internet，一种新的、更具生命力的体系结构被广泛采用，这就是"三层/多层计算"。

如图 13-2 所示，应用程序服务器运行于浏览器和数据资源之间，一个简单的例子是，顾客从浏览器中输入一个定单，Web 服务器将该请求发送给应用程序服务器，由应用程序服务器执行处理逻辑，并且获取或更新后端用户数据。

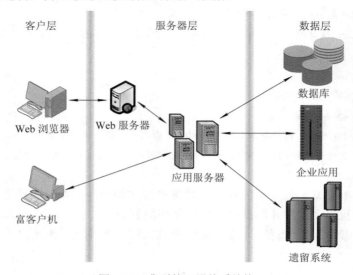

图 13-2　典型的三层体系结构

- 客户层。用户接口和用户请求的发出地，典型应用是网络浏览器和富客户(如 Java程序)。
- 服务器层。典型应用是 Web 服务器和运行业务代码的应用程序服务器。
- 数据层。典型应用是关系型数据库和其他后端(Back-end)数据资源，如 Oracle 和 SAP、R/3 等。

三层体系结构中，客户(请求信息)、程序(处理请求)和数据(被操作)被物理地隔离。三层结构是个更灵活的体系结构，它把显示逻辑从业务逻辑中分离出来，这就意味着业务代码是独立的，可以不关心怎样显示和在哪里显示。业务逻辑层处于中间层，不需要关心由哪种类型的客户来显示数据，也可以与后端系统保持相对独立性，有利于系统扩展。三层结构具有更好的移植性，可以跨不同类型的平台工作，允许用户请求在多个服务器间进行负载平衡。三层结构中安全性也更易于实现，因为应用程序已经同客户隔离。应用程序服务器是三层/多层体系结构的组成部分，应用程序服务器位于中间层。

软件体系结构研究的主要内容涉及软件体系结构描述、软件体系结构风格、软件体系结构评价和软件体系结构的形式化方法等，解决好软件的复用、质量和维护问题，是研究软件体系结构的根本目的。

当今软件系统的规模变得越来越大，结构也越来越复杂，同时从头开始构建的大系统数量在急剧地减少，因而很多遗留系统正在被逐步地利用。从遗留系统软件代码和系统中抽取结构信息，经过描述、统一、抽象、一般化与实例化等处理，可总结出系统的体系结构，为一些特定的应用领域的软件系统提供一些体系结构框架，如控制系统、移动机器人和用户接口界面等。通过这些框架可以改进人们对软件的理解和改进软件本身的活动，很方便地构造一个新的软件系统，提高软件质量和稳定性。

2. 应用框架

可以说，一个框架是一个可复用的设计构件，规定了应用的体系结构，阐明了整个设计、协作构件之间的依赖关系、责任分配和控制流程，表现为一组抽象类以及其实例之间协作的方法，为构件复用提供了上下文(Context)关系。因此，构件库的大规模复用也需要框架。

应用框架的概念也很简单，它并不是包含构件应用程序的小片程序，而是实现了某应用领域通用完备功能(除去特殊应用的部分)的底层服务。使用这种框架的编程人员可以在一个通用功能已经实现的基础上开始具体的系统开发，框架提供了所有应用期望的默认行为的类集合，具体的应用通过重写子类(该子类属于框架的默认行为)或组装对象来支持应用专用的行为。

框架要解决的最重要的一个问题是技术整合。在 J2EE 的框架中，有着各种各样的技术，不同的软件企业需要从 J2EE 中选择不同的技术，这就使得软件企业最终的应用依赖于这些技术，技术自身的复杂性和技术的风险性将会直接对应用造成冲击。应用是软件企业的核心，是竞争力的关键所在，因此，应该将应用自身的设计和具体的实现技术解耦。这样，软件企业的研发将集中在应用的设计上，而不是具体的技术实现，技术实现是应用的底层支撑，它不应该直接对应用产生影响。

举例： 一个做流视频应用的软件企业，为广电行业提供整体的解决方案，其优势在于将各种各样的视频硬件、服务器和管理结合起来，扮演的是一个集成商的角色，其核心价值在于使用软件技术将不同的硬件整合起来，并在硬件的整合层面上提供一个统一的管理平台，所以，需要解决下面两个问题。

如何找到一种方法，将不同的硬件整合起来，注意，这里的整合并不是技术整合，而是一种思路上的整合。首先要考虑的绝对不是要使用什么技术，而是这些硬件需要提供哪些服务，需要以什么样的方式进行管理。因此，这时候做的事情实际上是对领域进行建模，例如，任何一种硬件都需要提供两种能力，一种是统一的管理接口，用于对所有硬件统一管理；另一种是服务接口，系统平台可以查询硬件所能够提供的服务，并调用这些服务。所以，设计的规范将会针对两种能力进行。

3. 提高软件可维护性的因素

大量使用可复用的软件构件来开发软件，可以从下述两个方面提高软件的可维护性。

(1) 通常，可复用的软件构件在开发时经过很严格的测试，可靠性比较高，且在每次复用过程中都会发现并清除一些错误，随着时间推移，这样的构件将变成实质上无错误的。因此，软件中使用的可复用构件越多，软件的可靠性越高，改正性维护需求越少。

(2) 很容易修改可复用的软件构件使之再次应用在新环境中，因此，软件中使用的可复用构件越多，适应性和完善性维护也就越容易。

13.6 复用及互联网

互联网应用技术的发展，提升了互联网业务实现的能力，拓展了业务提供的模式，丰富了业务形态和种类，是互联网应用丰富和发展以及互联网业务普及的重要驱动力之一。探索互联网应用技术，可以从对互联网的能力提升角度，将 Web2.0 时代的互联网技术分为资源共享和复用、用户参与和协作以及用户体验提升三大类。从而使 Web2.0 时代的互联网应用具有了广泛的用户参与、良好的用户体验以及信息和应用的聚合等新特征，推动互联网业务应用进入 Web2.0 时代，即 Web 工程。

Web 工程作为一门新兴的学科，提倡使用一个过程和系统的方法来开发高质量的基于 Web 的系统，它用系统的、严密的、可以测量的方法来开发、实施和维护基于 Web 的应用或基于 Web 的软件的工程应用。澳大利亚的 YogeshDeshpande 和 Steve Hansen 在 1998 年就提出了 Web 工程(简称为 WebE)的概念。

WebE 是用来创建高质量 WebApp 的过程。WebE 不是软件工程的简单复制，但是它借鉴了很多软件工程的基本概念和原理，同时它也强调与软件工程相似的技术和管理活动。虽然在这些活动的管理方式方面存在微妙的不同，但是，指导开发基于计算机系统的规范化方法的主要思想是相同的。设计人员主要为 Web 工程师和非技术性内容的开发者。

在 WebE 过程中，首先对 WebApp 要解决的问题进行系统的阐述；然后对 WebE 项目进行策划，并为 WebApp 的需求和设计建模；使用与 Web 相关的特定技术和工具构造系统；将 WebApp 发送给最终用户，同时使用技术标准和商业标准对其进行评估。因为 WebApp 的不断演化，必须建立配置控制、质量保证及运行支持机制。

Web 工程是用系统的和严密的方法来开发、发布和维护基于 Web 的系统，它和软件工程紧密联系，包含了程序设计和软件开发，设计过程采用某些软件工程的思想和方法，一般一个 Web 工程过程包括 Web 分析、Web 设计、Web 开发、Web 测试、Web 发布以及 Web 更新和管理几个过程。

(1) Web 分析。根据 Web 特性和 Web 应用的特定需求，需要采用更为开放、灵活的需求分析方法。与传统软件过程的分析不同，Web 分析阶段不但要分析 Web 系统本身的功能和性能，还要对可能的用户群体进行分析和调查。

(2) Web 设计。Web 设计不但包括功能设计和性能设计，而且包括页面风格设计，包括页面的主色调、页面框架结构、文字颜色搭配、动画和图片的放置等。

有效的 Web 站点设计需要注意可用性，要把 Web 系统设计得具有吸引力和让用户易于使用。目前，比较流行的 Web 设计方法是以用户为中心的设计。

(3) Web 开发。Web 开发过程包括后台数据库程序的开发、页面程序的编写和所有网页的制作。在设计阶段决定的 Web 框架基础上，进行具体的页面设计和制作。

(4) Web 测试。在 Web 工程过程中基于 Web 系统的测试、确认和验收是一项重要而富有挑战性的工作。Web 的应用系统的测试与传统的软件测试不同，不但需要检查和验证是否按照设计的要求运行，而且要评价系统在不同用户的浏览器的显示是否合适，重要的是，还要从最终用户的角度进行安全性和可用性的测试。因此，必须为测试和评估复杂的 Web

系统研究新的方法和技术。

(5) Web 发布。Web 发布阶段主要是把经过初步测试的 Web 应用系统传送到 Web 站点上，供用户浏览和使用。

(6) Web 更新、支持和管理。Web 系统与传统的软件系统不一样，它是需要经常更新的。这种更新包括细微的变化到大规模的变化，可以是页面内容的刷新，也可以是整个页面结构框架的更新(例如，整个主页结构的变化，增加或变更一个栏目)。正是因为这种改变经常出现，所以大型 Web 应用系统的管理是一项艰巨的任务。对每一种变化，无论大小，都需要以一种合理的、有控制的方式进行处理。可以把经过实践证明了的软件配置管理(SCM)的概念、原理和方法用到 Web 管理中。

13.7　小　　结

自软件复用被提出以来，人们进行了许多复用的实践活动。归纳起来，复用项目的成功主要发生于以下几种情形：①在较小的特定领域；②在理解充分的领域；③当领域知识变动缓慢时；④当存在构件互联标准时；⑤当市场规模形成时(大量的项目可以分担费用)；⑥当技术规模形成时(有大量可用的、可获利的构件)。

而复用项目失败的原因主要包括：①缺乏对复用的管理支持；②没有对开发可复用软件及复用已有软件的激励措施；③没有强调复用问题的规程或过程；④没有足够的可复用资源；⑤没有良好的分类模式，使得构件查找比较困难；⑥没有良好的构件库支持和控制复用；⑦构件库中的构件没有良好的接口；⑧已有的部件不是为了复用而开发的。

经过软件复用的研究和实践方面的努力，在构件开发方面已经取得一定的成果。当前已存在一些政府、军方或企业自己拥有的构件库，在某些领域，如科学计算，已有商用的构件存在。同时，存在大量独立于应用领域的计算机特定的软件构件，如：程序设计语言的类库、函数库、VBX、OCX、用户界面构件等。但对大多数特定领域来说，可复用构件仍十分短缺，从而形成了一个巨大的应用软件构件市场。

习　题　13

1. 什么是软件复用？软件复用有哪几个层次？软件复用面临哪些困难？
2. 有哪些软件复用的方法？如何进行构件复用？
3. OO 方法对软件复用提供了哪些支持？
4. 什么是构件？可复用构件具备哪些属性？
5. 请介绍当前三种主流的构件模型。
6. 什么是软件体系结构？什么是框架？
7. 互联网对软件复用带来什么？
8. (分析和设计项目)基于软件复用考虑图书馆软件产品的开发。
9. (分析和设计项目)基于软件复用考虑网络购物软件产品的开发。

第 14 章 现代软件工程

 知识点

现代软件工程，软件开发新方法和技术。

📢 难点

软件工程领域新的方法和技术。

✍ 基于工作过程的教学任务

通过本章的学习，了解现代软件工程发展的主要技术特点；了解开源软件、领域工程、敏捷软件开发过程及实践、测试驱动开发、模型驱动软件开发等软件工程新方法和技术。与传统软件工程方法相比较，这些方法和技术为现代软件工程实践提供了新的思路，已在许多软件工程实践中取得了积极的效果。

14.1 现代软件工程发展的主要技术特点

在现代软件工程中，工程与管理技术和方法与软件开发方法具有同等重要的位置，并且要求保持相互联系、相互衔接、相互支持和协调工作。前者可以比拟为制造技术中的生产技术，后者是工艺技术、质量控制技术、管理技术。因此，在笼统地谈到技术和方法的时候，有时并不区分是需求分析技术还是配置管理方法等，而统称为"开发技术和方法"。

为了比较清楚地说明现代软件工程的发展现状，综合各有关资料，可把现代软件工程内涵分为四个关键领域或四个过程，即开发过程、支持过程、工程过程和管理过程。

现代软件工程依然采用生命周期模型，甚至包括瀑布模型。所不同的是，现代软件工程的生命周期模型不仅仅反映的是软件生产的前后工序，更是提供了一个过程管理的公共框架，即公共的认知、协同和控制的框架。

那么，现代软件工程发展了哪些新技术和新方法呢？

1. 开发过程的新方法与新技术

开发过程包括需求分析、系统设计、实现与维护等软件开发的基本过程，是"传统软件工程的基本过程"。过程本身没有发生根本的变化，但技术方法有了很大的发展。

根据统一软件开发过程(Rational Unified Process, RUP)的划分，在需求获取阶段，现代软件工程普遍采用了面向对象建模的思想和 UML 建模技术与方法，通过业务建模和系统建模，为用户和开发团队描述了一个能够共同理解的希望开发的系统的构想和场景，并基于该构想和场景，在业务用例模型和业务对象模型中定义项目的目标和范围，定义系统与组织的过程、角色和责任。需求获取技术和方法的改进，使得对系统应该做什么、如何使开发人员和用户就某一问题描述达成共识，而变得较为容易求解。因而，该技术和方法更能适应用户与开发团队进行沟通和达成共识，更能适应需求的变更和管理。

在分析和设计阶段，面向对象的分析与设计模式、基于构件的系统构架方法和系统开发技术，为把需求转变为未来的系统，建立了一个健壮的框架基础。现代软件工程更强调系统结构的灵活性、可扩展性和可重用性。该要求被基于构件的系统构架分析、设计与开发所支持，而这个阶段的主要技术特点是面向对象的模式、构件、框架的研究。

在实现阶段，有一些技术方法(如中间件、构件/组件技术等)支持可重用软件系统的搭建。开发者首先会考虑重用构件库已有的构件产品。系统构建的活动是在层次化的子系统形势下，按定义代码的组织结构，以构件/组件的形式(源文件、二进制文件、可执行文件)实现类和对象的。最后，将开发出的组件作为单元进行测试以及集成由单个开发者(或小组)所产生的结果，使其成为可执行的系统。

所以，在开发过程中，现代软件工程比较注重的技术和方法是：统一建模语言 UML、构架与构件技术、基于软件复用性的系统实现，以及统一的开发过程(UP)。

2. 支持过程的工具和环境

支持过程包括一般意义上的开发工具与环境。现在，开发工具和环境的改进非常明显。但现代软件工程把注意力和关注点更多地放在发展整个开发过程的综合支持与支撑环境上。如全过程的文档支持，配置管理支持，质量保证支持，测试、分析、量化度量与控制支持等。

现代软件工程的过程是非常复杂的，所有的技术和方法都离不开具体实现的环境与工具。而现代软件工程思想的实现，如果没有工具的支持，也是不可能的。

按不同的工具分类方法，软件工程的工具可分为：

(1) 软件开发工具：需求分析、设计、测试工具等；

(2) 软件维护工具：版本控制、文档分析、逆向工程、再工程等；

(3) 软件管理与支持工具：项目管理、开发资源库、配置管理、软件评审等。

按解决的问题，软件工程的环境可分为程序设计、系统集成、项目管理等。

按现有的软件开发环境的演变趋向，软件工程的环境可分为以语言为中心、面向结构、工具箱和基于方法的环境等。

软件工程环境提供了一个平台，基于该平台可以充分发挥各个工具的作用，并实现工具之间、各技术和方法之间的继承和协同支持。例如，计算机辅助软件工程(Computer Aided Software Engineering, CASE)就是这样一个平台。

CASE 的集成机制包括以下内容：

(1) 数据集成：工具间可交换数据；

(2) 界面集成：工具具有相同的界面风格和交互方式；

(3) 控制集成：工具激活后能控制其他工具的操作；

(4) 过程集成：系统嵌入了有关软件过程的知识，根据软件过程模型，辅助用户启动各种软件开发活动。

(5) 平台集成：工具运行在相同的硬件/软件操作系统下。

3. 工程过程的过程和模型

工程过程包括各种生命周期模型、组织过程定义、组织培训、组织过程性能优化与改进、组织革新与部署等。

在工程过程中，现代软件工程新技术和新方法的核心出发点是：建立面向软件开发全过程、面向软件开发全组织的软件开发环境，包括过程规范和相应的控制机制。

过程规范包括生命周期模型的选择、组织过程的定义、培训、度量评价、优化改进等。

控制机制包括建立和组织软件开发项目过程相配套的支持和支撑机制、建立控制和监管软件项目进度的工具以及建立管理软件项目质量的机制。这些机制应能做到：配置和变更管理工具，实现如何在多个成员组成的项目中控制大量的制品(工件)、管理演化系统中的多个变体、跟踪软件创建过程中的不同版本的变更以及发布。软件项目管理机制平衡各种可能产生冲突的目标、管理风险，克服各种约束并成功交付使用户满意的产品等。

4. 管理过程的标准和规范

管理过程包括一系列的标准、规范、评审标准等，其中包含针对软件开发的需求管理、配置管理、项目管理、质量管理等。

软件工程技术和工程管理如同现实世界中热恋的情侣，如果他们各自真正认为在这个世界上找到了自己的另一半，那么他们的结合，既是自然的，也是全方位的，绝不是简单的几套体系的合并。而现代软件企业最困难或者也是现代软件工程实践最成功的地方，就是这些体系的有机无缝的衔接。

例如：需求工程中软件需求的获取、分析、处理和验证过程，与项目管理的范围定义和控制、时间管理的 WBS 分解和基线，与配置管理的配置项识别、选择和确认，需求转化为配置项的状态变化和控制/报告/基线度量，与测试设计和测试组织实施、与质量管理的需求评审等过程，都是紧密联系、相互衔接、协同工作的。

如何从技术和工具层次上打通这些过程之间的信息通道，如何在变更和基线控制层次上，建立这些过程之间统一的、相互衔接和认同的度量标准，如何在总体和各个控制环节上，从不同管理要求的角度，实现对软件开发过程的可度量、有基准、全方位综合的整体管理，是现代软件工程、特别是管理过程的关键。

14.2　开源软件运动

在讨论现代软件工程的时候，特别是在大量的中、小软件企业的开发活动中，不能不谈到开源软件。

14.2.1　开源软件的定义与由来

开放源码软件(Open-source-software, Oss)是一个新名词，它被定义为描述其源码可以被公众使用的软件，并且此软件的使用、修改和分发也不受许可证的限制。开源软件促进会

(OSI)是通过对开源许可证的官方认可来确定软件的开源属性的。该文件共有 10 项标准，每项标准的主要意思分别为：

(1) 确保软件再发布(redistribute)的自由；

(2) 软件发布必须提供源代码；

(3) 保障软件使用者对软件修改并形成衍生版本(Derived Works)的权利；

(4) 保证软件作者源代码的完整性以维护其信誉；

(5) 许可证不得歧视任何个人及组织，禁止将某些人排除在软件使用之外；

(6) 软件许可证不得限制软件的使用领域；

(7) 程序再发布除现许可证外不得有额外要求；

(8) 适用于软件整体的许可证也应适用于该软件的部分；

(9) 许可证不得限制与该软件一起发布的其他软件；

(10) 许可证应保持技术中立，以便许可证能在不同的技术条件下达成。

Oss 运动起源于自由软件运动。在国外，早期开发软件的有识之士在 1984 年提出了一个自由软件运动的计划：软件程序员要把他的产品——软件及其代码开放出来，让大家可以自由地使用、复制分发、研究学习。

因为不满当时大量的软件肆意地添加版权保护从而与金钱挂钩的现象，理查德·马修·斯托曼(Richard Matthew Stallman，简称 Stallman)首先发起了自由软件运动。自由软件运动的主要项目就是著名的 GNU 项目。

在这个计划之初，没人肯来帮助他，Stallman 就自己先花费了近一年的时间完成了一个 GNU 软件——GNU EMACS(一个编辑器，类似于一种集成开发环境)。EMACS 功能很强大，可以自由地分发拷贝。很快，EMACS 就到处流传，并且开始有人帮助 EMACS 来添加些新功能、修补错误。

1985 年，Stallman 成立了一个基金会：FSF(Free Software Foundation，自由软件基金会，网址为 http://www.fsf.org)，以筹集资金帮助开发 GNU 项目。

FSF 创立以后，不断接到很多厂商的捐款与赞助，Stallman 开始以较低的工资雇用有理想的软件工程师编写 GNU 项目中的自由软件，他自己是不支薪的。

1985 年 9 月，Stallman 正式发表了 GNU 宣言，并对 GNU 计划作了更详细的阐述。

1989 年，Stallman 与一群律师起草了广为使用的 GNU GPL(GNU General Public License，GNU 通用公共协议证书)，创造性地提出了"反版权"或"版权属左(CopyLeft)"的概念。同时，GNU 中的 GCC(GNU C Compiler，GNU 的 C 编译器)由于其优越的性能和自由的特点，也获得了巨大的成功。

1990 年，所有 GNU 计划的重要组件均已基本找到或编写，就剩下了操作系统的内核。

1991 年，芬兰大学生 Linus Benedict Torvalds(林纳斯·本纳第克特·托瓦兹，简称 Linus)在 GNU GPL 条例下发布了自己编写的操作系统内核，并命名为 GNU/Linux 或简称 Linux。该计划得到了全世界的众多开发者的参与支持，且做到了过去商业软件认为自由软件不可能做到的事——用分散的开发者、没有严格管理与计划的团队通过互联网，开发像内核系统这么复杂的软件。

14.2.2   Oss 项目的优势与开发经验

1. Oss 项目的优势

总的来说，Oss 的最大优势是软件信息的共享，有助于整个软件产业的快速发展，这也是 Oss 能拥有无数的拥护者与巨大动力的根源。但是，在软件业现存的还有闭源软件，也就是传统的软件开发模式，而且闭源软件的开发可以说仍是当今的主导。所以这里具体讨论相对于闭源软件项目，Oss 有什么样的优势。

(1) 降低风险。软件公司的产品一向是封闭源代码的。试想一下，若软件公司在一夜之间突然人间蒸发，运行的系统就无人维护，随时可能面临更换系统的境地。如果选择开源软件，可以将这种风险降到最低，活跃的开源软件通常会有源源不断的贡献者维护和更新，而且自己可以获取源代码，完全可以按照自己的意愿进行修改，无需担心某一天突然找不到依靠。

(2) 产品质量更可靠。闭源软件质量通常与软件公司的开发人员水平息息相关，开发人员的水平通常参差不齐；因此闭源软件的质量通常也是参差不齐，而开源软件通常是由社区中的技术高手在维护，有时用户自身也可以参与维护，并且开源软件的用户较多，软件存在的 bug 一般都会被及时发现和修补，产品质量更加可靠。

(3) 付出少、回报多。削减成本是商业成功至关重要的因素，bug 修复、开发功能和编写文档都会消耗大量的人力、物力和财力，如果选择开源软件，这些事情都有人在默默奉献，不需要你付出什么，但却可以享用别人的劳动成果。

(4) 降低开发成本——不花冤枉钱。使用开源软件开发一个产品是值得投资的，可以降低开发成本，并可以快速推出自己的产品，然而，许多团队都希望投放到生产环境中的产品能得到支持，于是诞生了许多提供企业级开源产品支持服务的专业型公司，开发团队可以根据自身的情况，有选择性地购买需要的服务。如果选择闭源产品，通常会多花钱，买到自己可能用不上的产品和服务。

(5) 招揽优秀人才。开源社区中充满了大量的优秀人才，他们富有激情，才华横溢，乐意为开源软件奉献。试想一下，对开源软件有浓厚兴趣的人加入到你的开发团队，想不提高生产力都难。

(6) 行业适应能力更强。因开源软件大多免费的缘故，在中、小型开发团队中迅速得到了广泛使用，这些使用开源软件的开发团队可能来自各行各业，经过长时间的使用，开源软件的适应能力更强，因此无论开发团队属于何种类型，都可放心使用。

(7) 产品更透明。由于开源软件是由社区在推动，其透明度很好，bug 的发现、新功能的提出都是在一个公开的论坛中进行的，参与者可以随时获取到最新信息，还可以参与进去。开源软件会根据使用者需求不断演变，而不是受限于一家公司的意愿，因此参与者可以了解开源软件的未来发展规划和方向，其透明度比闭源软件高出许多，开发团队可以做到心中有数。

(8) 可值得借鉴的软件开发经验。发展开源软件只是作为商业软件的一种补充，为用户提供多一种选择。连微软都表示，要接受开源软件与商业软件"共存"的事实和前景。微软的一位主管认为：应向开源软件学习如何控制并降低软件模块化或集成成本的激增，如何学习社区开发机制的有益经验，如何增加软件的透明度以赢得用户信任度的增加等。

2. 开源软件开发的经验

(1) 早发布、常发布、听取用户的建议，把用户当作协作开发者和测试人员；

(2) 精妙的数据结构和笨拙的代码所构成的组合好于笨拙的数据结构和精妙的代码；

(3) 最好的设计是最精简的设计；

(4) 好的程序员知道如何写代码，有经验的程序员知道如何重用或重构代码。

3. 常见的 Oss 项目

2000 年至今开放源代码运动一直在快速发展，已经有很多好的项目涌现出来。例如日常所用的有以下几个软件：

(1) Linux：著名的操作系统内核程序。网址：http://www.linux.org/。

(2) Apache：开源界最著名的产品之一，Web 服务器，推动了 Linux 与开源产品在服务器领域的应用。网址：http://httpd.apache.org/。

(3) QT：一种跨平台的 C++编程平台。由 Trolltech 公司发布，分为商业版与 Open source版。QT 跨平台能力十分优越，一个程序只需很少量的改动就可以在各个平台编译运行。网址：http://www.trolltech.com/products/qt/index.html。

(4) GTK：一个跨平台的 C 语言图形用户界面工具包。网址：http://www.gtk.org。

(5) OpenOffice：著名的开源 Office 办公软件，基本可以和微软的 Office 系统匹敌。网址：http://www.openoffice.org/。

(6) Firefox：著名的 Web 浏览器。对 IE 构成了一定的威胁。网址：http://www.mozilla.org/products/firefox/。

(7) Mplayer：一个著名的多媒体播放器，在底层对于各种系统均作了优化，播放性能十分出众，号称可以播放现存的任何格式的多媒体数据。网址：http://www.mplayerhq.hu/。

(8) Gimp：一个图形图像编辑软件，类似于 Photoshop。网址：http://www.gimp.org。

14.2.3　如何看待开源软件

Oss 的出发点是让尽可能多的程序设计人员能够阅读、分发和修改软件代码，从而使软件的错误可以得到迅速纠正，增强软件功能，使软件开发从公司行为变为社会行为。

具体来说，可以从以下几个角度来看待开源软件。

1. 从用户的角度看

从用户角度来看开源软件的成本，从软件的整体与长期观点而言，开源软件可能需要用户付出更高的成本，这是因为：

- 更高的产品安装与导入成本、"再"教育训练成本、系统维护成本和开发成本；
- 程序的开发也许可以靠群体的热情，但吃力不讨好的技术支持就得由用户自己来承担，因为整体成本≠购买成本，整体成本=购买成本 + 软件部署 + 教育培训 + 技术支持 + 系统未来升级维护 + 数据转换。

开放源代码的软件拥有更佳的稳定性吗？一般人都以 Unix 产品的稳定性来想象 Linux的稳定，实施的真相可能如下：

- 开源软件缺少相关的驱动程序的认证，系统文档的保护与内核模式的仿写功能难以保证有关软件的稳定性。

- 你的用户将会因此被迫牺牲更好的系统效能，硬件的驱动程序要去哪里找？
- 你的用户需要"即插即用"功能的支持吗？你的用户需要简易的安装与部署吗？
- 你的用户需要软件自动下载更新的功能吗？
- 你的用户需要容易上手的安装设置界面吗？还是可以忍受用手工的方式来设定所有的系统功能？

2. 从软件产品开发看

任何系统的开发、维护和技术支持都需要成本。

- Red Hat 已不再提供"免费"的 Linux 版本，否则无法维持庞大的成本。
- 没有健康的业务模式，使得软件开发厂商无法长期投入经费进行创新研发。

3. 从创新的角度看

- 创新是 IT 科技进步与 IT 产业兴旺发展的源动力。
- 微软每年投入 68 亿美元从事软件的创新与研发，拉动了整个软件产业的发展。
- 自由/开源软件的发展，搞活了全球的软件产业，对重组软件产业提出了挑战。
- 以业务软件模式带动 IT 产业的成长。

14.3 领 域 工 程

领域是领域工程中的一个最基本的专业术语，是指共享某种功能性(Functionality)的系统或应用程序的集合。领域含义中包含了领域工程中的很多属性和方法。在领域工程中，软件开发人员在整个开发过程中要时刻保持与"领域专家"进行沟通、讨论。领域专家不仅需要懂得计算机系统，而且需懂得现实领域知识。

14.3.1　基于领域工程的软件开发概述

大多数软件系统可以根据业务领域和它们支持的人物类型来划分类别，例如定期航班预定系统、医学记录系统、证券管理系统、订单处理系统、库存管理系统等。因此，可把根据系统类别而组织的领域称为纵向领域(Vertical Domain)。类似地，也可以根据软件系统部件的功能把它们分类，例如数据库系统、容器库、工作流系统、GUI 库、数值代码库等。因此，可把根据软件部件的类别组织的领域称为横向领域(Horizontal Domain)。

领域工程是目前可复用资产基础设施建设的主要技术手段，包含领域分析、领域设计、领域实现三个重要的活动。基于领域工程的软件开发过程如图 14-1 所示。

如图 14-1 所示，1)领域分析：在对领域中若干典型成员系统的需求进行分析的基础上，考虑预期的需求变化、技术演化、限制条件等因素，确定恰当的领域范围，识别领域的共性特征和变化特征，获取一组具有足够可复用性的领域需求，并对其抽象形成领域模型；2)领域设计：以领域需求模型为基础，考虑成员系统可能具有的质量属性要求和外部环境约束，建立符合领域需求、适应领域变化性的软件体系结构；3)领域实现：以领域模型和软件体系结构为基础，进行可复用构件的识别、生产和管理。

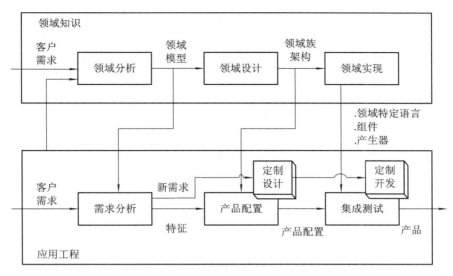

图 14-1　基于领域工程的软件开发过程

学术界对领域工程的系统化研究开始于 20 世纪 80 年代初期。目前对于领域工程具有代表性的研究和实践工作包括：卡耐基梅隆大学软件工程研究所早期提出的面向特征的领域分析方法和现阶段的软件产品线方法，乔治梅森大学提出的演化的领域生命周期模型，贝尔实验室提出的面向家族的抽象、规约和翻译的领域工程方法，韩国浦项科学与技术大学在 FODA 方法基础上提出的面向特征的复用方法，惠普实验室综合 FODA 方法和 RSEB 方法提出的 FeatuRSEB 方法，德国 Fraunhofer Institute for Experimental Software Engineering 的产品线软件工程方法，以及北京大学提出的青鸟面向对象的领域工程方法等。

14.3.2　基于构件的软件工程

基于构件的软件工程(Component-Based Software Engineering, CBSE)和基于构件的开发(Component-Based Development, CBD)是一种软件开发的新范型，它是在一定构建模型的支持下，复用构件库中的一个或多个软件构件，通过组合手段高效率、高质量地构造应用软件系统的过程。

CBSE/CBD 的工程学目标包括降低费用、方便装配、提高复用性、提高可定制性和适应性、提高可维护性。CBSE/CBD 的技术目标是降低构件之间的耦合度，提高构件内诸元素之间的内聚，控制构件的规模。

CBSE 强调使用可复用的软构件来设计和改造基于计算机的系统。构件复用是指充分利用过去软件开发过程中基类的成果、知识与经验，去开发新的软件系统，使人们在新系统的开发中着重于解决出现的新问题、满足新需求，从而避免或减少软件开发中的重复劳动。图 14-2 给出了一个典型的 CBSE 过程模型。

其中，领域工程的目的是标识、构造、分类和传播一些软件构件，这些构件将适用于某特定领域中现有的和未来的软件系统。领域工程的总体目标是建立相应的机制，使得软件工程师在开发新系统或改造老系统时可以共享这些构件，即复用它们。领域工程包括三个主要活动：分析、构造和传播。基于构件的开发 CBD 是一个与领域活动并行的 CBSE 活动。一旦建立了体系结构，就必须向其中增加构件，这些构件可从复用库中获得，或者根据特定需要开发。因此，CBD 的任务流有两条路径：当可复用构件有可能被集成到体系结构中时，必须对它们进行合格性检验和适应性修改；当需要新的构件时，则必须重新开发。构件组装的任务是将经过合格性检验的、适应性修改的以及新开发的构件组装到为应用建立的体系结构中，最后再进行全面的测试。

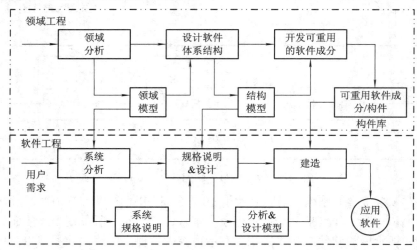

图 14-2　一个典型的 CBSE 过程模型

14.3.3　领域工程建模过程

1. 领域模型(Domain Model)

领域模型是对领域内的概念类或现实世界中对象的可视化表示，又称概念模型、领域对象模型、分析对象模型。领域系统开发人员通过分析整个领域中所有系统之间的共同特征和可变特征，同时对刻画这些特征的对象和操作进行研究、分析，从中抽象出领域系统的需求和操作，从而形成领域模型。领域系统开发人员依据领域模型产生出领域中共同具有的 DSSA(特定领域的软件构架)，并进行可重用构件的抽取和开发。构建领域模型是领域工程中的核心环节，也是领域系统需求分析的关键步骤。

领域模型设计的步骤如下：

(1) 从领域中所有相关环节的描述中提取领域字典，并对领域字典进行分类；

(2) 从领域中提取领域对象，形成操作对象集；

(3) 从领域对象集中抽象业务模型，建立问题域的概念；

(4) 用 UML 提供的方法和图例进行领域模型设计、确定模型之间的关系。

2. 领域构件的抽取

领域构件的抽取主要是从领域工程中的三个阶段中抽取。

(1) 领域分析阶段的构件获取：领域分析是领域工程的重要组成部分。此阶段主要是收集、分析、组织、描述领域中的所有相关信息，并在定义领域边界、明确分析对象、识别信息源等基础上，确定哪些资源可被领域系统共享，从而抽取相应的构件。此阶段抽取的构件主要包含文档说明构件、领域对象构件等。

(2) 领域设计阶段的构件获取：领域设计阶段主要是获得领域系统构架 DSSA。领域设计是一个高层次的设计，该设计必须适应领域中的所有应用系统需求和领域构件划分。此阶段抽取的构件主要包含各种框架设计构件。

(3) 领域实现阶段的构件获取：此阶段主要是对以上两个阶段中获取的领域构件进行实现以及管理。构件的实现可以通过现有的系统中提取得到，也可以通过自行编码开发得到。此阶段抽取的构件主要包含领域框构架件、领域描述构件(用特定的语言描述)和代码构件等。

经过以上三个阶段后，当需要开发一个领域的新应用系统时，就可以像组装产品一样，根据具体的需求，将需要的构件按照应用系统设计去组装形成，而无需从零开始。

3. 参与人员

与对应用工程的研究类似，参与领域工程的人员可以划分为四种角色：领域专家、领域分析员、领域设计员和领域实现员。以下将对这四种角色分别通过回答三个问题进行介绍：这种角色由什么人员来充当？他们在领域工程中承担什么任务？他们需要具有哪些技能？

(1) 领域专家包括该领域中系统的有经验的用户、从事该领域中系统的需求分析设计、实现以及项日管理的有经验的软件工程师等。主要任务包括提供关于领域中系统的需求规约和实现的知识，帮助组织规范的、一致的领域字典，帮助选择样本系统作为领域工程的依据，复审领域模型、DSSA 等领域工程产品等。

(2) 领域分析员应由具有知识工程背景的有经验的系统分析员来担任。主要任务包括控制整个领域分析过程，进行知识获取，将获取的知识组织到领域模型中，根据现有系统、标准规范等验证领域模型的准确性和一致性，维护领域模型。

(3) 领域设计员应由有经验的软件设计人员来担任。主要任务包括控制整个领域设计过程，根据领域模型和现有的系统开发 DSSA，对 DSSA 的准确性和一致性进行验证，建立领域模型和 DSSA 之间的联系。

(4) 领域实现员应由有经验的程序设计人员来担任。主要任务包括根据领域模型和DSSA，或者从头开发可复用构件，或者利用再工程的技术从现有系统中提取出可复用构件，对可复用构件进行验证，建立 DSSA 与可复用构件间的联系。领域实现员应熟悉软件复用、领域实现及软件再工程技术，熟悉程序设计，并具有一定的该领域的经验。

14.4　敏捷软件开发过程及实践

敏捷一词有轻巧、机敏、迅捷、灵活、活力、高效等含义。2001 年，17 位软件开发方法学家齐聚一堂，将各自的开发方法进行了汇总，并共同定义了术语敏捷(Agile)。会议最终制定了敏捷软件开发宣言(Manifesto for Agile Software Development)，并确立了一系列敏捷开发方法的价值观念和实用原则。敏捷软件开发涵盖了众多的开发方法，其中包括极限编程 XP、自适应软件开发 ASD、水晶方法族 Crystal Methods、动态系统开发方法 DSDM、特征驱动的开发 FDD 以及 SCRUM 方法等。

14.4.1　敏捷思想与实践原则

现有的软件开发方法大致可分为两类：重型和轻型软件开发方法。重型软件开发方法一般具有严格和详尽的软件开发过程，软件开发需产生大量的文档；而轻型软件开发方法则强调软件开发过程的简洁性和灵活性，软件开发只需编写少量的文档。

敏捷软件开发是一类轻型的软件开发方法，它提供了一组思想和策略来指导软件系统的快速开发并响应用户需求的变化。不同于已有的其他软件开发方法，该方法对软件开发具有以下四个方面的基本认识：

(1) 较之于过程和工具，应更加重视人和交互的价值。优秀的软件开发团队离不开人员之间良好的沟通与合作，相比较而言，团队的合作与沟通能力比单纯的编程能力更为重要，改善人员之间的交流与合作将有助于提升团队的软件开发水平。

(2) 较之于面面俱到的文档，应更加重视可运行软件的价值。编制过多的文档不仅会耗费大量时间和精力，而且当用户需求变化时难以实现文档与代码的同步。敏捷软件开发方法提倡在软件开发过程中只编写少量短小精炼的文档。

(3) 较之于合同谈判，应更加重视客户合作的价值。成功的软件开发不应单纯依赖于合同条款和工作说明，而应将用户和软件开发团队紧密地结合在一起，让用户积极参与软件开发并提供持续不断、频繁的反馈信息。

(4) 较之于遵循计划，应更加重视响应用户需求变化的价值。为了适应用户需求的变化，敏捷软件开发认为软件开发计划不应考虑得太远，不要进行过于周密、详细的计划，只应覆盖短期的工作任务，对于中长期的任务只需有一个粗略的规划即可，并根据需求的变化适时地调整计划。

在上述思想的指导下，敏捷软件开发提出了以下十二条原则来指导软件系统的开发：

(1) 尽早和持续地交付有价值的软件，以使用户满意。敏捷软件开发最关心的是软件系统的交付。该原则主张迭代性的软件开发，但迭代周期不宜太长。每次迭代结束以后，就向用户交付一个可运行的、实现部分需求的软件产品。

(2) 即使到了软件开发后期，也欢迎用户需求的变更。敏捷软件开发主张采用模式、迭代和重构等技术，以适应用户需求的变更，获得软件结构的灵活性。

(3) 不断交付可运行的软件系统，交付周期可以从几周到几个月。敏捷软件开发主张软件开发团队应经常性地向用户交付可运行的软件系统，而不是大量的文档或者计划。交付的周期要适宜，太长易使用户失去耐性，软件开发团队也无法从用户处及时获得反馈信息；过短会使用户难以接受持续不断的软件产品版本。

(4) 在整个软件项目开发期间，用户和开发人员最好能每天一起工作，及时获得反馈。

(5) 由积极主动的人来承担项目开发，给他们提供所需环境和支持，信任他们的能力。

(6) 团队内部最有效的信息传递方式是面对面的交谈。敏捷软件开发主张软件开发团队人员之间采用面对面交谈的方式来进行沟通，文档不作为人员之间交流的默认方式，只有在万不得已的情况下，才去编写文档。

(7) 将可运行的软件作为衡量软件开发进度的首要衡量标准。

(8) 可持续性的开发，出资方、开发方和用户方应当保持长期、恒定的开发速度。不应盲目追求高速，软件开发速度过快可能使软件开发人员陷入疲惫状态，可能会出现一些短期行为，导致给软件项目留下隐患。

(9) 关注优秀的技能和良好的设计会增强敏捷性。敏捷的一个重要体现是响应变化的能力。良好的设计是提高软件系统应变能力的关键。

(10) 简单化。软件开发工作应着眼于当前欲解决的问题，不要把问题想得太复杂(如去预测将来可能出现的问题)，并采用最为简单的方法去解决它，不要试图去构建那些华而不实的系统。

(11) 最好的构架、需求和设计出自于自组织的团队。敏捷团队应当是自组织的，以适应需求的变化。软件开发任务不是从外部直接分配到团队成员，而是交给软件开发团队，然后再由团队自行决定任务应当怎样完成。敏捷团队所有成员对于软件项目的所有部分都有权参与。

(12) 软件开发团队应定期就如何提高工作效率的问题进行反思，并进行相应的调整。

根据上述敏捷思想与实践原则，敏捷软件开发应更加适合于小规模软件开发团队，因为过多的软件开发人员势必会使得软件开发人员之间的交流变得非常复杂；同时也使它更加适合于需求易变的软件系统的开发，从而充分发挥该方法的技术优势。

14.4.2　支持敏捷软件开发的技术和管理手段

从技术的角度来看——敏捷思想和实践原则对软件系统的开发提出了以下一组要求：尽快开发出可运行的软件系统；当用户需求改变时应迅速地响应变化；获得良好的软件设计，以便当需求变化时对软件设计进行不断的调整和优化；保证软件系统的质量；提高敏捷软件开发的效率等。现阶段软件工程领域有以下一组技术可以有效地满足上述要求，支持敏捷软件开发。

1．测试驱动开发

测试驱动开发要求软件开发人员在编写程序代码之前，先确定和编写好测试。或者说，软件开发人员首先要思考如何对某个功能进行测试，设计好相应的测试用例，编写好相关的测试代码，然后编写相应的程序代码以通过软件测试。该技术支持软件系统功能的逐步实现，有助于保证任何程序代码都是可测试的，从而确保软件系统的质量。见本章 14.5 节。

2．敏捷设计

敏捷软件开发对软件系统的设计提出了更高的要求。为了支持用户需求的动态变化以及由此而引发的对软件设计的持续调整和优化，软件系统的设计应易于改动和调整，具有稳固性、可理解性、简单性、干净性和简洁性等特点。

针对这一要求，Robert C. Martin 提出一组支持敏捷软件开发的设计原则，包括：① 单一职责原则，每个模块只具有一个职责，主要体现模块的内聚度；② 开放封闭原则，扩展时无需更改模块的源代码和可执行代码，要尽可能利用抽象类，以体现软件设计的灵活性和可重用性；③ 依赖倒置原则，抽象不应该依赖细节，细节应依赖于抽象；④ 接口隔离原则，使用多个专门的接口比使用单一的总接口要好，因为这样会职责分离、分工明确。

3．模式运用

充分利用各种成熟模式，包括体系结构模式和设计模式来进行软件系统的设计，以支持软件系统的可重用性和应对用户需求的变化。

4．快速原型技术

快速原型技术有助于迅速生成软件系统的原型，并以此为媒介支持软件开发人员和用户之间的交流和沟通，促使软件开发人员关注于用户的需求，适应用户需求的动态变化，帮助软件开发人员尽快从用户处及时获得反馈信息。

5. 模型驱动软件开发技术——MDA 技术

MDA 强调将软件系统的功能规约与实现这些功能的技术和平台相分离，它区分两类不同的软件系统模型：平台无关的模型和平台相关的模型，并通过模型映射在不同模型之间建立桥梁，从而有助于保护用户的业务模型，促进软件系统的快速开发和部署。

6. 计算机辅助软件工程(CASE)工具

目前已有许多支持敏捷软件开发的软件工具，包括由 Microtool 公司研发的 Actif Exetreme，它支持敏捷过程管理；由 Ideogramic 公司开发的 Ideogramic UML，它支持针对敏捷过程的 UML 建模；由 Borland 公司开发的 Together Tool Set，它支持敏捷开发和极限编程中的诸多活动等。

从管理的角度来看，敏捷思想和实践原则对软件系统的开发提出了以下一组要求：管理好用户的需求；确保软件过程支持持续性的交付软件系统；管理好软件开发团队；支持软件开发人员和用户之间的交流、合作以及问题的及时反馈；以人为本，充分发挥人的积极性和主动性；保证软件开发速度的稳定性和持续性；不断改进和优化软件开发团队等。为了应对这些要求，基于敏捷软件开发方法的软件项目应遵循以下管理方法。

(1) 软件过程模型的选择。基于敏捷软件开发方法的软件项目组应选择那些支持渐进、迭代开发的软件过程模型，如迭代模型、螺旋模型、RUP 和快速原型等。

(2) 团队建设。基于敏捷软件开发方法的软件项目开发团队应充分发挥人的主体作用，将用户作为软件开发团队中的成员，并与软件开发人员一起工作和交流；支持团队成员，尤其是开发人员和用户之间的双向交流和沟通。

(3) 需求管理。尽管用户需求在整个软件开发过程中是动态变化的，但是每次迭代欲实现的用户需求应该是稳定的，所生成的需求文档应处于受控状态，与项目计划、产品和活动相一致，并作为开展软件开发工作的基础。软件开发人员通过和用户的充分和持续性交流，支持需求确认和评审。

(4) 软件项目计划。软件开发人员和用户一起参与计划的制定，包括估算规模和进度、确定人员分工。软件项目计划不应过细，应保留一定的灵活性。多个迭代欲实现的系统功能和迭代周期要大致相当，防止软件开发周期的剧烈变化，支持稳定和可持续的软件开发。此外，每次迭代的软件开发周期要适中，不宜过长，否则用户会失去耐心，无法及时得到反馈；也不宜过短，否则用户难以消化，同样影响反馈。

(5) 跟踪监督。在对敏捷软件开发项目的跟踪和监督过程中，软件项目管理人员要特别关注以下软件风险：① 对规模和工作量的估算过于乐观，该软件风险将影响项目的周期性迭代；② 软件开发人员和用户之间的沟通不善，该软件风险将可能导致软件需求得不到用户的认可和确认；③ 需求定义不清晰和不明确，该软件风险将可能导致需求不清，所开发的软件系统和用户要求不一致；④ 项目组成员不能有效地在一起工作，该软件风险将可能导致软件开发效率和软件项目组敏捷度的下降；⑤ 任务的分配和人员的技能不匹配，该软件风险将导致软件开发不能做到以人为本；⑥ 软件设计低劣，该软件风险将可能导致所开发的软件系统无法适应用户需求的不断变化和调整等。

14.4.3　极限编程

极限编程(Extreme Programming, XP)是由 Kent Beck 在 1996 年提出的一种特殊的敏捷软件开发方法，它提出了更加具体和实际的指导方法以支持软件系统的敏捷开发。极限编程将其价值观归结为四条：① 交流，侧重于基于口头(而不是文档、报表和计划)的交流；② 反馈，主张通过持续、明确的反馈来获得软件的状态；③ 简单，主张用最简单的技术来解决当前的问题；④ 勇气，强调快速开发并在必要时具有重新进行开发的信心。在此基础上，极限编程定义了五条指导原则和十二条必须遵循的核心准则。按照极限编程创始人 Kent Beck 的观点，极限编程并没有引入任何新的概念，它的创新之处在于：将经过数十年检验的准则结合在一起，确保这些准则相互支持并能够得到有效执行。

1. 指导原则

极限编程的四条价值观构成了整个方法学的基础，在此基础上极限编程引出了五条原则作为行为与实践的指南。

(1) 快速反馈。极限编程要求软件开发人员从用户那里快速得到有关软件系统的反馈情况，比如软件开发人员通过小步迭代迅速了解用户的反应，以确认当前所做的开发工作是否满足用户的需求，通过经常性的自动化测试和集成迅速了解软件系统的运行状况。

(2) 简单性假设。极限编程要求软件开发人员只考虑当前迭代所面临的问题，无需考虑将来(如下一次迭代)所面临的问题，并且用简单的方法和技术来解决问题。

(3) 逐步更改。极限编程要求通过一系列细微的修改来逐步解决问题和完善系统，不要期望一次迭代就开发出一个完整的软件系统。

(4) 支持变化。极限编程要求在软件开发过程欢迎用户改变需求，支持用户需求的动态变化。

(5) 高质量的工作。极限编程要求采用诸如测试驱动开发等技术高质量地开展工作，确保所开发软件系统的质量。

2. 核心准则

极限编程总结出的十二条核心准则在日常的软件开发中已大多为人们所采用，然而单独采用某些准则却有可能会导致混乱，极限编程的独特之处在于将这些核心准则有机结合在一起达到最佳效用。

(1) 计划游戏(Planning Game)。旨在帮助软件开发团队快速制定下一次迭代的软件开发计划。参与计划游戏的人员包括软件开发人员和业务人员。

(2) 隐喻(Metaphor)。是指使用一组与业务相关的术语来描述用户需求，促使软件开发人员和业务人员对系统达成共同和一致的理解，该准则有助于加强他们之间的沟通和合作，及时从用户处获得反馈并支持用户更好地参与到软件项目之中。

(3) 小型发布。经常性地给用户发布能给他带来业务价值的可运行软件系统，每次发布的软件系统仅提供少量的功能。小型发布不仅有助于缩短软件开发周期，提高软件开发小组对软件开发进度的估算能力和精度，也有助于从用户处获得对软件系统使用情况的真实反馈信息。

(4) 简单设计。是指程序代码能够运行所有的测试、没有重复的逻辑、清晰地反映程序的意图、包含尽可能少的类和方法。与大多数传统软件开发方法不同的是，极限编程要求只为当前的需求做设计，而不必考虑将来可能的需求。过多考虑将会增加不必要的成本和开销。

(5) 测试驱动开发。极限编程要求测试应在编写代码之前进行，而不是等到开发结束后再安排一个专门的阶段对软件系统进行测试。实践表明，采用极限编程的这种测试方法能使软件系统的质量不断得到提高。见本章 14.5 节。

(6) 重构——重整和优化(Refactoring)。是指在不改变程序代码功能的前提下，改进程序代码的设计，使程序代码更加简单，更易于扩展。极限编程通过重构使软件系统具有灵活的结构，易于接受变化。

(7) 结对编程。是指两名程序员同时在一台计算机上共同开展编程工作。其优势在于：① 软件开发过程中的每一项决定都至少由两个人来共同完成，对系统的每一部分至少有两个人熟悉，这可以降低人员流动带来的软件风险；② 在进行结对编程过程中，一人着眼于实现细节，而另一人则可以从全局的角度进行考虑，可以有效地分离关注视点，有助于对软件系统的开发进行全面的考虑；③ 有助于在编码的同时进行代码复审，有助于提高程序代码的质量；④ 参与结对编程的程序员之间相互讨论，可以强化知识共享。

(8) 代码集体拥有。是指开发小组的任何成员都可以查看并修改任何部分的代码。代码集体拥有与结对编程、编码标准等极限编程准则是相辅相成的，如果没有这些准则的支持而单独采用代码集体拥有，将使软件项目陷入混乱。

(9) 渐进式持续集成。不要等到所有软件模块完成之后再进行软件系统的集成，而是应经常性地进行集成。集成的周期应当尽可能短，可能是几个小时或者几天(而不是几周或几个月)集成一次。

(10) 每周工作 40 小时。极限编程倡导质量优先，不主张为了追求开发速度而片面延长工作时间，即使程序员自愿，也不提倡加班。

(11) 把现场用户作为开发团队成员。极限编程要求用户代表在现场办公，参与软件开发的全过程，确保软件开发人员能够及时得到交流与反馈信息。

(12) 编码标准与规范。在软件开发过程中，程序员遵循统一的编码标准，这有助于提高软件系统的可理解性和可维护性。例如，代码集体拥有允许每个软件开发人员都可修改每个模块的程序代码，如果没有统一的编码标准，这种修改必将导致混乱。

综上所述，XP 很像一个由很多小块拼起来的智力拼图，单独看每一小块都没有什么意义，但拼装好后，一幅美丽的图画就会呈现在你面前。

14.4.4 其他敏捷软件开发方法

1. 自适应软件开发(Adaptive Software Development, ASD)

ASD 由 Jim Highsmith 在 1999 年正式提出。其思想主要来源于复杂系统的混沌理论。ASD 自适应软件开发过程的生命周期包括三个阶段：思考(自适应循环策划及发布时间计划)、协作(需求获取及规格说明)、学习(构件实现、测试及事后剖析)。

2. 水晶方法族(Crystal Methods, CM)

CM 由 Alistair Cockburn 在 20 世纪 90 年代末提出。其核心思想是：不同类型的项目需要不同的方法，它们包含具有共性的核心元素，每一个都含有独特的角色、过程模式、工作产品和实践。虽然水晶系列不如极限编程 XP 有那样好的生产效率，但会有更多的人接受并遵循它的过程原则。

3. 动态系统开发方法(Dynamic System Development Method, DSDM)

DSDM 倡导以业务为核心，快速而有效地进行系统开发。实践证明：DSDM 是成功的敏捷开发方法之一。DSDM 不但遵循了敏捷方法的原理，而且也适合于那些坚持成熟的传统开发方法又具有坚实基础的软件开发团队。DSDM 的生命周期包括：可行性研究、业务建模、功能模型迭代、设计和构建迭代、实现迭代。

4. 特征驱动的开发(Feature Driven Development, FDD)

FDD 由 Peter Coad、Jeff de Luca、Eric Lefebvre 共同提出，是一套针对中、小型软件开发项目的开发模式。此外，FDD 是一个模型驱动的快速迭代开发过程，它强调的是简化、实用。FDD 易于被开发团队接受，适用于需求经常变动的项目。FDD 方法定义了五个过程活动：全局模型开发、特征列表改造、特征计划编制、特征设计与特征构建。

5. SCRUM 方法

SCRUM 是一种迭代式增量化软件开发过程，通常用于敏捷软件开发。SCRUM 在英语的意思是"橄榄球的争球"，该方法由 Ken Schwaber 和 Jeff Sutherland 提出，旨在寻求充分发挥面向对象和构件技术的开发方法，是对迭代式面向对象方法的改进。它是一个包括了一系列实践和预定义角色的经验化过程骨架，产品负责人代表利益所有者，开发团队包括了所有开发人员，它使得团队成员能够独立地、集中地在创造性的环境下工作。SCRUM 过程流包括：产品待定项、冲刺待定项、待定项的展开与执行、每日 15 分钟例会、冲刺结束时对新功能的演示。

相较传统的软件开发模型(瀑布模型)，Scrum 的优势在于：
(1) 采用迭代式开发，有效降低软件开发的风险；
(2) 灵活应付软件开发中的变更，注重团队成员之间的沟通；
(3) 明确的产出物，相较于传统的开发模型，敏捷模型能够减轻开发人员的负担；
(4) 每阶段的目标明确，有能够被认同的产出物，提升团队对产品的认知与成就感。

14.5　测试驱动开发

测试驱动开发方式能够编写出更加简单、更易于理解和维护的程序代码，有助于提高程序代码的质量，而且当它与敏捷软件开发方法、极限编程和重构技术等相结合时，有助于获得简单和健壮的软件设计。

14.5.1　测试驱动开发思想

测试驱动开发是指在编写程序代码之前，首先确定和设计好测试(在明确要开发某个软件功能后，程序员首先要思考如何对这个功能进行测试，设计好相应的测试用例并编写好相关的测试代码)，然后再编写与该软件功能相对应的程序代码，以运行测试程序来对程序代码进行测试。如此循环反复，直至实现软件系统的全部功能。

传统的软件测试方法往往会存在以下几个方面的问题：

(1) 当程序员编写完代码后，由于赶进度，经常没有足够的时间对代码进行详尽和充分的测试。如果测试不够充分，那么代码中就会遗留许多未知的软件故障和 bug 等。

(2) 如果测试人员是基于相关的文档(而不是代码)来设计测试用例和编写测试代码的，那么当这些文档与代码不一致时，对代码进行的测试就会存在诸多问题，如设计的测试用例不正确、与代码不一致等。

(3) 测试通常是在代码编写完后才进行的，无法保证编写程序和软件测试同步进行。

(4) 对于许多程序员而言，更愿意编写程序代码，而不愿测试程序。因为编写程序是一个创造和生产的过程，让他们觉得有成就感；而测试通常被视为是一件乏味的工作。

测试驱动开发的精髓在于：将软件测试方案的设计工作提前到编写程序代码之前；从测试的角度来验证、分析和指导设计；同时将测试方案当作程序编码的准绳，有效地利用它来检验程序编码的每一个步骤，及时发现其中的问题，实现软件开发的"小步快走"。因此，测试驱动开发具有以下特点：

(1) 根据测试来编写代码。

测试驱动开发强调：首先编写出用于测试某项功能是否符合要求的测试项(包括测试代码和测试用例等)，然后再去编写相应的程序代码来实现这一功能。因此，它体现了一种由测试来驱动软件开发的思想。

(2) 程序员设计并维护一组测试，编写测试的目的不仅仅是为了测试程序代码能否正常工作，而且被用于定义程序代码的内涵。

例如，假设要编写一个列表类 List。传统的做法是先编写完列表类的所有程序代码(包括其所有的属性和方法)，然后设计测试用例和编写测试代码对它进行测试。在测试驱动开发中，其过程正好相反。程序员首先要确定和设计一个测试，如空列表的长度应该为 0，并编写以下的测试代码。

```
Public void testEmptyList() {
        List emptyList = new List();
        assertEquals("The size of empty list should be 0", 0, emptyList.size());
}
```

程序员然后将测试作为列表类的一种行为规约来指导列表类程序代码的编写。根据上述测试用例和测试代码的描述，程序员首先要实现和编写 List 类的方法 size()，对于任何空列表而言，该方法的返回值均为 0。

(3) 确保任何程序代码都是可测试的。

由于在测试驱动开发中，程序员首先考虑的是如何测试软件系统的功能(即确定和编写测试)，然后再考虑如何实现系统的功能(即编写程序代码)，因此，测试驱动开发可以确保所有的程序代码都是根据程序员所设计的测试集来编写的，所编写的任何程序代码都是可测试的。这有助于有效地发现程序代码中的故障、提高软件系统的质量。

测试驱动开发应遵循的原则：① 测试隔离。不同代码的测试应该相互隔离。对某一代码的测试只考虑此代码本身，不要考虑其他的代码细节。② 任务聚焦。在测试驱动开发过程中，程序员往往需要实施多种不同形式的工作并进行多次的迭代，比如设计测试用例、编写测试代码、编写程序代码、对代码进行重构、运行测试等。在此情况下，程序员应将注意力集中在当前工作(即当前欲完成的软件功能)，而不要考虑其他方面的内容，无谓地增加工作的复杂度。③ 循序渐进。一个软件模块的功能很多，程序员应该针对软件模块的功能，设计相应的测试，并形成测试列表。然后根据测试列表不断地完成相应的测试用例、测试代码和功能代码，逐步完成整个软件模块的功能。这种循序渐进的做法可以防止疏漏，避免干扰其他工作。④ 测试驱动。要实现某个功能、编写某个类，程序员首先应编写相应的测试代码和设计相应的测试用例，然后在此基础上编写程序代码。⑤ 先写断言。在编写测试代码时，程序员应首先编写对功能代码进行判断的断言语句，然后再编写相应的辅助语句。⑥ 及时重构。程序员在编码和测试过程中应对那些结构不合理、重复的程序代码进行重构，以获得更好的软件结构，消除冗余代码。

　　与传统的软件编码和测试方式相比较，测试驱动开发具有以下优点：① 编码完成后即完工。在程序代码编写完成并通过测试之后，意味着编码任务的完成。而在传统的方式中，由于编码完成之后需要进行单元测试，因而很难知道什么时候编码任务结束。② 易于维护。软件系统与详尽的测试集一起发布，有助于将来对程序进行修改和扩展，并在开发过程中及时对程序代码进行重构，提高了软件系统的可维护性。③ 质量保证。任何程序代码都经过了测试，有助于有效地发现程序代码中的错误，提高软件系统的质量。

14.5.2　支持测试驱动开发的软件工具

　　可支持测试驱动开发的软件工具包括 cppUnit、csUnit、CUnit、DUnit、DBUnit、JUnit、NDbUnit、OUnit、PHPUnit、PyUnit、NUnit、VBUnit 等。

　　JUnit 是一个由 Erich Gamma 和 Kent Beck 二人共同开发的开源 Java 单元测试框架。JUnit 框架提供了一组类来支持单元测试。通过继承重用这些类，程序员可以方便地编写测试程序代码，运行测试程序以发现程序代码中的故障。JUnit 的主要类结构如图 14-3 所示。

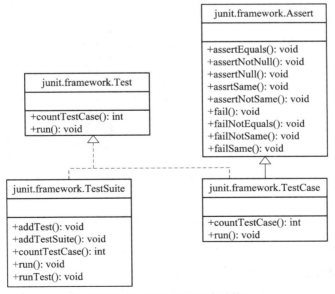

图 14-3　JUnit 的主要类结构

(1) Test 接口。所有测试类(包括 TestCase 和 TestSuite)必须实现该接口。Test 提供了两个方法：countTestCase 方法用于计算一个测试将要运行的测试用例的数目；run 方法用于运行一个测试并收集它的测试结果。

(2) Assert。该类定义了软件测试时要用到的各种方法。例如 assertEquals 方法用于判断程序代码的运行结果是否等同于预期结果；assertNull 和 assertNotNull 方法用于判断对象是否为空等等。

(3) TestCase。TestCase 类实现了 Test 接口并继承 Assert 类，它是程序员在编写测试程序时必须扩展的类。通过继承，程序员可以方便地利用该类提供的方法对程序单元进行测试。

(4) TestSuite。TestSuite 类实现了 Test 接口并提供了诸多方法来支持测试，当程序员试图将多个测试集中在一起进行测试时必须扩展该类。

目前，许多软件开发工具和环境(如 Eclipse)集成了 JUnit 以支持软件测试。JUnit 具有以下特点：① 提供了一组 API，支持程序员编写可重用的测试代码；② 提供了多种方式(文本或者图形界面)来显示测试结果；③ 提供了单元测试用例成批运行的功能；④ 超轻量级而且使用简单；⑤ 整个框架设计良好，易于扩展。

14.5.3　测试驱动开发过程

测试驱动开发的思想非常朴素和简单，就是根据要实现的功能编写测试，然后根据测试来编写程序代码，最后运行程序代码以通过测试。测试驱动开发的过程如图 14-4 所示。

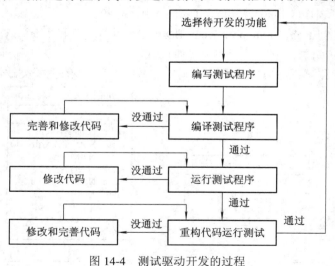

图 14-4　测试驱动开发的过程

14.6　现代软件工程其他新方法

1. 模型驱动体系结构(MDA)软件开发方法

(1) MDA 方法的提出。复杂软件系统的开发面临着两方面关键问题的解决。首先，当业务需求发生变化时，如何关注于变化了的业务需求，并根据所选择的技术和平台，尽快生成相应的软件系统；其次，当实现系统的方法、技术和平台发生变化时(如从 C++转为 EJB/J2EE)，如何根据系统的业务需求模型，快速生成基于新方法、新技术和新平台的软件系统。由对象管理组织(Object Management Group, OMG)提出和倡导的模型驱动体系结构 (Model Driven Architecture, MDA)方法通过将业务需求与实现业务需求的技术相分离，可以有效地促进上述两个问题的解决。

(2) MDA 的思想。该方法强调将软件系统的功能规约与实现这些功能的技术和平台相分离，并与 OMG 所推出的各种技术标准相融合。MDA 将软件系统的模型分为两类：一类是平台无关的模型(Platform Independent Model, PIM)，另一类是平台相关的模型(Platform Specific Model, PSM)。这里所指的平台是指一系列子系统和技术的集合，它们通过各种特定的接口和使用模式为应用系统的开发和运行提供一组相关的功能，如 J2EE、COBRA、Visual Studio C++、.Net/C# 等。

MDA 方法实际上是 OMG 所提出的(Object Management Architecture, OMA)技术的演化，它们都想解决软件系统的集成和互操作问题，并试图将这一问题的解决贯穿于软件系统的整个生命周期，包括建模、分析、设计、构造、组装、集成、发布、管理和演化。MDA 的上述思想体现了 OMG 关于软件系统开发的四个基本原则：① 定义良好的系统模型(符号表示模型)是理解和开发软件系统的基础；② 软件系统的开发是一个建立软件系统模型、实现不同系统模型之间相互转换的过程；③ 元模型是描述和分析系统模型的形式化基础，它有助于促进系统模型之间的集成和转换，是通过工具实现软件开发自动化的基础；④ 接受和采纳基于模型的软件开发方法需要工业界的技术标准，从而为用户提供开放性，促进开发商之间的竞争。

为了支持上述原则，MDA 试图与现有的各种软件开发技术标准相集成。图 14-5 描述了 MDA 与一组软件开发技术标准之间的关系。图的中心部分描述了支持 MDA 的三种 OMG 建模语言：UML，MOF(Meta-Object Facility)和 CWM(Common Warehouse Meta-Model)，它们通常是建立平台无关模型的主要表示工具。UML 是 OMG 推出的面向对象建模语言，它

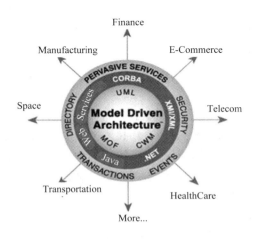

图 14-5　OMG 的模型驱动体系结构

基于对象技术，提供了一组元概念和可视化的模型，对不同视点(如结构视点和行为视点等)、不同抽象层次的系统模型进行建模。MOF 不仅提供了模型的标准化仓库，而且定义了相应的结构来支持不同软件开发小组能够针对这些模型一起开展工作。CWM 为数据存储集成提供了工业标准，可用于表示各种数据模型(模式)、模式转换、OLAP 和数据挖掘模型等。图 14-5 的中间层部分描述了一组支持 MDA 的、与目标平台相关的技术，包括 Web Services、CORBA、Java(包括企业 Java Beans/J2EE)、C#/.NET、XML/XMI/SOAP 等。借助于诸如普适计算、目录、安全、事件、事务等一组服务，MDA 方法可用于支持诸如电子商务、金融、电信、医疗、交通、制造等应用领域的开发。

MDA 的核心是要将商业逻辑和实现技术相分离，从而支持软件系统的可移植性、可互操作性、可维护性和可重用性。

2. 面向方面编程(AOP)软件开发方法

面向方面编程(Aspect Oriented Programming, AOP)软件开发思想最初来自于 20 世纪 90 年代施乐公司帕洛阿尔托研究中心(Xerox PARC)Greg or Kiczales 领导下的研究小组提出的一种称为面向方面程序设计的新颖编程范式。一般而言，可以认为软件系统是由若干满足用户需求的关注点(Concern，主要包括需求分析、软件设计、编码、软件测试和软件维护)组成的，而一个关注点就是软件要解决的一个问题。它采用关注点分离的思想，通过运用"方面"这种程序设计单元，使软件开发人员更好地将原本不该彼此纠缠在一起的功能和行为(如数学运算和异常处理)分离开来，从而使得软件系统的设计和编码具有更好的模块化和结构性。近年来，人们开始将这一思想延伸到了分析和设计阶段，形成了面向方面的软件开发方法学。

在用 AOP 方法开发复杂软件系统时，通过分离关注点的方式，可以让开发人员在设计核心业务模块时更加专注于核心功能的实现，而不必受到其他因素的干扰。而各个方面的开发也可以独立于核心业务模块的开发，只有在系统组装时才需要将其与系统的核心功能编排、融合在一起。模块之间的耦合性变得比较松散，降低了软件开发的难度，并可以同时提高模块的重用性。

现有的面向方面编程语言大多是对已有面向对象编程语言(如 Java 和 C++)的扩展，目前较有影响、应用较为广泛的面向方面编程语言大致有以下几种：AspectJ、AspectC++、AspectC、AspectC#、Apostle、JBoss 等。尽管这些面向方面编程语言在语法层面有所差异，但是它们均涉及了面向方面编程的核心概念和机制，包括连接点、切入点、通知、方面等。

3. 面向 Agent 软件工程

自 20 世纪 80 年代以来，在人工智能、分布式人工智能、分布计算、人机交互、计算机辅助协同工作等领域，有关 Agent 理论和技术的研究引起了人们的极大兴趣。人们试图通过这一理论和技术来开发出具有更高智能特征、高度灵活并能更为友好地与人类进行交互的计算机系统。到了 20 世纪 90 年代末期，随着 Agent 理论和技术研究的不断深入以及应用的不断扩大，人们迫切地希望能够从一些具体的 Agent 技术和特殊的成功案例中抽取出一般性的、具有普遍意义的思想、原理、原则、方法、过程和模型等，从而提供一种系统的手段以指导软件系统的工程化开发。在此背景下，许多学者将 Agent 的概念、理论和技术引入到软件工程领域，并与软件工程的思想、原理和原则相结合，产生了面向 Agent

软件工程(Agent-Oriented Software Engineering，AOSE)这一新颖的研究方向。

面向 Agent 软件工程认为：一个系统，无论是应用系统还是软件系统，是由一个或者多个 Agent 构成的(称为基于 Agent 系统)。每个 Agent 都是自主的行为实体，具有自主性、社会性、反应性和自发性等特征。Agent 间存在着复杂的结构关系，并通过高层的交互(如合作、协商和竞争等)来进行 Agent 间的相互作用，从而实现系统的整体设计目标。

面向 Agent 软件工程提供了一系列的思想、方法、技术、平台和基础理论等来支持软件系统的开发。它借助于高层抽象、自然建模、问题分解、系统组织和模块化等软件工程机制和手段，采用新颖的方法和技术来对应用系统进行规范和分析，对软件系统进行设计和实现，从而更好地管理和控制系统的复杂度，提高软件系统的灵活性、可维护性和可重用性。

近年来的研究趋势表明，面向 Agent 软件工程将与其他计算机技术之间具有密切的关系，如面向服务的计算(Service-Oriented Computing)、语义 Web、对等计算(Peer-to-Peer Computing)、普适计算、网格计算、自主计算(Autonomic Computing)等。比如，利用 Agent 概念、思想和技术来研究虚拟计算环境的机理，实现分布式资源的按需聚合与自主协同，这将极大推动面向 Agent 软件工程的研究、发展和应用。

4. 净室软件工程方法学

净室软件工程的哲学首先由 Mill 和其同事于 20 世纪 80 年代提出：通过在第一次正确地书写代码增量并在测试前验证它们的正确性来避免对成本很高的错误消除过程的依赖。它的过程模型是在代码增量积聚到系统的过程的同时进行代码增量的统计质量验证的。

虽然对这个严格的软件开发方法的早期经验显示了很大的希望，但它并没有得到广泛的使用，Henderson 为此总结了三个理由：

(1) 一种信念认为净室方法学太理论、太数学以及太激进，以至难于在真实的软件开发中使用。

(2) 它提倡开发者不需要进行单元测试，而是进行正确性验证和统计质量控制，这些概念和当前大多数软件开发方式有很大的背离。

(3) 软件开发产业的成熟度。净室过程的使用需要在整个生命周期阶段定义的过程的严格的应用，因为大多数软件企业的运作还处于 Ad Hoc 级别(由 SEI 的 CMM 定义)，因此，还没有准备好应用那些技术。

净室软件工程是软件开发的一种形式化方法，它可以生成高质量的软件。它使用盒结构规格说明(或形式化方法)进行分析和设计建模，并且强调将正确性验证而不是测试作为发现和消除错误的主要机制。将"统计使用测试"方法应用于测试使用场景，以保证发现和改正用户功能方面的错误，且测试数据可用于提供软件可靠性的指标。

习 题 14

1. 开源软件受到很多编码工程师的欢迎，从软件工程的角度，你认为应该如何利用开源的资源而又不受它的不利影响？

2. 如何理解领域工程中的"领域"？面向领域的软件开发过程有何优势？

3. 什么是敏捷设计？敏捷的宣言是什么？敏捷规则是什么？敏捷方法有何缺陷？

4. 什么是极限编程？为何要引入"轻量级"软件开发方法？

5. 许多敏捷过程模型推荐面对面交流，实际上，现在软件开发团队成员及客户在地理上是相互分散的。你是否认为这意味着这种地理上的分散应当避免？能否想出一个办法克服这个问题？

6. 如何实施测试驱动软件开发？

附录：软件工程师职业素质及道德规范

F1. 软件工程师职业素质

软件工程师应当具备的职业素质的基本要求如下：

(1) 必须喜欢软件，热爱软件事业，对软件开发、管理或维护工作特别感兴趣。

(2) 良好的编码能力。至少要熟练地掌握两种编程语言，能写出规范化的源程序。软件人员的一个重要职责是把用户的需求功能用某种计算机语言予以实现，编码能力直接决定了项目开发的效率。

(3) 熟悉数据结构和数据库，能设计出问题求解的数据结构或数据库，即数据建模。信息是以数据为中心的，因此与数据库的交互在所有软件中都是必不可少的，了解数据库操作和编程是软件工程师需要具备的基本素质之一。

(4) 文档习惯。养成良好的文档书写习惯，真正理解软件的本质，即软件是知识、程序、数据和文档的集合。缺乏文档，一个软件系统就缺乏生命力。在未来的查错、升级以及模块的复用时就都会遇到极大的麻烦。

(5) 具有软件工程的概念。基础软件工程师处于软件企业人才金字塔的底层，是整个人才结构的基础，虽然他们从事的工作相对于系统分析师和高级程序员要单纯一些，但是他们是整个软件工程中重要的一环。因此，基础软件工程师同样要具有软件工程的概念。从项目需求分析开始到安装调试完毕，基础软件工程师都必须能清楚地理解和把握这些过程，并能胜任各种环节的具体工作，这样的能力正好符合了当前企业对基础软件工程师的全面要求。具有及时跟踪并掌握有关的软件开发工具及环境的能力，如当前的.Net 开发环境和 J2EE 开发环境，以及 Power Designer 和 UML 建模 Rational Rose 等 CASE 工具。

(6) 需求理解能力。及时跟踪并掌握所在行业领域知识，不断适应客户的需求变化。

(7) 复用性，模块化思维能力。复用性设计、模块化思维就是要程序员在完成任何一个功能模块或函数的时候，要多想一些，不要局限在完成当前任务的简单思路上，想想看该模块是否可以脱离这个系统存在，是否可以通过简单的修改参数的方式在其他系统和应用环境下直接引用，这样就能避免重复性的开发工作。如果一个软件开发团队能够在每一次研发过程中都考虑到这些问题，那么程序员就不会在重复性的工作中耽误太多时间，就会有更多时间和精力投入到创新的代码工作中去。

(8) 测试习惯。作为一些商业化、正规化的软件开发而言，专职的测试工程师是不可少的，但是并不是说有了专职的测试工程师程序员就可以不进行自测。软件开发作为一项工程而言，一个很重要的特点就是问题发现的越早，解决的代价就越低，程序员在每段代码，每个子模块完成后进行认真的测试，就可以尽量将一些潜在的问题最早的发现和解决，这样对整体系统建设的效率和可靠性就有了最大的保证。

(9) 善于总结经验，吸取教训，接纳新技术。在技术上或管理上不断地总结经验，吸取教训，做到每年都有所长进。软件业是一个不断变化和不断创新的行业，面对层出不穷的新技术，软件人才的求知欲和进取心就显得尤为重要，它是在这个激烈竞争的行业中立足的基本条件。

(10) 良好的团队精神与协作能力。在业务工作中提倡与遵守团队精神，反对个人英雄主义。随着软件项目规模越来越大，仅仅依靠个人力量已经无法完成工作。因此，现代软件企业越来越重视团队精神。通常来讲，软件企业中的程序员可以分为两种：一种是程序游击队员，他们可能对编程工具很熟，能力很强，把编码编得很简洁高效，但却缺乏规范和合作的观念；另一种程序员编程不一定很快，但是非常规范，个人能力不一定很强，但合作意识很好。第二种人更加适合现代软件企业发展的潮流。对于基础软件工程师来说，他们在企业中的角色决定了他们必须具有良好的规范意识和团队精神。

以上十条，对于不同的人、不同的工作岗位及不同的软件企业，可能会有所偏重。

F2. 软件工程师道德规范

软件工程师的职业道德规范的基本要求如下：
(1) 首先必须做一位遵纪守法的公民，在企业内外不惹事。
(2) 做事认真负责，一丝不苟，每一条语句都经过周密思考。
(3) 再忙再累也不会走捷径，对自己拿出手的东西绝不马虎。
(4) 不会给合作方造成麻烦。
(5) 看得见看不见都会做到更好，自我控制已经形成习惯、成为风格。
(6) 永远在学新东西，永远觉得自己还不行，让自己不断进步。
(7) 善了吸取教训，勇于承担责任。
(8) 最后才是聪明才智，也就是说不能太蠢太笨。
在软件企业，不同的角色也应有不同的道德规范。

如果你从事编程工作，遵守规范、认真负责、耐心细致就是最基本的要求。

如果你从事项目管理工作，就要统一规划，全面考虑，心胸宽大，头脑冷静，因为心静才能发现问题。否则遇到开发和测试问题就会越改越乱，甚至跟测试人员顶牛。要知道，软件设计是不可轻易改动的，软件代码打补丁是不可取的。

如果你从事高层的系统分析工作，就更要坚定信念，不怕麻烦，从细节到全局考虑周全，像法律文件一样滴水不漏，不然软件产品就会漏洞百出，最后要么报废，要么补丁摞补丁。如 IBM 公司在 1963—1966 年开发的 IBM360 机的操作系统的研发就是典型的表现。

　　除此之外，作为一个优秀的软件工程师，他还应该有诗人的激情、艺术家的灵感、孩童的好奇心、团队的合作精神、寂寞的工作习惯、很强的自我控制能力、温情的性格、耐心细腻的作风，还要喜欢软件、热爱软件事业。

　　一大批业务素质高、遵守职业道德的软件设计人员和编程人员，是发展我国民族软件产业的保障。